美国阿帕拉契亚国家风景步道（Daveallen　摄）

美国太平洋山脊国家风景步道（张诺娅　摄）

美国国家步道体系

（来源：美国国家公园局官网）

CANADA
UNITED STATES
MAINE
AUGUSTA
VT.
MONTPELIER
White Mountain NF
N.H.
Green Mountain NF
CONCORD
NEW ENGLAND NATIONAL SCENIC TRAIL
MASS.
Boston Harbor Islands NRA
BOSTON
AMHERST
SPRINGFIELD
PROVIDENCE
CONN.
NEWPORT
HARTFORD
R.I.
LAKE SUPERIOR
Proposed relocation
Superior NF
Chippewa NF
Tamarac NWR
NORTH COUNTRY NATIONAL SCENIC TRAIL
Designated route
DULUTH
Whittlesey Creek NWR
Pictured Rocks NL
Hiawatha NF
Ottawa NF
MINNESOTA
Saint Croix NSR
Chequamegon NF
ICE AGE NATIONAL SCENIC TRAIL
WAUSAU
WISCONSIN
ST. PAUL
MINNEAPOLIS
Mississippi
LAKE HURON
LAKE MICHIGAN
Manistee NF
MICHIGAN
MUSKEGON
GRAND RAPIDS
LANSING
DETROIT
BATTLE CREEK
MADISON
MILWAUKEE
JANESVILLE
LAKE ONTARIO
Fort Stanwix NM
SYRACUSE
UTICA
ALBANY
PITTSFIELD
ROCHESTER
Finger Lakes
BUFFALO
ITHACA
NEW YORK
Finger Lakes NF
POUGHKEEPSIE
TRAIL
LAKE ERIE
Allegheny NF
Delaware Water Gap NRA
Wallkill River NWR
Morristown NHP
NEW YORK CITY
WASHINGTON-ROCHAMBEAU REVOLUTIONARY ROUTE NATIONAL HISTORIC TRAIL
TRENTON
N.J.
Independence NHP
PHILADELPHIA
WILMINGTON
IOWA
CHICAGO
TOLEDO
CLEVELAND
AKRON
PENNSYLVANIA
SCENIC
HARRISBURG
PITTSBURGH
DES MOINES
COUNCIL BLUFFS
INDIANA
OHIO
HAGERSTOWN
MD.
BALTIMORE
DOVER
DEL.
ANNAPOLIS
WASHINGTON, D.C.
NAUVOO
ILLINOIS
COLUMBUS
CUMBERLAND
Chesapeake and Ohio Canal NHP
Harpers Ferry NHP
George Washington Memorial PKWY
SPRINGFIELD
INDIANAPOLIS
DAYTON
WEST VIRGINIA
Wayne NF
Shenandoah NP
STAR-SPANGLED BANNER NATIONAL HISTORIC TRAIL
Squaw Creek NWR
ST. JOSEPH
Swan Lake NWR
ATCHISON
KANSAS CITY
Missouri
CINCINNATI
Ohio
POTOMAC HERITAGE NATIONAL SCENIC TRAIL
George Washington NF
CHARLOTTESVILLE
WILLIAMSBURG
Two Rivers NWR
Ohio River Islands NWR
CHARLESTON
INDEPENDENCE
Big Muddy NWR
ST. LOUIS
Jefferson National Expansion MEM
FRANKFORT
RICHMOND
NATIONAL
VIRGINIA BEACH
JEFFERSON CITY
Jefferson NF
VIRGINIA
NORFOLK
MISSOURI
KENTUCKY
ROANOKE
See inset map below
Shawnee NF
Cypress Creek NWR
ABINGDON
SPRINGFIELD
Mark Twain NF
APPALACHIAN
Blue Ridge PKWY
WINSTON-SALEM
Ozark Cavefish NWR
TRAIL OF TEARS NATIONAL HISTORIC TRAIL
ELIZABETHTON
JOHNSON CITY
Cherokee NF
ELKIN
RALEIGH
TENNESSEE
NORTH CAROLINA
Pea Ridge NMP
NASHVILLE
Great Smoky Mountains NP
MORGANTON
OVERMOUNTAIN VICTORY NATIONAL HISTORIC TRAIL
CAPTAIN JOHN SMITH CHESAPEAKE NATIONAL HISTORIC TRAIL
Tennessee NWR
Stones River NB
MURFREESBORO
Pisgah NF
FAYETTEVILLE
White
Ozark NF
Chickasaw NWR
Cherokee NF
CHARLOTTE
Lower Hatchie NWR
Nantahala NF
Kings Mountain NMP
Cowpens NB
CLEVELAND
CHATTANOOGA
Chattahoochee NF
ARKANSAS
Fort Smith NHS
Holla Bend NWR
MEMPHIS
HUNTSVILLE
Chickamauga and Chattanooga NMP
SOUTH CAROLINA
Ouachita NF
LITTLE ROCK
Tennessee
Wheeler NWR
COLUMBIA
White River NWR
TRAIL
ATLANTA
Arkansas
SCENIC
CHARLESTON
Mississippi
NATIONAL
(follows Natchez Trace PKWY)
GEORGIA
ALABAMA
NATCHEZ TRACE
SELMA
MONTGOMERY
JACKSON
SELMA TO MONTGOMERY NATIONAL HISTORIC TRAIL
LOUISIANA
MISSISSIPPI
Alabama
NACOGDOCHES
NATCHEZ
ATLANTIC OCEAN
FLORIDA NATIONAL SCENIC TRAIL
TALLAHASSEE
Osceola NF
JACKSONVILLE
PENSACOLA
Apalachicola NF
St. Marks NWR
BATON ROUGE
Gulf Islands NS
FLORIDA
NEW ORLEANS
Ocala NF
ORLANDO
TAMPA
ST. PETERSBURG
GULF OF MEXICO
Lake Okeechobee
WEST PALM BEACH
NAPLES
Big Cypress N PRES
MIAMI
N.J.
MD.
BALTIMORE
DOVER
ANNAPOLIS
DEL.
WASHINGTON, D.C.
RICHMOND
WILLIAMSBURG
VA.
VIRGINIA BEACH
NORFOLK
Chesapeake Bay area National Wildlife Refuges
1 Blackwater
2 Eastern Neck
3 Eastern Shore Of Virginia
4 Featherstone
5 Fisherman Island
6 James River
7 Martin
8 Mason Neck
9 Nansemond
10 Occoquan Bay
11 Plum Tree Island
12 Presquile
13 Rappahannock River Valley
14 Susquehanna
National Park sites
15 Colonial NHP
16 Fort McHenry NM
17 George Washington Birthplace NM
18 Piscataway Park
19 Prince William Forest Park
20 Richmond NBP
Hawaii
Kaua'i
PACIFIC OCEAN
Ni'ihau
O'ahu
HONOLULU
Moloka'i
HAWAII
Maui
Pu'ukoholā Heiau NHS
Kaloko-Honokōhau NHP
Hawai'i
HILO
KAILUA-KONA
Pu'uhonua o Hōnaunau NHP
ALA KAHAKAI NATIONAL HISTORIC TRAIL
Hawai'i Volcanoes NP
North
Scale for all areas except Alaska
0 100 200 Kilometers
0 100 200 Miles
Map revised April 2010.

加拿大大步道（班勇　摄）

智利步道（Tifonimages　摄）

印加路网（来源：the dreamstime）

英国西南海岸步道（来源：the dreamstime）

欧洲远程路径体系（来源：Benutzer Diskussion）

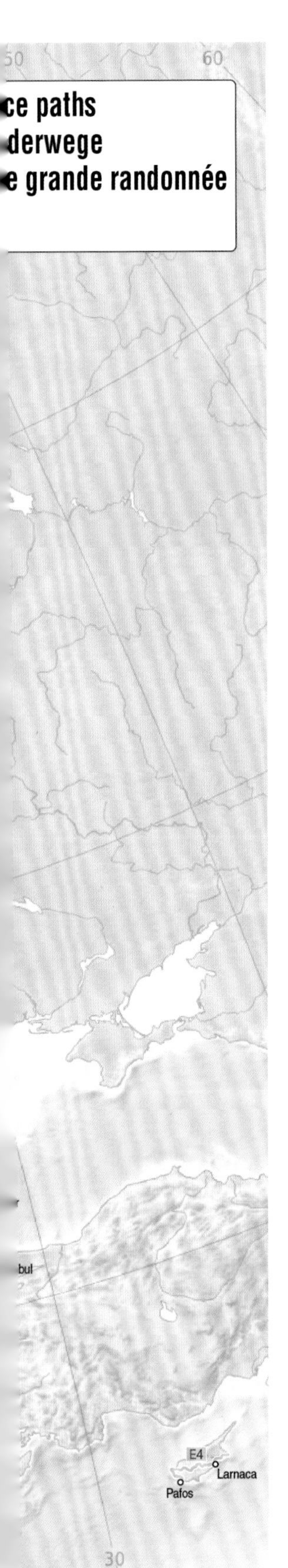

奔宁步道（Peter Jeffreys　摄）

大意大利步道

欧洲GR10（Delstudio　摄）

瑞典国王步道（Jensottoson　摄）

澳大利亚步道（Ryszard Stelmachowica　摄）

新西兰路本特步道（Gary Hartz　摄）

国家森林步道

——国外国家步道建设的启示

国家林业局森林旅游管理办公室
北京诺兰特生态设计研究院 编著

中国林业出版社

图书在版编目(CIP)数据

国家森林步道：国外国家步道建设的启示 / 国家林业局森林旅游管理办公室，北京诺兰特生态设计研究院编著. — 北京：中国林业出版社，2016.12（2019.4重印）

ISBN 978-7-5038-8845-8

Ⅰ.①国…　Ⅱ.①国…②北…　Ⅲ.①国家公园—森林公园—公园道路—道路工程—研究
Ⅳ.①TU986.42

中国版本图书馆CIP数据核字（2016）第303354号

中国林业出版社·生态保护出版中心

策划编辑：刘家玲

责任编辑：刘家玲　牛玉莲

出版　中国林业出版社（100009　北京西城区德内大街刘海胡同 7 号）
E-mail：wildlife_ cfph@163.com　　电话：（010）83143519

发行　中国林业出版社

印刷　固安县京平诚乾印刷有限公司

版次　2016 年 12 月第 1 版

印次　2019 年 4 月第 2 次

开本　787mm × 1092mm　1/16

印张　23　　　**彩插**　8P

字数　538 千字

定价　80.00 元

《国家森林步道——国外国家步道建设的启示》编委会

总指导： 杨连清

主　编： 陈鑫峰　班　勇

成　员： 张　燕　陈樱一　王　珂　张伟娜　张诺娅
张　雷　李　奎　贾俊艳　罗新平　孟瑞芳
张　勇　殷红霞　赵志霞　谷　雨　孙馨琪
史琛媛　张治荣　张　波

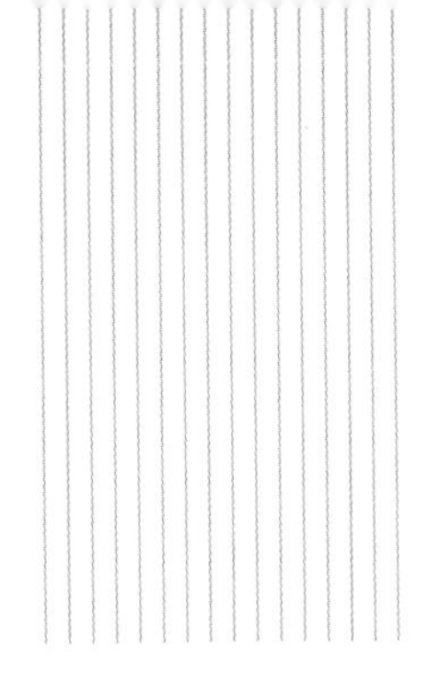

前　言

世界变化快！我们处在一个大发展的时代。社会的快速发展，让我们不断处在新旧思想交替往复的变化之中；科技的迅猛发展，让我们获得了改造世界的无穷力量；交通的快速发展，让我们的活动空间变得无比开阔。航空、高速公路、高速铁路让遥远的两地变得近在咫尺。如此大变化、大跨度、快节奏的时空格局让我们的生活日新月异、丰富多彩。与此同时，我们也在慢慢丧失一些原本需要用身体去衡量、用慢行和思考去感受的那个细微的世界，丧失需要通过自然荒野体验来认识的纯真世界，丧失对自然、对社会的基本认识。我们需要新的方式、新的载体来实现这些渴望，并以此获得启发，重新构建人与自然的基本关系。

随着我国经济的稳步发展，人们追求更加健康、更加亲近自然的生活方式。2016年，全国森林旅游人数12亿人次，创造社会综合产值超过9000亿元。在提升传统森林观光旅游的同时，森林体验、森林养生、休闲度假、运动旅游成为森林旅游发展的重要新业态。森林徒步是森林体验的一种特殊形式，正受到越来越多公众的青睐。

国家森林步道是徒步旅行发展的必要载体。建设国家森林步道，为人们提供走进森林、体验自然、欣赏壮美山川和馥郁文化的机会，同时，它有助于提高森林的多功能利用水平，有助于拓展森林旅游的发展空间，有助于促进生态文明建设。国家森林步道串联高品位的自然与人文资源，可以成为国家形象的新名片。国家森林步道是徒步者挑战自我、树立自信的绝佳途径，是徒步者与沿线居民文化与经济交流的纽带。长距离徒步，也是激发人们探索自然热情、培养人们关爱自然情怀的重要途径。

他山之石，可以攻玉。借鉴国外国家步道发展的经验，对于有序推进我国国家森林步道建设大有裨益。欧美的国家步道建设，在立法、投资、建设、维护等方面形成了较为完整的管理体系，积累了大量宝贵的经验。其国家步道已经成为国家基础建设的重要组成部分，已经成为国家形象的重要组成元素，并

已经成为肩负着生态教育、遗产保护、文化传承、休闲服务、经济增长等诸多使命的自然与文化综合载体。

本书系统介绍了国外步道建设的经验，以便借鉴其成功之道，探索构建符合中国实际的国家森林步道体系。全书对三大洲包括美国、英国、日本等10个有代表性国家的国家步道建设进行了系统介绍，内容涵盖国家步道的发展历程、步道特点、法律法规、管理运营等。同时，还以实例的形式，介绍一些单条国家步道的历史、景观体验、步道服务设施和周边服务体系等内容。本书关注了两大重点：一是国家行为，即在国家层面所采取的法律法规、管理措施；二是步道的国家代表性，即在步道的选线上是否选取了能够代表本国典型的自然与景观、历史与文化特色的地点。国外国家步道的实践表明，国家步道建设的成功，关键在政策制定、部门协调、组织管理、资金投入和线路布局等方面，简言之，国家步道建设有赖于“国家主导，顶层设计”、“国家推动，地方建设”。其次，发动社会团体和庞大的志愿者队伍，投入到步道的建设、维护、保障之中，也是国家步道建设与发展的重要保障。

国家森林步道空间跨度大、自然条件复杂多样，其建设投入大、周期长，需要全社会的广泛参与和支持。希望有志之士，带着丰富的经验与长期的思考，共同探索、研究这一新的领域。由于涉及国家步道建设的文献多、语种多，加上编写时间短，不足之处在所难免，恳请读者提出宝贵意见和建议，我们将在今后的工作中逐步完善。

编　委　会

2016年12月

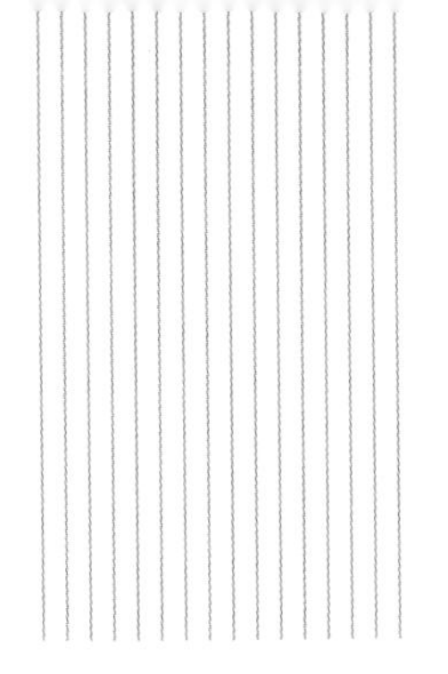

目　录

第四章　亚洲与大洋洲国家步道 / 257

第五章　国外国家步道政策管理分析 / 299

第一章

国外国家步道概述

第一节 保护与回归自然思潮

一、自然观念演变

15世纪开始发生的科学革命，最终导致了基督教神学世界观的瓦解和近代自然科学体系的确立。之后，受文艺复兴运动的影响，人的自我意识被唤醒，哲学关注的焦点从神转向了人和自然，人的价值受到特别强调。文艺复兴运动在传播过程中因为过分强调人的价值，在后期造成个人私欲膨胀，人与自然关系由过去的统一走向了分离。18世纪末19世纪初，引发西方意识巨变的浪漫主义运动迅速扩展开来，其主要特征是随着感觉走。从自我占主导地位到自然占主导地位，浪漫主义经历了人与自然冲突，到人与自然和谐的过程。进入20世纪，西方一些哲学家和思想家意识到，需要认真地反省自己的思想传统，重建人类自然观，协调人与自然的关系。

（一）美国

19世纪中期美国拓荒时代之后，人们的自然环境意识发生了一些变化，依据美国经济社会的发展阶段，主要呈现下面3个阶段：

1．第一阶段——第一次自然资源保护运动

自欧洲殖民者抵达新大陆的300余年来，美国社会对森林极度浪费，森林资源急剧下降。1891年，联邦政府通过《森林保护区法案》（Forest Reserve Act），确立总统在公有土地上建立森林保护区的权力，奠定了资源保护运动的法律基础。1905年，森林事务的管理由联邦内政部移交到联邦农业部，美国林务局成立。1907年森林保护区改称为现在的国家森林。而第一个保护区，黄石公园Timberland保护区于1891年3月，由本杰明·哈里森总统宣布成立（Forest History Society，2016）。

工业革命之后，美国人对于荒野的惧怕之情和被动心态逐渐向主动的开发利用转移。这种以商业开采为主的工业模式又再度向以生态资源保护、对于“荒野感”的原始地貌的维持、对于审美和休闲需求的满足等国家公园体系模式过渡。西进运动之后，加利福尼亚州的“淘金热”吸引大量人口建筑城市，而内华达山脉和喀斯科特山脉成为了移民们最原始的壁垒。这一天然屏障在19世纪末20世纪初引发了第一次保护热潮。若再不加以改变，后代将面对无林可用的残酷现实。浪漫主义学者亨利·梭罗（Henry David Thoreau）和约翰·缪尔（John Muir）等实地考察、奔走游说、著书立说，赞叹自然之美，欣赏自然、歌颂自然（付成双，2007；王书明，张曦兮，2014），掀起了一场波澜壮阔的自然资源保护运动。这就是美国第一次自然资源保护运动。在这个时期，联邦出台了一系列重要的自然资源保护政策。“林业”一词频繁出现于美国各大报刊，森林资源保护成为中产阶级沙龙

晚宴、俱乐部的时髦话题（侯深，2009）。时任总统西奥多·罗斯福是该运动的直接领导者，他的科学顾问吉福德·平肖（Gifford Pinchot）是罗斯福当政时期联邦自然资源保护政策，尤其是林业政策的主要策划者。第一次运动形成的重要产物之一就是森林资源保护思想。将森林视为文明延续的基本要素，强调森林在美国社会发展中的经济价值、生态价值、精神和美学价值，呼吁政府及公众对森林与文明的关系进行重新思考。

平肖强调联邦对自然资源保护的干预。无论是森林资源还是其他自然资源的保护，美国联邦政府都应发挥主导作用，通过立法和行政等手段进行自上而下的保护（祖国霞，2011）。平肖是美国第一个职业林务员、美国林务局（US Forest Service）第一任局长、美国国家森林体系（National Forest System）的倡导者、美国林学会和耶鲁大学林学院的创办者。他被视为美国20世纪自然资源保护运动和世界林业的重要奠基人和先驱，开创了一个平肖时代。在他的任期内，由林务局统一管理的美国国家森林的数量突飞猛进，由1900年的38处增加到1910年的149处，美国国家森林体系正式确立。

2．第二阶段——保留主义与保护主义之争

约翰·缪尔和吉福德·平肖是推动这一潮流的两位最著名人物。他们两人一致的观点是将资源控制到公众手中，而不是分给个人所有，并且需要政府对资源进行控制，以防止个人缺乏科学知识的滥用（侯文蕙，1987）。缪尔是保留主义者（preservation），主张环境保护的目的是维护自然的生态多样性和自然之美。平肖是保护主义者（conservation），主张对自然资源的保护应当是以开发为前提，以聪明的利用（smart use）和科学的管理为原则。在双方一致努力下，联邦和州政府都颁布了一系列收回和合理利用资源的法令，收回了大批土地，将森林和草地作为公共保留地，建立了更多的森林保护区。在西奥多·罗斯福执政时期，收回405万公顷土地，创建118个森林保护区，使全国森林保护区的总数达到159处，6亿多公顷（侯文蕙，1987）。在约翰·缪尔去世一年之后，为纪念缪尔对自然保护的贡献，以他命名的长距离小径约翰缪尔小径在内华达山脉356公里的崇山峻岭间初步设计成型，并在20世纪30年代正式修建完毕。在太平洋区域以缪尔的名字命名了缪尔荒野区和缪尔小屋。沿太平洋山脊步道徒步的时候会穿越缪尔荒野区，与缪尔步道交叉或途经缪尔小屋。

20世纪30年代，美国生态学家利奥波德（Aldo Leopold）提出了“大地伦理”的概念，把土壤、水域、植物和动物等组成的集合，都纳入到道德关怀的范围之内。人是大地共同体的普通成员，与自然万物之间是一种伙伴的关系，有义务尊重共同体中的其他成员和共同体本身。到60年代，保护人士沿着缪尔的足迹前进，在自然环境保护方面促成联邦政府集中颁布了多项法律。美国一系列保护自然的政策中，1964年的《荒野法》（Wilderness Act）是起步，从那以后，美国的荒野保护又取得了较大进展，1968年通过了《野生和风景河流法案》（Wild and Scenic Rivers Act），其他还有《濒危物种法案》（Endangered Species Act）（1973）、《东部荒野法案》（1975）、《阿拉斯加国家土地资产和保护法案》（1980）、《加利福尼亚沙漠荒野法》（1994）等。在1965年成立了水土保护基金会。在这

期间，分别建立了若干自然保护和保护性利用体系，包括国家森林体系、国家荒野保留体系（National Wilderness Preservation System），国家公园体系（National Park System）、国家景观保护体系（National Landscape Conservation System），国家野生与风景河流体系（National Wild and Scenic Rivers System），国家步道体系（National Trail System），国家野生动物避难体系（National Wildlife Refuge System）等。自然荒野的保护范围几乎触及各个角落。国家森林体系涵盖森林管理、草地管理、土地、矿山地质、游憩与遗产、鱼类和野生动物、荒野区，以及野生与风景河流等项内容。

3．第三阶段——城市环境运动

城市化过程中美国出现了与自然的疏离。城市的典型特征是工业化，不仅意味着对资源破坏与环境的压力，而且意味着对人类自身的异化。随着城市中空气、水及噪音污染持续加重，工业废弃物和生活垃圾日益增多，卫生状况和人居环境不断恶化，城市所面临的各种环境问题以及人类所面临的各类精神困惑，使得文明与荒野的矛盾被激发出来。人类与自然的关系被重置，人们萌生出“寻归荒野”的渴望——重新回到自然的怀抱中去体悟生命的美妙。以往自然被认为与文化对立，只存在于乡间野外，而不存在于城市。19世纪80年代之前，环保运动偏重于资源保护和自然保护，没有充分重视污染对弱势群体健康的威胁。罗伯特·戈特利布（Robert Gottlieb）（2005）认为自然存在于“人们生活、工作和娱乐的地方”，存在于我们的身边。环保运动是应对工业和城市巨变而出现的一场遍及城乡的社会运动，致力于反对污染，维护公众的身心健康。同时，继续关注荒野保护以及自然资源的聪明利用和有效管理。

全国大的环境政策出现在1970年。20世纪60年代日益严重的环境运动达到高潮。1970年1月1日尼克松总统签署了《国家环境政策法案》（National Environmental Policy Act）。法律规定，在国家森林规划和管理过程中，需要广泛的公众参与，以便更充分地准备方案，进行管理，避免或减少对环境管理活动产生不利影响。随后，建立了环境质量委员会（CEQ）。

这个时期，美国的自然荒野和资源保护在继续推进。截至2013年，美国林务局管理着155处国家森林、20处国家草地（National Grasslands）和1处国家高草草原（National Tallgrass Prairie），共计7851万公顷，占国土总面积的8.5%。其中，87%的国家森林位于密西西比河以西。国家公园体系包含58处国家公园，以及339处其他保护地，共计7800万公顷，其中2226公顷在阿拉斯加。国家荒野保留系统（National Wilderness Preservation System）涵盖44个州的700多个荒野区，总面积4330多万公顷，比加利福尼亚州还要大。这些地区一半以上在美国主要城市一天的车程内，包括西雅图、波特兰、丹佛、凤凰城、洛杉矶、芝加哥和纽约市。林务局管理着约440个荒野区，覆盖1457万多公顷的土地，近似于密歇根州的土地面积。管理着阿拉斯加以外所有荒野的60%（Wagner，2013）。另外还有119条野生和风景河流也在林务局的管辖之下，超过全国野生和风景河流系统的60%。

（二）欧洲

18世纪是德国、法国和英国等欧洲国家自然哲学的伟大时期。由于自然科学的发展，人们对自然的兴趣十分浓厚。18世纪70年代“狂飙突进运动”的诗人和青年歌德，成为自然崇拜的代表。法国大革命后，在19世纪初出现了浪漫的自然崇拜。自然保护的概念起源于这种浪漫的自然（包茂宏，2004）。20世纪后期，受到生态学的影响，其自然理想从单纯保护自然转变为欣赏自然。德国浪漫主义思潮的影响波及美国，推动了美国新保守主义运动的诞生，这种思潮又进一步回流，反过来促进了包括德国在内的欧洲环保运动的不断兴起。

18世纪德国大量森林遭到砍伐，19世纪起开展了声势浩大的植树造林和以法正林理论为基础的森林实践，成为许多国家模仿学习的榜样。20世纪30年代或40年代，这时的自然保护与保卫祖国存在密切联系。自然保护运动起初是作为保卫祖国运动的一部分出现的（包茂宏，2004）。50年代以来，自然保护的“生态化”成为人们谈论的话题。在经历了19世纪成功经营人工林的同时，到20世纪中期，以“近自然”理念为特征的多功能林业思想开始被大部分林业经营者认同（陆元昌等，2010），以近自然经营发挥森林多种功能的实践得到广泛应用，德国比200年前拥有更多的森林。

阿尔伯特·史怀哲（Albert Schweitzer）提出的“敬畏生命”的伦理学，认为必须把道德关怀的范围从人扩大到生物界，一切生物都是平等的，享有与人同样的道德权利。人应该敬畏和保持生命，使生命实现其最高的价值。由挪威哲学家阿恩·奈斯（Arne Naess）开创的“深层生态学”奉行两条最高准则，即生态中心主义平等准则和自我实现原则。认为每一种生命形式都拥有生存和发展的权利。自我实现的过程是人不断扩大自我认同对象范围的过程，随着自我认同范围的扩大和加深，人与自然界其他成员的疏离感便会缩小。保护自然在某些地区因为考虑了生态尤其是濒危物种而得以合法化。进入新世纪，人们从单纯的自然保护，发展到对传统文化的保护，解决长期持续的自然保护问题。

除俄罗斯和芬兰等少数北欧国家外，欧洲大多数国家面积狭小，人口密度较高，由于历史悠久，很少保留有大片未曾开发的荒野，也很少能有大片土地被划作国家公园。德国的自然保护受到了美国的影响。美国许多地域人烟稀少，其非盈利性的自然保护的规模比德国大得多（包茂宏，2004）。德国国家公园的建设规模与美国无法相提并论，1970年建立了第一个国家公园——巴伐利亚森林国家公园，之后共建立16个国家公园。这个时期，英国也颁布了《通向乡村法案》。这些都体现了对自然荒野的关注，各国相关法律法规的制定，极大地促进了国家步道的建设和蓬勃发展。

二、自然与荒野

科技与经济发展，城市化快速推进，带来人们所处环境的巨大变化，引发人们向往回归自然与荒野。威廉·华兹华斯（William Wordsworth）在自然哲学上继承让·雅克·卢梭（Jean-Jacques Rousseau）“返回自然”的思想，把人与自然统一起来，认为自然与人是一个整体的不同表现，重新诠释了人与自然的相依关系。在他的绘画中，通过反映英国风景的巨大审美价值，树立了欧洲人与自然的审美关系，改变了人们对自然的态度（杨惠芳，2012）。在英国，人与自然的这种相互依存关系直到华兹华斯时代才从根本上定型。18世纪末以后，旅行者也才越来越亲近以前那些“令人生畏的风景”。

美国人的情感中最突出，给人印象最深的，就是对荒野的态度。弗雷得里克·特纳（Frederick Turner）的“边疆说”认为，美国人性格的形成，就是边疆造成的。边疆铸就了美国人的民族性格和民族精神。来到美洲大陆，从翻过阿巴拉契亚山开始，边疆不断向西推进，边疆就是荒野。他们在与自然做斗争的过程中征服了荒野，建立了美国这个国家（王书明，张曦兮，2014）。

（一）荒野的概念

在美国《荒野法案》中，荒野被定义为维持着其原始特征与感化力，没有经过持续的改造利用，也不存在人类居住行为的未经开发的地区。这是一种狭义的概念，是指纯粹的自然，即近乎未曾遭受人为干扰的地方，应该予以保留而不进行开发。按照无人的概念，美国荒野的保护就意味着把荒野本土人排除在外（叶平，2004）。

对于荒野的定义，近些年来，学者们普遍认为荒野不应该是完全没有人迹的地方，而是要保留尽可能天然的状态。特别是在21世纪的今天，“荒野”的概念应该随着时代的发展进行重新定义（王书明，张曦兮，2014）。因此，在探讨了国内外学者关于荒野的释义后，我们将荒野做了广义上的界定，即将荒野视为自然生态系统的结构与过程未受到人为干扰，或者人为干扰的强度有限，干扰持续的时间比较短暂，系统处于自然恢复的过程之中，生态功能的表达依然由自然绝对主导，这样的非人工生态系统，如森林、草地、湿地、荒漠等地带。在这些地方，保留当地人的基本活动，维持或逐步减少现在的经营活动，不再进行进一步的开发。荒野的核心在于它的野性。针对上述两种定义，我们倾向于称狭义的荒野为原生荒野，广义的荒野为次生荒野。

（二）荒野区

荒野思想在世界范围内产生了广泛影响。对绝大多数地方来说，现在的荒野已经是原始自然的残迹（叶平，2004）。从保护荒野的审美价值、生态价值、文化价值等出发，有些学者和社会活动家主张将一部分自然资源加以保护，免于开发。1922年《沙乡年鉴》的作者奥尔多·利奥波德在新墨西哥州视察吉拉河的源头，他为这个地区编制了没有公路和其他设施的荒野规划。吉拉荒野成为美国官方指定的第一个荒野区（利奥，2014）。

荒野区绝大多数位于联邦土地，由国会批准，分别由美国林务局、国家公园局、土地管理局和国家鱼类及野生动物局管理。1964年美国总统约翰逊签署《荒野法案》后，农业部长授权建立的364万多公顷的荒野由美国林务局管理。如今已有765个荒野区，遍布美国的44个州，主要集中在西部，分别由美国林务局、国家公园局和土地管理局、鱼类野生动物局管理（Fedkiw，1998）。一些不符合荒野适宜性的土地，则以国家公园、国家森林、国家纪念地、国家海岸、国家休闲区、国家保护区、国家野生动物保护区、野生与风景河流，以及国家风景和史迹步道的形式加以保护。美国西部的太平洋山脊步道沿线共计48个荒野区，其中43个属于联邦管辖，5个由加利福尼亚州州立机构管辖（USDA Forest Service，1976）。1935年以林学家罗伯特·马歇尔（Bob Marshall）为首，吸收了奥多·利奥波德等人，创建了荒野协会（The Wilderness Society），并与其他保护组织一起参与建立了大运河国家公园和奥林匹克国家公园（蔡君，2005）。

自1964国家荒野法案颁布以来，美国荒野休闲人数增加了4倍。在20世纪90年代，每年荒野接待访客接近2000万人（Cole et al., 1995）。巨大的访客数导致拥堵和荒野过度使用，引起诸如露营区拥挤、山坡草地植被践踏、土壤流失、树木毁坏、垃圾污染、环境嘈杂等，危害到荒野生态系统的组成结构，也造成访客的负面感受（蔡君，2005）。相关管理机构采取限制性措施加以解决，如限制访客团队大小，控制停留时间，提前申请许可等。

目前在澳大利亚、加拿大、新西兰和南非已有法定的荒野区域，津巴布韦、肯尼亚等非洲国家有行政划分的荒野区域，英国、意大利等国家也划出了一定的荒野区域（蔡君，2005）。

（三）自然荒野的价值体系

人类文明越是发展，越能够深刻地感受到那些自然的、天然的事物的可贵。它们蕴含的价值是城市文明无法给予的（王书明，张曦兮，2014）。治疗“都市病”，恐怕离不开荒野。面对纯粹的荒野，可以从中获取维持生命的物质，积累生存的经验，获得精神的享受。简单朴素、适度冒险、乐观幽默、尽力工作、徒步旅行，会让我们贴近真实存在的世界。

1．自然荒野的生态价值

世界是自然的，归根结底，必然是野性的（加里·斯奈德，2014）。与地球上任何其他地方一样，荒野并不孤立存在。通过岩石、土壤、水、空气和生物之间相互作用的过程，偏远的荒野与远近不同的地方有着不可分割的联系。正如自然主义者约翰·缪尔所说，荒野生态非常有价值。荒野最重要的一个因子是生态干扰，如野火和风暴，是重要的景观和生态系统的雕塑师。

荒野区保护了国家最洁净的野外，因而提高了空气质量。美国《清洁空气法案》（The Clean Air Act）要求保护I类地区的空气质量，包括1977年前2023公顷以上的荒野区。未受人为干扰的生态系统对水的清洁十分有效。据美国林务局统计，阿拉斯加除外，美国2/3的径流，来自森林地区，包括荒野，6000万美国人从这些流域获得水。最近，美国林务局进行了全国范围的空间评估，确定了地表饮用水的重要森林地区，并强调荒野地区对清洁水的重要性。为了确保流域健康，而指定某些荒野区。1980年响尾蛇国家休闲区和《荒野法案》指定的蒙大拿州米苏拉之外的响尾蛇荒野区，一个多世纪以来一直被蒙大拿人和全国人民用作荒野，清洁、自由流动的水发源于此。依照美国《濒危物种保护法》，指定一系列西部荒野，便于流域保护，符合国家利益。

荒野区，特别是那些与国家公园等自然保护地相连接的荒野区，有利于野生动物迁徙和季节性运动。受社会发展的影响，这些运动在其他地方严重受限或已经完全不可能实现。例如，地狱峡谷荒野是落基山麋鹿的关键迁徙走廊，它们行进在夏季高山与冬季峡谷之间。荒野是候鸟和留鸟的最佳庇护所。迁徙中的新热带的鸣鸟在密西西比海岸荒野的海边灌木丛中积聚力量，然后穿越开阔水域到达中美洲和南美洲。阿拉斯加州阿留申群岛的荒野中，有1000多万个海鸟巢，为全球一半的帝雁提供了越冬地。荒野也为大型食肉动物提供重要的庇护所，对许多生态系统的健康至关重要。灰狼在明尼苏达州东北部苏必利尔国家森林BWCA荒野区中生存，20世纪中叶，它们在美国本土48州几乎被消灭殆尽。通过自然散布和重新引入，狼的种群得以扩大。落基山脉中西部到北部均为该种的基本生境。落基山和太平洋西北部荒野地区也是灰熊和狼獾的关键栖息地。

荒野还保护冷水渔业。科罗拉多州荒野，是76%美洲大陆鳟鱼、58%里奥格兰德鳟鱼和71%科罗拉多河鳟鱼的栖息地。通过保护各种动物的栖息地，荒野为数以千计的物种从出生到死亡的生命周期过程中，提供自然环境和遗传物质。没有野生动物授粉、施肥、散布种子并提供营养物，荒野就不会存在。所有生物在荒野中呈现共享联系，它们都是生物圈的一份子。在荒野系统中交织着的最基本的生态关系，就是生物与环境、物种与生态系统整体之间的依存和作用关系。

利奥波德提出大地审美，认为一个地区的审美魅力与该地区的生物进化和演变进程的完整性有关。从与森林的整体生态关系看，枯树和树桩、林中堆积物都是美的。森林中一些植物虽然烧毁，同时又为孕育新的生命准备了条件。伊顿认为在风景审美中，如果不考虑生态的完整性，人们所企求的是景观欣赏过程中愉悦的感觉。而在生态审美中，人们通过了解景观以及该景观生态意义上的“健康性”，还能够体验到间接的愉悦感觉。

2．自然荒野的地质价值

地质构造是《荒野法案》中规定的值得保护的地质特征。荒野区保护了大量的地貌，展示了数十亿年地球历史上形成的岩石。在蓝岭山脉的高处，加拿大地盾和雪兰多荒野上有古老前寒武纪风暴留下的BWCA荒野。与这种令人震惊的老岩石相对应的是，佛罗里达礁石荒野中相对年轻的石灰石小岛，有许多年龄不超过15万年的珊瑚礁。在蒙大拿州鲍勃·马歇尔荒野（Bob Marshall Wilderness），中国墙上的石灰岩脊椎动物是一个隆起的古老礁石，是北落基山的伟大地标之一。在喀斯喀特山脉冰川峰、山羊岩、胡德山、三姐妹等荒野中，可以感受到赤热的火山岩和冰川强烈的相互作用。

这样的例子不胜枚举。美国荒野展示的地质力量如此多样，地球时代令人眼花缭乱，保护了原始地层，地球的深厚历史令人冥想。

3．自然荒野的科学价值

荒野的科学价值间接来自于生态、地质、娱乐和美学等价值，荒野是世界上活的实验室。在社会科学层面上，荒野为研究人类的观点和行为提供极好的素材。荒野是自然本真的缩影。通过研究荒野，罗德里克·纳什（Roderick Nash）1967年完成了他里程碑式的巨著《荒野与美国精神》（Wilderness and the American Mind）（侯文蕙，1987），弗雷德里克·特纳（Frederick Jackson Turner）（2010）的《美国历史上的边疆》（Frontier in American History）调查了那个年代美国人对自然的看法。社会科学家还研究荒野环境和荒野经历对人的行为和心态的影响，比如，人应对压力和挑战的反应，自然环境如何影响行为。

在荒野以外的地方，人对生态系统的影响十分普遍，也十分复杂。荒野区为地质学家、景观生态学家和野生动物学家等学者提供了理想的研究本底，可以简化研究条件，研究受人类影响较少的自然过程，也就是近乎纯粹的自然过程。大面积集中连片的荒野，让生态学家有机会在景观层次上研究受到最少人为干扰的生态系统过程，包括野生动物季节性迁徙和气候与生物物理系统的复杂相互作用。

最近几十年，荒野区作为避难所的科学重要性受到极大重视。不仅是生态社区，而且也是那些如此有力地帮助塑造它们的干扰。直到《荒野法案》通过时，科学家和资源管理者还认为"荒野生态系统会一直存在下去，保持原有状态不变，如同探险家首次发现时那样。这个认识已被杰里·富兰克林（Jerry F. Franklin）和格雷戈里·阿普利特（Gregory H. Aplet）证明是明显错误的，山火、火山爆发、严重的风暴以及其他大的干扰，会极大地影响大多数生态景观。这些干扰在维持斑块状生境多样性方面十分重要，使得某种处于早期演替阶段的植被及其相关生物群落存在下去。荒野区允许生态学家连续观察研究干扰的长期影响。在俄勒冈州西南部的克拉马斯山，数百万公顷的卡尔莫皮斯（Kalmiopsis）荒野在2002年的大火中烧毁，这是美国历史上最大的火灾之一。一般荒野区以外的森林，火烧后常常被伐掉。然而，卡尔莫皮斯被烧毁的森林和灌丛被作为火后自然演替研究的珍贵样地。

荒野正在迅速地消失！仅仅从荒野对人类的稀缺和利用价值来说，就有保留的意义，更何况荒野还是科学研究的空白（叶平，2004），荒野中交织着最基本的生态关系。利用这些研究结果反过来管理好荒野。

4．自然荒野的教育价值

荒野是一个活的教室，从中可以了解我们自己和我们的世界。大学和青年组织利用荒野来教授生态系统管理，以及科学、文学艺术、历史等科目。以荒野为教具进行户外教育很有价值，还能为体验式学习提供环境，可以开展实地考察、青年人研究、户外生活和生存技能锻炼。荒野区保护为中小学生学科学，了解相对自然纯真的生态系统、野外高山冰川过程、森林荒野徒步体验等提供了良好的教学机会，荒野是无与伦比的教室。

荒野世界的法则需要乐观坚韧，忍受艰难困苦，体谅人性的脆弱，认同谦虚的品格。通过荒野体验，强烈地感知人的行为对景观的影响，促使人们作担负生态责任的自然伙伴。阿尔多·利奥波德的土地伦理概念，打破禁锢几千年的传统思想，启迪人们采取可持续的、负责任的行为管理自然资源和生态系统。

5．自然荒野的风景与美学价值

18世纪英国学者埃德蒙·伯克在《关于壮美和优美概念起源的哲学探讨》一文中，认为优美感（the beautiful）产生于对客体性质，如细小、光滑、渐变、纤弱、温和、轻柔、洁净、明朗等的愉快情感。壮美感（the sublime）的根源是对客体性质，如极大、极强、极暗、极静、突变、断续等的惊愕、敬畏、尊崇、赞叹（龙艳，2014）。宗白华（2005）阐释道，壮美的现象使我们震惊、失措、彷徨。然而，越是这样，越使我们感到壮伟、崇高。从壮美的角度看，荒山、野岭、戈壁等无法划入优美范畴的自然景观，亦有其独特的生态审美价值（龙艳，2014）。美国生态文学对美国生态审美观影响深远，强调以壮美为主调的生态审美，国家公园的野性和清新全都有着“自然之美”。这时候，风景被上升到“国家财产”（温迪·达比，2011；杨惠芳，2012）的高度。

纯自然的风景给人们展现了特殊的荒野品质。奔驰在哥伦比亚河流峡谷高速公路上的旅行者，可以欣赏到俄勒冈州马克·哈特菲尔德荒野的纯粹悬崖和瀑布。在遥远的地方，远离光污染源，眺望深邃的夜空，欣赏荒野的天体景观，星座、行星、银河系，纯粹辉煌。寒冷的阿巴拉契亚河流底部的枫叶，山顶千年老龄林的粗糙感，都是无价宝。这些短暂的时刻，小的发现，在脑海中留下长久的记忆——荒野美！

6．自然荒野的历史与文化价值

特定民族区域的风景，是该民族生产生活环境的重要组成部分，也是该民族历史文化价值的重要构成要素，风景就不单单具有赏心悦目的审美价值，还具有民族认同价值。艾比在美国亚利桑那州，初次感到了沙漠的魅力，广漠沉寂的旷野里聚集着炽热、色彩和无法理解的意义。沙漠之中的静与现代社会中的动形成了强烈的反差，使艾比感到了人类许多无益的匆忙（程虹，2013）。华兹华斯将英国风景特定化，将民族认同价值赋予其上（杨惠芳，2012），成为英国民族综合体的一部分。长期以来英国人心中的自然风景停留在古罗马诗人维吉尔、贺拉斯诗歌所描写和意大利风景画家所描绘的自然风景上，对意大利风景更是情有独钟（杨惠芳，2012）。

不断上升的国家经济导致的美国民族意识的觉醒，迫切需要建立自身的文化形象。作为一个年轻的国家，美国没有堂皇巨著、古典艺术、悠久历史，经济、军事的强盛不足以抗衡旧大陆在文化上的强势，唯有尚处于原始状态的自然（侯深，2009）。荒野作家罗德里克·纳什（2012）写道：“美国人在共和国早期焦虑之时，转向以荒野作为自豪的源泉”。美国国家形象以雄浑而广阔的荒野替代了欧洲怀古幽思和异域风情的自然，原始土地中的浩瀚森林、广袤平原和苍茫大海酝酿出美国的民族骄傲——粗犷的荒野。这些自然景物成为人类品格的象征，形成了美国文学中离开尘世、心向自然的传统（陈望衡，张健，2012）。因而，18世纪20年代，美国艺术家开始从荒野中获得身份的认同，形成了自然艺术的新类型。而在此之前，美国风景画家画的是英国牧区的传统。托马斯·科尔在画布上捕捉了纽约北部和新英格兰的荒野，描绘了没有人类元素的原始荒野。他的作品赢得了很高的艺术声誉。

人类拥有的核心思想，很大一部分产生于古老年代的自然荒野中。荒野作为文明不曾涉足之地，濒临灭绝的物种能在此寻获栖息之地，心神疲惫的现代人能在此追寻自然与精神的家园（加里·斯奈德，2014）。自然荒野记录着人类智慧的结晶，生成积极进取的乐观精神。梭罗坚信荒野中有野性，荒野有力量，自然有精华。自然荒野激励人们富于冒险，挑战自我，锐意进取，不断革新。高山、森林、草原、荒漠、海洋、冰川等荒野之美，吸引人们回归自然、返璞归真，形成了以壮美为旨趣的生态审美和生态旅游（龙艳，2014）。背包旅行，户外野营，以荒野为家，挑战自我。18世纪开始，英国人在英伦三岛遍寻如画的风景，华兹华斯加入到这一行列，通过创作风景诗歌，编写旅游指南，宣传英国美景，推动旅游的普及，对瓦伊河谷之旅、北威尔斯之旅、湖区之旅、高地之旅等4条主要旅游线路的形成发挥了重要作用（杨惠芳，2012）。

第二节　国外步道发展

一、国外户外游憩发展

（一）户外游憩的兴起

户外游憩起源于18世纪欧洲的探险、科学考察活动，是迫于生存发展需要而采取的生活手段。如今已经成为休闲娱乐的重要方式（翟宗鑫，2010）。在户外游憩，拥抱大自然，心旷神怡，身体素质提高，精神世界得到极大满足。

1．户外游憩需求

户外游憩最早兴起于欧美国家。英国曾掀起“在自然中运动”的热潮。法国户外游憩的群众基础广泛，成为提升生活质量的一种方式（王锐，2008），主要包括登山、攀岩、悬崖速降、山地自行车、露营、野外生存、滑雪、漂流等多种形式运动与休闲项目（刘树英，2015）。20世纪50年代西方国家实行每周40小时工作制，民众闲暇时间增多。进入70年代，西方发达经济体陆续完成了工业化进程开始进入到后工业化时代，社会富裕，个人有一定的自由时间，休闲需求普遍产生（周阳，谢卫，2016）。根据英格兰自然署的统计，2012—2013年期间，英格兰每4个成年人中有3个定期到自然环境中进行户外游憩（党挺，2016），其中每周参加1次户外游憩的人占英格兰成年人的55%，每月参加1次的占75%，每年参加1次的占91%。4240万英格兰成年人去大自然游览，全部游客花费达210亿英镑（Jackson，Burton，1999）。

英国又称“户外游憩之乡”，户外游憩作为户外休闲的主要构成，对于英国经济增长的贡献相当大。作为英国的第六大产业，各种形式的旅游经济价值1269亿英镑，雇用超过9%的劳动力。如果把直接和间接的影响都考虑在内的话，旅游业相当于英国国内生产总值的9%。旅游对英格兰经济的贡献是942亿英镑，对苏格兰、威尔士和北爱尔兰经济经济的贡献分别是109亿、60亿和21亿英镑。2012年1.26亿次英国过夜旅行中，37%与户外休闲相关。过夜旅行花费的240亿英镑中，43%与户外休闲相关，达103亿英镑。英国具有丰富的户外游憩资源，整个国家就是一个无需会员费的巨大天然健身房。以国家公园为例，英国共有15个国家公园，每年估计有9000万访客到英国国家公园及周边地区游憩（党挺，2016），花费超过40亿英镑，提供大约4.8万份全职工作，约占国家公园就业总人数的34%。

2. 户外游憩形式与特点

户外游憩包括所有以自然和休闲为出发点，但不一定是竞争性或有组织的活动，典型的例子如徒步、访问乡村，森林、海岸、骑行和水上游憩活动等。国家公园户外游憩项目一般包括野营、徒步健行、自行车、骑马、独木舟、攀岩、漂流、滑冰、滑雪、游泳、高尔夫以及攀冰等。大自然千变万化，户外游憩有助于积累经验，提高随机应变的能力，深受广大年轻人的青睐。

3. 美国森林游憩的发展历程

100年前，美国对国家森林休闲设施的管理比较被动，主要开展狩猎、钓鱼和露营等休闲活动。在大城市附近的国家森林，休闲设施的使用率增长迅速。在交通便利的国家森林，许多峡谷和湖边布满营地和别墅，容纳尽可能多的游客。为了开展户外游憩活动，禁止砍伐湖边和自然美景处的森林。这个时期，国家森林管理受到国家公园局成立的强烈冲击。为了建立国家公园，国家森林风景优美的景点被收回。1917年加利福尼亚州的安吉利斯国家森林（Angeles National Forest）已新建了814幢避暑别墅、26个酒店和28处夏季度假村。1919年全国国家森林的休闲游客达到300万人次（Wolf，1990）。然而到1921年，国家公园的休闲游客还不到100万（Clawson，Harrington，1991）。为重塑公共服务，美国林务局采取类似于国家公园的做法，推出30年租约，鼓励修建避暑别墅，发展商业酒店、度假村等服务。第二次世界大战之前，每年到访国家森林游憩地的访客人数达到了1800万人次。第二次世界大战期间下降到600万～800万人次。访客在国家森林主要进行露营、野餐、游泳、划船、徒步、骑行等活动。一些人在别墅或度假村避暑，冬季滑雪。战后到访国家森林的访客暴增，从1946年的1800万人次上升到1955年的4600万人次。

1958年，国会成立了户外游憩资源评价委员会（Outdoor Recreation Resource Review Commission，简称ORRRC），关注制定满足户外游憩长期需求的全国政策。该委员会1961年完成报告，预测了1976—2000年的25年间需要的休闲设施的类型和数量。美国林务局先于ORRRC，在1957年启动了自己的国家森林调查。展开了一个为期10年的发展规划，建设更多的多用途道路和步道，扩大休闲区、设施和服务，舒缓紧张拥挤状况。1961年肯尼迪总统将这个规划提交国会。随着美国汽车拥有量从1945年的3000万辆增加到1962年的7500万辆，驾驶和野餐受到极大欢迎，从1950年的1400万增长到1962年的6100万。露营地的到访人数从1950年的150万增加至1962年的800万（Cordell等，1990）。当时预测1962年访客将达到6600万人（Cordell，1999）。之后，随即开启评估、更新和维修计划，翻新了4700个露营地和野餐区，并筹划设计新的设施。到1962年，对2.2万个家庭营地和野餐地进行了翻新，并新建1.7万个野餐地。此外，国家森林开发并扩大了30个冬季运动区、59个游泳场、若干划船场所和观景点等区域。尽管这种进步很明显，也只实现了目标的一半，然而游憩访问量在1962年上升到1.1亿，是原计划的2倍。

1965年，联邦机构采用统一的单位，即“日休闲访客”（Recreation Visitor Day，简称RVD），衡量联邦土地上的游憩活动情况。1981年，国家森林的户外休闲使用量达到了峰值2.4亿RVD，1985年降到2.3亿RVD。国家森林总访问量中的重复访问率从60%上升至77%。短时（少于4个小时）访问量从14%增加到48%。过夜访客量从70%降到21%。2小时以下的访问量增加到了72%，8小时以上的下降到6%。这一转变的原因，似乎与1976年闲暇时间减少有关，并持续到80年代。由于城市化家庭和双职工家庭的增加，人们开始在离家近的地方度过短假期（Domestic Policy Council，1988）。1987年，RVD的使用又开始增长并达到了峰值2.4亿，并持续增长，1993年达到2.9亿RVD。

根据20世纪90年代的粗略统计，国家森林体系所属区域的访客量，从1925年的500万人增加到1965年的1.6多亿人，增加了30倍（Wagner，2013）。国家森林体系中，户外游憩本身提供了20.5万份工作，每年给全美GDP贡献136亿美元。访客每年在国家森林滑雪场的直接花销达40亿美元。

截至2013年，美国林务局管理着22个国家休闲区（National Recreation Area）、11个国家风景区（National Scenic Area）、6个国家纪念地（National Monument）和1个国家保留区（National Preserve）。拥有1万多个已建成的休闲区，包括5000处露营地。管理着24万多公里的步道，全国最大的步道网（Wagner，2013）。露营地所在城镇多分布在人口密度大、接近旅游吸引物和气候良好的地区（陶伟，胡盈盈，2005）。单就速降滑雪来说，国家森林有122个滑雪场，均由获美国林务局许可的私人公司经营，占美国速降滑雪容量的60%左右。尽管管理的土地、维持的设施有其特殊性，也可以免费使用98%的这些土地，无需支付任何使用费。获得的6500万美元的使用费，以支付设施建设、季节工和基础设施建设的形式，返还到当地，以支持日益增多的访问。

（二）户外游憩效益

1．户外康体

据估计，如果每个人都到户外绿色空间活动，英国国家医疗服务的费用（NHS）每

年可以节省21亿英镑，挽救1063个生命（党挺，2016）。英国自行车协会的研究报告指出，经常骑自行车的人每年比不骑自行车的人要少一天病假，这相当于每年挽回了因缺勤造成的1.3亿英镑损失。2015年前，英国骑自行车的人数如能增加20%，将会节省国家医疗成本5200万英镑。在英格兰和威尔士，如果10%的旅行是骑自行车（目前约为2%），至少每年节省2.5亿英镑的国家医疗成本。如果把平均花在车上的36分钟中的5分钟花在骑自行车上，国家因治疗缺乏运动而产生疾病的医疗成本将下降5%。

生活在绿色区域的人比生活在城市环境者感觉更健康。经常到户外活动能够缓解压力、紧张和抑郁症的水平。据英国心理学专家预测，抑郁将成为全球第二大疾病。心理健康与缺乏运动、过度吸烟、过多摄入糖和脂肪以及压力过高有关。2013年精神和心理健康慈善机构发表的一份报告表明，“绿色运动”或“生态理疗”（eco therapy）（党挺，2016），是一种对于心理疾病很好的干预，可以降低压力、改善情绪、提高自尊、并增进健康。

2．享受快乐

在大自然中全身心地释放，这是户外游憩的价值所在。生活的快节奏、现代社会的激烈竞争使人们受到各方面的压力越来越大。人们生理、心理等方面疾病增加，尤其在心理方面。户外游憩作为一种休闲方式可以使身心和谐统一，身体活动促进心情愉悦。被动参与和主动参与一项户外活动，效果迥然不同。被动参与让人们在心理上很难从活动中产生愉悦感，难以持久。而主动参与，大多是因为喜欢而很容易激发人的参与度，在愉悦的心理支持下，生理承受能力也大为增强，内心的压抑也会随之缓解或发泄。

户外游憩虽然具有很大的挑战性和危险性，然而可以回避因失败而产生的消极心理，不必肩负胜负成败的责任，无论在精神上还是体能上都不存在任何压力。人们可以在闲暇时根据自己的实际情况，轻松愉快地从事各种活动，忘却学习、工作、生活中的一切烦恼、痛苦，在精神上获得一种解放、自由和快乐感。

3．人际交往

户外游憩不仅可以休闲、健身，同时也可以拓展交际，增进情感交流及交友，结识许多不同身份、年龄、性别的人，丰富精神生活和增进相互间的情感交流。无论在学校、商界、家庭、单位同事之间，户外游憩作为一种休闲活动已经成为人们情感交流的有效途径，在某种意义上成了人与人之间的情感桥梁。

4．户外教育

户外游憩进入高校，让学生学习野外生存技巧，提高野外生存的能力，增强人与人之间的团结协作精神（杨丹，2003）。挖掘自己的潜能，学习如何面对恐惧和冲出“舒适地带”。积极地利用闲暇时间，成为青少年排遣精神压力，散发心中郁闷的安全释放口。

（三）户外游憩管理

户外游憩之所以良性发展，除了自然资源丰富外，还在于拥有完善的支撑体系。政府、企业、非营利组织和个人做了大量工作，确保人们可以方便和安全地享受户外游憩的乐趣。

1．法律法规

第二次世界大战以后，美国兴起户外游憩热潮，对社会经济的影响越来越大。面对日益增加的森林游憩需求，1960年美国国会通过了森林《多用途永续利用法案》（Multiple Use Sustained Yield Act），规定国家森林的经营目标是游憩、放牧、木材生产、流域保护及野生动物和鱼类保护，首次以法律形式将森林游憩确定为森林经营的首要目标（王传伟等，2008）。标志着户外游憩的建设和管理开始走上法制化、行业化的轨道。1962年，美国当时的户外游憩资源评价委员会（ORRRC）向总统和国会递交了报告，得出9条结论，包括“城市附近的户外游憩需求量最大”、“户外游憩的价值可以与其他资源利用相比”、“户外游憩是人们闲暇时的主要活动，其重要性正日趋增大”等（陈鑫峰，1999）。1974年美国国会通过了《森林和草地可再生资源规划法案》（Forest and Rangeland Renewable Resources Planning Act），将自然资源分为7类，即：①户外游憩资源；②荒野资源；③野生生物和鱼类资源；④放牧资源；⑤木材资源；⑥水土资源；⑦人类和社区发展资源。其中，户外游憩资源和荒野资源位于前两位，户外游憩为森林经营的首要目标，木材生产仅居第五位（陈鑫峰，1999）。同时还要求美国林务局在今后50年内，对这7种资源每10年作一次评价，在此基础上，再向总统和国会提交5年规划和年度计划。这在世界林业发展史上都是一件大事。从此，户外游憩成为美国森林经营的重要目标之一。1977年，美国户外游憩活动消费突破1600亿美元，超过石油工业成为美国最大的产业。到80年代，人均1/8的收入花在户外游憩上。到了21世纪，森林游憩成为美国人现代生活方式的一个重要组成部分，每年高达20多亿人次参加，几乎是全国总人口的10倍。

1976年《国家森林管理法案》（National Forest Management Act）要求，美国林务局为国家森林制定土地和资源管理计划，对开发计划进行公共干预，进行环境影响评价，要根据国家环境政策法案的要求获得公共评论。加拿大联邦政府对生态游憩地的发展贡献很大，全国建立了44个国家公园，位于偏远地区，占地13万平方公里。目的是永久保护有意义的地理学、地质学、植物学或历史学特征以作为国家遗产。为了加拿大人永久的利益、教育和享受，对国家公园或游憩地采取以资源为基础的政策，而不是以人的需要为中心（吴承忠，2009）。因而，不同省份其国家公园拥有量与其人口、国土面积并不存在直接的比例对应关系，也就是说与各省人们的游憩需求不存在直接关系，而与高等级自然资源的数量成正比。

户外游憩活动会给自然资源带来破坏，自然资源政策的核心和出发点就是要减少人为游憩活动对自然资源的影响。户外游憩资源管理是户外游憩管理的一部分，主要包括游憩影响评估与监测、景区管理、植被管理、生态系统管理和风景资源管理等。美国林务局采用ROS模型管理国有游憩经营区，考虑自然、社会和管理因素，平衡自然资源与游憩利用的水平，控制资源承载力。

2．发展资金

为了解决资金不足的问题，1965年美国国会通过了《水土保护基金法案》（Land and Water Conservation Fund Act，简称LWCF），为联邦机构、州和地方政府发展森林游憩提供资金援助。截至1989年，LWCF提供用于发展森林游憩的资金总额达到了60多亿美元。在1989年LWCF终止后，国会又通过了《遗产信托基金法案》。根据该法案，在其后的8～9年内，联邦政府每年累积提供10亿美元基金，其中30%供联邦机构、30%供州和地方政府发展森林游憩（陈应发，1994）。英国国家信托基金提供资金促进户外休闲运动，制造商和零售商生产销售户外游憩服装与装备，户外游憩中心的员工为人们提供享受户外游憩的服务。

3．安全保障

澳大利亚阿尔卑斯山形成了完善的安全保障体系，不论是安全控制、安全预警、安全教育、救援体系和保险，都有细致的安全管理制度（程蕉，2004）。

4．非政府组织和志愿者

英国户外游憩产业体系依赖大量的志愿者，50万左右的志愿者活跃在户外活动相关工作领域，其中75%的志愿者是定期工作。68%的英格兰人自愿作为非正式志愿者，18%的正式志愿者一直活跃在环境保护、遗产和动物福利领域。自1972年以来，美国林务局系统已有280万志愿者，提供了超过1.2亿小时的服务，价值约14亿美元。志愿服务为回馈社区、改善森林和草原生态、了解自然和文化保护提供了很好的机会。具体可以帮助管理露营地、在游客中心与公众互动、协助运行事件和项目牵头、修建步道、调查野生动植物，以及火灾监测等。

二、国外步道发展

随着工业化和城市化的发展，人们明显倾向于走向乡村，乡野之地成为许多人休闲放松的理想去处。建立国家公园和国家步道系统，为人们提供公共游憩区和徒步路线，是西方许多国家的重要措施（Jensen，1977；William et al., 2000）。为徒步者提供享受徒步的乐趣，维护步道经过地区的生态、景观和文化特征。18世纪60年代随着经济的迅速发展，英国开始推进户外游憩，如狩猎、钓鱼、登山、赛艇等。到20世纪初，户外游憩成为一些发达国家的时尚运动。20世纪30年代，随着美国第一条步道阿帕拉契亚步道概念方案的提出，以及人们休闲需求的增加，英国户外徒步运动开始兴起。1935年汤姆史·蒂芬森提议建设奔宁步道（Pennine Way）。第二次世界大战后为了保护具有英国特色的地区不被战后的快速工业发展所破坏，国家公园、国家杰出风景区和远足徒步运动得到发展（徐克帅，朱海森，2008）。1965年英国乡村委员会规划建设了奔宁步道，此后，英国的步道网络系统开始发展起来。迄今为止，英国一共有1.8万多公里的步道。

1950年游憩利用在美国国家森林及其他地方强劲增长。ORRRC把注意力集中于国家政策的长期户外休闲的需求。在美国总统约翰逊旨在“发展和保护一个平衡的步道系统，提高户外环境质量，并且创造健康的户外休闲机会”的倡导下，联邦户外游憩局（Bureau of Outdoor Recreation）与ORRRC对全国已有步道开展调查。调查发现，第二次世界大战后美国人已经把徒步当成了最重要的户外休闲项目。

（一）徒步游憩需求

徒步游憩作为一种久盛不衰的形式得到了大众的喜爱，培育了相当规模的市场。在美国佛蒙特州最受欢迎的10大户外活动中，徒步远足最受欢迎，得到43%的居民的喜爱（黄向，2005）。在高度现代化和城市化的国家，大量游客更愿意选择亲近自然的徒步远足形式来逃避喧嚣、紧张和压抑的城市生活。纯自然风光和原汁原味的风土文化，能让徒步旅游者放松心情，获得强烈的体验，休闲效果极佳。

在英国所有的户外活动项目中，徒步行走也同样是最受喜爱的活动，占所有户外活动的76%，约22亿人次参加。2010—2011年，英国徒步者从1660万增加到1743万，增加了5%，英国当地居民的花费达23亿～25亿英镑，增加了10%。全国露营位达7100万个，超过所有民宿、宾馆和自助旅行住所的总和（党挺，2016）。徒步游憩驱动了英国每个角落的旅游经济。西南海岸步道（The South West Coastal Path）是当地旅游的重要驱动，虽然每年要花费50万英镑用于步道维护，然而每年为区域经济贡献4.36亿英镑，并提供9771份工作机会。英国著名的威尔士海岸线（Wales Coast Path）对当地经济贡献的价值是3200万英镑。哈德良长城之路（Hadrians Path）4年来为周边社区带来1900万英镑的贡献。国家公园和著名自然风景区对经济的贡献达数十亿美元，相当于英国第二大城市伯明翰的收入。每年接待游客2.6亿人以上，总支出60亿英镑，提供数以千计的工作岗位，支持8.5万家商户（党挺，2016）。

（二）徒步游憩特点

在一些发展中国家和欠发达地区，徒步旅游在当地旅游中所占的比重不断提高。徒步者往往花很长时间做徒步前的准备工作。有的甚至花几个月的时间为长距离徒步制定线路和补给计划。具体特点表现在以下几个方面：

1．平衡地区经济

徒步者冒险的本性和长时间的徒步旅行，意味着他们的行走会触及到各个角落，会在更多的地方支出，如边远的、经济较不发达地区（Hampton，1998），使这些地区的地方经济和当地较贫穷的人群获益，提高当地人在游憩发展中的参与程度，平衡地区经济发展，有助于实现可持续发展战略。

2．对服务设施要求较低

徒步旅游者使用的住宿、餐饮设施规模较小，对设施要求不高，偏爱价廉的野营帐篷、青年旅馆、背包客栈等食宿设施。能深入当地居民生活，与当地群众交流，体会当地风俗民情，领略当地文化特色（盛蕾，2003；李春颖，黄远水，2005）。

3．建设运营投入低

徒步是生态环保的旅游方式，所需开发项目少，不需要政府投入大量资源。进入的成本低，可让更多的地方资本参与进来（Hampton，1998），当地人可以拥有旅游项目的所有权（李春颖，黄远水，2005）。东印度尼西亚海边小岛Gilitawangan的大众旅游业多被外来企业所垄断，当地居民得不到真正的实惠。背包游客的增多却可以切实提高当地社区居民的收入水平。因此，在外来资本占据旅游业主导地位的地区，徒步旅游比其他旅游形式的游客更能促进当地社区的发展（黄向，2005）。通过步道系统和游憩区的建立，将增强城乡交流，促进农村发展（徐克帅，朱海森，2008）。

4．当地居民获益

单位时间内，徒步游憩获利低于大众旅游，但这种游憩持续的时间较长，人均花费远远高出其他旅游形式，利润更高于当地农业生产。1992年的一项调查显示，单个背包客在澳大利亚平均花费2667美元，而同期所有旅游者的平均花费才仅仅1272美元，只占背包客花费的48%。背包客愿意购买更多的当地物品和服务。大众旅游的收益主要流向城市，而徒步旅游的收入则可使当地乡村的部分居民获益（李春颖，黄远水，2005），适合资源条件好、经济欠发达地区作为主流产品大力发展（黄向，2005）。徒步游憩能够在经济欠发达地区，迅速提高当地的经济水平，直接帮助穷困的人们。

5．增进与徒步者的交流

徒步过程中除了要寻求刺激和从事冒险活动外，重视与同行者和当地人的交流（李春颖，黄远水，2005），增加其旅游价值。

6．适合青年人

徒步旅游作为一种特殊的、不同于大众旅游的方式，尤其受到青年人的喜欢，适合人们对于自然生活、真实生活的追求（盛蕾，2003）。

盛蕾（2003）汇集了1979年Cohen提出的旅游经历模式，将徒步游划分为五种类型：

休闲型　徒步者暂时摆脱日常生活的压力，让自己休息一下，达到快乐、休闲的目的。虽然参与当地的一些休闲活动，但是仍然认为自己的生活更有意义。

逃离型　徒步者希望逃离日常生活，减轻压力，放松心情。会参加当地一些活动，不会真正融入其中，只为获得快乐的心情。

经验型 徒步者希望寻求真实的生活状态，他们在当地居住，但是不会改变自己的生活方式。

试验型 徒步者采取当地人的生活方式，和当地居民一起吃住，体会当地人的生活状态，追求不同生活方式，了解当地文化特色。

存在型 徒步者逃离日常生活，寻求深层次的旅游经历，深入到当地人的生活中去，以维持他们的精神世界，寻找自身的精神寄托。

（三）步道发展

英美两国的国家步道建设历史较长，体系健全，建设效果十分突出。

1．英国步道

20世纪初的英国，非常流行行走于荒野、自然之中。早在1932年，人们便徒步进入金德斯考特地区，欣赏美景，探索自然。为了保持英国本土自然景观的“特殊性”，保护这些荒野和自然区域免受战后工业发展的影响，政府于1949年出台《英国国家公园和土地使用法案》（British National Park and Land Use Act），设立国家公园、杰出自然美景区（Areas of Outstanding Natural Beauty）和长距离线路（Long Distance Routes），后者为之后英国国家步道（National Trails England and Wales）的建立奠定了基础。

1965年，英国官方设立第一条步道——奔宁步道，该步道的建立代表英国人民在争取自由漫步荒野权利的运动中取得了胜利，荒野徒步成为合法行为。之后，又相继设立了其他14条国家步道，建立了总长度超过4000公里，纵横英格兰岛的国家步道系统。其中最长的步道为西南海岸步道，约1014公里。英国国家步道由英格兰自然署（Natural England）和威尔士自然资源署（Natural Resources Wales）统一规划和管理。英国国家步道在建立上有国家的参与，在通行上有法案赋予权利，在管理上有地方交通部门的协助，这些“绿色长路”（Long Green Trails）连通了英国最美的自然风景和最有价值的历史遗迹，与高速公路一样，被视为英国国家重要基础设施的一部分。

2．美国步道

美国森林步道的发展经历了近100年，步道已经成为美国休闲生活的重要组成部分。1860年，美国东北部新英格兰地区的高等学府威廉姆斯学院建立了美国第一个山野俱乐部——威廉姆斯顿登山俱乐部。这样一个以高等院校精英为主导的民间户外运动热潮逐渐蔓延到新英格兰其他地区。1876年，一批由哈佛大学和麻省理工学院教授为主的上层民间人士创立了“阿帕拉契亚山野俱乐部”（Appalachian Mountain Club），在新罕布什州的白山山脉区域开发森林小径，以提供人们以休闲、健身为目的涉足森林的机会。今天，阿帕拉契亚山野俱乐部依然在美国有广泛的影响力，并成为了美国历史最悠久的民间户外组织。而在广袤的美国西部，以约翰·缪尔为首的、受到超验主义哲学影响的政治活动家创立了“西耶拉俱乐部”（Sierra Club），推动了国家公园局在20世纪初期的创立。约翰·缪

尔因此被称为“美国国家公园体系之父”。他常年在内华达山脉探险，对西奥多·罗斯福总统在环境保护、维护荒野、反对商业开发等事务中产生重要影响。在美国国会的立法过程中致力于维持森林的原始性，从意识形态的层面开创巩固了美国人民减少对荒野的利用，可持续保护的意识。新英格兰地区的佛蒙特州也在“绿山山脉俱乐部”（Green Mountains Club）的主导下建立了一条由南至北贯穿全州的“长小径”（The Long Trail），致力于塑造佛蒙特的地域形象，巩固本地公民的自治意识。长小径在1930年完工，全长438公里，是美国第一条“纵贯”政治区域（州）的户外休闲小径。

20世纪70年代，国家森林完整保持有15.8万公里的步道（Poudel，1986；USDA Forest Service，1992）。1969—1979年，亚利桑那、科罗拉多、新墨西哥、内布拉斯加、怀俄明、南卡罗来纳、北卡罗来纳、佐治亚、佛罗里达、密西西比、路易斯安那、德克萨斯、俄克拉荷马、阿肯色、田纳西、宾夕法尼亚、印第安纳、密苏里、威斯康星、明尼苏达20个州步道的使用率平均提高了4.2倍，从100万RVD到420万RVD。随着休闲游客使用步道的不断攀升，由联邦基金支持新建和重建的步道总里程，1970—1976年每年增加455公里，1977—1979年每年增加1693公里。志愿者新建步道1970年80公里、1978年1989公里、1979年1413公里，大约相当于20世纪70年代末联邦基金支持建设的步道里程数（USDA Forest Service，1992）。

1968年，国会指定阿帕拉契亚步道和太平洋山脊步道作为国家风景步道。之后，在20世纪70年代，在国家森林新建或重建了阿帕拉契亚国家风景步道1352公里的90%多，太平洋山脊国家风景步道4184公里的76%多（USDA Forest Service，1980）。1977年，国家森林管理者评估并指定了14条国家休闲步道。卡特总统在1979年财政年度发出的环境信息中将这个目标加以扩大，1980年之前要在国家森林中建成244条国家休闲步道。1978年底有69条国家休闲道，1979年底共建成256条国家休闲步道，共计4806公里，超额完成。大多数步道位于人口集中地区的附近。单条休闲步道的长度从0.4—322公里不等，遍布36个州。

官方力量在美国国家步道体系的建设中起着关键作用。除了步道线路的确定需要通过国会法案批准，美国农业部林务局，以及内政部公园局和国土局全程跟踪步道的建设和管理，并担负解决步道建设用地问题和管理中的一系列协作和咨询问题的重任。

3. 跨国跨洲步道

欧洲步道网络发达，在现有各国步道的基础上，构建了2个体系的跨国长程步道。在法国、比利时、荷兰和西班牙，一系列长距离步道所组成的体系被称作欧洲GR步道（法语：Grande Randonnée）。以英国、法国、德国和意大利为代表的诸多欧洲国家，发展了另一个长程步道体系，该体系被称作欧洲远程跨国步道（European Long Distance Paths）。

2015年底，加拿大新斯科舍（Nova Scotia）徒步协会与省自然资源部长会面，共同致力于认可和支持国家远足步道及其与美国阿巴拉契亚步道系统的联系，试图建成连接加拿大和美国的跨国长程步道。

加拿大人在步道规划方面发挥了充分的想象，提出了洲际步道“国际阿帕拉契亚步道”（International Appalachian Trail）的设想。地质证据表明，阿帕拉契亚山脉、西欧的某些山脉和北非的阿特拉斯山脉是古代中央泛大陆的组成部分。大约在2.5亿年前，泛大陆解体，阿帕拉契亚山脉随着大陆漂流到它们现在的位置。在此研究结果的基础上，人们试图用步道将这些亿万年前本为一体的地貌连接起来，这便是国际阿帕拉契亚步道设想的由来。按照这个设想，将在美国阿帕拉契亚步道的基础上，向南延伸到墨西哥湾，向北延伸至加拿大境内，贯穿整个美洲，全长6558公里。之后，再蜿蜒至欧洲，最终到达非洲的洲际步道。

第三节　国家步道概念

一、国家步道内涵

（一）国家步道的定义

步道（trail） 指用于步行、自行车、骑马、滑雪越野等休闲游憩活动的通道。步道建设的目的是给人们提供户外休闲游憩场所，合理地开发利用自然、历史、文化资源，使这些稀有、宝贵的资源得以保护和可持续利用。

国家步道（National Trail） 各国对国家步道的基本的共识是指跨越国家典型自然特征地，如高山、峡谷、河流、森林、沼泽、沙漠或草原，以及各类遗产地的长跨度、高等级的步道，并由国家或国家部门负责管理的步行廊道系统。

美国国家风景步道是美国国家步道体系的一种类型，是指位于具有最大户外游憩潜力的区域，并且穿越国家典型风景、史迹、自然或文化区域的长程步道。国家风景步道的布设，跨越沙漠、沼泽、草原、高山、峡谷、河流、森林，以及能够展现国家显著特征的地貌（The Senate and House of Representatives of the United States of America in Congress，2009）。此外，英国国家步道被认为是英国最高品质户外休闲线路的集合，将英国最美好的风景，用最广泛的路途连接起来（Natural England，2013）。

如果一个国家素来有建设步道的传统，并且在建设过程中形成了发展和管理步道的专门性组织，成功建设了长程步道或长程步道体系，并且步道在长度、景观、自然、文化等方面体现了该国的典型特征，则可以认为该步道或步道体系具有国家步道的功能和意义。

（二）国家步道的特征

大多数情况下，国家步道是长程步道的集合，具有长程步道所拥有的线路连贯的特征。大多数国家步道都经过本国典型的自然特征地，如高山、峡谷、河流、森林、沼泽、沙漠或草原，串联或穿越历史文化区域或遗址，具有自然和文化的双重属性。同时国家步道线路沿途还布设简单的露营、标识标牌等设施，形成了步道系统。美国、英国、西班牙、日本等国家的中央政府或政府部门在国家步道的国家发展建设中起到了关键作用，通过立法或颁布标准使国家步道具有了制度化发展的特点。

二、国家步道主要类型

国家步道的类型丰富，按照线路长短划分可以区分为长程步道和短程步道。例如，美国国家步道体系中的国家风景步道和国家史迹步道，就是长度超过160公里的长程步道。

（一）美国国家步道

美国国家步道体系由国会法案建立，其体系成员由国会批准，委托内政部国家公园局和农业部林务局进行发展和管理。美国国家步道体系按照步道穿越区域的特点、长度和功能分为国家风景步道、国家史迹步道、国家休闲步道和连接及附属步道四种类型。其中国家风景步道和国家史迹步道是长度超过160公里的长程步道，前者要求能够最好地展示美国原始的生态景观与优美的自然风光，满足民众休闲游憩需求，后者必须在具有公共休闲游憩功能的同时还具有重要的历史意义。而国家休闲步道则是区域性步道，地处都市或近郊，在长度上没有特别的要求，以为城市居民提供休闲游憩空间为主要目的。具有类型丰富多样、长度各异的特点（The Senate and House of Representatives of the United States of America in Congress，2009）。

（二）英国国家步道

英国国家步道的前身是长距离步道体系，由英国议会制定的法案建立，法案指定英格兰自然署发展建设步道，并监管步道后续运营管理。英国国家步道体系包括15个成员，并没有类型上的区分。除英国国家步道以外，英国还有其他的长距离步道。不同于一般的长距离步道，英国国家步道的建立是由首相批准，建设资金以及1/3的维护资金来自国库（Natural England，2013）。

（三）西班牙国家自然小径网

西班牙国家自然小径网由皇家法令草案建立，其体系成员由地方政府或组织发起建设，由农业、食品与环境部进行批准、管理、监管和协调（Secretaria General de Agricultura y Alimentación，2016）。西班牙国家自然小径按照长度和功能分为三种类型（Ministerio de Agricultura，Alimentacion y Medio Ambiente，2014），分别是国家级小径、地区级小径和配套小径。国家级小径路线长度超过300公里，地区级小径长度在150～300公里之间，配套小径长度小于150公里。

（四）日本步道

日本的步道可以按照长度区分为短程和长程两种类型。登山道是日本的短程步道集合，长距离自然步道是日本长程步道的集合。这些长程步道虽未以国家步道冠名，却具有实际上国家步道的功能和意义，由环境省自然环境局国立公园课国立公园利用推进室负责发展。

三、国家步道功能

各国建设国家步道的首要目的是为民众提供一种对环境产生较低影响的休闲游憩方式，拓展民众在广阔的荒野、乡村和自然区域的休闲游憩空间，并保护这些区域的环境和生态。除此之外，因国情不同各国在国家步道建设方面有不同的考量。

美国《国家步道体系法案》阐明国家步道体系的建设是为了满足随人口扩张而日益增长的户外休闲游憩需求，促进国家户外开放空间和历史资源的保护，以及民众对于以上空间和资源的访问、游憩、享受和欣赏（The Senate and House of Representatives of the United States of America in Congress，2009）。

由西班牙农业、食品与环境部发展并监管的西班牙国家自然小径网，其建设是为了满足西班牙民众的休闲游憩需求，同时该部门认为国家自然小径网还能够通过开展生态旅游，带动农村经济多元化发展，从而增加附近民众的福利。

英国国家步道的发展与监管机构英格兰自然署认为国家步道应该为公众提供身心愉悦的休闲游憩体验，带动地方旅游业发展，并号召步道沿途社区积极参与国家步道的维护工作，以达到改善区域环境、为地方带来经济利益的目的。

四、国家步道使用者

传统上一般把步道使用者分为两大类，即机动交通工具使用者和非机动交通工具使用者。进而又可进一步细分为6个亚类，即徒步使用者、非机动交通使用者、非机动水上交通使用者、畜力交通工具使用者、机动车使用者和水上机动交通工具使用者。

徒步使用者 包括散步者、远足者、慢跑者、坐轮椅者、野外观鸟者、自然爱好者、野营者、攀岩者等。

非机动车步道使用者 包括自行车、轮滑鞋、冰鞋、滑板等使用者。

非机动水上步道使用者 包括独木舟、皮划艇、潜水、冲浪等爱好者。

畜力交通工具步道使用者 主要为骑马爱好者。

机动车步道使用者 包括雪橇、吉普车、各种山地交通工具以及摩托车使用者。

水上机动步道使用者 摩托艇、电动小艇等使用者。

五、国家步道与各类遗产地关系

国家步道与各类遗产地的关系包括从遗产地穿越、从遗产地边缘穿越或通过步道支线串联遗产地。

一些国家将国家步道视作保护项目的一种类型。在美国，国家公园局将国家步道包含在国家公园体系中，与国家公园、国家纪念地等保护单元并列。英国国家步道的前身——长距离步道与国家公园和杰出自然美景区由同一法案建立（The Parliament of United Kindom，1949）。这也说明英国国家步道的确与遗产地有着密不可分的关系，都是英国民众访问荒野和乡村区域的途径，是保护这些区域生态和环境的有效手段。

参考文献

包茂宏. 德国的环境变迁与环境史研究——访德国环境史学家亚克西姆·纳得考教授［J］. 史学月刊，2004（10）：91-95.

蔡君. 美国荒野的保护管理及使用限制［J］. 北京林业大学学报（社会科学版），2005，4（1）：34-39.

陈望衡，张健. 大地艺术对美国“荒野精神”的反思［J］. 艺术百家，2012，126（3）：135-142.

陈鑫峰. 森林游憩业发展回顾［J］. 世界林业研究，1999（6）：32-37.

陈应发. 美国的森林游憩［J］. 山东林业科技，1994（1）：41-45.

程虹. 寻归荒野［M］. 北京：生活读者新知三联书店，2013.

程蕉. 澳大利亚阿尔卑斯山户外运动安全保障制度研究［J］. 体育文化导刊，2004（7）：24-27.

党挺. 英国户外休闲产业发展经验及其启示［J］. 体育文化导刊，2016（8）：147-151.

付成双. 西部环境史：美国史研究的新视域［J］. 历史教学（高校版），2007（6）：64-70.

高国荣. 环境史在美国的发展轨迹［J］. 社会科学战线，2008（6）：111-117.

高国荣. 环境史在欧洲的缘起、发展及其特点［J］. 史学理论研究，2011（3）：108-116.

侯深. 前平肖时代美国的森林资源保护思想［J］. 史学月刊，2009（12）：98-104.

侯文蕙. 美国环境史观的演变［J］. 美国研究，1987（3）：136-154.

黄向. 徒步旅游国内外发展特点比较研究［J］. 世界地理研究，2005，14（3）：72-79.

加里·斯奈德. 禅定荒野［M］. 桂林：广西师范大学出版社，2014.

江山，胡爱国. 德国环境史研究综述与前景展望［J］. 鄱阳湖学刊，2014（1）：47-56.

李春颖，黄远水. 国外徒步旅游研究的多维视角［J］. 旅游科学，2005，19（2）：28-32.

李彦檪. 日本登山环境与步道系统优化推动经验与实务［EB/OL］.［2016-8-16］. http：//www. alpineclub. org. tw/front/bin/ptdetail. phtml?Part=cw-06

利奥·波德. 沙乡年鉴［M］. 上海：上海科学普及出版社，2014.

刘树英. 法国户外运动市场发展趋势［J］. 文体用品与科技，2015（1）：24-26.

龙艳. 走进壮美荒野——美国生态文学对生态审美和生态旅游的启示［J］. 北京林业大学学报（社会科学版），2014，13（1）：33-39.

陆元昌，栾慎强，张守攻，等. 从法正林转向近自然林：德国多功能森林经营在国家、区域和经营单位层面的实践［J］. 世界林业研究，2010，23（1）：1-11.

罗德里克·纳什. 荒野与美国思想［M］. 侯文蕙，译. 北京：中国环境科学出版社，2012.

吕卫丽，叶海涛. 罗尔斯顿哲学思想中的荒野之美［J］. 教育教学论坛，2015（39）：3-4.

盛蕾. 徒步旅游及其特征［J］. 社会科学家，2003（4）：88-90.

陶伟，胡盈盈. 国外“游憩”研究进展——ANNALS OF TOURISM RESEARCH 反映的学术态势［J］. 地理与地理信息科学，2005，21（3）：88-92.

滕海键. 世界视野中的美国荒野史研究——从罗德里克·纳什及其《荒野与美国精神》说起［J］. 辽宁大学学报（哲学社会科学版），2012，40（4）：145-151.

童雪莲，张莉. 近十年来美国环境史研究的动向［J］. 中国历史地理论丛，2013，28（3）：151-160.

王传伟，郭锋，江泽平，孙晓梅. 美国的户外游憩资源管理［J］. 世界林业研究，2008，21（2）：63-67.

王海燕. 日本前近代史视野下的环境史研究［J］. 史学理论研究，2014（3）：115-121.

王锐．法国体育旅游发展研究［J］．体育文化导刊，2008（7）：110–112.

王书明，张曦兮．现代文明中的荒野——侯文蕙教授与环境史研究的国际化视野［J］．南京工业大学学报（社会科学版），2014，13（4）：57–63.

温迪・达比．风景与认同：英国民族与阶级地理［M］．南京：译林出版社，2011.

吴承忠．国外游憩政策研究［J］．城市问题，2009（9）：87–90.

徐克帅，朱海森．英国的国家步道系统及其规划管理标准［J］．规划师，2008（11）：85–89.

杨丹．关于闲暇体育潜在价值的认识［J］．中国体育科技，2003（6）：21–25.

杨惠芳．华兹华斯与英国风景价值的多维呈现［J］．理论月刊，2012（7）：179–183.

杨金才．论美国文学中的“荒野”意象［J］．外国文学研究，2000（2）：58–65.

叶浩彬，徐红罡，相阵迎．浅谈英国体育休闲产业及对我国的启示［J］．体育文化导刊，2006（8）：69–72.

叶平．生态哲学视野下的荒野［J］．哲学研究，2004（10）：64–69.

翟宗鑫．国外流行的户外运动［J］．环球体育市场，2010（5）：28–29.

周婷婷．简论电影《荒野生存》中“荒野”的美学内涵［J］．大众文艺，2010（7）：100.

周阳，谢卫．欧美发达国家休闲体育产业发展启示——以美英澳三国为视角［J］．人民论坛,2016（14）：245–247.

宗白华．美学散步［M］．上海：上海人民出版社，2005.

祖国霞．吉福德・平肖自然资源保护思想述评［J］．北京林业大学（社会科学版），2011，10（4）：86–91.

Clawson M, Harrington W. The growing role of outdoor recreation. In: America's renewable resources: historical trends and current challenges [M]. Edited by Kennet.Frederick and R.A. Sedjo.Resources for the Future, Inc., Washington, DC. 1991:249–252.

Cole D N , Wat son A E, Roggenbuck J W. Trends in wilderness visitors and visits: Boundary Waters Canoe Area, Shining Rock , and Desolation Wilderness [R] .US Department Agriculture Forest Service Research Paper INT–496 , 1995: 30.

Comley V. Mackintosh C .The economic impact of outdoor recreation in the UK: The Evidence [R]. Reconomics, 2015.

Cordell H, Ken J C, Bergstrom L A. Hartman, and Donald B.K. Analysis of the outdoor recreation and wilderness situation in the United States 1989–2040 [R].USDA Forest Service Gen. Tech. Report RM–1 89.USDA Forest Service, Washington, DC.1990:113.

Cordell K. Outdoor recreation in American life: a National Assessment of Demand and Supply Trends [M]. Champaign, IL: SagamorePublishing , 1999.

Cronon W. Modes of prophecy and production: placing nature in history [J]. Journal of American History, 1990, 76(4): 1122–1131.

Domestic Policy Council. Task force on outdoor recreation resources and opportunities.Outdoor recreation in a nation of communities: Action plan for the american outdoors [R]. U.S. Government Printing Office, Washington, DC.1988: 169.

Fedkiw J. Managing multiple uses on national forests [R], 1905 to 1995, FS–628 , USFS,1998.

Forest History Society.2016.http://www.foresthistory.org

Gottlieb R. Forcing the spring: The transformation of the American environmental movement [M]. Island Press, 2005.

Hampton M. Backpacker tourism and economic development [J]. Annals of Tourism Research, 1998, 25(3): 638–660.

Jackson E L, Burton T L. Leisure studies: prospects for the twenty–first century [M]. Venture Publishing Inc., 1999.

Jensen C R. Outdoor recreation in america: Trends, Problems, and Opportunities [M]. Minneapolis: Burgess Pub. Co., 1977.

McNeill J R. Observations on the nature and culture of environmental history [J]. History and Theory, Theme Issue: Environment and History, 2003, 42(4): 5–43.

Ministerio de Agricultura, Alimentacion y Medio Ambiente. Estudio de la Situación de los Caminos aturales e Itinerarios No Motorizados en España [R]. MAGRAMA, 2014.

Natural England. The new deal–management of National Trails in England from April 2013 [R]. NE, 2013.

Poudel P. Analysis of National Forest developed recreation sites and facilities: Policy Analysis Staff Report [R]. USDA Forest Service, Washington, DC.1986: 109 pp.

Secretaria General de Agricultura y Alimentación. Proyecto de Real Decreto por el que se Regula la Red Nacional de Caminos Naturales. 2016.

The Parliament of United Kindom. National Parks and Access to the Countryside Act 1949 [J]. PUK, 1949.

The Senate and House of Representatives of the United States of America in Congress. THE NATIONAL TRAILS SYSTEM ACT as amended through P.L. 111–11, March 30, 2009 [J]. the Senate and House of Representatives of the United States of America in Congress, 2009.

Turner F J, Bogue A G. The frontier in American history [M]. Courier Corporation, 2010.

USDA Forest Service. Highlights in the History of Forest Conservation [R]. AIB–83, 1976.

USDA Forest Service. Tabulation of Budget Authority, Full–Time Employment, and Outputs by Program Line Items and Fiscal Years, 1963 to 1992 [R]. Washington, DC. 1992.

USDA Forest Service.Report of the Forest Service for Fiscal Year 1979 [R]. Washington, DC. 1980.

Wagner, Mary. Speech:Outdoor recreation on the National Forest System [R]. In: National Outdoor Recreation Conference, Traverse City, MI, 2013.

William C Gartner, David W. Lime trends in outdoor recreation, leisure and tourism [M]. New York: CABI, 2000.

Wolf, Robert E. The concept of multiple use: The evaluation of the idea within the Forest Service. Report submitted under contract no. N–3–2465.O [C]. Office of Technology Assessment, U.S. Congress, Washington, DC.1990: 81.

第二章

美洲国家步道

第一节　美国国家步道

美国是世界上最早规划、建设长程步道的国家之一。关于长程步道建设的讨论最早出现在20世纪20年代，建设长程步道的思想基础则可追溯到19世纪中叶保护运动的兴起。第一次世界大战之后美国工业快速发展，伴随着保护运动的思想基础，民间逐渐出现了回归荒野和自然的呼声。第二次世界大战之后，美国经济空前繁荣，休闲游憩需求迅猛增长，进一步肥沃了建立国家步道体系的土壤。

20世纪60年代，美国进入了保护性立法的高峰期。《国家步道体系法案》（The National Trails System Act）的颁布也恰逢这一时期，开创了美国步道建设国家化、法制化、规模化的时代。Pam Gluck（2008）认为国家步道体系的建立，是美国在荒野、自然、历史、文化等资源的可持续利用方面的一次大胆尝试（a grand experiment）。

一、国家步道发展历程

（一）社会历史背景

1．早期环境保护运动的兴起

19世纪，美国民间开始涌现对大自然深刻而持久的热情。艺术家、文学家、哲学家以及环境保护事业的支持者纷纷在文学和艺术作品中反映人与自然的关系。美国进入了一个以文学和艺术作品探索荒野和自然的时代。在这一时期形成的一系列有关自然和荒野的看法和观念，为后续美国保护运动在国家层面的开展奠定了意识形态基础。

代表性艺术作品　阿尔伯特·比兹塔特（Albert Bierstadt）是19世纪美国著名的风景画家。他的画作展现了19世纪中叶美国西部的壮阔美景，堪称那个时代描绘“西部自然奇景”的代表之作。同一时期，弗雷德里克·埃德温·丘奇（Frederic Edwin Church）的荒野主题画作《荒野曙光》（Twilight in the Wilderness）亦是这个时代的杰作，探索性地展示了美国荒野的重要性，吸引了更多民众关注荒野。

代表性文学作品　以浪漫和自然为主题的文学作品中，最引人瞩目的当属亨利·大卫·梭罗（Henry David Thoreau）的《瓦尔登湖》（Walden）。梭罗详细地在《瓦尔登湖》一文中抒发了他在湖畔隐居的若干年间所形成的对自然与瓦尔登湖的深切感情，并在其他作品中表达了对人与自然关系研究的兴趣。在1860年的一次演讲中，梭罗以“森林树木的接班人”为主题，探索森林生态和鼓励农业社区植树。这篇演讲被称为“最具影响力的生态保护人士的思想贡献”。

代表性人物　约翰·缪尔（John Muir）是美国早期环境保护运动的代表人物。在因事故失去大部分视力之后，缪尔决定抓紧时间去看看“美国的自然奇观”。他遍游优胜美地和内达华山脉（Yosemite and Sierra Nevada），并在《世纪》杂志上发表了一系列文章。他的专著多以自然探险为主题，读者众多，影响了很多人对待自然和荒野的价值观念。缪尔在优胜美地山谷（The Yosemite Valley）等荒野的保护方面做出了巨大贡献，并创建了美国最重要的环保组织——塞拉俱乐部（The Sierra Club），被认为是“美国国家公园”的创始人之一。

代表性组织 布恩和克罗克俱乐部（The Boone and Crockett Club）是1887年成立于美国的猎人—保护组织（Hunter-Conservationist Organization），由当时还不是美国总统的西奥多·罗斯福（Theodore Roosevelt）建立该组织发布了著名的“公平追逐声明”（Fair Chase Statement），被视为猎人和自然的伦理声明。俱乐部及其成员致力于黄石国家公园的扩展和保护，并一直为美国总体保护工作贡献力量。

2．保护运动制度化

国家公园与国家森林 伴随着保护思想的深入人心，人们对荒野产生了探索的热情。探险队和摄影师们用真实的图像展示了黄石自然景观的夺目与绚丽，推动了1872年世界上第一个国家公园——黄石国家公园的建立。黄石国家公园建立前后，后来成为总统的西奥多·罗斯福正在黄石公园周边旅行，并促进了“黄石林地保护区”（Yellowstone Timberland Reserve）的诞生。该区域是后来更名为休休尼国家森林（Shoshone National Forest）的主要构成部分。休休尼国家森林是美国最早的国家森林。

森林保护区法案与美国林务局 1881年，国会通过了《森林保护区法案》（Forest Reserve Act），该法案旨在保留、保护公共领地的森林资源。美国由此进入保护运动的制度化时期。

1905年，美国林务局（U.S. Forest Service）成立，该机构与1916年创建的国家公园局（National Park Service）是美国国家步道体系规划建设的两大主要部门。两者在保护方面秉承的理念略有差异，美国林务局希望监管林地内的公共活动和商业活动，达到“保护森林”并满足“更大、更长远利益”。国家公园局希望通过严格禁止原始自然环境中的任何开发性活动，留存自然美景，仅满足科学研究和休闲游憩需求。

制度化保护代表性人物 时任美国总统西奥多·罗斯福推动了美国林务局的创建，在其总统任期内，国家公园和国家森林的前身森林保护区的数量皆有增加。作为美国保护运动制度化的开创者，罗斯福曾表示“我们很容易以为这个国家的资源是无穷无尽的，事实并非如此”。在他看来美国自然资源的保护需要成功地管理和维持这些资源，满足未来美国人民的利益和持续享有的需求。

3．休闲游憩需求的第一次增长

第一次世界大战之后，美国工业持续发展。工薪阶层作为当时美国社会的中坚力量，越来越向往逃离拥挤的工业化城市，期望以较低的花费进入自然，重返乡村。有识之士迅速地觉察到这一点，开始探索新的休闲游憩方式。

美国保护运动为人们留存了诸多自然和荒野景观，并在美国民众的心中播下了“保

护”的种子。当休闲游憩需求不能在城市中得到满足的时候，人们将目光投向这些广阔的受保护土地，希望以一种低影响的方式走进自然，在更广阔的空间内开展休闲游憩活动。“超级步道”（super trail）的设想应运而生，领军人物是林业从业者、区域规划师本顿·麦凯（Benton MacKaye）。

设想——逃离与回归之路 本顿·麦凯于1921年10月在《美国建筑师学会杂志》（Journal of the American Institute of Architects）上发表文章，对当时的社会现状表示了深深的担忧。战争的影响、工业的发展与新兴技术导致城市和乡村经济发展不平衡，带来农业人口迅速下降，牧场和耕地等待开发，城市工作岗位不足，城市居民缺乏有效休闲等社会问题。麦凯（1921）认为，美国越来越城市化、机械化，越来越从自然中剥离出来，而人们却一直在忽略那些留存在“森林、田园等地方的广阔休闲游憩机会和空间”，忽略这些区域在改变民众健康，增加就业机会的潜力和可能性。在文章的后半部分，麦凯创造性地抛出了“阿帕拉契亚天际线项目”（Appalachian Skyline Project）的大胆设想。该项目由步道、庇护所、社区团体、食品及农场四个主要部分构成，是美国现代长程步道的雏形。它旨在为民众提供休闲游憩、健康体魄且具有公共服务意义的“人民操场”（Playground of the People），同时给步道沿线的农场带来经济利益，并为城市居民逃离工业化社会，重返乡村生活提供便利。

行动——阿帕拉契亚步道大会 阿帕拉契亚天际线项目被保护人士所认可，并迅速付诸行动。1925年，在华盛顿的一次会议上，地方领导人和徒步俱乐部共同成立了“阿帕拉契亚步道大会”（Appalachian Trail Conference），加快了梦想成为现实的速度。

分歧——是保护还是经营 在阿帕拉契亚步道建设的中后期，麦凯与另一位主要推动者艾弗里（Avery）在建设理念方面产生了分歧。麦凯认为阿帕拉契亚步道的主要功能是提供自然和社区之间的连接，而艾弗里则认为公路和步道可以并存，步道应该让更多人享受到户外休闲（National Park Service，2016），并认为步道沿途的度假村和其他商业化经营项目的存在是合情合理的。分歧造成了两位创始人的分道扬镳，麦凯离开了阿帕拉契亚天际线项目，将精力投入到荒野保护的工作中。麦凯的离开并没有影响阿帕拉契亚步道的建设。1937年，步道完成了最后的建设工作，成为世界上第一条长度超过1000公里的步道，留下“保护”还是“经营”的困惑，至今困扰着步道的建设者们。

4．休闲游憩需求的第二次增长

保护与休闲的需求 第二次世界大战之后，美国经济空前繁荣。同时，美国民众对于生存环境质量的要求和对于更广阔的休闲游憩空间的需求达到空前程度。促进了一系列保护性法案的制定，以及以“国家步道”为代表的新型休闲游憩方式的诞生。

立法的浪潮 从20世纪60年代开始，美国进行了一系列保护性立法，包括《国家自然与风景河流法案》（Wild and Scenic Rivers Act）、《国家环境政策法案》（The National Environmental Policy Act）、《清洁水法案》（Federal Water Pollution Control Act（Clean Water Act））、《海洋哺乳动物保护法案》（Marine Mammal Protection Act）、《海岸带管理

法案》（The Coastal Zone Management Act）、《濒危物种法案》（Endangered Species Act）等保护性法案。这些法案的制定，标志着美国保护运动取得阶段性重大胜利。在这些保护性法案中，最具有开创意义的当属林登·约翰逊（Lyndon B. Johnson）总统于1964年9月签署的《荒野法案》（The Wilderness Act）。该法案里程碑性地实现了环境保护主义者多年来致力于保护一些“美国最壮观土地”的努力。时任美国内政部长的斯图尔特·尤德尔（Stewart Udall）高度评价该法案，认为该法案的制定“重写了我们人类与地球的契约”（rewrote our covenant with the earth）。

伴随着众多保护性法案的先后出台，1968年，总统林登·约翰逊签署《国家步道体系法案》，建立国家步道体系，以满足民众在民族健康、环境教育和休闲游憩等方面日益增长的需求，可持续地利用自然、荒野、文化、历史等资源（图2-1）。

图2-1　1968年，林登·约翰逊总统站在美国国家步道体系蓝图前

［来源：美国步道杂志（American Trails Magazine），2008］

（二）发展阶段

1. 奠基准备阶段（19世纪中叶至1920年）

代表事件——持续近百年的美国保护运动

在保护运动蓬勃开展的近百年间，人们通过文艺作品或亲身探索，充分感受到自然和荒野的壮美，保护的理念深入人心，并建立起了以国家森林和国家公园为代表的保护制度体系，保护了珍贵的自然和荒野资源，为后来通过国家步道可持续的欣赏国家美景，保护性利用自然和荒野资源奠定了思想基础和物质基础。

2．探索实施阶段（1920—1950年）

代表事件——阿帕拉契亚步道的建立，世界首条长程步道

早在美国国家步道体系建立之前的近50年，美国人民已经开始了以阿帕拉契亚步道为代表的长程步道建设探索，并依靠民间力量在1937年贯通了线路。阿帕拉契亚步道是世界上第一条建设成功的“长程步道”。虽然因为受到美国经济大萧条和飓风的影响，步道线路一度损坏严重，但是丝毫没有减弱美国民众对这条步道的深厚感情。志愿者们持续地通过行走和贡献个人力量维护步道畅通，并为长程步道建设和体制化进程不断努力（King，2000）。与此同时，民间力量还努力探索其他长程步道的建设。1935—1938年期间，基督教青年会组织研讨太平洋山脊步道的潜在线路，3200公里的线路初具雏形，展现出民众对长程步道建设的浪漫想象和高涨热情。

3．体系、法律酝酿阶段（1945—1967年）

代表事件1——首次正式提出“国家步行小径系统”

代表事件2——林登·约翰逊总统发表“自然之美”国情咨文

1945年，在一个高速公路拨款修正案中，美国联邦政府第一次在国家层面提出建设“国家步行小径系统”（National System of Foot Trails），但是未获国会批准。虽然国家步行道路体系在建立过程中遇到了挫折，但是制度化的脚步并没有停歇。

50年代之后人口持续增长，美国开始思考为民众提供更好、更多的休闲游憩机会。1958年，美国国会建立并指导户外休闲资源审查委员会（The Outdoor Recreation Resources Review Commission）对民众的户外休闲需求开展研究。1960年，该审查委员会的调查显示，90%的美国人会参与到某种形式的户外休闲活动中，徒步带给参与者的愉悦感在所有活动中排名第二。1965年2月，林登·约翰逊总统向国会发表国情咨文“自然之美”，呼吁充分利用路权和其他公共路径，在美国其他区域复制更多的阿帕拉契亚步道。让更多的美国人欣赏到美国的自然之美。至此，美国在联邦政府层面达成建设美国国家步道体系的共识。

4．体系化建设阶段（1968年至今）

代表事件1——《国家步道体系法案》的颁布

代表事件2——1978年，美国国家步道体系的全面建设

1968年《国家步道体系法案》颁布，开启美国长程步道体系化、制度化建设的时期。在初版法案中，步道体系包括国家风景步道（National Scenic Trails，简称NST）、国家休闲步道（National Recreation Trails，简称NRT）以及连接和附属步道（Connecting or Side Trails）三种类型。阿帕拉契亚国家风景步道（The Appalachian NST）和太平洋山脊国家风景步道（The Pacific Crest NST）作为第一批国家风景步道载入史册。10年后，《国家公园和休闲游憩法案》（The National Park and Recreation Act of 1978）颁布，揭示了民众对于历史性休闲游憩的需求，修订了1968年颁布的《国家步道体系法案》。通过法案的修订，国家史迹步道（National Historic Trails，简称NHT）成为美国国家步道的第四种类型，大陆分水岭步道（Continental Divide NST）成为国家风景步道，另外还有其他4条步道加入体系，美国国家步道家族的规模迅速壮大。

50年来，美国通过《国家步道体系法案》的多次修订，陆续指定了19条国家风景步道和11条国家史迹步道，近千条国家休闲步道，总长度超过8万公里，并完成了1000余条铁路转换成为步道的授权。至此，美国的国家步道，已经由最初类型单一、数量有限的长程步道集合，发展成为多类型、多成员、立法全面保护、联邦支持建设、志愿者多角度参与的国家步道体系。这些国家步道在美国本土形成纵横交错的步行网络，为美国民众提供了丰富的景观与文化体验，以及广阔的休闲游憩空间。

二、国家步道体系

美国国家步道体系于1968年由《国家步道体系法案》创建。法案陈述了美国发展国家步道体系的目的是“为了满足随人口扩张而日益增长的户外休闲游憩需求，促进国家户外开放空间和历史资源的保护，以及民众对于以上空间和资源的访问、旅行、享受和欣赏。首先应该在全国靠近城市的区域建立步道，其次在常常位于荒郊僻野的全国风景区和史迹旅游线路沿线建立步道”（The Senate and House of Representatives of the United States of America in Congress，2009）。

（一）体系概况

1. 体系构成

《国家步道体系法案》规定，美国国家步道体系由国家风景步道、国家史迹步道、国家休闲步道以及连接和附属步道组成。

国家风景步道 位于具有最大户外游憩潜力的区域，并且穿越具有国家代表性的风景、史迹、自然或文化素养区域的长程步道。国家风景步道的布设，可以跨越沙漠、沼泽、草原、高山、峡谷、河流、森林，以及能够展现国家地理区显著特征的地貌。

国家史迹步道 国家史迹步道是尽可能地、并且现实可行地遵循古道原址或具有国家历史意义的线路设置的长程步道。建立国家史迹步道旨在识别和保护具有历史意义的线路及其历史遗迹和文物，并使公众使用和享有这些线路、遗迹和文物。

国家休闲步道 旨在城市区域，或者合理接近城市的区域，提供多种户外休闲方式。国家休闲步道的长度视需求和条件而定，并没有明确的官方要求。

连接和附属步道 连接和附属步道将为公众提供更多进入国家风景步道、国家史迹步道或国家休闲步道的接入点，以及在以上步道之间提供更多的连接。

2. 归口单位

美国内政部和农业部是国家步道的两个主要官方管理部门，负责国家风景步道和国家史迹步道的指定建立。一般情况下，农业部和内政部会分别委托旗下美国林务局和国家公园局开展步道的具体规划建设工作。

3．长程步道

《国家步道体系法案》规定，国家风景步道和国家史迹步道必须是“长程步道”，即总长至少160公里的步道或步道路段。而对于那些由于实际条件限制而长度小于160公里的史迹步道，则可通过“特别指定”成为国家史迹步道。此外，尽管理想的长程步道是连续的，但是研究表明，一条或多条步道路段，长度总计超过160公里时也可以算作是长程步道，可成为国家风景步道或国家史迹步道的一员。

4．体系成员

目前，美国国家步道体系中有国家风景步道11条，国家史迹步道19条和诸多国家休闲步道及连接和附属步道，总长度超过8万公里，穿越美国所有50个州的土地（表2–1）。

表2–1　国家风景步道和国家史迹步道

步道类型	序号	步道名称	长度（公里）
国家风景步道（NST）	1	阿帕拉契亚国家风景步道　The Appalachian NST	3200
	2	亚利桑那国家风景步道　Arizona NST	1291.2
	3	大陆分水岭国家风景步道　Continental Divide NST	4960
	4	佛罗里达国家风景步道　The Florida NST	2080
	5	冰川世纪国家风景步道　The Ice Age NST	1600
	6	纳齐兹古道国家风景步道　The Natchez Trace NST	1872
	7	新英格兰国家风景步道　New England NST	352
	8	北国国家风景步道　The North Country NST	5120
	9	太平洋山脊国家风景步道　The Pacific Crest NST	6824
	10	太平洋西北国家风景步道　Pacific Northwest NST	1920
	11	波托马克遗产国家风景步道　The Potomac Heritage NHT	1126.4
国家史迹步道（NHT）	12	阿拉卡哈凯国家史迹步道　The Ala Kahakai NHT	280
	13	加利福尼亚国家史迹步道　The California NHT	9120
	14	切萨皮克国家史迹步道　Captain John Smith Chesapeake NHT	4800
	15	特哈斯皇家之路国家史迹步道　El Camino Real De Los Tejas NHT	4128
	16	艾迪塔罗德国家史迹步道　The Iditarod NHT	3200

（续）

步道类型	序号	步道名称	长度（公里）
国家史迹步道（NHT）	17	胡安国家史迹步道 The Juan Bautista de Anza NHT	1936
	18	路易斯及克拉克国家史迹步道 The Lewis and Clark NHT	5920
	19	摩门先驱国家史迹步道 Mormon Pioneer NHT	2080
	20	内兹佩尔斯国家史迹步道 The Nez Perce NHT	1872
	21	古西班牙人国家史迹步道 The Old Spanish NHT	4320
	22	俄勒冈国家史迹步道 The Oregon NHT	3200
	23	胜利国家史迹步道 The Overmountain Victory NST	435.2
	24	波利快递国家史迹步道 The Pony Express NHT	3040
	25	圣达菲国家史迹步道 The Santa Fe NHT	1520
	26	塞尔玛至蒙哥马利国家史迹步道 The Selma to Montgomery NHT	86.4
	27	星旗国家史迹步道 Star-Spangled Banner National Historic Trail	464
	28	泪水之路国家史迹步道 The Trail of Tears NHT	不详
	29	内陆皇家之路国家史迹步道 El Camino Real de Tierra Adentro（the Royal Road of the Interior）NHT	646.4
	30	革命之路国家史迹步道 Washington-Rochambeau Revolutionary Route NHT	960
总长度			78353.6

资料引自美国《国家步道体系法案》，2009.

（二）步道指定与建设

1. 创建形式

长程步道的创建 “指定”（designation）是美国国家步道创建的主要形式。国家步道体系法案明确规定，国家风景步道和国家史迹步道应该并且只能由国会法案授权指定建立。国会法案授权内政部和农业部开展国家风景步道和国家史迹步道的建设，并参与后续管理工作。

非长程步道的创建 国家休闲步道以及连接和附属步道不属于长程步道，法案规定，这两种步道由法案授权内政部和农业部在征求相关联邦机构同意的前提下通过“指定”进行创建。

2. 创建流程

提案阶段 内政部或农业部在法案或法案的修订案颁布、被国会授予创建国家风景步道和国家史迹步道的权力之后，需要向国会就其管辖土地内潜在的国家步道线路进行提案。自国会通过潜在线路提案，这条有潜力成为国家步道的线路将会在国家步道体系法案第五款（c）部分进行备案。国会授权内政部或农业部就该潜在线路进行进一步研究，论证将该潜在线路指定成为国家风景步道或国家史迹步道的可行性，以便国会依据研究结果，最终决定是否指定此潜在线路成为国家步道。

线路研究阶段 线路研究主要关注的是该线路能否自然发展为一条步道，是否具有经济上的可行性，了解步道途经区域民众是否对建设国家步道抱有兴趣和意愿，并评估建设步道对步道及周边环境可能造成的影响。

立法指定阶段 内政部公园局或农业部林务局在完成研究与评估之后，应当将研究结果以可行性研究报告和环境影响评价的形式上报国会，国会依据这两项报告决定是否授权相关部门指定该步道线路成为国家步道，并修订《国家步道体系法案》，明确其线路的合法地位。表2-2较为全面地展示了从1968—1996年期间修订国家步道体系法案的年份，以及在屡次修订中添加的步道名称以及所修订的公法条例编号。

表2-2 美国对《国家步道体系法案》的屡次修订（1968—1996）

年份	步道	公法编号
1968	阿帕拉契亚国家风景步道 Appalachian NST	P.L. 90-543
1968	太平洋山脊国家风景步道 Pacific Crest NST	P.L. 90-543
1978	大陆分水岭国家风景步道 Continental Divide NST	P.L. 95-625
1978	俄勒冈国家史迹步道 Oregon NHT	P.L. 95-625
1978	摩门先驱国家史迹步道 Mormon Pioneer NHT	P.L. 95-625
1978	艾迪塔罗德国家史迹步道 Iditarod NHT	P.L. 95-625
1978	路易斯及克拉克国家史迹步道 Lewis and Clark NHT	P.L. 95-625
1980	北国国家风景步道 North Country NST	P.L. 96-199
1980	越山胜利国家史迹步道 Overmountain Victory NHT	P.L. 96-344
1980	冰川世纪国家风景步道 Ice Age NST	P.L. 96-370
1983	佛罗里达国家风景步道 Florida NST	P.L. 98-11
1983	波托马克遗产国家风景步道 Potomac Heritage NST	P.L. 98-11
1983	纳齐兹古道国家风景步道 Natchez Trace NST	P.L. 98-11
1986	内兹佩尔斯国家史迹步道 Nez Perce（Nee-Me-Poo）NHT	P.L. 99-445
1987	圣达菲国家史迹步道 Santa Fe NHT	P.L. 100-35

（续）

年份	步道	公法编号
1987	泪水之路国家史迹步道　Trail of Tears NHT	P.L. 100–192
1990	胡安国家史迹步道　The Juan Bautista de Anza NHT	P.L. 101–365
1992	加利福尼亚国家史迹步道　California NHT	P.L. 102–328
1992	波利快递国家史迹步道　Pony Express NHT	P.L. 102–328
1996	塞尔玛至蒙哥马利国家史迹步道　Selma to Montgomery NHT	P.L. 104–333

资料引自美国步道官网（American Trails），2016.

总体规划阶段　国家步道被指定创建之后，还需要相关的部门编制有关步道收购、管理、发展和使用的总体规划，呈报给众议院内政和岛屿事务委员会以及参议院能源和自然资源委员会。相关责任部门的部长，行使国会依据《国家步道体系法案》赋予的权利，依据总体规划指导后续步道线路的布设（图2–2）。

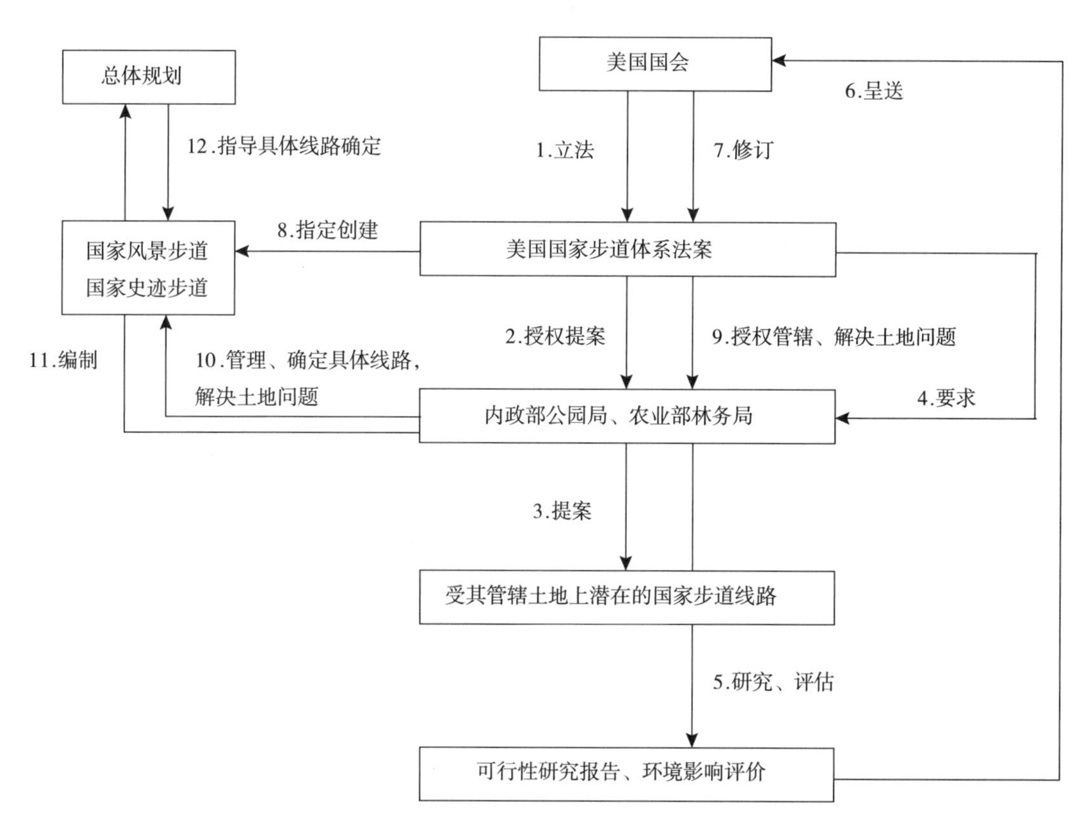

图2–2　美国国家风景步道和国家史迹步道“指定”流程

（资料引自美国《国家步道体系法案》，2009）

三、国家步道特点

（一）具有最高等级的超然地位

1. 等同于高速公路体系的国家基础设施

美国国家步道体系建立之初即被认为具有和美国高速公路体系相同的基础设施地位。在国家步道体系法案颁布之前，时任美国总统林登·约翰逊曾为推动建立有关步道的国家制度发表言论："时至今日，对于那些喜欢散步、远足、骑马或骑自行车，但是却容易被人们遗忘的户外运动者们来说，步道是如同高速公路一样必需的设施。"

> **专栏**
>
> "……，因此，我要求内政部长与他的同事们在联邦政府、国家和地方领导人，向我提案一个合作计划，以鼓励建立有关步道的国家制度，在我们的国家森林和国家公园中、在我们的野外，……，在全国各地为我们复制更多的阿帕拉契亚步道。"
>
> ——美国前总统林登·约翰逊

在国家步道体系的建设过程中，美国民众对步道显示出越来越浓厚的兴趣。美国联邦政府相关部门分别在1978、1983和1986年公布的一系列报告中，反复重申了美国政府通过建设步道，满足民众日益增长的"在自然中漫步，在自然中休闲"需求的决心。在全国范围内建设国家步道体系之观念日益深入人心。1990年，内政部公园局联合美国步道[①]（American Trails）发布报告《所有人的步道》（Trails for All Americans）："要建成一个全国性的系统，前提是将步道视为国家基础设施，视为包括公路、排水管线、飞机场等在内的政府一般行为的组成部分"（American Trails，1990）。再次肯定了国家步道的基础设施地位。

2. 等同于国家公园的联邦保护项目

美国国家步道体系是等级较高的保护项目。在国家步道制度化酝酿时期，尚处在构思阶段的国家步道体系就被认为应该独立于其他主要保护项目之外单独存在。时任美国内政部长斯图尔特·尤德尔认为："在其他主要保护项目之外，建立全国性的步道体系将是一个值得开展并终将取得的巨大成就的项目"。

在国家公园局和美国步道联合发布的报告中，美国国家步道被定义为"具有保护地位的线性廊道"。国家公园局认为国家步道是与国家公园（National Park）、国家海岸

① 美国步道：成立于1988年，前身是国家步道委员会（National Trails Council）。代表所有步道利益群体的唯一全国性非营利性组织。致力于与步道相关的培训、教育、信息共享、技术支持、研讨会议等多方面工作的开展。

（National Seashore）同等保护级别的保护单元，是国家公园体系（National Park System）的组成部分。在国家公园局的官网上，可以查阅到有关美国国家公园体系的保护单元名录（Designations of National Park System Units），国家步道亦在其中（表2–3）。国家步道体系自诞生之日起就受到国会法案保护，其联邦级别保护项目的实际地位是毋庸置疑的。有专家甚至认为，国家步道体系与国家公园体系、国家森林体系等保护地地位相当，都是美国联邦层面保护体系的重要构成。

表2–3　美国国家公园保护体系

保护单元名称	英文名称	保护单元名称	英文名称
国家公园	National Park	国家休闲区	National Recreation Area
国家纪念地	National Monument	国家海岸	National Seashore
国家保留地	National Preserve	国家湖岸	National Lakeshore
国家历史遗址	National Historic Site	国家河流	National River
国家历史公园	National Historical Park	国家景观道	National Parkway
国家记忆	National Memorial	国家步道	National Trail
国家战场	National Battlefield	附属区域	Affiliated Areas
国家公墓	National Cemetery	其他	Other Designations

资料引自国家公园局官网.

（二）穿越具有美国象征意义的区域

《国家步道体系法案》定义国家风景步道应该“穿越具有国家特征的风景、史迹、自然或文化素养区域，……，穿越能够展现国家地理区显著特征的地貌”。国家史迹步道需要“识别和保护具有历史意义的线路及其历史遗迹和文物，使公众使用和享有这些线路、遗迹和文物”（The Senate and House of Representatives of the United States of America in Congress，2009）。毫不夸张地说，美国国家步道以步行线路的形式，勾勒出美国的地脉、林脉，以及文化、历史脉络，具有明显的美国象征意义。

1．穿越典型地形地貌

阿帕拉契亚步道、大陆分水岭步道和太平洋山脊步道是美国3条最为著名的国家风景步道，被称为“三重冠徒步线路”（Triple Crown of Hiking），其线路布设明显贯彻了穿越典型地形地貌的国家步道线路规划原则，分别贯穿了美国东、中、西部具有显著区域特征的地形地貌。

阿帕拉契亚国家风景步道沿阿帕拉契亚山脉布设。该山脉即是东部沿海地带和大陆内部广袤低地之间的天然地理屏障，山脉以东的狭长地带又是美国最初的13个殖民地所在区域，具有地理和历史的双重代表性。太平洋山脊国家步道布设于美国西部的喀斯喀特山脉和内华达山脉最高的山脊（图2-3、图2-4）。大陆分水岭国家风景步道位于落基山脉的大陆分水岭两侧20公里范围内，是北美西部一系列由北向南连绵延伸的山岭，将北美大陆主要水系分为东向和西向两部分。值得一提的是，落基山脉被形象地称作“美国的脊梁”，是美国乃至美洲大陆的重要地理特征。

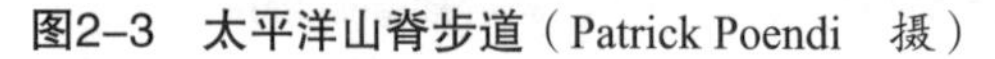

图2-3　太平洋山脊步道（Patrick Poendi　摄）

图2-4　太平洋山脊步道标识牌（Robert Crum　摄）

2．利用古道，追寻古迹

《国家步道体系法案》规定：“国家史迹步道必须能够体现美国历史上任何方面的国家意义，例如贸易和商业、探索、迁徙和定居，或者是军事活动。为了达到具有国家意义的要求，国家史迹步道应该能够从深度和广度两方面体现美国文化的深远影响，并且，美国原住民在历史中的重要意义也应该包含在其中。”

内陆皇家之路国家史迹步道以及泪水之路国家史迹步道的线路是利用古道、追寻古迹的典型范例。美洲原住民早年间穿越森林和草原的捕猎小径经年之后成为了商贸要道，西部的边疆区域也因小径的延伸而得到扩展。内陆皇家之路国家史迹步道的线路利用了这条古道，为徒步者带来景观和文化的双重洗礼。泪水之路国家史迹步道试图追寻当年印第安人被殖民者驱赶所留下的悲壮迁徙路线，以步道的形式铭记历史，警戒后世。

利用或靠近古道、历史性线路以及历史遗址是美国国家步道，特别是美国国家史迹步道体现文化和历史的主要形式。国家史迹步道遵循商贸古道、印第安人迁徙线路、殖民时代的开拓线路等具有象征意义的古道或古线路，使这些古道和古线路焕发新的生命力，而国家步道本身也成了新的“美国风景”（America’s Landscape）（American Trails, 1990）。

（三）穿越多种类型保护地

美国国家步道迄今为止穿越了24个国家公园和80多个国家森林、国家海岸、国家保留地等高等级保护地，以及包含在这些高等级保护地中的众多荒野区。此外，州立公园和州属保护地也是美国国家步道优先穿越的土地类型。步道穿越多种类型保护地的初衷有三个：一是希望以步道的形式为民众提供景观优美、环境自然的休闲游憩空间；二是这些公园和保护地是由联邦政府或州政府管辖，穿越这些土地可以减少私人土地的穿越；三是通过建立线性步行休闲游憩和步行交通廊道，开展对荒野、自然、文化等资源的低损、有序探索，以达到保护和可持续利用这些资源的目的。考虑到为徒步者提供景观更加多样、体验更加丰富并更具挑战的徒步之旅，国家步道线路还穿越风景优美的区域，经过湖泊、山峰、山口、沼泽、湿地等自然地标。例如，太平洋山脊国家步道沿途经过了43个保护地，其中包括23个国家森林，6个国家公园，并穿越了这些保护地范围内的48个荒野区（图2–5，表2–4）。

图2–5　太平洋山脊步道沿途荒野区（Melissa Days　摄）

表2–4　太平洋山脊步道所穿越州及主要保护地类型

州	穿越保护地类型	数量	所包含荒野区数量
加利福尼亚州	国家公园	3	3
	国家森林	14	21
	州立公园	4	0
	国家纪念地	3	1
	其他	5	3
俄勒冈州	国家公园	1	0
	国家森林	6	8
	国家纪念地	1	1
华盛顿州	国家公园	2	2
	国家森林	3	9
	其他	1	0
总计		43	48

注：其中加利福尼亚州的州立公园、国家纪念地和其他所包含的荒野区与国家森林所包含的荒野区有5个重合，此处将重合的荒野区仅在国家森林里计数，其他保护地类型则不再单独计数。

资料引自太平洋山脊步道协会官网.

（四）注重荒野景观的展示和保护

建设国家步道是一种对荒野资源的可持续利用手段。在步道线路规划过程中，美国林务局使用“游憩机会谱”（The Recreation Opportunity Spectrum，简称ROS），盘点步道沿途美国林务局及土地管理局所管辖土地上的户外休闲游憩资源，判断这些土地是否具有开展户外休闲游憩活动的能力，评估在这些土地上开展休闲游憩活动的可行性。此外，还依据盘点结果确定是否在后续管理和规划中继续开展现有的休闲游憩活动，以及如何修改已有的休闲游憩活动以满足规划区域在发展和保护方面的需求，确保国家步道的建设达到了保护和休闲游憩的双重平衡。

专栏 ROS理论的游憩机会序列

ROS理论综合游憩活动、环境和体验，确定了原始（Primitive）、半原始无机动车（Semi-Primitive Non-motorized）、半原始有机动车（Semi-Primitive Motorized）、通路的自然区域（Roaded Natural）、乡村（Rural）、城市（Urban/Developed）6个游憩机会序列。图2-6显示了在步道建设中，步道与机动车交通衔接的频率和便利性由“原始”到“城市”依序列增加。同时，步道沿途露营地等便利性设施的布设数量和舒适程度也由“原始”到“城市”依序列增加（Roger N. Clark and George H. Stankey，1979）。

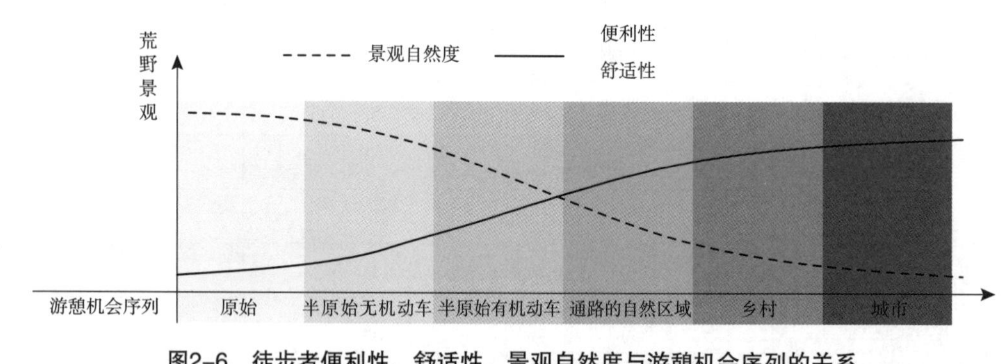

图2-6 徒步者便利性、舒适性、景观自然度与游憩机会序列的关系

1. 荒野景观的展示

国家步道线路布设优先选择荒野和自然景观资源保留较为完好的区域。这些区域拥有自然程度较高的环境与景观，能够为徒步者提供更好的休闲游憩体验。大陆分水岭国家风景步道在其总体规划中依据ROS理论，对步道沿途休闲游憩机会进行盘点，希望在可能的情况下，将步道路段定位在“原始”或“半原始无机动车”等级的环境中。然而为了保持步道的连续性，大陆分水岭国家风景步道实际上也穿越了多种ROS等级的环境（Forest Service，2009）。

2. 荒野景观的保护

为了保护荒野资源，为徒步者提供高品质的荒野感受，在国家步道沿途布设露营地、停车住宿等休闲游憩设施，以及布设机动车衔接路口之时，步道规划者要求避开荒野资源留存较为完好的区域，将这些设施集中布设在原始性较弱，甚至靠近村庄和城镇的区域。以大陆分水岭国家风景步道为例，在该步道总体规划中，要求穿越“原始”区域的步道路段与附近的机动车道之间的距离不少于4.8公里。仅在指定荒野区以外提供有限的露营地，在荒野区内不提供任何相关设施。而在荒野资源品质低一级别的“半原始无机动车”区域，步道路段与附近机动车道之间的距离缩短至2.6公里。而在荒野资源等级更低一级的“半原始有机动车”区域的步道沿途，不但可以布设露营地，这些露营地甚至可以拥有庇护所和化学厕所、封闭的火箱和木头桌椅等设施。

（五）立法保护，顶层设计，全民参与

美国是第一个也是迄今为止唯一一个制定国家最高层级、专门性法律文件保障国家步道建设的国家。通过立法制定国家步道的创建流程，明确责任部门，确定资金及人才保障原则，号召多部门及各级政府通力合作，鼓励社会力量在国家步道规划、建设、运营和维护等工作中的全面参与。

美国国家步道采取国家顶层设计、统一规划的发展模式。在立法建立国家步道体系之前，美国已经在国家层面绘制了全国性长程步道体系的蓝图。保证了国家步道在全国范围内资源利用和配置的合理性。在发展蓝图的基础上，每一条国家步道的发展都需要经过严格的线路研究。除阿帕拉契亚步道和太平洋山脊步道以外，其他28条步道的指定都由美国林务局和国家公园局按照法案规定，经过线路提案、线路研究、环境影响评价、总体规划、线路确定等一系列程序，完成“指定”和建设，才能最终成为“国家步道”。这种顶层设计、统一规划、自上而下的推行方式保证了步道线路宏观走向的合理性，降低了建设过程中土地权属问题解决的难度，极大地推动了国家步道体系的稳步建设及高品质发展。

美国国家步道跨度大，线路规划谨慎，土地权属复杂，规划及建设期长，部分国家步道从构思到建设完成甚至需要数十年时间，堪称“巨大工程”。在国家步道建设过程中，美国联邦政府需要且依赖社会资金和人员的参与。志愿者是社会力量的代表，全面参与步道建设和运营，维护美国国家步道的安全运行，其在步道体系发展事业中的巨大作用，以写入国家步道体系法案的形式获得了官方认可。这些志愿者团体在民间被尊称为“步道天使”，是美国步道文化的杰出代表。

四、国家步道法律法规

《国家步道体系法案》是国家步道体系建设的最高法律保障。为了保障步道建设在联邦管辖土地以外区域顺利推行，部分州也针对国家步道出台了地方性法规，保障步道建设并维护地方利益。

（一）国会法案

国会法案是由参议院和众议院组成的美国国会颁布的法律文件。一项国会法案可能涉及公共、地方或私人事务。

1．美国国家步道体系法案

《国家步道体系法案》是国会法案，同时也是产生广泛效力的公共法案，目的是建立国家步道体系（The Senate and House of Representatives of the United States of America in Congress，2009）。该法案于1968年10月通过国会批准，是国家步道体系制度化建设的里程碑性事件。之后法案历经多次修订和完善，促进了国家步道体系建设科学、有序、合理的推进。

《国家步道体系法案》主要包括步道相关政策陈述、国家步道体系的定义和类型、穿越区域的特征、责任部门的确定、步道线路的规划原则、指定成为国家风景步道和国家史迹步道的成员名单及线路描述、已经获得提案但是尚未递交可行性研究报告的预备步道名单及描述、土地和土地权益的购置、步道的指定程序、管理和运营、路权和其他属性、资金拨付、志愿者援助等（表2–5）。法案详细内容见附录一。

表2–5　美国《国家步道体系法案》主要内容

序号	主要章节	主要内容
1	法案	（1）法案目的 （2）颁布机构
2	简短标题	法案名称缩写
3	政策陈述	（1）国家步道体系建设意义 （2）国家步道体系建设目的 （3）国家承认志愿者的巨大作用
4	国家步道体系	（1）国家步道体系的构成及成员定义；国家步道体系应建立统一标识 （2）国家步道为长程步道
5	国家休闲步道	国家休闲步道的建立条件及线路规划原则
6	国家风景和国家史迹步道	（1）国会法案是指定创建国家风景步道及国家史迹步道的唯一合法方式；以列表的形式，阐述指定成为国家风景步道和国家史迹步道的步道名称、线路描述、行政主管单位、土地购置、志愿者组织、咨询部门以及跨部门合作等问题 （2）在指定成为国家风景步道和国家史迹步道之前，需要上报国会的可行性研究报告主要内容 （3）需要呈交可行性研究报告的国家风景和国家史迹步道的备选线路名称及描述 （4）每条国家风景步道需要在限定时间内成立相关步道咨询委员会，以及咨询委员会的成员构成、成员来源、组织形式、工作内容和有效期限 （5）指定成为国家风景步道和国家史迹步道之后，需要提交《总体规划》的期限及责任部门，以及总体规划的编制方式、内容类型、形式和审批单位

（续）

序号	主要章节	主要内容
7	连接和附属步道	连接和附属步道的建立条件及线路规划原则
8	管理与发展	（1）有关步道责任管理部门，联邦层面多部门咨询、合作方式，以及路权确定形式，和责任部门与其他联邦机构在路权方面的利益协调方式 （2）国家步道线路改道的条件、原则和形式 （3）国家风景步道和国家史迹步道的设施类型，以及与设施布设相关的原则和形式 （4）步道穿越联邦机构管辖土地时，步道沿途土地及土地权益获取的方法及形式 （5）步道穿越非联邦管辖土地时，步道沿途土地及土地权益获取的方法及形式 （6）有关土地或土地权益获取的相关细节 （7）可以启动土地征用程序的前提条件 （8）建立合作机制，单条步道的责任部门应与地方政府合作解决步道相关土地问题，提倡志愿者参与，避免私人利益的损害 （9）单条步道的责任部门需要负责制定步道管理规定
9	州及都市区步道	（1）鼓励各州在州一级总体规划、重大项目或地方财政援助项目中考虑建设国家步道的需求，并鼓励其他组织、团体建立国家步道 （2）命令住房和城市发展局局长依据相关政策和法律建设国家休闲步道 （3）命令农业部部长，按照赋予他的权利，鼓励各州和地方机构以及私人利益建立步道 （4）运输部长、州际贸易委员会主席、内政部长需依据相关政策和文件，鼓励建设合适的步道，并鼓励铁路转换步道的使用 （5）以上步道可以指定并标记为全国性步道体系的一部分
10	路权及其他属性	（1）国家步道的路权形式 （2）国防部、运输部、州际贸易委员会、联邦通讯委员会、联邦电力委员会等其他需要在步道建设中联合并合作的其他联邦机构 （3）有关路权丧失或保留的细节性条款 （4）在保护系统单元内的路权归属问题 （5）在私人土地内的路权归属问题
11	授权拨付	政府资金拨付方式和完成拨付的期限
12	志愿者步道援助	国家鼓励志愿者全面参与国家步道相关事务，且志愿者对以政府为主的国家步道体系建设事业具有强大的补充作用
13	术语	法案中使用的部分术语的解释

2．总体规划

指导、保证步道依法建设　为了贯彻《国家步道体系法案》的要求和原则，保证步道发展的有序进行，法案要求美国林务局或国家公园局在线路被指定成为国家步道之后，制定有关步道收购、管理、发展和使用的《总体规划》。法案要求美国林务局或国家公园局

在制定总体规划时与联邦土地管理机构、步道穿越州的州长、步道相关咨询委员会等进行充分协商，并在两个财政年度内将《总体规划》呈报给众议院内政和岛屿事务委员会以及参议院能源与自然资源委员会。《总体规划》特别关注资源保护和土地购置。主要包括步道管理目标、资源现状、资源保护措施及方案、土地购置或保护计划、发展规划和预算以及合作协议等六方面内容（表2–6）。

表2–6　国家步道总体规划主要内容

内容类别	详细内容
管理目标	步道管理必须遵守的具体目标和措施
资源现状	鉴别所有有意义的自然、历史、文化资源，以便保护，如果是国家史迹步道，同时还需要鉴别具有较大潜力的历史遗址和路段
资源保护措施及方案	对于任何具有较高历史价值的地点和路段的保护规划，以及确认步道承载力和保护实施方案
土地购置或保护计划	土地收购或保护计划。在财政年度内所有的土地收购费用名目及次要利益，针对任何不会收购土地可预见的必要合作协议的详细说明
发展规划和预算	总体和特定地点的发展规划，包括预算
合作协议	与其他实体签订的任何可预见到的合作协议细节和实施方案

资料引自美国《国家步道体系法案》，2009.

（二）地方法规

地方性法规主要聚焦步道地方责任部门的确定，并关注具有地方特色土地或土地权益购置问题的解决。《宾夕法尼亚州阿帕拉契亚步道法案》（Pennsylvania Appalachian Trail Act）是宾夕法尼亚州的地方性法律文件。该法案授权宾夕法尼亚州政府通过政府保护与自然资源主管部门，建设、保护和维护途经该州的阿帕拉契亚国家风景步道路段，并提供支持。在该法案第三节有关部门权利的部分，限制了步道对耕地的占用，要求步道每延伸1.6公里，征用耕地面积不能超过0.405公顷，体现了该州对于耕地保护的重视（Pennsylvania House of Representatives，2009）。

五、国家步道组织管理

美国国家步道由内政部或农业部统筹发展，内政部主要由国家公园局、农业部由林务局负责步道的具体管理事项。目前美国正式指定的步道包括11条国家风景步道和19条国家史迹步道（表2–7），内政部公园局管理24条，农业部林务局管理6条（The Senate and House of Representatives of the United States of America in Congress，2009），其中国家风景步道中有一半的步道由林务局管理。在美国已建成和正在建设的三重冠步道——阿帕拉契亚步道、大陆分水岭步道和太平洋山脊步道中，有两条是以美国林务局为主进行管理建设的。

表2-7 国家步道管理部门

步道类型	序号	步道名称	管理部门
国家风景步道（NST）	1	阿帕拉契亚国家风景步道 The Appalachian NST	内政部公园局
	2	亚利桑那国家风景步道 Arizona NST	农业部林务局
	3	大陆分水岭国家风景步道 Continental Divide NST	农业部林务局
	4	佛罗里达国家风景步道 The Florida NST	农业部林务局
	5	冰川世纪国家风景步道 The Ice Age NST	内政部公园局
	6	纳齐兹古道国家风景步道 The Natchez Trace NST	内政部公园局
	7	新英格兰国家风景步道 New England NST	内政部公园局
	8	北国国家风景步道 The North Country NST	内政部公园局
	9	太平洋山脊国家风景步道 The Pacific Crest NST	农业部林务局
	10	太平洋西北国家风景步道 Pacific Northwest NST	农业部林务局
	11	波托马克遗产国家风景步道 The Potomac Heritage NST	内政部公园局
国家史迹步道（NHT）	12	阿拉卡哈凯国家史迹步道 The Ala Kahakai NHT	内政部公园局
	13	加利福尼亚国家史迹步道 The California NHT	内政部公园局
	14	切萨皮克国家史迹步道 Captain John Smith Chesapeake NHT	内政部公园局
	15	特哈斯皇家之路国家史迹步道 El Camino Real de los Tejas NHT	内政部公园局
	16	艾迪塔罗德国家史迹步道 The Iditarod NHT	内政部公园局
	17	胡安国家史迹步道 The Juan Bautista de Anza NHT	内政部公园局
	18	路易斯及克拉克国家史迹步道 The Lewis and Clark NHT	内政部公园局
	19	摩门先驱国家史迹步道 Mormon Pioneer NHT	内政部公园局
	20	内兹佩尔斯国家史迹步道 The Nez Perce NHT	农业部林务局
	21	古西班牙人国家史迹步道 The Old Spanish NHT	内政部公园局
	22	俄勒冈国家史迹步道 The Oregon NHT	内政部公园局
	23	胜利国家史迹步道 The Overmountain Victory NHT	内政部公园局
	24	波利快递国家史迹步道 The Pony Express NHT	内政部公园局
	25	圣达菲国家史迹步道 The Santa Fe NHT	内政部公园局
	26	塞尔玛至蒙哥马利国家史迹步道 The Selma to Montgomery NHT	内政部公园局
	27	星旗国家史迹步道 Star-Spangled Banner NHT	内政部公园局
	28	泪水之路国家史迹步道 The Trail of Tears NHT	内政部公园局
	29	内陆皇家之路国家史迹步道 El Camino Real de Tierra Adentro NHT	内政部公园局
	30	革命之路国家史迹步道 Washington-Rochambeau Revolutionary Route NHT	内政部公园局

资料引自美国《国家步道体系法案》，2009.

每条步道的主管部门由国会决定，不管是由哪个部门来管理，都要与另一个部门进行沟通及咨询（The Senate and House of Representatives of the United States of America in Congress，2009）。例如阿帕拉契亚步道的主管部门为内政部公园局，但是在步道建设或修缮时，需要与农业部进行沟通与咨询。美国国家步道是一个国家项目，联邦政府要求各部门以谅解备忘录的形式达成合作意向，共同完成国家步道体系的建设（图2–7）。美国联邦政府在太平洋山脊国家步道规划阶段，与农业部签订合作协议，将步道发展的工作交由农业部进行，并要求区域林务系统、美国林务局、州政府、公园和休闲娱乐部门予以配合、执行。而农业部林务局在太平洋山脊国家风景步道的规划阶段也分别与内政部公园局、内政部土地管理局、步道沿途的林务部门等签订合作协议，以期得到各部门的鼎力配合（表2–8）。

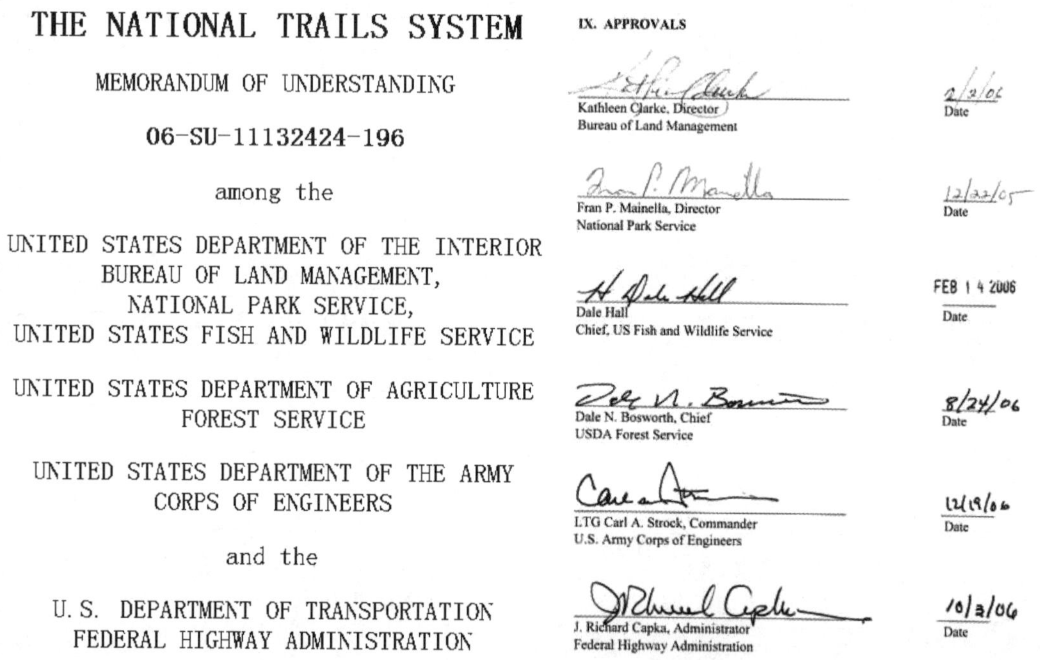

THE NATIONAL TRAILS SYSTEM

MEMORANDUM OF UNDERSTANDING

06-SU-11132424-196

among the

UNITED STATES DEPARTMENT OF THE INTERIOR
BUREAU OF LAND MANAGEMENT,
NATIONAL PARK SERVICE,
UNITED STATES FISH AND WILDLIFE SERVICE

UNITED STATES DEPARTMENT OF AGRICULTURE
FOREST SERVICE

UNITED STATES DEPARTMENT OF THE ARMY
CORPS OF ENGINEERS

and the

U. S. DEPARTMENT OF TRANSPORTATION
FEDERAL HIGHWAY ADMINISTRATION

IX. APPROVALS

Kathleen Clarke, Director
Bureau of Land Management
2/2/06
Date

Fran P. Mainella, Director
National Park Service
12/22/05
Date

Dale Hall
Chief, US Fish and Wildlife Service
FEB 1 4 2006
Date

Dale N. Bosworth, Chief
USDA Forest Service
8/24/06
Date

LTG Carl A. Strock, Commander
U.S. Army Corps of Engineers
12/19/06
Date

J. Richard Capka, Administrator
Federal Highway Administration
10/3/06
Date

图2–7 国家步道体系谅解备忘录文件抬头及签字页

表2–8 有关太平洋山脊步道的协议与备忘录信息

备忘录类型	机构	签订主要内容
同意备忘录（1971年）	签订单位：农业部林务局、内政部公园局	步道土地、步道环境、统一规章制度、跨部门合作等
同意备忘录（1972年）	签订单位：农业部林务局、内政部土地管理局	林务局和土地管理局管理下的PCT土地面积问题；与太平洋山脊步道协会和非联邦机构之间的合作

（续）

备忘录类型	机构	签订主要内容
谅解备忘录（1978年）	签订单位：农业部林务局、内政部土地管理局	沃克山口（Walker Pass）步道起点设施的规划和建设
同意备忘录（1975年）	牵头单位：农业部 配合单位：农业部林务局、区域林务局、加州公园局	协调各部门在城堡岩州立公园、麦克阿瑟伯尼瀑布州立公园、圣哈辛托山州立公园及安沙波列哥沙漠州立公园区域内的步道及其连接道路的开发、管理、运营和维护工作
同意备忘录（1975年）	牵头单位：农业部 配合单位：农业部林务局、沙斯塔三一国家森林、加州政府总务局、加州公园局	授予国家林务局对加州沙斯塔县城堡岩州立公园步道进行定点、建设、使用、维护、改进、迁移等工作的权利
谅解备忘录（1973年）	牵头单位：农业部林务局 配合单位：第六区林务局，华盛顿州自然资源局、公园游憩委员会、公路局、户外休闲委员会、华盛顿斯卡梅尼亚县	协调华盛顿州斯卡梅尼亚县步道及配套设施的建设、运营和维护工作

资料引自美国农业部林务局，《太平洋山脊国家风景步道总体规划》，1982.

发布步道研究报告 在被国会指定成为国家步道之前，每条步道都需要向国会提交一份步道研究报告（The Senate and House of Representatives of the United States of America in Congress，2009），报告由内政部或农业部主导制定。内政部或农业部要与步道所穿越联邦土地的其他管理部门、有利益关系的各州政府、地方政府机构、公众、私人团体及土地所有者或使用者进行咨询沟通，形成确切的研究报告呈予国会。研究报告的内容详见本节国家步道准入与许可部分。

协调联邦所属土地 国家步道的确定及建设势必会对周边土地所有者产生影响，同时穿越区域的选择还决定徒步的难易程度。因此，步道主管部门需要采取多种措施，以便将以上影响降到最低。这些措施主要包括将国家步道的发展与管理与现行规划进行衔接，以保证土地效益最大化，与土地管理部门、内政部或农业部进行足够沟通，以确定步道的具体位置和受步道影响土地的范围，以及与州政府、地方政府、私立团体、土地所有者和相关土地使用者进行沟通与协调，以保证步道建设的合理性。

协调私人土地 国家步道可能穿越非联邦管辖土地，这些土地由州政府、私人或私人团体所拥有。在这种情况下，国家步道的主管部门美国林务局或国家公园局需要鼓励州政府和地方政府积极参与步道建设，协调土地购置工作。与土地所有者、私人团体及个人签署合作协议是协调私人土地的方法之一。此外，还可以通过捐赠、捐款、基金拨款或交换[1]的方式获取或购买私人土地或土地权益，用于步道建设。如果步道沿线的公共土地无法无偿用于国家步道建设，这些土地可以由步道主管部门付费收购。需要强调的是，国家

① 内政部可用联邦所有的财产进行土地交换/置换，农业部可使用国有林地进行交换/置换。进行土地交换/置换时必须遵循公平原则，交换如果产生差价可以以现金的形式向步道主管部门或出让人进行补偿。

步道的建设必须获得所穿越土地所有者的许可，如果没有获得同意就进行建设，管理部门有可能因此触犯法律。在经过努力仍然无法获得某块土地使用权的情况下，步道的主管部门需要重新规划该路段，另辟新路线（The Senate and House of Representatives of the United States of America in Congress，2009）。

确定步道路权，向社会公布　每条由国会通过的国家风景步道或国家史迹步道，都必须由内政部或农业部确定步道的路权，并将国家步道的路线信息以地图的形式公开出版，或以联邦公报的形式公布。公众可以方便地获取他们所需的步道路线信息。

建立步道咨询委员会　国家步道的主管部门要在步道加入体系后的1年内建立步道咨询委员会。阿帕拉契亚和太平洋山脊国家风景步道的情况有些特殊，其期限是60天。每个咨询委员会的任期是10年，但是艾迪塔罗德国家史迹步道的咨询委员会任期是20年。咨询委员会的职责包括确定步道具体线路，即选择步道路权，确定有关竖立和维护标识标牌的标准，以及管理步道。每个咨询委员会的成员数目不超过35人，成员服务都是无偿的，服务期限为2年（The Senate and House of Representatives of the United States of America in Congress，2009）。

批准设施建设　在获得步道主管部门批准的前提下，步道上可以设置一些对环境产生较少干扰的必要设施。例如设置露营地、庇护所等，设置尽可能多的路口与连接路线让更多徒步者走上步道。《国家步道体系法案》要求每条国家步道设计一个适宜且独特的标识，并针对步道上的历史遗迹设置解说点，以低成本的形式向公众解说该地点的历史文化。

维护步道　国家步道的相关管理部门负责联邦所属的土地范围内步道的发展与维护。在联邦土地以外，相关部门应与州政府合作或鼓励地方政府来运行、发展及维护步道。另外，国家步道的主管部门可以与州政府或部门、土地所有者、私人团体或个人签署合作协议，对于联邦管辖或非联邦管辖范围内的步道路段进行共同运营、发展和维护。协议涉及为步道提供部分联邦财政支持，以鼓励步道的收购、保护、运营、发展和维护，并授予参与这些活动的个人、私人团体或土地所有者"公园志愿者"或"森林志愿者"称号（The Senate and House of Representatives of the United States of America in Congress，2009）。志愿者协会及各类民间团体是目前美国国家步道建设与维护的重要支持力量，由于联邦政府资金有限，大部分的国家步道需要依靠志愿者协会和民间团体管理与维护。可以说每一条国家步道的诞生都伴随着志愿者的无私奉献。

六、国家步道运营管理

每条国家步道均由内政部或农业部进行统一管理。但是，由于步道的工作内容繁多，根据美国《国家步道体系法案》的相关规定，内政部与农业部可与其他部门或机构以签订备忘录的形式将部分路段的具体运行与管理事务移交给其他机构（The Senate and House of Representatives of the United States of America in Congress，2009）。这些机构需要按照备忘录中的规定与条款对国家步道进行管理（United States Department of the Interior，Bureau of Land Management et al.，2006）。

国家步道的管理与维护通常需要众多志愿者以提供服务的形式进行支持。这些志愿者往往联合起来形成志愿者团队。志愿者团队随着步道的发展而不断壮大，成为国家步道管理与维护工作能够顺利完成的坚实后盾。当单条国家步道的多个志愿者团队联合起来，步道管理协会或联盟诞生了，表2–9列出了部分美国国家步道的管理协会。这些协会或联盟在与联邦机构签署备忘录之后，就成为了步道实际上的管理者与维护者。除志愿者团队外，基金会、相关企业也是步道运营管理的力量。有些步道拥有多个协会，这些协会将对步道进行分段管理。1993年，太平洋山脊步道协会（Pacific Crest Trail Association）就与国家公园局、美国林务局和土地管理局签署了谅解备忘录，联邦政府承认太平洋山脊步道协会是管理和经营太平洋山脊步道的主要合作伙伴。

表2–9　部分国家步道相关管理协会

国家步道	相关管理协会
阿帕拉契亚国家风景步道 The Appalachian NST	阿帕拉契亚步道保护管理委员会 Appalachian Trail Conservancy
大陆分水岭国家风景步道 Continental Divide NST	大陆分水岭步道联盟 Continental Divide Trail Alliance
	大陆分水岭步道社团 Continental Divide Trail Society
北国国家风景步道 The North Country NST	北国步道协会 North Country Trail Association
太平洋山脊国家风景步道 The Pacific Crest NST	太平洋山脊步道协会 Pacific Crest Trail Association
太平洋西北国家风景步道 Pacific Northwest NST	太平洋西北步道协会 Pacific Northwest Trail Association
特哈斯皇家之路国家史迹步道 El Camino Real De Los Tejas NHT	特哈斯皇家之路步道协会 El Camino Real de Los Tejas National Historic Trail Association
艾迪塔罗德国家史迹步道 The Iditarod NHT	艾迪塔罗德步道联盟 Iditarod Historic Trail Alliance
路易斯及克拉克国家史迹步道 The Lewis and Clark NHT	路易斯及克拉克步道遗产基金会有限公司 Lewis and Clark Trail Heritage Foundation, Inc.
摩门先驱国家史迹步道 Mormon Pioneer NHT	摩门步道协会 Mormon Trails Association
内兹佩尔斯国家史迹步道 The Nez Perce NHT	内兹佩尔斯步道基金会 Nez Perce Trail Foundation
古西班牙人国家史迹步道 The Old Spanish NHT	古西班牙人步道协会 Old Spanish Trail Association
俄勒冈国家史迹步道 The Oregon NHT	俄勒冈—加利福尼亚步道协会 Oregon–California Trails Association

（续）

国家步道	相关管理协会
胜利国家史迹步道 The Overmountain Victory NST	胜利步道协会 Overmountain Victory Trail Association
圣达菲国家史迹步道 The Santa Fe NHT	圣达菲步道协会 Santa Fe Trail Association
泪水之路国家史迹步道 The Trail of Tears NHT	泪水之路步道协会 Trail of Tears Association

（一）协会构成

协会由管理层、协会分会、诸多企业合作伙伴共同构成。

1. 管理层

每个国家步道管理协会的管理架构通常包括以下几方面：

领导机构　董事会（Board of Director）是大多数步道协会的领导机构。但有些步道协会的领导机构比较复杂，除董事会外还包括咨询部门（Advisory Circle）、管理委员会（Stewardship Council）和下一代咨询委员会（Next generation Advisory Council）。图2-8是阿帕拉契亚步道保护管理委员会的领导机构图。

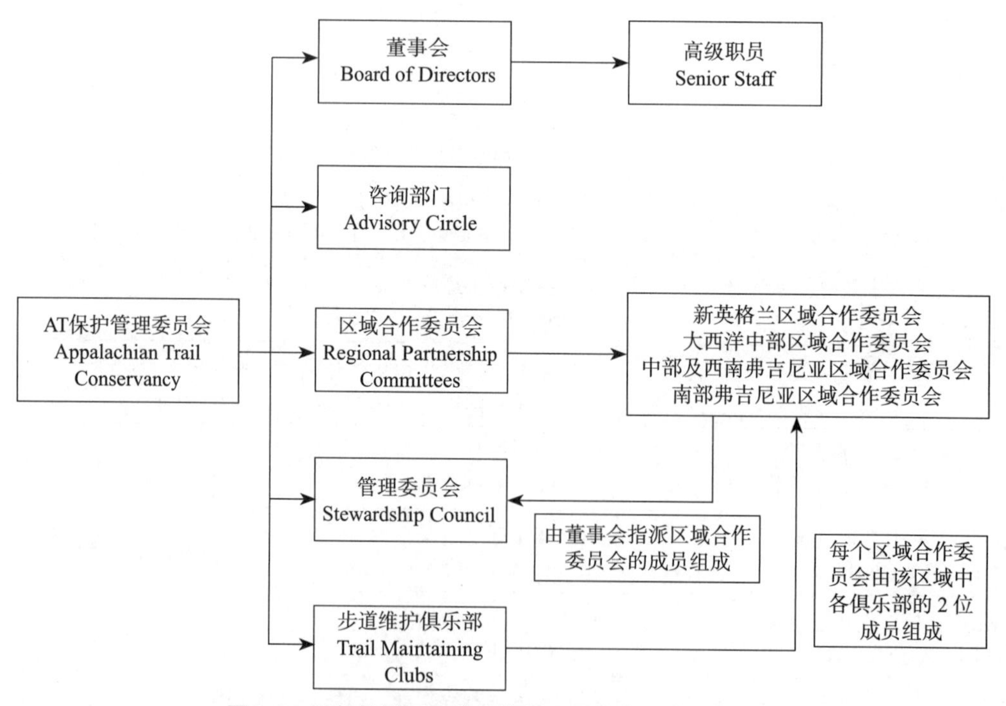

图2-8　阿帕拉契亚步道保护管理委员会领导机构图

（资料引自阿帕拉契亚步道保护管理委员会官网）

董事会通常由一名主席、若干名副主席、秘书长及财务主管构成。副主席的人数通常与步道途经区域的数量相关，有些国家步道的董事会还包括特定部门的负责人，例如阿帕拉契亚步道的董事会成员就包括市场及通讯、财政及管理、出版及执行、步道保护部门负责人。董事会指导步道协会日常工作，联络各步道分会，筹措步道所需资金，对步道进行统筹管理。咨询部门的成员包括相关基金会成员、风险投资企业成员、环保主义者、规划人员、律师、资深专家等。这些成员将为步道管理政策的制定提出宝贵建议。管理委员会负责制定步道的政策及管理项目，对步道的保护提出建议，供董事会参考。管理委员会在步道的董事会、员工、步道俱乐部和合作机构之间扮演着内部协调的角色。下一代咨询委员会由一群热爱徒步与户外体验的少年组成，他们通常参与过国家公园或国家步道的项目，对于国家步道的保护有着自己独特的见解。

协会员工 在董事会的带领下开展明确而具体的工作，包括但不限于以下职能：执行主管及首席执行官、步道运营主管、财务和行政总监、慈善主管、系统及网络主管、年度基金经理、步道信息专员、会计专员、发展助理、行政助理、土地保护主管、慈善联络主管、步道运营经理、志愿者项目助理、区域代表、通信制片、通信管理编辑、市场/通信协调人等。

2. 步道分会

由于美国国家步道均为大跨越的长程步道，因此步道一般都会由若干步道分会（Chapters）、分区域的办公机构（Regional Offices）或区域合作委员会（Regional Partnership Committees）分区域修建或维护。俱乐部可以单独或联合申请成为步道分会，步道协会向分会提供培训计划或相关工具用以维护步道，可以说步道分会是整个步道协会的核心与灵魂。表2-10是美国部分国家步道的分会列表。

表2-10 部分国家步道的分会

国家步道	步道分会
阿帕拉契亚步道保护管理委员会 Appalachian Trail Conservancy	新英格兰委员会 New England Committee
	大西洋中部委员会 Mid-Atlantic Committee
	中部及西南弗吉尼亚委员会 Central and Southwest Virginia Committee
	南部弗吉尼亚委员会 Deep South Committee
太平洋山脊步道协会 Pacific Crest Trail Association	北瀑布区域办公室 North Cascades Region
	哥伦比亚瀑布区域办公室 Columbia Cascades Regional
	大本区域办公室 Big Bend Regional
	北山区域办公室 Northern Sierra Regional
	南加州区域办公室 Southern California Regional
	北瀑布区域办公室 North Cascades Regional

（续）

国家步道	步道分会
特哈斯皇家之路步道协会 El Camino Real de Los Tejas National Historic Trail Association	布拉索斯区域办公室　Brazos Region
	东德克萨斯—卡多区域办公室　East Texas–Caddo Region
	圣安东尼—戈利亚德区域办公室　San Antonio–Goliad Region
	南德克萨斯区域办公室　South Texas Region

资料引自阿帕拉契亚步道保护管理委员会官网、太平洋山脊步道协会官网、特哈斯皇家之路步道协会官网.

3．企业合作伙伴

除上文提到的两类步道协会成员外，各个步道还拥有众多的企业合作伙伴，这些合作伙伴主要为步道的完成与维护提供资金支持。企业提供的资金额不同获得伙伴称号的级别也就不同。例如在大陆分水岭步道协会中，向协会捐赠25000美元以上的企业被称为“步道先行者”，捐赠5000 ~ 24999美元的企业被称为“步道探险家”。很多步道协会都有著名的企业作为其合作伙伴。阿帕拉契亚步道的企业合作伙伴就包括谷歌（Google）、丰田汽车（Toyota）以及壳牌石油（Shell）等。

（二）管理内容

步道协会主要负责步道相关信息的发布、步道管理、社区关系维护与宣传、志愿者招募等工作。

1．发布步道的相关信息

每个国家步道协会都会发布关于该条步道的详细信息、徒步准备工作、可在步道上开展的各类活动、步道上的服务设施、步道沿线景观点、徒步者的故事等内容，供徒步者详细了解步道有关情况，方便徒步者制订徒步计划（表2–11）。可以说徒步者想了解的任何步道信息，都能在步道协会的官网或出版物中找到。

表2–11　阿帕拉契亚国家风景步道信息

信息种类	信息内容
步道的详细信息与数据	步道的历史与发展背景
	步道完整的互动地图与向导图册
	步道的关闭时间及徒步注意事项
	发布步道的天气、火情等相关信息与通知

（续）

信息种类	信息内容
徒步的准备工作	提供许可证，包括用火许可证、穿越国家公园的许可证等
	徒步日记及徒步所需时间参考
	徒步背包的准备
	徒步指南及推荐书籍
步道服务设施	庇护所的位置、数量及开放时间
	水壶贮藏点的确切位置
	步道补给服务
	步道沿线小镇的位置、可提供的服务
步道沿线景观	步道穿越的国家公园
	步道穿越的国家森林
	步道穿越的各州美景
步道可开展的活动	自行车骑行、越野滑雪、日间徒步、骑马、慢跑、远距离背包旅行、雪橇或雪上摩托、其他水上及水下活动

资料引自阿帕拉契亚步道保护管理委员会官网.

2．对步道进行管理

国家步道协会对步道的日常工作进行管理与指导，包括步道的修建与维护、步道的保护、步道发展资金筹措等内容。

步道的修建与维护　主要内容包括清理步道上的杂草及杂物，建设步道路段或选取新位置进行步道建设，对步道沿线的庇护所、露营地以及其他过夜设施进行建设或维修，为步道俱乐部提供技术支持、培训计划、基金支持、制定政策等。

步道的保护　主要内容包括以下四点。一是保证步道能够为徒步者带来荒野与自然体验；二是利用捐款、土地信托计划、基金会等形式购买私人土地，以避免步道被私人土地开发计划蚕食，并为野生动物提供动物通道；三是与政府保持良好沟通，及时告知政府步道的情况；四是一旦步道附近要进行发展项目，协会要及时与项目的负责人进行联络，参与到项目的总体规划中，保证项目不会对步道造成影响。图2–9是途经宾夕法尼亚州的阿帕拉契亚国家风景步道可能存在的危害步道完整性的三种情况，分别是步道两侧土地呈锯齿形、步道两侧土地过于蜿蜒以及步道两侧土地过于狭窄（Pennsylvania Department of Community and Economic Development，2009）。宾夕法尼亚州的社区及经济发展部门希望俱乐部或协会能够利用捐款、土地信托计划、基金会等形式购买私人土地，以避免因上述情况影响步道连贯与完整性。

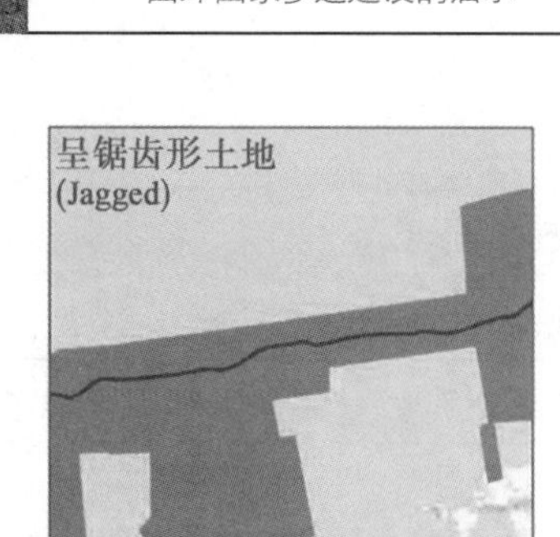

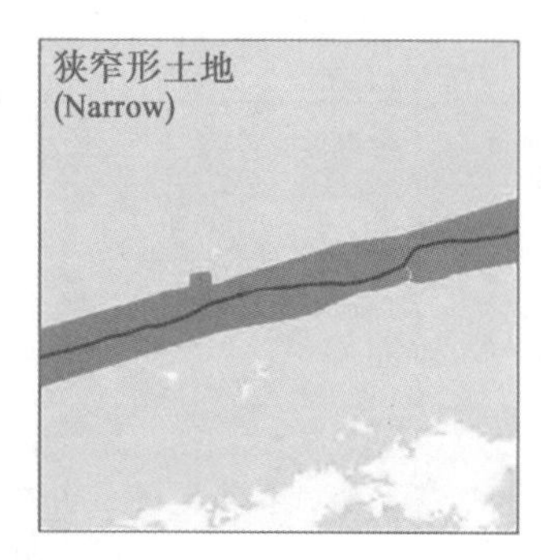

图2-9　需要采取措施保护步道的三种情况

（引自《阿帕拉契亚国家风景步道维护指南》，2009）

步道发展的资金筹措　为促进国家步道的发展，国家步道的管理协会每年都会派出协会工作者与志愿者去国会进行游说，即“国会山徒步”（Hike the Hill）活动，意在向国会宣传步道保护的成功经验以及所面临的挑战，希望能够获得“土地与水资源保护基金”（Land and Water Conservation Fund）的支持。另外，步道协会还通过向国家公园局、美国林务局以及土地管理局申请资金支持以保护与维护步道，寻求基金会对国家步道的捐赠，制定步道投资计划，提升步道的经营收入，提升会员人数，增加会费收入等方式筹措资金。

3．社区联系

每个国家步道的管理协会都会提供一些社区参与项目，号召社区居民参与国家步道的保护与促进。步道沿线的城镇、村落以及社区被徒步者看作是最宝贵的财产，并且是徒步者的好朋友、好邻居。通过社区参与项目，步道沿线社区在保护步道的同时可开展户外游憩活动，使社区得到可持续的经济发展。

4．志愿者招募

志愿者是国家步道协会最重要的组成部分，国家步道管理协会为个人、家庭及团队提供多种多样的步道工作机会，志愿者通过步道工作找到志同道合的朋友，加入步道的各类俱乐部，成为步道的管理人员，为后代做出有意义的贡献。

5．步道宣传

为提高国家步道的影响力，获得社会团体更多的捐赠，募集更多基金会资金，国家步道协会必须加强对国家步道的宣传，包括出版国家步道杂志、发布徒步者的体验感受及行走故事等。

七、国家步道资金投入

（一）资金需求

土地及土地权益购置　在国家步道建设阶段，需要在土地或土地权益的购置方面投入巨额资金。这些资金主要支付给联邦机构或私人土地所有者。《国家步道体系法案》要求步道的提案部门在提案报告中预估步道在土地或土地权益购置方面可能产生的费用。

步道建设、运营和维护 虽然美国国家步道重线路、轻建设，步道路面以移除障碍物的土路为主要建设形式，单位长度的道路建设成本较低。但是由于步道跨度大，跨越的区域类型和地理情况较为复杂，且运营和维护是一个常年累月的工作，因而步道在运营和维护方面也有较大的资金需求。国家步道体系法案要求单条步道的提案部门在提案报告中预估步道在建设和维护中可能产生的费用。

（二）资金来源

授权拨付 为了保证步道线路的顺利布设，使步道沿途土地尽快获得保护，美国联邦政府通过“授权拨付”的形式对单条步道进行拨款，用于步道发展或土地权益的购置。这些资金并不是按需拨付，《国家步道体系法案》对一些步道拨付资金的上限进行了限定。对于阿帕拉契亚国家步道来说，用于土地或土地权益购置的拨付资金额度不超过500万美元，对于太平洋山脊国家步道来说，拨付资金上限额度是50万美元。法案同时限定了纳齐兹国家风景步道发展阶段的总投资上限和用于土地购置的资金上限，依次是200万美元和50万美元。这些被限定额度的资金，如果当年未能按照法案足额拨付，其差额将会在下一个财政年度中补充拨付。此外，联邦高速公路管理局一直是一个重要的资金来源。在步道运营管理阶段，国家公园局和美国林务局、土地管理局、鱼类与野生动物管理局以及美国陆军工程兵团发挥了关键作用。

其他政府保护基金或规划项目拨款 除国家步道专项拨款可用于步道发展和沿途土地或土地权益的购置以外，国家步道的建设资金还可以来自其他联邦保护基金所拨款项，或通过纳入地方相关规划项目获取地方保护基金或财政援助。《国家步道体系法案》明确表示联邦拨款的土地或水资源保护基金可以用于国家步道建设过程中的土地或土地权益购置，并鼓励其他来源的拨款用于步道建设。阿帕拉契亚国家风景步道就获得了《土地和水资源保护及储备法案》的资金支持。该法案在1979年之后的3年内，每年向阿帕拉契亚国家风景步道拨付3000万美元用于购置土地或土地权益。除国家步道体系项目及其他联邦保护基金所拨款项以外，《国家步道体系法案》鼓励各州在其州域户外休闲游憩的总体规划以及根据《土地和水资源保护法案》提交的州及地方财政援助项目中，考虑在其管理土地上利用地方财政资金建设国家步道。

社会捐款 除拨款外，社会捐款是步道建设的另一个重要资金来源，步道运营管理阶段的资金需求主要依靠社会捐款。然而这种资金来源较政府拨款而言具有不稳定性，也造成了部分步道路段年久失修，甚至有步道因无法获得足够资金而无法保持贯通。

八、国家步道准入与许可

国家步道的准入机制包括四个方面，即国会批准步道加入国家步道体系中、保护地准许国家步道的穿越、国家步道准许个人穿越的相关许可以及国家步道及其沿线准许商业行

为即特许经营的开展。

（一）国家步道体系的准入机制

一条步道被国会批准成为国家步道，通常需要四个步骤：

1．制定可行性研究报告

向国会提交一份关于步道的可行性研究报告，在此基础上对《国家步道体系法案》进行修订。

2．确定拟指定为国家步道的相关信息

步道基本信息 步道的预计走向，步道周边具有景观、历史、自然和文化价值的或者可以用于未来发展的区域，步道成为国家步道的价值所在。

土地权属及管理 当前步道沿线土地所有权情况，步道使用现状和未来使用状况的预估。为了得到某些土地所需要的花费或土地可以产生的效益。步道的发展与维护规划，以及由此产生的花费。推荐步道的联邦主管部门，如果国家风景步道全部或大部分穿越了国家森林，那么应由农业部进行管理。相关州政府及其政治党派、公众、私人团体可以参与土地及步道管理工作。

步道使用信息 例如通径徒步或分路段徒步的预计时间、步道的开放月份、土地使用方式的轮换会带来的经济和社会效益、预计的雇佣人数以及步道维护、监管、管理的支出。国家史迹步道对其上或周边历史遗迹所产生的影响，以及保护措施。

3．指定步道成为国家步道

如果可行性研究报告推荐建立步道，则国会将指定该条步道纳入国家步道体系。

4．确定各部门管理任务

一旦步道成为国家步道，步道的主管部门需要制定管理及使用综合规划，在规划中确定联邦政府在内的各类步道合作者的角色与任务。由于国会与步道主管部门的商讨与沟通需经过若干年的时间，因此一条步道成为国家步道的过程大多会耗费6~15年。如果步道组织强大，群众基础良好，拥护者众多，那么步道纳入到国家步道体系的成功率就会比较高。

（二）国家步道的相关许可

1．国家步道需获得的许可

国家步道在穿越各类自然保护地、私人土地等区域时需要获得该土地主管部门或私人土地主的许可。通常在路权确定阶段获取这类许可。由步道主管部门负责协商与沟通。一旦步道路权向公众公布，则意味着国家步道周边土地不存在土地权属纠纷。

穿越自然保护地、国家森林或其他联邦机构所属土地 单条步道的主管部门须与土地的主管机构进行沟通，并与其他规划相协调，在保证土地使用效益最大化的前提下确认国家步道路权。

穿越私人所有土地 与土地所有者进行沟通与协商，或通过捐赠、捐款、基金拨款或交换来购买私人土地，以保证国家步道的路权。

2．徒步者需获得的许可

通常情况下，一般性的步道穿越并不需要徒步者获得许可证，但是当国家步道穿越某些国家公园、国家森林、荒野区或其他部门管辖土地时，为了保护步道沿线的资源与设施，这些区域的主管机构会要求徒步者拥有相关许可。徒步者可以在各国家公园、国家森林及荒野区的土地管理者处了解到该区域所要求的许可。主要的许可证包括：

通行许可（Access Pass Permit） 所有的徒步者在穿越国家公园局和美国林务局、土地管理局、农垦局（Bureau of Reclamation）、鱼类与野生动物管理局所辖土地时，都需要获得通行许可。通行许可可以跨部门使用，并对部分设施收取一定费用，许可证允许3人共同使用。

偏远区进入许可（Backcountry Permit） 国家步道会穿越一些位于偏远地区的国家保护区，当徒步者进入这类区域时需要获得偏远区进入许可，以保护这些区域的环境与资源。

偏远区野外露营许可（Backcountry Camping Permit） 由于国家步道可能穿越偏远区的多个国家公园或国家森林，当徒步者需要在非规划露营地进行野外露营时，部分国家公园会要求徒步者获得野外露营许可。

专栏 野外露营许可规则

1．为了保护环境、减少对环境的干扰，尽量选择曾有人露营过的地方进行露营。

2．如果无法在曾经扎过营的区域露营，那么露营者应该遵循“无痕山林（leave no trace）”的准则来尽可能降低对环境的影响。

3．除非在已建立的露营地小屋中或在日间使用的庇护所可以使用营火，其他情况不允许使用营火。

4．团队的人数要保持在10人以下。

5．食物必须储存在熊罐中，并悬挂在树上。

6．正确处理人类的排泄物。

7．将所有垃圾带走并妥善处理。

过夜许可（Overnight Permit） 部分国家森林、国家公园、荒野区及一些州立公园要求徒步者获得过夜许可。过夜许可可以在第一个需要过夜许可的地方进行申请，申请之后，可在整个穿越路线中使用，包括不同机构管辖的土地。有些地方的过夜许可是有限额的。

长途穿越许可（Long-distance Permit） 徒步者在太平洋山脊步道上独自进行连续800

公里以上的长距离徒步时，需要获得长途穿越许可。该许可每日的申请限额为50人。每年徒步者可以在两个确切的时间段内进行申请。一般第一个申请时段允许每日走上太平洋山脊步道的人数为35人，第二个时段允许每日走上步道的人数为15人。如果有徒步者错过了第一个时段的申请，可以在第二个时段继续申请。徒步者申请长途穿越许可时需要对自己的徒步行程进行认真研究与计划，提供确切的起点和终点位置以及开始徒步的准确时间。

营火许可（Campfire Permit） 国家步道的某些路段会要求徒步者在户外用火时获得营火许可，包括营火、烧烤用火以及便携式火炉三种类型。徒步者只有获得营火许可才可以使用火源。

游憩许可（Recreation Permit） 游憩许可主要用于保护自然及文化资源。当徒步者在河流区、荒野区、步枪靶场等区域开展团体或节庆活动时，需要提前获得该许可。游憩许可有时需要付费，当遇到国家纪念日或重大节日时，可以免费获得。

泛舟许可（Floating Permit） 如果徒步者团队超过了16人，并且需要在河流上进行泛舟，那么他们需要在相关水域管理部门获得泛舟许可。

荒野区许可（Wildness Permit） 在某些荒野区过夜需要获得许可，徒步者可以在每条步道的网站获取相关土地管理者的信息，与其联系是否需要获得许可。

洞穴探访许可（Caving Permit） 国家步道沿线的某些国家公园拥有知名的洞穴，徒步者可以向国家公园提出申请，以获得洞穴探访许可。

加拿大边境服务署许可（Canada Border Services Agency Permit） 由于太平洋山脊步道连接了美国和加拿大，徒步者或其他想通过太平洋山脊步道进入加拿大的人，需要获得由加拿大边境服务署出具的许可证。

（三）国家步道的商业行为许可

在国家步道沿途进行各类商业行为或活动时，需要提前向步道主管机构提出申请，由主管机构进行审核并确定是否批准该行为在国家步道上开展。一般的商业行为或活动申请包括商业电影拍摄或摄影许可（Commercial Filming/Still Photography Permit）、大型节事活动许可（Recreation Event Permits）、联邦土地交通工具及设备使用的申请（Application for Transportation and Utility System and Facilities on Federal Lands）以及特殊使用许可（Special Use Permit）等内容。

国家步道上一般没有经营性的商业行为，为徒步者提供餐饮或住宿服务的设施通常设立在与国家步道串联的国家公园内。国家公园按照《改善国家公园局特许经营管理法》，将公园内的经营性项目通过公开招标的方式，如住宿、餐饮及纪念品销售等内容，委托给企业即特许经营者（concessioner）进行经营，并收取一定的费用以改善国家公园的管理（安超，2015）。

一般特许经营合同的期限为3～5年，但不超过10年，国家公园局通过对特许经营者的评估来确定是否履行或延长合同。经营者在经营规模、经营质量、价格水平等方面必须接受国家公园管理者的监管。所有特许经营设施必须遵守联邦、州和地方建设法规，满足相应要求。拟建的特许经营设施必须符合国家公园局可持续设计、通用设计和建筑设计的标准。除公园总体设计要求之外，国家公园局还要在设计过程中进行价值分析，分析其设施、过程、系统、设备、服务和用品的功能，以便符合国家公园所需的性能、可靠性、环境质量、安全原则和标准（安超，2015）。

特许经营者每年都要制定实施计划（Operation Plan），地方管理机构每年对实施计划进行评估来确定特许经营者是否履行合同。同时地方的国家公园局每年对实施计划的执行进行监管，依据其表现，确定在该经营者的执行期间是否需要中止合同。合同到期后，还要对经营者在合同期内的表现和未来的计划进行整体的考虑，来确定未来是否与其续约。特许经营者的实施计划包含一系列内容，如产品质量要求、解说系统要求、产品经营定价要求、景观资源管理要求、环境管理要求、食品安全管理要求和金融管理要求等。

第二节　智利国家步道

智利步道（西班牙语the Sendero de Chile）长达8500公里，从智利最北端维瑟里（Visviri）通道附近，一路延伸到南美洲最南端合恩角（Cabo de Hornos）（图2-10），使智利人民及国际徒步者通过徒步访问、了解、尊重和保护智利各地区的自然和文化遗产。2001年，智利步道项目由智利国家环境部启动，众多国家部门、智利步道基金会及大量社区和志愿者合力建设与维护。

一、国家步道发展历程

（一）保护地官方步道

智利从1926年成立第一个国家公园以来，到2014年已有36个国家公园，另外还成立了国家保护区和国家自然遗产地，三种保护地面积总计14万平方公里，占全国国土面积的19%。三种保护地均由智利农业部国家森林公司（Corporación Nacional Forestal，简称CONAF）管理，CONAF在保护地内建设了官方步道，这些官方步道长度从几公里到几百公里不等，例如托雷德裴恩国家公园（Torres del Paine）环线，全长129.48公里，徒步者9天穿越原始森林、冰川、湖泊、河流和海湾等多种景观，被认为是徒步旅行的终极挑战；而在圣拉斐尔湖国家公园（Laguna San Rafael）的步道仅5.5公里，只供徒步者步行穿越常绿林，观赏圣拉斐尔冰川。

（二）智利国家步道

智利除了拥有保护地官方步道之外，还有一条起于21世纪初的长程步道——智利步道，该步道纵向穿越整个智利，北起阿塔卡玛沙漠南至巴塔哥尼亚，可以使徒步者体验到智利多样的壮丽景观。

2000年5月21日，智利前总统里卡多·拉戈斯·埃斯科瓦尔（Ricardo Lagos Escobar）提出建设一条纵向穿越整个智利的国家步道的想法，该步道从北部维瑟里通道延伸至南美洲最南端合恩角，目的是让人们通过步行就可接触、了解、欣赏和享受智利自然与文化遗产。

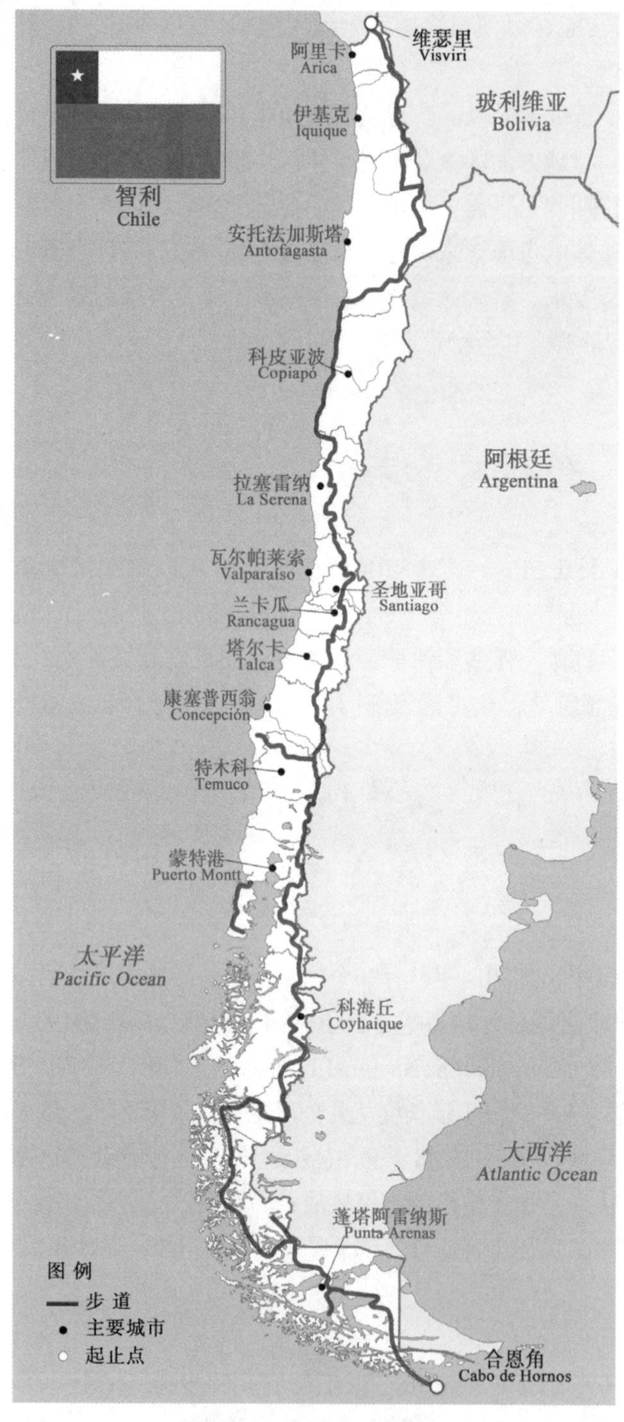

图2-10 智利步道路线图

2001年，由国家环境委员会（现为国家环境部）启动智利步道项目，智利政府也借此庆祝2010年智利独立200周年。步道路线设计全长超过8500公里，从北部国境线直到南美洲最南端。该步道是一条贯穿智利的生态通道，连接智利国家公园等保护地现有步道，穿越沙漠、高山、峡谷、森林和冰川，为智利民众及国际徒步者创建一个了解智利多样自然和文化景观的连接，在满足人们对国家自然区域中安全公共环境需求的同时，使人们意识到环境价值并对其进行保护。

2005年6月，由总统秘书部与国家环境委员会共同完成智利步道项目评估报告。同年7月，总统秘书部与国家环境委员会签署《智利步道跨部门组织与管理模式的合作协议》（Aprueba Modelo de Orgnizacion y Gestion Intersectorial del Sendero de Chile），宣布成立国家指导委员会（Comision Nacional del Medio Ambiente，2005a），使智利步道的管理取得重大进展。

2007年11月，智利国家政府与议会签署协议，决定成立非营利组织智利步道基金会（Fundación Sendero de Chile），与公共部门代表共同负责步道项目的实施。2009年国家司法部确定了智利步道基金会的法人资格。

在10年多的时间里智利步道从一个公共部门倡议、多个部门合作发展为公共部门、私人与公民共同合作的模式，凝聚了国家部门和当地参与者的努力及广大民众的支持，成为了一条安第斯山脉唯一的纵向步道，民众可以通过步行、骑马、骑车或其他非机动交通工具通行来了解和认识智利。

二、国家步道特点

纵贯智利 智利是一个南北狭长的国家，西临太平洋，东倚安第斯山脉，在地理上与南美洲其他国家相对隔绝。智利步道是世界上发展最雄心勃勃的长程步道之一，纵贯智利全境，从北部维瑟里附近开始，一路延伸至南美洲最南端合恩角（图2–11），建设长度达8500公里，是世界上最长的步道之一。

穿越多样景观 智利步道穿越了世界上最贫瘠的阿塔卡玛沙漠（Desierto de Atacama）（图2–12）以及高原、山谷、城市、森林、湖泊、火山、草原和冰川等不同的景观，其中部分步道还深入到岛屿，使徒步者更容易地探索岛屿生态环境。智利步道连接了多个国家公园和保护区，南部16条路段中有9条穿越了拉哈湖国家公园（Parque Nacional Laguna del Laja）、麦哲伦国家保护区（Magallanes National Reserve）等9个不同的国家公园和保护区。

图2–11 合恩角

图2–12 阿塔卡玛沙漠

充分利用已有步道 在智利步道项目开始之前，其实很多路段都已存在并为人所用。只是这些路段中有些没有设置连接线，有些缺少必要的基础设施，另外还有一些超过百年的步道仅是缺少标识。智利步道项目充分利用了这些已存在的步道，设置连接线，完善步道标识系统（图2–13），从而创建了一条连续的长程步道。

图2–13 智利步道标识标牌

步道分级 根据徒步者的访问量及步道承载量，以步道节点为中心，分别将向两侧的步道路段分成四个等级（图2–14）：①超高负荷路段（Carga Muy Alta）。路宽2～2.5米，紧邻节点，可吸引最多的徒步者。最大负荷为300～600人/天，路段长度约为1～3公里。路段需提供最齐全的设施与服务、解说系统和环境教育内容，以满足普通徒步者。②高负荷路段（Carga Alta）。路宽1.5～2米。最大负荷100～300人/天，路段长度约为3～6公里。服务内容减少，但需要考虑设置住宿设施。③中负荷路段（Carga Media）。路宽1～1.5米，车辆难以进入。可承受10～100人/天，路段长约8～15公里，基础设施基本能满足徒步者的要求。④低负荷路段（Carga Baja）。路宽0.5～1米，相对偏远，难以进入。据估计，可承受1～10人/天，距访问节点超过20公里。一些体能较好的徒步者可进入，这类徒步者的要求也较低（Comision Nacional del Medio Ambiente，Consultoria e Ingenieria Ambiental，2002）。

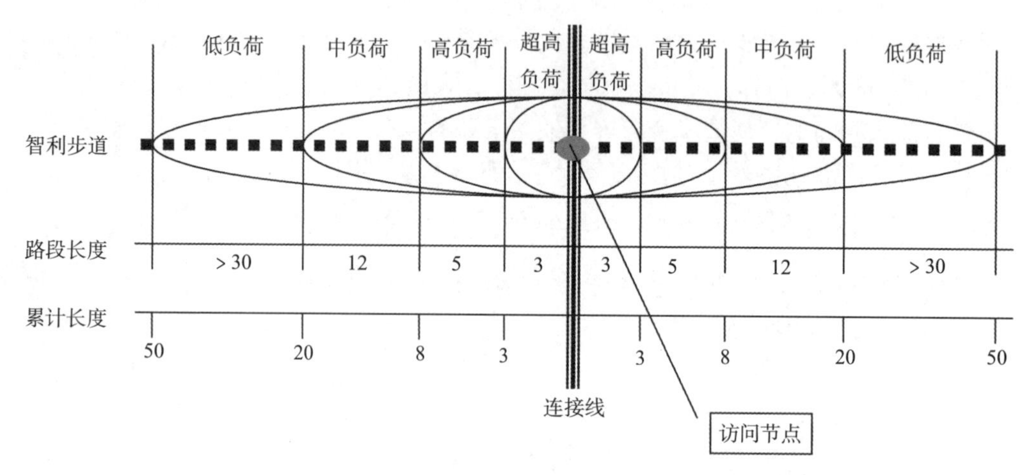

图2–14　步道分级示意图（单位：公里）

有限必要的基础设施　正如世界上许多地区的步道一样，步道不光是国家在地图上的一条线，还是供徒步者开展徒步活动的重要载体，沿线有一定的基础设施，包括标识牌、庇护所、露营地、访问点、桥梁及其他相关设施。智利步道上只允许建设必要的基础设施且数量有限，目的是减少人为对自然环境的破坏。

开展环境教育　自智利步道项目启动以来，每年都会开展环境、教育及志愿活动。智利步道基金会与环境部签署多项关于保护生物多样性等环境保护内容的协议。2002—2012年间超过8万人参与到环境教育及宣传的活动中，2010—2012年间共开展了39次环保志愿活动，有844名志愿者参与其中。

三、国家步道法律法规

截至2016年11月，智利并没有针对智利步道制定专门的法律，但是国家总统秘书处与环境部签署了一系列协议，规范和保护智利步道的发展。

2005年6月，国家环境委员会发布由国家总统总秘书部审核通过的《智利步道项目评估报告》，该报告对智利步道项目的组织与管理、效率与质量、资金来源、可持续性、创新等方面进行了评估。

2005年7月，国家总统总秘书部与环境部共同签署《智利步道组织与管理协议》，协议规定成立国家指导委员会，由国防部、资产部、交通部、国家森林公司、农业发展银行、社会赞助及投资基金、国家旅游局及国家环境委员会共同构成。其中，由国家环境委员会确定智利步道执行委员会的行政职责。

2013年4月，国家环境部与智利步道基金会签订协议，在步道区域开展有关生物多样性的交流、教育及提高公众环境保护意识等活动。

四、国家步道组织管理

智利国家环境部是协调与实施智利步道项目的责任单位，负责协调国家指导委员会与区域指导委员会之间的沟通，项目协调和实施等具体工作由自然资源保护司负责。国家环境部的其他部门，如环境教育与公共参与部门、宣传部门，在项目的一些计划上进行合作，以便进行更全面、更高效地管理项目资源与成员。

智利步道项目实施由不同公共部门与私人团体共同合作。图2-15概述了项目责任单位和参与机构的关系（Comision Nacional del Medio Ambiente，2005b）。

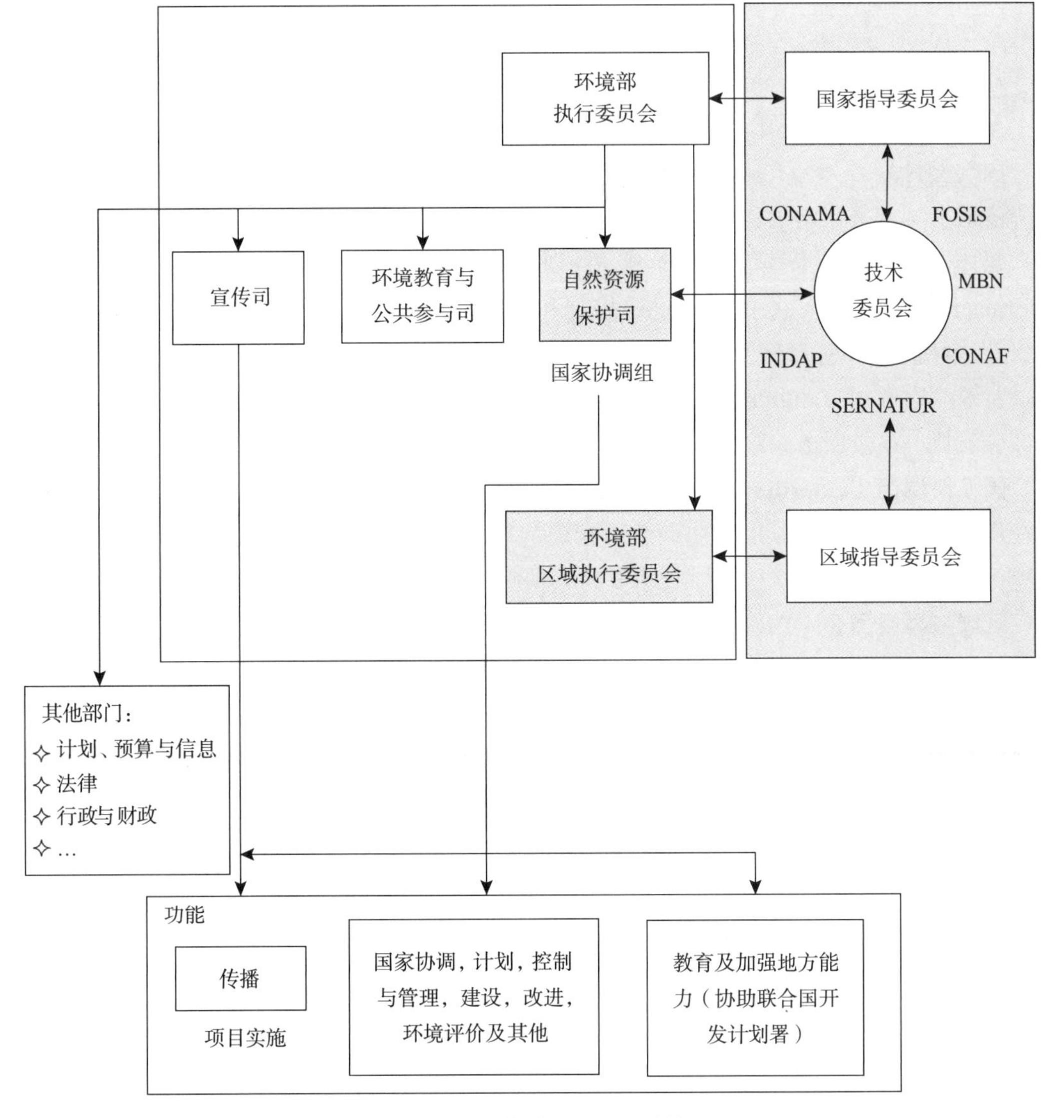

图2-15 智利步道项目组织结构图

图2-15显示环境部执行委员会通过自然资源保护司与其他相关部门进行项目的实施。上述机构在项目的指导、实施和设计等方面的职能如下：

国家指导委员会（Directorio Nacional del Programa） 是智利步道项目的主要决策机构，由以下公共机构组成：国家资产部（MBN）、交通部（MOP）、社会赞助和投资基金会（FOSIS）、国家旅游局（SERNATUR）、国家森林公司（CONAF）与国家环境委员会（CONAMA）。国家指导委员会主要对项目的进展情况进行报告和倡议，并需要对内部提出的计划进行审批，同时还负责项目目标及原则等一般性准则的制定。

环境部执行委员会（Dirección Ejecutiva de la CONAMA） 负责向地区协调员及环境委员会的区域执行委员会传达国家指导委员会的决定，并与联合国开发计划署、国家教育部等其他机构建立联系。

环境部的其他相关部门在某些项目上进行合作，共同完成。这些部门包括环境教育与公共参与司，宣传司，计划、预算与信息司，法律司，行政与财政司。其中环境教育与公共参与司（Depto. Educación Ambiental y Participación Ciudadana）从2004年开始在步道项目上全面开展工作，在国家环境体系认证的教育机构范畴内实施智利步道教育项目。与联合国开发计划署和公共服务合作伙伴管理和开展"全国智利步道可持续旅游比赛"。在部分步道上实施关于自然保护的项目。宣传司（Departamento de Comunicaciones）负责在大众媒体及国家媒体上宣传智利步道。计划、预算与信息司（Planificación, Presupuesto e Información）对所有项目的进展进行控制和管理，编制项目预算。法律司（Jurídico）负责所有法律问题。应自然资源部门、计划与预算部门的要求，制定与其他机构的合作协议。行政与财政司（Administración y Finanzas）应自然资源司、计划与预算司的要求，进行部分项目产品及服务采购的行政管理。

国家协调组（Coordinación Nacional del Proyecto） 国家指导委员会通过国家协调组支持所负责区域的步道。国家协调组负责确定每年的工作方针、计划及目标，对项目的进展进行监测，通过专业机构提供技术支持，向执行委员会汇报项目进展。

区域指导委员会（Directorio Regional） 是国家指导委员会的区域代表，与环境部的区域执行委员会合作，促进和支持地方按照2001年预定的线路布局进行步道的建设或翻新，并促进其他没有列入预定线路的替代路线加入到智利步道网络。环境部区域执行委员会由区域代理（Encargados Regionales）中最专业的代理人同责任部门一起计划、承包负责各区域内智利步道的管理。

区域协调或专业支持组（Coordinador Regional o Profesional de Apoyo） 是由外部雇用的顾问或专业人员组成的专业机构，为环境部区域执行委员会提供支持服务，为区域项目的实施提供工程设计、选线、造价等技术咨询及项目资金管理。

五、国家步道运营管理

智利步道项目于2001年由智利政府启动，由国家环境委员会管理，2007年成立的智利步道基金会负责实施智利步道项目。该项目还吸引了大量志愿者及当地社区参与到步道的建设和维护中。

智利步道基金会 2007年智利步道基金会成立，负责实施智利步道项目。该基金会属非营利性机构，旨在促进民众的徒步活动。智利步道基金会由不同领域、与基金会有相近目标的人士或机构组成，依靠多学科专业人员，完成基金会不同领域的行动和项目的制定、实施以及评价。从2010年开始，步道倡议由步道基金会驱动。

基金会的职责主要是管理步道和步道所涉及的公共、私人土地，制订计划、方案及解释步道网络的自然和文化遗产，设计和实施户外环境教育项目，设计与当地运营商和供销商合作的项目及产品，开展保护环境及遗产的志愿活动，鼓励、支持和发展保护步道领土的行动。此外，智利步道基金会还是拉丁美洲徒步网的成员之一，代表智利促进拉丁美洲步道的发展和使用。

专栏 拉丁美洲徒步网

2012年10月，在皮里亚波利斯（乌拉圭），来自智利、阿根廷、巴西、巴拉圭、乌拉圭和委内瑞拉的公共和私人机构，举办了第一届步道规划和管理会议。会上正式成立拉丁美洲徒步网（La Red Latinoamericana de Senderismo）。

总体目标：永久地促进拉丁美洲国家徒步旅行民主地实施。

具体目标：促进关于徒步旅行的公共机构、私人机构、学术界与民间社会之间的合作；促进拉丁美洲徒步旅行网延伸到拉丁美洲其他国家，以达到更加广泛；促进成员之间知识的共享与经验的分享；传播拉丁美洲步道及徒步旅行方案的建议。

社区参与 智利步道项目的规划者认为，维护如此巨大的步道社区直接参与是最简单的操作方法。因此，智利步道基金会鼓励步道沿线的社区参与步道的建设和管理，使其创造并维护自己的步道成果。

志愿者 智利步道的发展不仅允许而且还需要广泛的社会工作者参与。其中不同类型的机构和企业可以发挥不同的作用。公民也可向基金会申请成为志愿者，经过培训后参与智利步道的路段维护工作。

六、国家步道资金投入

2005年《智利国家步道项目评估报告》显示，2001—2004年间已资助的资金主要来源为财政收入、私人投资以及全国区域发展基金、公共服务、联合国开发计划署等其他公共机构（表2-12）。除2001年外，2002—2004年财政投入均超过65%。私人投资比例逐年上升，2001年仅为0.2%，2002年为2.4%，2003年为5.9%，2004年为4.1%（Comision Nacional del Medio Ambiente，2005b）。

表2-12 项目资金来源表 单位：百万美元

资金来源		2001年		2002年		2003年		2004年	
		金额	%	金额	%	金额	%	金额	%
1	财政支持	156.740	22.00	200.984	73.80	599.762	65.50	623.911	67.70
1.1	行政费用	47.470	6.70	48.455	17.80	50.318	5.50	50.202	5.40
1.2	项目配额	109.270	15.30	152.529	56.00	549.444	60.00	573.709	62.20
2	其他公共机构支持	554.854	77.90	60.391	22.20	234.481	25.60	151.461	16.40
2.1	公共服务	6.319	0.90	35.017	12.90	68.926	7.50	92.021	10.00
2.2	区域政府	548.535	77.00	15.992	5.90	116.717	12.70	44.439	4.80
2.3	省政府	—	0.00	—	0.00	15.216	1.70	1.569	0.20
2.4	智利国有铜矿公司	—	0.00	8.614	3.20	2.178	0.20	308	0.00
2.5	智利经济产业开发署	—	0.00	—	0.00	13.481	1.50	—	0.00
2.6	智利军队	—	0.00	768.000	0.30	17.963	2.00	13.124	1.40
3	其他来源	1.093	0.20	10.910	4.00	81.442	8.90	146.312	15.90
3.1	市政	—	0.00	4.407	1.60	14.685	1.60	3.714	0.40
3.2	私人	1.093	0.20	6.503	2.40	54.328	5.90	37.854	4.10
3.3	非政府组织	—	0.00	—	0.00	12.429	1.40	8.366	0.90
3.4	联合国开发计划署	—	0.00	—	0.00	—	0.00	92.277	10.00
3.5	其他	—	0.00	—	0.00	—	0.00	4.101	0.40
总计		712.687	100.00	272.285	100.00	915.685	100.00	921.684	100.00

部分公共机构与智利步道合作发起项目，并投入资金进行支持。其中，2005年联合国开发计划署与智利国家环境委员会决定在智利步道沿线发起12项环境保护项目，并提供总投资31万美元的资金支持，其中19万美元来自全球环境基金，12万美元来自团体及社会公民捐款。2005年4月7日，开始了第一个项目“生态旅游与可持续发展之路”，该项目包括

生态旅游导游培训、成立教育委员会、建设庇护所及露营地等，另外还包括建设关于当地动植物的步道。联合国开发计划署驻智利代表Irene Philippi表示“该项目给智利步道提供资金，给社区带来收益并保护了环境”（IPS，2005）。

近些年，智利国家环境部大力支持智利步道的发展。其中，2013年国家环境部与智利步道基金会签署协议，拨付297.21万美元，用于支持智利步道项目中步道的培训与维护、生态旅游的发展、环境教育、志愿服务、遗产保护与步道推广等。

七、国家步道准入与许可

国家环境委员会与环境工程咨询公司在2002年共同制定了《智利步道设计、施工及维护标准与建议技术手册》，将其作为指导工具规范步道项目发展，并可根据项目开展过程中总结的建议和意见作出修正。另外，该技术手册还可作为新步道准入的参考标准。在2005年完成的《智利步道项目评估报告》中，将“制定标准化的步道准入程序”作为项目优先完成事项之一，但到2016年10月为止步道准入标准还未完成，也未有部门对智利步道进行验收。

第三节　阿根廷国家步道

阿根廷国家步道项目（西班牙语Programa Nacional Senderos de Argentina）由国家旅游部与国家公园局等单位共同建设发展，旨在展示阿根廷国家自然与文化遗产的同时，改善社区居民与徒步者的生活质量。2010年阿根廷国家步道项目启动第一条步道，截至2015年共启动了5条步道，分别为安第斯足迹（Huella Andina）、瓜拉尼足迹（Huella Guaraní）、陆地尽头足迹（Huella del Fin del Mundo）、恩特雷里纳海岸线足迹（Huella Entrerriana del Litoral）及安第斯北部足迹（Huella Andina del Norte）。

一、国家步道发展历程

（一）阿根廷国家步道启动之初

安第斯足迹是阿根廷国家步道项目的第一条步道（图2-16），长度超过570公里，穿越拉宁国家公园（Parque Nacional Lanín）、纳韦尔瓦皮国家公园（Parque Nacional Nahuel Huapi）、阿拉亚内斯国家公园（Parque Nacional Arrayanes）、普埃洛湖国家公园（Parque Nacional Lago Puelo）与落叶松国家公园（Parque Nacional Los Alerces）五大国家公园及“人与生物圈计划”北巴塔哥尼亚安第斯生物圈保护区（Reserva de la Biosfera Andino Norpatagónica）、省级自然保护区、国有和私有土地。

安第斯足迹项目先后共经历了启动、巩固与试验、实施三个阶段。在此期间，阿根廷国家旅游局在安第斯足迹的基础上，提出了更长远的计划——建设阿根廷国家步道。

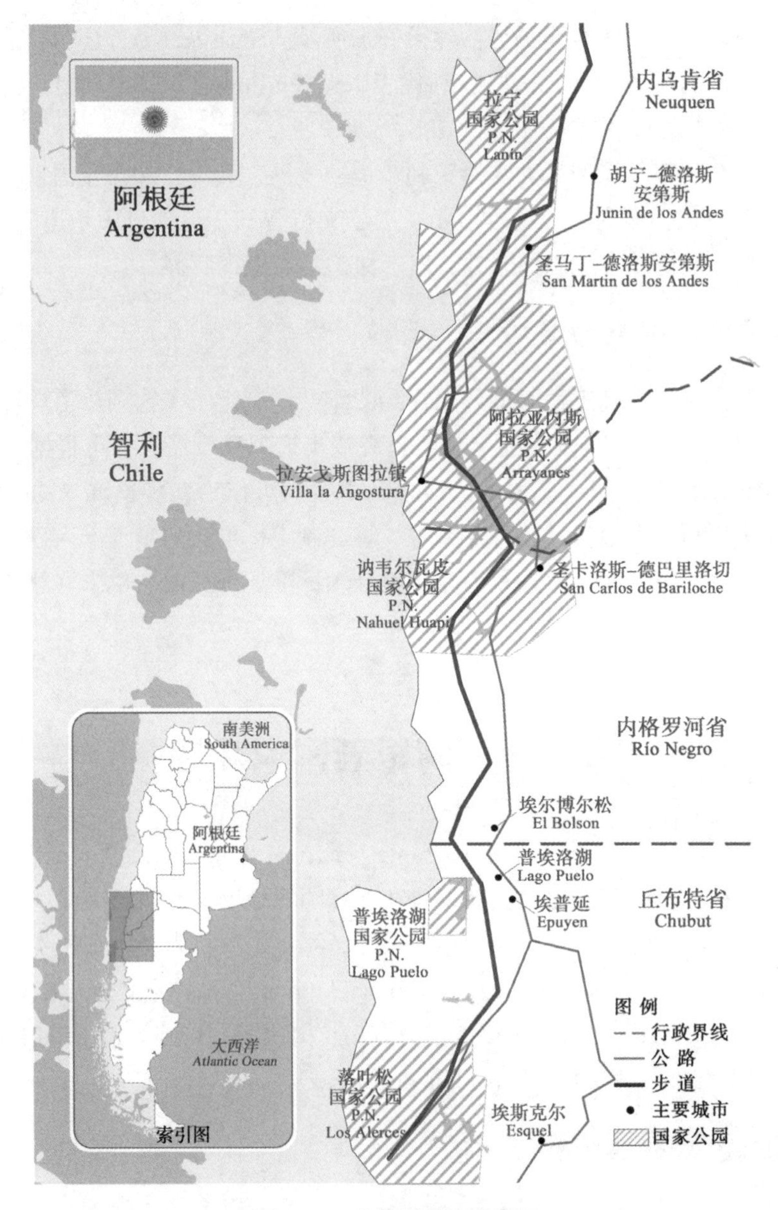

图2-16　安第斯足迹路线图

1．启动阶段（2009年6月至2009年10月）

2009年6月12日在落叶松国家公园，巴塔哥尼亚大学与落叶松国家公园共同召开第一次会议，讨论了安第斯足迹的初步设想，通过了工作计划并组织北部、中部、南部三大区域工作组，并任命区域协调员。区域工作组包括市政府、旅游部门、安第斯俱乐部、登山俱乐部等利益相关单位。工作组的第一个目标是对现有足迹进行系统化的信息采集，确定可能的路线并纳入现有的足迹。2009年10月在纳韦尔瓦皮国家公园召开第二次会议，会议上共享各区域的工作进展，制订夏季计划，审定用于测试的标识系统模型。

2．巩固与试验阶段（2009年11月至2010年08月）

向公众开放位于普埃洛湖国家公园、拉宁国家公园及落叶松国家公园的测试路段，确定路线及标识系统，制作关于安第斯足迹及徒步旅行的研究模型，编制一本介绍安第斯足迹项目、测试路段基本信息的小册子，按照制定的足迹路线实地收集信息并探索新的可能性路段。在埃尔博尔松市政府的支持下，召开会议介绍和批准步道建设技术规范文件，提出今后步道实施阶段工作的展望及遗留的法律、体制和资金等方面的问题，并介绍了志愿服务、环境教育等项目。旅游部为该项目提供工具、管理等保障服务。同时还制定了一个更长远的计划——建设阿根廷国家步道。

3．实施阶段（2010年9月至今）

阿根廷国家旅游部与技术协调组讨论步道实施阶段的工作计划，区域负责人根据这些建议继续推进项目，旅游部完成《阿根廷国家步道项目手册》（Manual de Producto Senderos de Argentina）。

（二）阿根廷国家步道的快速发展

2013年9月，瓜拉尼足迹（Huella Guaraní）纳入阿根廷国家步道项目，成为继安第斯足迹之后的第二条阿根廷国家步道。瓜拉尼足迹是第一条了解土著民族文化的民族旅游步道，同时也是一条纯自然步道。该足迹位于米西奥内斯省，全长60公里，其中有32公里位于帕皮密西昂自然与文化保护区（Papel Misionero）、瓜拉尼保护区（Guaraní）、卡阿雅丽保护区（Caá Yary）及高级别保护的原始森林内。瓜拉尼足迹穿越了Jejy、Pindó Poty和Caramelito 3个土著社区（图2-17），徒步者可以向当地原住民学习瓜拉尼祖先的建设技术及渔猎、采摘、制作当地手工艺品的方法。

2015年3月，安第斯北部足迹（Huella Andina del Norte）纳入阿根廷国家步道项目，该足迹位于胡胡伊省。安第斯北部足迹（图2-18）向徒步者展示安第斯土著民族非物质文化遗产和安第斯山脉道路系统遗迹，徒步者可以通过步道进入永加斯高原（Puna a lasYungas）与卡利莱瓜国家公园（Calilegua）。

图2-17 瓜拉尼土著社区

图2-18 安第斯北部足迹

2015年9月，恩特雷里纳海岸线足迹（Huella Entrerriana del Litoral）纳入阿根廷国家步道项目。该足迹主要位于恩特雷里奥斯省，目前有5个路段，从巴拉那（Paraná）一直到前三角洲国家公园（Parque Nacional Predelta），经过高山和峡谷、河流与村庄。

陆地尽头足迹（Huella del Fin del Mundo）共8个路段，全长87.5公里。主要集中在阿根廷最南端的火地岛省，徒步者可以通过步道访问法尼亚诺湖（Lago Fagnano）、岛心保护区（Reserva Corazón de la Isla）、梅耶谷地（Valle de Tierra Mayor）、比格尔海峡（Canal de Beagle）等自然景观。

二、国家步道特点

充分考虑自然保护 阿根廷整个国家的公共区域共分为纯净区域、原始区域、自然质朴区域、乡村区域及城市区域五种类型（Ministerio de Turismo de la Nación Subsecretaría de Desarrollo Turístic，2010）。在纯净区域严格保护自然环境，禁止建设步道。在原始区域及自然质朴区域对步道只进行必要的整理，提供较少的标识系统，基础设施均采用自然本土的材料。在保护自然环境的同时，也使徒步者能够接近原生态保护区、感受真正的大自然。

专栏 阿根廷公共区域步道建设

阿根廷将国家公共区域划分为五种类型，分别为纯净区域、原始区域、自然质朴区域、乡村区域和城市区域。不同区域的管理者为满足民众享受大自然、学习、与家人共处等体验的渴望，提供了与其区域相匹配的体验活动及适当的环境、社会和管理条件。阿根廷国家步道项目在建设时也以此为依据确定了步道的设计和施工的一般标准。

纯净区域路段 纯净区域拥有完整的生态和自然过程，具有高度自然性。该区域空间广阔、相对隔离以维持其自然性。区域内几乎没有人类活动，访问受到高度控制和限制。鉴于该区域的特点，为保持隔离和保护濒危资源，该区域不允许建设步道。

原始区域路段 原始区域内部分区域拥有完整的生态和自然过程。人类活动很少，遇到其他访客或当地人的机会不多。步道可连接到孤立偏远的区域，建设自然并与景观相协调，宽度仅供1人通行。步道沿线除少量标识标牌和露营地之外，没有其他基础设施和服务。在该区域徒步具有一定的难度和风险，适合有一定经验的徒步者通行，徒步者有机会体验到自主、孤独和挑战。

自然质朴区域路段 自然质朴区域的环境自然化，易发现人类活动的痕迹。虽有机会与其他访客和当地人接触、互动，但最常见的还是团体及商业旅行团。区域内步道使用天然材料建设，宽度可供1～2人通行，沿途设置有访客中心、露营地、庇护所、数量较多的标识标牌和其他基础设施。步道及其发展具有乡村特点，步道行走难度较高，适合一天活动的徒步者。徒步者在该区域需要注意安全和保护周边环境。

乡村区域路段 乡村区域是混合了自然区域、畜牧业及农业社区环境的区域。与保护区相邻或位于保护区的缓冲区。可以通过连接公共与私人土地的乡村步道或道路进入。区域内步道宽度可供2～3人通行，露营地可供团体扎营，并有饮用水供应区域，沿途标识标牌数量较多，基础设施简单而质朴，具有乡村特色。该区域的步道适合大多数人，徒步者可体验到当地食物、建筑及传统习俗文化，享受当地人提供的服务，并可以更深入地与当地居民和其他访客接触和互动，但徒步者的体验感受一定程度上取决于翻译或语言技能。

城市区域路段 城市区域是混合了住宅、商业、旅游和工业环境的区域，有完善的交通和服务系统，具备供电、供水、排水和交通控制等设施。该区域步道明显，宽度较宽，可供3～4人通行，露营地规模较大并提供饮用水和电力。徒步者可在该区域遇见小型绿地、公园、博物馆、剧院及体验各种城市文化，还可以得到保护区与旅游局提供的信息与展览服务。有基础的交通、酒店住宿和其他企业提供的一系列的服务。

穿越多个土著社区 阿根廷国家步道穿越多个阿根廷土著社区，其中，安第斯足迹穿越了14个、瓜拉尼足迹穿越了3个土著村庄和社区。徒步者通过步道可体验丰富的文化遗产，如古老的文化、古人的经验、古代民族的见证，这些对于民众都非常具有吸引力。

明确路段难度级别 阿根廷国家步道将步道分为三种类型：长程步道（Senderos de Largo Recorrido）、短程步道（Senderos de Pequeño Recorrido）与本地步道（Senderos Locales）。阿根廷国家公园局根据徒步的困难程度对步道进行难度分级，制定了《步道难度级别分类》。阿根廷国家步道根据该分类方法，将国家步道的路段分为容易（Facil）、中度难度（Media）、高难度（Alta）、超高难度（Muy Alta）四种难易程度。其中容易路段不需要徒步者具备徒步经验或进行特别的身体准备，中度难度路段需要徒步者具备一定的经验和身体准备，高难度路段需要徒步者具备山路经验和良好的身体条件，超高难度路段还需要徒步者在向导的陪同下开展徒步活动。每个路段的难度级别都会在阿根廷国家步道的标识系统和路书上显著标明。

作为旅游产品进行开发 阿根廷国家步道项目由国家旅游部及国家公园局共同发起，从旅游的角度出发，将步道作为新的旅游产品进行开发具有十分重要的意义。通过开发步道向民众提供在自然环境中散步、徒步、登山等户外活动的机会，这样不仅有助于提高民众生活质量，还能够让民众通过步道更加深入地了解阿根廷的自然与文化（Subsecretaría de Turismo Neuquen, 2012）。

带动区域经济发展 阿根廷国家旅游部称“阿根廷国家步道是一个创新，通过沿着村庄和社区设置步道，从而实现区域与土著社区的改革。”该项目对区域经济的发展起到了良好的带动作用，其中安第斯足迹沿线就使900多个小生产者从中受益。

三、国家步道法律法规

阿根廷并没有针对阿根廷国家步道及其单条步道制定专门的法律，但国家旅游部及国家公园局为规范徒步活动及相关服务管理，制定了明确的标准和相关法律。

2015年国家旅游部与国家公园局共同发布法案《Ley N°22.351》，制定了讷韦尔瓦皮国家公园步道系统管理基本准则，该公园步道系统中包括阿根廷国家步道部分路段。法案并没有禁止徒步者对公园山路等步道系统的访问，而是通过制定一些规则为徒步者提供便利和安全的访问环境。法案中对该国家公园内的步道进行了难度级别分类，并限制了其可开展的休闲活动类型，要求徒步者严格遵守。法案中还对徒步者的一些行为进行了其他强制性要求，例如徒步者在进入公园步道系统之前必须进行登记，只允许在公园露营地、庇护所等指定地点过夜，步道上禁止用火等（Ministerio de Turismo，Administracion de Parques Nacionales，2015）。

四、国家步道组织管理

（一）阿根廷国家步道相关利益团体

阿根廷国家步道管理不仅涉及国家、省及市的管辖机构，还涉及旅游部门及当地社区。步道项目的大多数参与者表示，阿根廷国家步道项目面临的主要挑战之一是工作的协调性及持续性。因此，在《阿根廷国家步道项目手册》中列举了步道的相关利益团体及建议职责（表2–13）。

表2–13　阿根廷国家步道项目相关利益团体及职责

团体名称	职　责
国家公园局 Administración de Parques Nacionales	负责其管辖范围内的步道；在管理计划及公共使用计划中根据使用条件提供休闲机会
国家旅游部及省旅游局 Ministerio de Turismo de la Nación y Organismos Provinciales de Turismo	促进组织之间的联系及推动步道相关的战略联盟；与当地合作伙伴配合，将公共资金用于发展步道项目；在步道标准、规范、良好做法等相关倡议方面发挥领导作用；根据步道市场，开展不同的体验
国家步道委员会 Comité Senderos de Argentina	成立阿根廷国家步道开发委员会；负责协调全国区域或GR步道机构的活动；提供完整的步道推广和营销，吸引资金捐赠、补贴及公司援助以支持步道发展及服务
步道地方委员会 Consejos Locales de Senderos de GR	同有管辖权的机构一起负责设计、实施和维护步道

（续）

团体名称	职　责
地方政府 Gobiernos Locales	负责其管辖范围内的步道；同当地社区一起确定当地步道的发展要求并尽可能地满足这些要求；鼓励做好自然保护区的土地规划，改进进入社区的步道
研究人员 Investigadores	调查社区步道的益处、不同徒步者的特点及概况，推荐步道未来发展的最佳做法和指导
旅游服务供应商 Prestadores de Servicios Turí Sticos	合理利用和可持续发展步道；为当地社区和徒步者提供在步道上有意义的经历；鼓励协会同地方志愿组织合作
土地所有者及房地产开发商 Propietarios de Tierras y Desarrolladores Inmobiliarios	同在该区域拥有管辖权的机构一起为步道及步道网络穿越的私人土地签订协议；致力于满足社区及当地政府的要求；在私人住宅区提供适当的服务
民营企业 Empresas Privadas	与非营利组织和志愿团体一起建立、维护和促进步道的发展；鼓励企业志愿者；了解步道拥有的价值及其在社区发展的影响
徒步者组织及协会 Grupos de Usuarios y Asociaciones	是地区、国家及国际有关步道的机构的一部分；同其他组织分享信息；促进步道周边社区的发展；为国家步道未来发展提供建议及要求
社区、志愿者和徒步者 Comunidades, Voluntarios y Turistas	以可持续方式积极享受步道；以个人或团体的形式协助策划、开发、维护和促进步道发展；提供建议为徒步者的需求提供最好的方案

资料引自Ministerio de Turismo de la Nacion Subsecretaría de Desarrollo Turístic，Manual de Producto Senderos de Argentina / Huella Andina，2010。

（二）安第斯足迹组织结构

安第斯足迹建立了相关的项目组织结构模式，该组织结构包括安第斯足迹大会、执行委员会、技术协调部门及安第斯足迹管理委员会与北部、中部和南部的技术委员会（Ministerio de Turismo de la Nación Subsecretaría de Desarrollo Turístic，2010）。该组织结构模式对涉及大范围土地的项目十分必要，并能够成功地使步道相关人员参与到项目中。参与者之间建立的信任可以保证步道的顺利发展，能够良好面对项目发展中遇到的国际、国内及跨区域的问题，图2-19阐述了其协作关系。

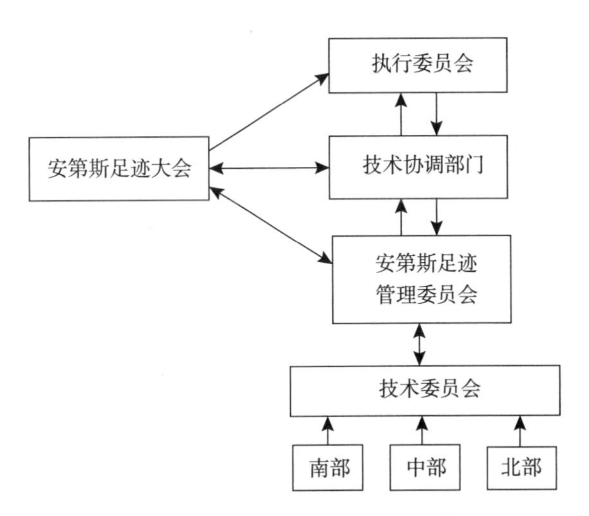

图2-19　安第斯足迹项目组织结构图

安第斯足迹大会（Asamblea General Huella Andina） 由参与安第斯足迹项目的所有机构、私营企业和公民团体构成，有助于保证多部门参与、共享专业领域的意见和建议。大会每年举行2次以核验工作计划的进展情况及完成质量，并根据核验结果调整和提出新的工作计划。

执行委员会（Comité Ejecutivo） 负责制定国家步道项目相关制度、协议，管理资源和支持工作计划。执行委员会主要由以下成员组成：拉宁、普埃洛湖、讷韦尔瓦皮、阿拉亚内斯与落叶松5个国家公园的长官、北巴塔哥尼亚安第斯生物圈保护区负责人、步道起始点各市旅游局负责人、内格罗河省旅游局最高领导人、丘布特省旅游局最高领导人、内乌肯省旅游局最高领导人、国家旅游部。

技术协调部门（Coordinación Técnica） 负责解决国家步道项目的核心技术问题，负责实施大会提出的工作计划并提出相应的调整，与有相同技术需求的同类项目进行合作。技术协调部门直接向执行委员会报告。

安第斯足迹管理委员会（Comité de Gestión Huella Andina） 是项目的执行机构，负责工作计划的实施，并有权对其进行改进，但工作计划最终是否能够实施需征得执行委员会的批准。管理委员会遵照大会的管理方针，协调工作计划，保证项目的顺利实施，并向大会报告执行委员会的工作进展，批准并推介技术协调部门的技术方案。

管理委员会主要由以下成员组成：拉宁、普埃洛湖、讷韦尔瓦皮、阿拉亚内斯与落叶松5个国家公园的代表、北巴塔哥尼亚安第斯生物圈保护区代表、内格罗河省的代表、内格罗河省各市代表、丘布特省的代表、丘布特省各市代表、内乌肯省的代表、内乌肯省各市代表、安第斯俱乐部代表、圣胡安大学代表、国家旅游部代表、技术协调部门。管理委员会提出了成立了区域工作组，这些工作组负责协调其区域内步道项目的开展，各工作组的代表熟知区域项目现场具体情况并积极向管理委员会提供有价值的意见和建议。

五、国家步道运营管理

阿根廷国家步道项目由阿根廷政府发起，并由政府搭建项目组织结构对国家步道进行管理。但在当地，政府过度参与下的组织结构会在一定程度上限制和降低民间的自愿参与性。而实际上，在步道运营过程中不仅需要依靠志愿者来设计和建设步道，更需要依靠他们进行长期的步道维护，步道的发展及其创造的价值与社区支持程度密不可分。

每条国家步道都有一个主管机构，确保项目制度化进行，与此同时不同地区的制度可保有当地特色。该机构的主要职责是协调不同的地方委员会的行动，并且负责将不同来源的资金用于多种项目的发展。

国家步道的运行战略 确定发展步道的地方负责人；鼓励社区参与步道的建设和维护；鼓励联系相关的社会团体；鼓励当地委员会联系当地社区、市政府、省政府与国家公园局对步道进行设计、经营和维护；鼓励各组织负责各自区域步道，协调不同地方委员会的各项行动，并负责将各种来源的资金发展多种项目；阿根廷国家步道开发委员会协调地区步道组织的各项行动，并提供推广、营销和筹集资金等方面的帮助。

此外，还鼓励以下内容：发展志愿者参与到步道建设、维护和其他服务中；将步道项目纳入到高中生及大学生义务服务活动中；社区及步道相关服务供应商参与步道发展；教育机构及环境非政府组织参与发展有关环境教育的活动；土著社区参与项目发展，共享和传播他们的文化价值观与认知，并可发展为步道服务供应商；开展在线或面对面论坛分享全国不同区域步道的发展成果和良好做法，不同产品开发小组之间进行技术交流；步道用于徒步比赛、团体比赛及学校比赛等多种活动。

六、国家步道资金投入

阿根廷国家旅游部开展的项目中有多个涉及了步道及相关基础设施建设的内容，因此阿根廷国家步道可从这些项目中获得资金支持。具体项目如下（Ministerio de Turismo de la Nación Subsecretaría de Desarrollo Turístic，2010）：

国家旅游投资项目 在“联邦可持续旅游计划2016”框架中，以法律N° 25.997/2004与N° 1.297/2006作为旅游公共工程投资的依据，其共同目的是扩展旅游空间、增加旅游产品供应并实现其可持续发展，以及协调国家、省、市之间的旅游投资。表2–14中列出了国家旅游投资项目（Programa Nacional de Inversiones Turísticas）支持的公共工程具体项目。国家旅游部旅游投资委员会（Dirección de Inversiones Turísticas）对提交的公共工程项目进行评估，具体评估内容包括项目的技术文件、相关技术仪器、行政管理等方面。

表2–14 国家旅游投资项目公共工程项目

公共工程类型	具体工程项目
信息单位	翻译中心、访客中心、报告中心，职位信息等
设施	观景台、步道、庇护所、通道、医疗队、防波堤、码头等
自然和文化遗产重估	对自然与文化遗产进行保护，重建、保存城镇
标识系统	根据阿根廷国家旅游标识系统手册布设

旅游技术支持项目 旅游技术支持项目（Apoyo Tecnológico al Sector Turístico）的受益人可以是自然人、法人、政府机构和非政府机构，这些机构必须直接或间接地与旅游业相关。项目的受益者必须与科技部门及参与项目的辖区旅游部门签署合作协议，协议中必须包括合作条款、承诺的贡献、项目目的与目标、预期的主要结果等内容。表2–15列出了旅游技术支持项目支持的具体项目。

表2-15　旅游技术支持项目

项目类型		具体项目
公共项目	设施	观景台、步道、庇护所、通道、医疗队等
	信息单元	信息中心、访客中心、设备等
	自然与文化遗产	保护、重建、修缮等
	标识系统	标识系统
私人项目	旅游直接相关	旅游住宿、旅行社和交通等其他服务
	旅游间接相关	餐饮、旅游用品和工艺品等

新型目的地项目　若阿根廷国家步道及相关基础设施位于新型目的地项目（Programa de Fortalecimiento y Estímulo a Destinos Emergentes）规划的区域中，则可申请使用该项目的资金。

私人投资旅游项目　随着阿根廷国家步道的发展，其设施与服务对私营部门可能具有一定的吸引力，因此可申请私人投资旅游项目（Red para la Promoción de Oportunidades de Inversión Turísticas Privadas）的资金。

七、国家步道准入与许可

在单条步道加入阿根廷国家步道之前，国家旅游部派技术部门对步道的可行性进行调查评价。例如，瓜拉尼足迹加入国家步道之前，旅游部技术部门在米西奥内斯省进行了为期一周的调查工作，包括确定最终的路线、地图重要的参考点及地形地貌、土壤等。因此各单条步道的建设及改进需遵循一定的标准，以下为《阿根廷国家步道项目手册》中列出的一般标准。

（一）一般准入条件

自然环境中的徒步活动需满足徒步者多样化体验。根据相关经验，满足以下标准的步道可优先纳入到阿根廷国家步道中来：提供适合的娱乐体验活动；使用了古老的道路或足迹，并进行必要的修复；有自然地理景观、历史文化景观、民族志、古生物等；避免陡峭的交叉口、宽度与流量大的河流；避免路线穿越柏油路；在山区，路线选择在山谷、山坡，避免在山顶；步道上不需要登山或高山徒步装备与技能；在任何地区，正常情况下，不会发生危险。

在启动一项步道项目之前，至少应完成以下工作：成立步道机构、协会、促进步道发展的工作小组；详细说明建设步道的理由及目标；评估项目的相关的利益及价值；对步道长度、持续时间、坡度、消耗卡路里、生物与非生物景观、文化方面的兴趣点等内容进行描述；提供服务信息；向步道穿越区域的所属机构或政府主管部门申请许可证以进行标识系统的安装等其他工作；申请定位信号及其他工作所需的许可证；向穿越的私有土地所有者申请步道通过许可证；有机构或团体承诺进行步道维护；提交项目实施所需的人力与资金预算；制订推广策略，包括制作小册子、面板、网站等推广材料。

（二）步道认证标准

阿根廷国家步道带来的徒步休闲体验是真实而独特的，并能够提供卓越的服务，表现出高水平的环境管理。取得这一结果的关键是注重高质量的体验，针对不同市场的产品初始定位更是至关重要。因此对于阿根廷国家步道，有明确的认证要求，如分享和庆祝国家文化独特的一面；尊重和保护环境，徒步者可以分享国家自然与文化遗产的价值；通过一个高质量的解说系统、学习和参与的机会，为徒步者提供体验丰富的文化、环境与社会遗产价值。

步道认证标准具体主要包括以下内容：步道状态，包括自然环境的等级、步道维护水平、压实水平等；标识系统，包括信息的明确性、相关性及设置位置等；可开展的活动；文化，包括城市的特色、街道、市场、特色建筑、城堡、修道院等；徒步者聚集区域，包括提供休息的场所、与公共交通连接的地方、餐饮服务等。

步道认证标准的实施可保证步道经济、生态可持续发展，并长期促进旅游发展。对于地区或有意愿发展某一特定步道的团体，认证都是自愿的。该标准是认可评价的一部分，是评价国家或地区不同步道的客观依据。

实例一　美国阿帕拉契亚步道

阿帕拉契亚步道（英语Appalachian Trail，简称AT）位于美国东部，1968年成为《国家步道体系法案》指定的第一条长程徒步国家风景步道（National Scenic Trail）。步道由各地志愿者修建，目前的总长度3500公里（图2–20）。由阿帕拉契亚步道保护管理委员会（Appalachian Trail Conservancy，简称ATC）、国家公园局、美国林务局和31个步道沿线的山野俱乐部共同管理，于2014年完成了所有私人土地的收购，达到了100%公有化。从1937年完工至2015年已经有超过12000人徒步走完全程，每年步道的总徒步和旅游观光人数超过200万人次。

一、步道历史

阿帕拉契亚步道呈南北走向，最南端位于佐治亚州北部的斯普林格山（Springer Mountain），最北端位于缅因州的卡塔丁山（Mount Katahdin），途经佐治亚、北卡罗来纳、田纳西、弗吉尼亚、西弗吉尼亚、马里兰、宾夕法尼亚、新泽西、纽约、康涅狄格、马萨诸塞、佛蒙特、新罕布什尔、缅因14个州。步道主要沿阿帕拉契亚山脉山

图2-20 阿帕拉契亚步道路线图

脊而建，包含大烟山（Great Smoky Mountains）、蓝岭（Blue Ridge）、绿山山脉（Green Mountains）、白山山脉（White Mountains）等重要山脉，途经美国的詹姆士河（James River）、仙乃度河（Shenandoah）、波多马克河（Potomac River）、哈德逊河（Hudson River）、康涅狄格河（Connecticut River）等重要河流。阿帕拉契亚步道主要经过两大气候带：亚热带湿润性气候和温带大陆性气候；3个美国政治地理区域：南部、中大西洋地区和新英格兰地区；美国东部2个最早建立的国家公园：年游客人数居全美国家公园之首的大烟山国家公园（Great Smoky Mountains National Park）和仙乃度国家公园（Shennadoah National Park）；以及美国南北战争遗址等历史遗迹。徒步者可以在一次"通径徒步"（thru-hike）当中体验美国从南到北的气候、地理、生态和政治经济变化。

（一）阿帕拉契亚步道的诞生

20世纪初期的爵士时代，美国经济强盛一时。身为共和党内环保主义支持者的西奥多·罗斯福（Theodore Roosevelt）总统的上台，为约翰·缪尔（John Muir）的西耶拉俱乐部等户外和环保组织提供了强有力的支持，美国的第一批国家公园也在这时候诞生（Nash，1967）。本顿·麦凯（Benton MacKaye）正是在这个时候酝酿了阿帕拉契亚步道的蓝图。1921年麦凯在美国建筑学期刊上发表了关于修建阿帕拉契亚步道的设想（图2-21），提出建设一项纵贯阿帕拉契亚山脉的宏大工程，为沿途的小农经济和社区建设带来新的机遇（MacKaye，1921），随后在1925年倡议建立阿帕拉契亚步道大会（Appalachian Trail Conference），这是后来的ATC的前身。

图2-21　麦凯最初的阿帕拉契亚步道草稿

20世纪的大萧条为美国经济带来重创，第二个罗斯福——民主党的富兰克林·罗斯福（Franklin D. Roosevelt）上台，推出新政，增强联邦的权力。民兵团、国家公园局、美国林务局的权力都在联邦政府的集权中巩固了地位，并且对刚刚成立的阿帕拉契亚步道大会给予重要支持。各州的步道俱乐部纷纷响应，以新英格兰地区和纽约州为先，纷纷建立了自己州内的部分步道。联邦也在2个罗斯福执政的时期新建了2个东部重要的国家公园——大烟山国家公园和仙乃度国家公园，向当地居民廉价购买土地，并在2个公园之间建造了640公里的蓝岭国家风景道（Blue Ridge National Parkway）。由于在田纳西Tennessee Valley Authority修建了水坝，拦下大量AT沿途的土地为联邦所有（Mittlefehldt，2013）。

AT建设初期遵循自愿。在20世纪20～40年代的2个罗斯福时期，AT基本上由民间建设和管理，各地的山野俱乐部组织志愿者进行步道规划、设计、建设实施各个方面的工作，包括与私人领地所有人握手协商，达成口头协议，让AT得以从私人的”后院”经过。这个时期的步道使用者很少，许多私人也愿意让这些陌生人在周末使用自己的一小部分领地。

（二）联邦政府介入

凭借志愿者们的工作，与私人的协商，14个州自行修建的步道于1937年正式连结了起来，AT至此正式竣工。第二次世界大战期间没有对AT进行维护，很多区域的路线已经无法辨认。Earl Shaffer排除万难，在1948年的夏天徒步走完AT全程，成为第一个通径徒步者。然而这个时期的AT，约有一半的土地经过私人领地，并未受到州政府和联邦政府的保护。

第二次世界大战结束之后，美国的民生环境发生了变化。人们开始向往郊区的生活，使美国城郊（suburban）的房屋需求量增长。随着生活水平的提高，人们开始寻求户外休闲体验，大批城市人群在周末涌入新建的国家公园和州立公园。由于AT徒步人数上升，很多私人土地所有者变了想法，不再愿意把领地向大批嬉皮士徒步者开放，导致AT需要另外寻找路径，很多时候不得不改道至公路上，以避开私人领地。经过几年的调查，由内政部游憩局向国会上书，提议建造一批国家级别的步道，满足人们户外旅游的需求。国会在1968年通过了《国家步道体系法案》，指定了第一批国家步道，其中包括阿帕拉契亚步道。联邦以创立国家步道之名，致力整个管理走廊全部公有化，由联邦统一进行管理（Anderson，2003）。这极大地改变了AT必须受制于私人土地所有者局面，同时也带来了一系列新问题（Sidaway，1979）。

（三）民间与政府的纠纷

联邦建立国家步道带来的第一个问题便是土地所有权。AT最初只有一半的土地归州政府和联邦政府所有，包括国家森林、自然保护区和国家公园的土地。当确立AT主要由国家公园局管理后，全线都必须实现公有化。然而AT是一条狭长的路径，其周边的一些区域也要被划在范围之内。联邦利用同一法案中批准建立的“土地和水资源保护基金”（Land and Water Conservation Funds），以低价购买沿途的土地，建立这条长为3500公里的国家公园。这一措施受到“反环保主义”思潮的攻击，许多保守的、反对联邦集权的政治团体认为这一举动侵害了私人财产所有权（Mittlefehldt，2013）。另一方面，联邦并不愿意加深与民众的纠纷。联邦政府把步道的管理和建设项目大量外包给民间志愿者组织，让这些民间组织利用自己对AT建设的工作经验和对本地政治经济环境的切身体验，去周旋于私人地主之间，让地方和州政府担当设计管理AT的职责。

20世纪80年代，里根总统上台后改变了六七十年代联邦对于环保的一系列政策。里根倡导“创造型环保”，即采用更实用主义的方式，在不削弱经济和个人权益的前提下，尝试性地开展一些具有实验性质的保护项目，简而言之，就是减少联邦对于地区经济和政策的涉足，减少在环保方面的开支，而把这一任务交给地方和私人。联邦对于AT建设的支持也渐渐减少。

（四）步道交还民间

联邦政府拥有民间所缺少的公共建设资源，而民间拥有对土地更深刻的认识和强大的志愿者力量。联邦和民间的周旋终于在1984年达成最佳解决方案，AT的统一管理权被正式交给ATC这一非政府、非营利的民间组织，负责步道建设项目的监督、管理和政府与公民之间的联系，而国家公园局等联邦机构依然提供部分支持。步道管理局联合沿途的31个山野俱乐部，与国家公园局、美国林务局、州政府联合，形成了美国历史上独树一帜的民间和政府共同管理土地的局面。AT的最后一片私有土地在2014年被购买，至此AT实现了100%的公有化。ATC也在2005年变更为现名，强调其核心使命是“保护AT沿线的自然和文化资源”。AT刚刚建成时的长度只有3200公里，随着步道脱离私人地主、联邦购入绿道区域和扩张沿途山野俱乐部志愿者们新增的“之字形”路线，每年AT都会有小的改道。

AT的宗旨是“增进徒步者的荒野体验”（MacKaye，1921）。步道沿途是美国人口最密集的区域，也是黑熊密度最高的区域。以宾夕法尼亚、新泽西、大烟山国家公园和仙乃度国家公园为首，几乎每个通径徒步者都有看到黑熊的机会。AT的整体海拔偏低，最低点海拔41米，位于纽约附近的哈德逊河谷；最高点海拔2208米，位于大烟山国家公园内的克灵曼之顶（Clingman's Dome）。步道在南部的高山由植被覆盖，而在北部新罕布什尔州和缅因州，哪怕是低矮的小山头也有可能位于高寒地带。其中，白山山脉的华盛顿山（Mount Washington）是地球上气候最恶劣的区域，其最大风速曾高达343公里/小时，这个速度超过地球三极。步道沿途有270个庇护所，平均每6公里就会经过一条道路，包括土路、公路、高速路等。除去最后的160公里“百里荒野区”（A Hundred Miles Wilderness）外，其他区域都较为容易到达。

AT在美国历史上有重要地位。在距离AT一天车程的范围之内，居住着超过美国总人口2/3的居民，涵盖的大城市包括纽约、华盛顿、波士顿、亚特兰大、费城、里士满等。游客的逐年增加既符合AT最初推广民众野外体验的想法，也为其带来了困扰。步道管理部门鼓励通径徒步者分散开始徒步的时间或者不要单一地从最南端开始徒步，这样可以减轻步道的拥堵现象，让营地和庇护所的使用更加合理，减少对环境带来的污染和对户外体验的破坏。但是，随后的修建偏离了麦凯的设想。

AT从1937年全线接通至今日已有80年历史。它丰厚的步道文化独树一帜，带动了美国乃至世界上的徒步爱好者慕名前往。在完成了“通径徒步”的10000多人之中，有盲人Mike Hanson、年仅5岁的Buddy Backpacker、第一位女性徒步者盖特伍德大妈（3次完成AT，第一次时已年逾六旬）、越野跑运动员Scott Jurek等。最短完成时间纪录是46天8小时7分钟，在2015年夏天由Scott Jurek创造。年纪最大的通径徒步者当时是87岁高龄。AT的第一个徒步者是Earl Shaffer，早在1947年就用了124天徒步完成全线，并在之后完成了从北到南的通径徒步，成为了第一个从两个方向出发完成AT的人。沿线的“步道天使”是自

图2-22 步道节的举办地——大马士革

愿服务徒步者的志愿者们，他们以各种形式提供对徒步者的帮助，包括接送步道口、在步道附近提供食物和聚餐、邀请徒步者来家里休息、为徒步者接收补给包裹、作为国际徒步者的联络人，等等。每年5月，弗吉尼亚南部的大马士革（Damascus）会举行一年一度的“步道节”（图2-22），届时有几万新老AT徒步者前往，活动包括演出、游行、展销会、装备修理服务等。根据阿帕拉契亚步道徒步而改编的文学、历史、影视作品更是种类繁多，最著名的包括《林中漫步》、《盖特伍德传记》等。

阿帕拉契亚步道虽然不是美国最古老和最长的步道，却是世界上最长的只允许人通行的徒步路径。阿帕拉契亚步道并没有明确的步道分段，许多徒步者喜欢使用公路、州、庇护所等地标为其划分区域。AT共经过的14个州的大致情况如下：

1．南方（共由5个山野俱乐部维护）

佐治亚州（Georgia） 共126公里，最高点海拔1472米，大多数地区在国家森林境内。

北卡罗来纳州（North Carolina） 共153公里，另有256公里与田纳西州界重合，途经南塔黑拉河谷，在方塔纳水坝进入大烟山国家公园。

田纳西州（Tennesse） 共150公里，另有256公里与北卡罗来纳州的州界重合，最高点在州界线上的克灵曼之顶（Clingman's Dome），位于大烟山国家公园境内，海拔2208米，这也是AT全线的最高点。

2．弗吉尼亚州（共由8个山野俱乐部维护）

弗吉尼亚州（Virginia） 全线886公里，是AT路线最长的州，占整个步道长度的1/4。其最高点为1833米，南部经过弗吉尼亚州最高峰罗杰山（Mount Rogers）、格里森高地州立公园（Grayson Highlands）；中部经过风景如画的龙牙（Dragon's Tooth）、马卡飞悬崖（McAfee's Knob），这里也是AT上最常被摄影师光顾的地方；北部则与蓝岭公路平行，在仙乃度国家公园之内有160公里；最北段进入西弗吉尼亚的哈勃港。

3．中大西洋地区（共由11个山野俱乐部维护）

西弗吉尼亚州（West Virginia） 只有7公里，阿帕拉契亚管理局的总部位于哈勃港，这里亦是纪念南北战争的国家历史公园。

马里兰州（Maryland） 共65公里，公认的AT最简单的一段路，可以在一天之内完成；也有人把弗吉尼亚—西弗吉尼亚—马里兰—宾夕法尼亚连在一起，一天走完60公里，可以徒步单日涉足4个不同的州，这就是AT上有名的“四州挑战”。

宾夕法尼亚州（Pennsylvania） 共366公里，常被称为“石头法尼亚”，这里全线平坦，但是州北部有许多巨石阵；AT的中点纪念碑也在宾夕法尼亚州，每年的位置有变化（因为AT的总里程在改变）；其他重要景点包括与马里兰州界上的Mason Dixon Line，象征着美国南部和北部的界限；特拉华河谷（Delaware Water Gap）、Susquehanna River、Cumberland Valley等。

新泽西州（New Jersey） 共115公里，石头依然较多，最高点海拔518米，位于高点州立公园（High Point State Park）；宾夕法尼亚州和新泽西州都是黑熊较为集中的区域。

纽约州（New York） 共135公里，其中的熊山—哈里森州立公园（Bear Mountion-Harrison State Park）是AT最早建成的区域；熊山亦是AT沿线拜访人数最多的区域，此地离纽约只有不到1小时车程，徒步者亦可从Pawling的北方火车站坐上去纽约曼哈顿的火车；哈里森公园里的“柠檬榨汁机”（Lemon Squeezer）是AT上著名的景点；哈德逊河谷是AT最低点。

4．新英格兰地区（共由7个山野俱乐部维护）

康涅狄格州（Connecticut） 共82公里，AT距离倒数第二短的州。

马萨诸塞州（Massachusetts） 共146公里，其Upper Goose Pond可租船游览，风景宜人；Mountain Greylock是AT继弗吉尼亚以来的第一座真正登顶的山峰；威廉姆斯顿（Williamstown）是著名的威廉姆斯学院的所在地。

佛蒙特州（Vermont） 共240公里，是历史悠久的“长步道”（Long Trail）的所在地，前105公里的AT与长步道重合；后面AT由最初的向北延伸改为向东方延伸，坡度也渐渐变陡。佛蒙特州的AT由绿山山脉俱乐部（Green Mountain Club）维护，这是AT历史上最悠久的山林俱乐部之一。

新罕布什尔州（New Hampshire） 共260公里，其中有160公里在白山山脉（White Mountains），这里是美国东部气势最恢宏的山脉，也是AT全线公认的较难的区域，其中以Franconia Ridge和总统山山脉穿越（Presidential Tranverse）最为有名。白山山脉路线大多暴露在林线以上，风力极大，一年四季都有可能遭遇暴风雪的恶劣天气，徒步难度极高，故阿帕拉契亚山野俱乐部（Appalachian Mountain Club）在白山山脉中维护了8个商业庇护所，属于大型的小木屋，设施齐全，需要提前预约，AT通径徒步者可以短暂的杂工换取住宿；白山山脉的最高峰华盛顿山（2209米）亦是美国东北部最高峰。

缅因州（Maine） 总共451公里，是AT难度最大、最荒凉、最人迹罕至的州，其中位于Mochoosuc Notch的一里被称为“AT上最难的一里”（图2-23），徒步者需要用各种身体姿势穿行于如小汽车一般大的巨石之中，有些地方无法落脚，甚至需要钻到石头下方通过；AT的终点是巴克斯特州立公园境内的卡塔丁山（Mount Katahdin）（图2-24），这里是缅因州古印第安人的神山，亦是缅因州最高峰；巴克斯特州立公园在20世纪20年代由缅因

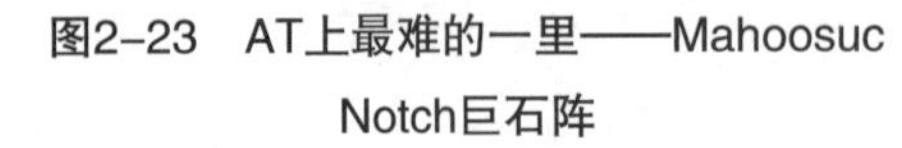

图2-23　AT上最难的一里——Mahoosuc Notch巨石阵

图2-24　2015年中国女孩张诺娅登顶卡塔丁，走完AT全程

州长巴克斯特捐建，旨在“自然保护”而非供游人观赏，故公园常常与AT徒步者发生冲突，最严重的一次是控告越野跑冠军Scott Jurek在2015年破纪录时违反了公园的一系列规定；ATC坚持不懈与公园协商，但在未来仍有卡塔丁向AT徒步者关闭的可能性。

二、景观与体验

AT位于美国东部的阿帕拉契亚山脉，是地球上最古老的山脉之一，地势地貌并不雄奇，海拔也不很高。亿万年的风化侵蚀，将其棱角磨平，然而青葱翠绿的绵绵山岭却诉说着地球最古老的情怀。AT沿途经过了千余座山峰，位于林线以上的区域很少。有人戏言这条路线是“逢山必上”。这些开阔的山峰也为AT的“绿色走廊”增添了壮阔的景色。

AT主要位于美国东部亚热带湿润性气候区和东北部温带大陆性气候区，植被多为阔叶落叶林，最常见的树种是橡树、枫树、榉树，也偶尔有松柏（海拔2000米以上的区域）、杨树、桦树等。黑熊、麋鹿、蛇类、鸟类等野生动物在这里找到了栖息生长的天堂。AT全线有许多杜鹃花和山月桂，在弗吉尼亚州有许多开阔的草甸，而中太平洋的新泽西州则有很多沼泽区域（步道用木板铺成）；东北部的白山和缅因州全线的林线都比较低，大概海拔六七百米处就只有松柏等常绿针叶林了。缅因州主要是亚高山自然带地貌，山顶多为暴露的花岗岩，植被种类较少，夏末长满蓝莓。在美国2亿人口聚居的狭窄区域，沿AT穿行是名副其实的“林中漫步”。每年五六月，漫山遍野的杜鹃花在弗吉尼亚和宾夕法尼亚盛开，小巧骄人的山月桂更是象征着美国东部户外的花朵。

更多的时候，步道穿梭于林间，偶尔经过州立公园、小镇等人迹较多的地区。AT全线的自然景观并不算多样，有河流、湖泊、草甸、沼泽等东部常见的自然景观。总体而言比较单调，景色不如美国西部多元、壮观。AT不是一条以景观闻名的线路，这从另外一个角度促进了它徒步文化的发展。

徒步AT的最佳季节仍是夏季，每年的3～10月是徒步高峰期。3月之前，美国南部海拔较高的区域依然大雪封山，加之东部本身气候湿润，这些降雪湿度大，伴随着大风，让人感到极为寒冷，而北部的缅因州属于“苦寒之地”。巴克斯特州立公园更是在10月15日之后对徒步者关闭。田纳西州的Roan高地最适合春末夏初的5～6月拜访，这时候漫山青草，山花绚丽，春色宜人。大烟山的最佳观赏时间是每年6月，此时春季降水已基本结束，6月的第二周更是能看到漫山遍野的大片萤火虫。仙乃度国家公园的观赏时间是每年秋季9～11月，这时候蓝岭公路层林尽染，蔚为壮观。新英格兰地区的最佳观赏时间是8～10月，佛蒙特州是美国北部观赏秋叶的好去处，而新罕布什尔州、缅因州都在8月迎来最佳气候，降水少、风力较为稳定，适合到访。AT北部的终点——卡塔丁山，最适合在9月秋高气爽的时节登顶。

大约有90%的通径徒步者选择从最南端出发，一路向北，追逐夏天。然而，AT在近年来徒步者人数大增，ATC呼吁徒步者选用其他“非传统”的路线，即从北部出发，向南行走。或者从路线的中段出发，向任意方向行走至终点，再完成另外一半，这种方式称为“交替式”徒步。分散的徒步潮可以有效减少步道的拥堵，减轻沿途营地和庇护所的负担，让森林资源不至于被过度使用。

AT是一条徒步难度极高的线路，它对徒步者毫不仁慈。乱石滩、巨石阵、垂直攀爬、树根、泥潭、过膝的河流等都是AT上经常会遇到的困难，加之美国东部气候潮湿，降雨频繁，更是增大了AT的徒步难度。每年4月北行的徒步者刚刚到达大烟山时，山内气流不稳定，没有可靠的天气预报，甚至有人在这里因失温而去世。而北部的白山山脉，山体暴露，乱石成群，山脊的线路徒步难度高。这里更是甚于地球三极的风力中心，总统山的高风速超过300公里/小时。即使山谷里四季如春，但在山脊上也可能冰天雪地。因为湿度大，夏季炎热时徒步者挥汗如雨，容易中暑、离子失调。缅因州泥泞不堪，步道常常成为一条小溪，老树根盘根错节，稍不注意就会绊倒，摔个“狗啃泥”。中部地区有会致人莱姆病的蜱（ticks），有铜头蛇等毒蛇，更有常到庇护所捣乱的黑熊。比黑熊更可怕的是老鼠，南部的很多庇护所因为过度使用，老鼠成灾，飞檐走壁，咬破挂着的食物口袋，让人整夜不得安眠。AT的最大难题还是石头，宾夕法尼亚州被人称作“石头法尼亚”，而纽约州让人手脚并用地攀岩；新罕布什尔州的山体更是巨大，坡度陡峭；缅因州作为AT的最后一个州，难度最大的是Mochoosuc Notch的1.6公里，有可能要走2个小时，其间需要在汽车一般大小的、根本抓不住的石头上完成各种攀岩，有时候还要匍匐于石头之下。在AT徒步是对徒步者身心的一次重大考验，到达卡塔丁山的都可称为英雄。

AT管理局鼓励徒步者上网注册，或是在斯普林格山下的瀑布州立公园签到，领取一个“出发编号”，中点处在ATC领取“中点编号”，到达大北方终点卡塔丁山时再领取“终点编号”。以此统计的数据表明：每年走完全线的徒步者占出发人数的15%～20%，有大概1/4的徒步者会在第一个月内退出。虽然如此，每年仍有2000名以上的徒步者摩拳擦掌，从南部出发，试图完成这一美国之路的终极梦想。

（一）途经保护地

AT途经6个国家公园体系保护地，包括2个国家公园、1条国家风景道、2个国家历史公园、1个国家休闲旅游区。

大烟山国家公园（Great Smoky Mountains National Park） 是美国到访人数最多的国家公园。占地2114平方公里，位于北卡罗来纳和田纳西的州交界处。1940年正式由罗斯福总统签署成为国家公园，以丰富的动植物和变化多端的天气著称。公园的最高点克灵曼之顶亦是AT全线的最高点。AT从公园的正中心以对角线穿过，在公园内的总长度为121公里。AT徒步者在大烟山公园内必须申请许可证方能穿越，也必须在公园的庇护所内过夜。

仙乃度国家公园（Shenandoah National Park） 位于弗吉尼亚州北部蓝岭山脉的狭长走廊，总占地322平方公里，其中以160公里长的天际线公路（Skyline Drive）最为著名，AT共穿过公路32次。AT经过公园内几个最重要的景点，如大小石头人等。公园访客中心Wayside的蓝莓奶昔是徒步者的最爱。仙乃度是AT沿线黑熊最频繁出没的地区，AT徒步者进入公园需要申请长程徒步许可证。

蓝岭国家风景道（Blue Ridge National Parkway） 1936年正式成为国家风景道，每年的访客多达1200万人次。公路总长736公里，AT穿越其2次。该公路连接了最南端的大烟山国家公园和最北端的仙乃度国家公园。

C&O运河国家历史公园（Chesapeake and Ohio Canal National Historical Park） 1961年成为国家纪念地，后改为国家历史公园。公园为纪念C&O运河，这条运河由华盛顿特区的佐治顿一直延伸至马里兰州的坎博兰山谷（Cumberland Valley），全长300公里。

哈勃港国家历史公园（Harpers Ferry） AT的总部位于西弗吉尼亚州的哈勃港市，该市是南北战争时期的军事要地，南方军重要的军火制造据点，战争期间反复易手8次。公园位于波多马克河（Potomac River）和仙乃度河的交汇处，这里也是弗吉尼亚、西弗吉尼亚和马里兰三州的交汇点。公园距离华盛顿特区仅90公里。几乎每个徒步者都会在这里停留，拍下“中点”照片，领取中点号码。这里存放着历年来徒步者经过此地的照片。总部内有小型博物馆、徒步者休息和上网的地方、纪念品和书籍销售商店等。

特拉华河谷国家休闲旅游区（Delaware Water Gap） 位于新泽西和宾夕法尼亚两州交界处的河谷，特拉华河（Delaware River）流经此地。公园在1978年为反对修建大型水利工程而创立，纳入国家公园体系永久保护。

AT途经的州立公园不计其数，比较著名的有5个州立公园和1个荒野区，包括：

格里森高地州立公园（Grayson Highlands State Park） 位于弗吉尼亚州南部，公园多为草地，树木稀少，有许多小野马驹。

松林熔炉州立公园（Pine Grove Furnace State Park） 位于宾夕法尼亚州南部，公园内有AT博物馆。小卖部有“半加仑”挑战，徒步者要在半小时之内吃下半加仑的冰激凌，以纪念AT徒步抵达半程分界点。

高点州立公园（High Point State Park） 位于新泽西州中部，新泽西最高点“High Point”位于公园内，森林资源丰富。

熊山州立公园（Bear Mountain State Park） 位于纽约州南部，靠近纽约市，和附近的哈里斯州立公园（Harrison State Park）拥有AT最早建设完成的路段。哈里斯州立公园内有著名的“柠檬榨汁机”（Lemon Squeezer），这是一个狭窄的岩壁缝隙，类似“一线天”，徒步者必须把背包脱下才能通过。熊山和哈里斯州立公园也是AT沿途拜访人数最多的州立公园。

巴克斯特州立公园（Baxter State Park） 位于缅因州中部，AT北端的终点站，以缅因州最高峰卡塔丁山（Mount Katahdin）闻名。卡塔丁山山脊暴露，怪石嶙峋，更有“刀刃”路线从狭窄的山脊穿过，两侧皆是悬崖峭壁。AT的终点标识牌便位于卡塔丁顶峰，每年有大量的游客专门到此参观AT终点。巴克斯特州立公园是巴克斯特州长在1920年代捐赠给缅因州的礼物，公园的管理者遵从巴克斯特州长的意愿，只开放公园的一小部分，而且限制访客人数，从不增加公共设施。每天只有12个AT徒步者被允许登顶，而山脚的AT专门营地也有人数上的限制。

百里荒野区（Hundred Miles Wilderness） 位于缅因州中部，止于巴克斯特州立公园。这是AT最长的（也许是唯一的）无人区，当中只有3条土路，没有公路，近200公里没有补给。无人区步道口的标识牌劝告游人必须带足10天的食物。有几条汹涌的河流需要趟水而过，没有桥梁。

（二）其他自然和人文景观

斯普林格山峰（Springer Mountain） AT最南端，位于佐治亚州，徒步者要从Amicalola瀑布州立公园出发，徒步13公里，才能登顶斯普林格山。

尼尔山口（Neel’s Gap） AT的第一个补给站，有1个设施齐全的小卖部、1个装备商店、1个青年旅舍和1个小木屋出租旅馆。尼尔山口的地标是门口的“屈辱树”，走完这AT开始50公里就打算退出的人，把他们的靴子脱下来，挂在树上，现在这棵树上已经挂满了靴子。

南塔黑拉河谷（Nantahala River Gorge） 北卡罗来纳州的白水河谷，有1个大型的户外中心，出租白水皮划艇等船只和装备，有专业的教练带队。户外中心也有1个小型的AT徒步者 。

大马士革（Damascus） 弗吉尼亚州南部的城市，是AT每年大型“步道节”（Trail Days）的举办地点。每年5月的一个周末，AT步道节聚集全国各地的新老AT徒步者、大型户外公司、各地的户外组织等，每年的参加人数有数万人次。

娄安高地（Roan Highlands） 田纳西州北部的山脊高地，没有树木，视野宽广，可与太平洋山脊上的景观相媲美。

梅森—迪克森线（Mason-Dixon Line） 美国南北战争时期南方和北方的分界线，位于马里兰州（南方）和宾夕法尼亚州（北方）的州界上。AT在此处有小型标牌，告知徒步者正式进入北方。

黎海山口（LeHigh Gap） AT全境第一个乱石山口，位于宾夕法尼亚州中北部。有大约几十米的路段需要手脚并用，这里是宾夕法尼亚州“石头海”的开端。

哈德逊河谷（Hudson River Gorge） 纽约州南部，AT在从熊山州立公园下降至海平面（38米）之后穿过哈德逊河上的大桥。在熊山山顶可以远眺纽约曼哈顿的天际线，哈德逊河谷大桥上车辆众多，桥下的船舶川流不息。这一带的步道早在1920年代就修建完成。

格里洛克山（Mount Greylock） 马萨诸塞州西部，该州的最高峰。一座大型纪念碑直插云霄。

长步道（The Long Trail） 美国最早的完整穿越一个州的步道之一。全长432公里，有一半与AT重合。

汉诺威市（Hanover） 新罕布什尔州西部的城市，著名学府达特茅斯的所在地。这里亦是AT在新罕布什尔和佛蒙特州的分界线，康涅狄格河从附近穿过。达特茅斯户外俱乐部维护了AT在白山国家森林南部的步道。

白山国家森林（White Mountains National Forest） AT沿线风景最为雄奇、访客最多、气候最恶劣的区域，许多步道在林线之上，穿梭于大块玄武岩之间，徒步者偶尔需要手脚并用。白山国家森林的弗兰肯尼亚山脊（Franconia Ridge）和总统山脉穿越（Presidential Traverse）为AT景色最佳地，也是美国东北部徒步人数最多的区域。AT经过白山17座海拔超过1300米以上的山峰，附近有8所美国最古老的山野俱乐部，即总部位于波士顿的阿帕拉契亚山野俱乐部（Appalachian Mountain Club）维护的小木屋，设施齐全。

三、徒步道路

（一）选线

AT的选址有许多特殊性，与其他国家步道有很大不同，要结合它的历史和政治背景来理解。AT的修建要早于“国家步道”概念40年，即AT最初本身只是一条民间策划的长距步道，它的设计受到了很多限制。

一是缺乏统一规划，AT由各州的民间户外团体和各地区政府一起参与策划和修建，所以路线比较碎片化，而且州与州之间的风格很难统一，徒步难度也大相径庭。AT建设初期只是一条完整的长距景观路线，而设计者们和建造者们并没有设想会有人愿意一次性走完全线，所以他们的主要服务对象是单日徒步者。因此，AT的路线难度较大，甚至有各州争相建造“最难步道”一说。很多地区发展较早，城镇多、矿产多、农田多；同时，东部以火成岩和变质岩居多，东南部气候湿润多雨，东北部风大寒冷，对步道选址也有一定影响。

二是土地问题突出，美国东部的私有土地远远大于公有土地面积，步道的路线规划要和土地所有人进行磨合，志愿者们必须要逐个与土地所有人达成“握手协议”，有些时候不得不避开某些区域。且随着步道使用者越来越多，很多私人土地所有人后来又不允许AT通过。这一情况在1968年步道成为联邦属地之后有少许改善，但直到2000年克林顿总统执政期间，AT才实现100%公有化，即沿线走廊的土地完全被联邦政府购买和管辖。

（二）线路特征

AT除了沿途的大烟山国家公园和最后的“百里荒野区”两大无人区之外，其他地区包括仙乃度国家公园，都距离人口密度较高的聚集区较近。AT在各个路段的线路千差万别，不过放眼全线，有以下几个较为普遍的特征：

AT重视沿途每一座山的登顶 而太平洋山脊国家风景步道全线不登顶任何一座山，是沿着山腰和山脊前行。AT旨在向单日徒步者提供最有挑战趣味的线路，故不会选取两点之间最短或是最乏味的路线，而是经常特意绕路至山崖、巨石区之类比较有难度的地方。

AT没有“最大坡度”一说 因为美国东部在早期不用骡马运输，步道只用于步行，所以任何人能够以任何方式（不借助绳索）攀登的路线都可以被AT采用。在宾夕法尼亚州的黎海山口、新罕布什尔州的白山、缅因州的卡塔丁等地，徒步者每天需要手脚并用几十次，有些地方甚至无路可走。AT很少有之字形线路，更多的是直上直下。

AT的道路多自然修建 很少像太平洋山脊步道那样被火药炸出来的路段，因此沿途的巨型石头都被保留了下来，成为了步道“路面”的一部分。

AT南部的路线普遍比北部简单 这主要是因为南部某些山野俱乐部的志愿者们在近年来致力于本州之内的AT重建和改道，新修建了很多之字形的线路，也绕开了石头较多的区域。北部的AT俱乐部的文化不同、偏好不同，故没有做出类似的调整。

（三）道路难度

20世纪30年代，各州的大批志愿者投入到AT线路的开辟建设当中。使用的工具极其原始，任务十分艰巨。美国东部的岩石坚硬，较少沙土，很多步道都是以从土壤里“挖”出来的大石头堆砌而成。建设过程没有使用炸药，所有的树根、泥土和石头均是土地本来的面貌。那时候尚没有“之字形”路线的概念。沿途各州的山野俱乐部为了展现自己家乡的风貌，特地把步道选在了难度较高、风景最美的路段。近年来，南部的志愿者们开始修建“之字形”路线，降低了一些难度，同时也使步道总长度增加了一些。

AT有着美国最具挑战性的徒步地貌，在AT徒步具有在西部未被开发的荒野上徒步一般的难度。这里有沼泽、河流、巨石阵、树根、陡坡，有些地区需要手脚并用，徒步的速度不会超过1.5公里/小时。AT也有少部分路段经过城镇、公园等有公路的地区。南方各州的徒步道路普遍比北方各州容易许多，AT全线最为困难的地区是缅因州和白山山脉，除此之外大烟山国家公园因为气候恶劣，也有一定难度。每年都有2000余人从南部出发试图走完AT，但是他们当中只有不到20%能登顶卡塔丁，就是因为这个原因。

四、沿步道服务设施

（一）营火

AT沿途雨水充沛，气候湿润，发生山火的可能性较小，所以AT并没有对用火有特别的限制。沿途山野俱乐部的志愿者常在林间巡逻，巩固庇护所的大型火圈（如用大石头把火圈围住使之更加醒目等），移除小的、不正式的火圈，以符合无痕山林“合理使用营火”的要求。如当地禁止用火，林中会有告示标明。

（二）庇护所和营地

AT沿线有270余个庇护所。这些庇护所在不同的地区有不同的名称，在新英格兰地区常称之为棚（Lean–to），在仙乃度国家公园称之为小木屋（hut），其他地区统称为庇护所（shelter）。ATC对庇护所的容量有一定要求：一般庇护所不得容纳超过15人；近郊的庇护所附近营地人数上限为35人，远郊为25人，荒野地区为15人。如果当地游客数量过剩，ATC建议搭建规范的营地，而不是新增庇护所。在营地无法满足游客需求的情况下，才能建造庇护所。目前AT沿途庇护所之间的平均距离是13公里，相隔最近的庇护所之间隔8公里，较远的之间隔24公里。如果有公路、补给站或是其他住宿设施，两处庇护所之间也可能相隔48公里。

大烟山国家公园内的石头庇护所可以容纳15人左右。某些庇护所是步道附近废弃的工厂或者作坊，如弗吉尼亚的Overmountain庇护所，可以容纳50人以上。庇护所和AT上的其他设施一样，由当地志愿者或护林人维护。庇护所为所有徒步者使用，先到先得。因为大多数徒步者从南部出发向北行走，每年四五月，佐治亚、北卡罗来纳和田纳西的庇护所人满为患，尤其在恶劣的天气下，常常中午就“满员”。这些庇护所也有一定的“鼠灾”，徒步者发明了一些新奇的办法减少老鼠数量。一般悬梁上挂着尼龙绳和挂钩，让徒步者能把自己的食物挂上去，绳子的中部固定一个易拉罐、酒瓶或是罐头盒，这样老鼠没有办法爬到绳子的底部，无法接触到食物。AT沿途某些黑熊常见地也有大型的铁索，把食物挂钩吊在林内特别高的、黑熊爬树也无法够到的地方。尽管如此，宾夕法尼亚、新泽西等地的庇护所仍然常常被黑熊光顾。

AT上的庇护所和营地大多免费（Appalachian Trail Conservancy，2014），但是也有特例：

在大烟山国家公园，因为AT经过的路段属于大烟山内部远离公路的偏远区域，这里向AT通径徒步者收取20美元的许可证费用，每一间庇护所内为通径徒步者保留4个铺位。其他的非AT通径徒步者可以提前在网上预订庇护所的铺位，在庇护所满员时这些徒步者有优先权，未预订者要把位子让给他们。因为这个原因，大烟山庇护所旁边的平地只允许通径徒步者扎营使用，其他徒步者不得在园内任何非专属营地的地方扎营。在庇护所内依然有空位的情况下，需首先使用庇护所，不得扎营。这个规定一方面是因为大烟山的黑熊较多，便于保护徒步者的安全，另一方面是为了维护公园内脆弱的生态环境。AT徒步者缴纳的费用主要用于支付巡逻人员（Ridge Runner）的工资，他们是半志愿性质的雇员，主要任务是在园内巡逻，向徒步者提供天气预报、教授他们无痕徒步的知识、上报步道需要修复的地点，并且对步道和使用者的大致情况作出记录，等等。

白山山脉林线以上的区域在整个AT上最多，访客人数也是AT所有其他区域总和的2倍以上，波士顿地区离这里的车程仅2小时。为了保护白山脆弱的高原山地生态系统，白山地区的营地多为设施齐全的收费营地，有水源和厕所，并不鼓励徒步者在其他地方扎营。阿帕拉契亚山野俱乐部在白山深处建造了8座大型庇护所，基本可算作较为简陋的“客栈”，其中7座提供三餐，在夏季和秋季由管理人员和志愿者服务，在冬季为徒步者自助使用。这些客栈的床位较为昂贵，多为100美元以上，可以在网上提前预约，十分抢手。AT通径徒步者可以在这里以打工换取住宿，在特殊情况下管理人员也会留其在地板上过夜。

在巴克斯特州立公园，AT终点的卡塔丁山游客众多，这个公园的性质与美国其他公园略有不同，对游客的控制和管理较为严格。所有人必须提前预约两大营地，从公园的3个入口进入。AT通径徒步者（北行）可以在AT专属的Birches庇护所过夜，无需预约。但所有人必须向护林人注册，每天的上限为12人。同理，AT徒步者每天登顶卡塔丁的上限也为12人。任何人不得在公园的任何非正规营地扎营。护林人员对每一个游客的信息都登记在册。公园仅在每年5月15日至10月15日之间全天开放；一年之内的其他时间根据天气情况择优开放。

某些林线以上的区域、使用频率较高的庇护所和小木屋附近、公路附近可能有“森林保护区域”（Forest Protection Areas），不得扎营。另外一些生态脆弱的区域或是使用率特别高的区域可能在夏天有专门的维护人员，一般收取每人5～10美元的费用。这些区域一般较小。总体来讲，除了大烟山和巴克斯特公园有强制收费以外，其他区域（包括白山）都可以免费露营。

（三）标识标牌

AT以沿途的白色标记（white blaze）十分闻名。这些标识是由白色油漆刷在树上的，5厘米长、15厘米宽的长条竖直记号，一般每隔几米至十几米就有一个。AT沿线的这种白色记号据说总共有超过10000个。如果徒步者走了1609米左右还没有看到标记，那多半是走错路了。山野俱乐部也尝试使用其他的标识，如菱形铁片等，但是都没有这种白色记号保留得长久。另一种AT的记号是蓝色油漆刷的蓝色标记（blue blaze），指示AT附近的其他步道，或是AT的改道、紧急天气使用的路径等。在比较容易走错路的岔口，或是大拐弯处，树上一般会有2条交错开来的油漆，以指示转弯的方向。在高原地区，这些记号可能会标记在大石头上，或是由小石头垒成的小山代替。因为AT沿途的标记充足，徒步者一般可以不使用地图。

AT沿途除了路标记号，也有很多的写有文字的指示牌（图2–25），标记内容包括地标距离、庇护所名称、水源警示等，ATC要求这些标牌仅在最需要的地方竖立，内容需简洁明了。其他有教育性质和规定规章内容的标牌只得竖立在步道口。

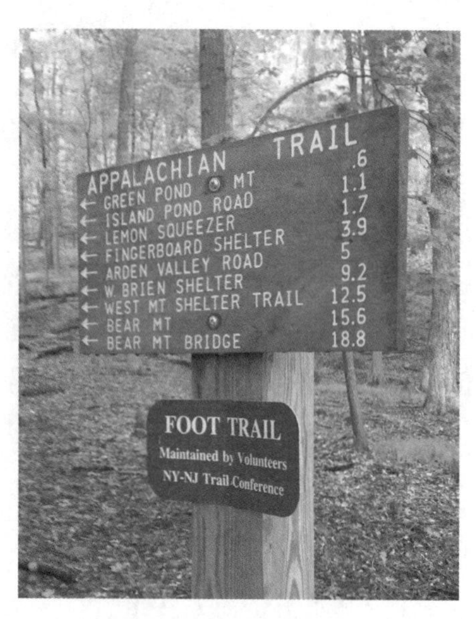

图2–25　文字标牌示例

五、步道周边服务体系

沿AT开车8小时所能到达的范围内，有将近2亿人口。所以AT沿途的城镇多、公路多，设施齐全，补给的选择非常多，也有很多专门为徒步者服务的住宿、餐饮、娱乐设施。

（一）小镇

AT直接穿过的小镇包括：

热泉市（Hot Springs） 是大烟山北部的第一个小镇，法国河（French River）从市中心缓缓流过；这里的徒步者氛围浓厚，有2个青年旅舍、1个徒步者咖啡厅和网吧、数个对徒步者有优惠的旅店和餐馆。河畔的餐厅在晚上有自酿啤酒和驻场表演。除了镇上的住宿，徒步者允许在河畔离城市较远的隐蔽地带扎营。

大马士革（Damascus） AT沿途最有名的小镇，几乎完全就是为徒步者存在的。小镇有3家以上的装备商店、数家廉价青年旅舍、有许多教堂让徒步者免费过夜和扎营、镇外有大型超市等。AT每年5月在这里召开盛大的“步道节”（Trail Days），这是美国最大的徒步者盛会，每年吸引3万人以上参加，期间大马士革对徒步者全面开放，在城外有专门的地区供所有人扎营，按照年份和参会者性质有专门的分区；期间提供免费洗衣、充电、用餐、洗澡等设施，有游行、演讲、电影展映等活动，新老徒步者在这里欢聚一堂。

哈勃港（Harpers Ferry） ATC总部所在地，整个城市是一座国家历史公园，亦是南北战争的遗址，步道在这里通过仙乃度河和波多马克河上的大桥、老城区、烈士陵园等建筑；城市内部的许多老房子已经改建成了博物馆。基于城市本身的公园性质，这里有很多餐饮休闲设施，城外亦有青年旅舍，但徒步者不可在城市附近扎营。哈勃港每年的访客约有50万人次。

汉诺威（Hanover） 是常青藤名校——达特茅斯学院（Dartmouth College）的所在地。达特茅斯的户外俱乐部（Dartmouth Outing Club）是AT沿线几个最活跃的山野志愿者俱乐部，成员皆为大学学生和教师，负责白山前半段的步道和庇护所维护。俱乐部的办公楼内还有专供AT徒步者的休息室和网吧。汉诺威是一座新英格兰地区典型城市，古朴、学术气息浓厚，但是并没有太多针对AT徒步者的餐饮和住宿选择。

（二）补给点

除AT穿越的小镇外，其他一些比较有特色的补给地点有：

新泽西/纽约 这两个州几乎每隔半天路程就会与某条大型公路或是高速相交，高速附近的休息站的餐饮可以满足徒步者三餐的需求，所以有“新泽西挑战”一说，即徒步者可以在新泽西完全不带食物上路。

仙乃度国家公园（Shenandoah National Park） 仙乃度内部的天际线公路（Skyline Drive）联通外部公路，这里的公共设施齐全，尤其以几个大型休息区的“Wayside”餐厅的奶昔闻名。

盖特林伯格市（Gatlinburg） 位于大烟山附近，有人说这里是东部的“拉斯维加斯”，住宿昂贵，街道繁华，有游乐园、书店、电影院、服装店、户外商店、皮划艇和自行车出租、各式餐厅等，是一座度假村式的旅游小镇。

宾夕法尼亚的Duncannon 宾夕法尼亚沿途的AT补给城市都比较贫困。Duncannon有一座19世纪末期的老式酒店，房间没有锁，有几乎一半的房间没有灯，厕所的龙头常常出问题，还曾经盛传“闹鬼”，所以在Doyle Hotel住上一晚也是AT上的几大挑战之一。

弗吉尼亚的Waynesboro 进入仙乃度之前的对徒步者极其友好的小镇，基督教青年会（YMCA）为徒步者免费提供扎营和洗浴，另有教堂专门接待徒步者。

弗吉尼亚的Catawba 公路旁只有不到100个居民的小型居民区，但有一古色古香的家庭餐馆，吸引大量旅游者。

缅因的Monson 缅因州位于美国的最东北部，一年之内的气候都较为寒冷，人口极少，所以这里的许多小城市到夏天才有访客，而主要休闲活动是水上项目（缅因州有许多湖泊和河流，白水、静水目的地为美国东北部最佳）。Monson是AT的最后一个补给站，也是进入百公里无人区之前的最后一处公路和城市，这里有2个青年旅舍和一些简易餐馆，除AT徒步者之外游客极少，基本都是本地居民。

除此之外，AT补给城市有许多专门为徒步者服务的青年旅舍。相较于西部的太平洋山脊步道，AT沿途的步道天使基本不会无偿对徒步者敞开家门，而是把家里改造成一个能收纳更多人的、设施更齐全的商业设施，这是由AT众多的徒步人数和AT本身离人口中心的接近程度决定的。AT沿线一些比较有特色的青年旅舍有北卡罗来纳的Standing Bear Farm、北卡罗来纳的Laughing Heart’s Hostel、弗吉尼亚的Woods’ Hole Hostel、弗吉尼亚的Bear’s Den以及哈勃港的International Youth Hostel。

（三）邮局和食品邮寄服务

AT沿途的补给地众多，离步道也不远，所以徒步者如果不是有特殊的餐饮需求，一般不会邮寄包裹。有几个地点除外：

北卡罗来纳的方塔纳水坝（Fontana Dam） 进入大烟山之前的度假村，补给昂贵，种类较少。

西弗吉尼亚的哈勃港（Harper's Ferry） 国家历史公园，没有大型超市。

缅因的Monson “百里荒野区”之前AT徒步者需准备7～10天食物。

AT沿途的设施一般会在夏天徒步季到来时将营业日期延长为7天无休。另外，步道在宾夕法尼亚、新泽西、纽约等中大西洋州较为密集，在南部（北卡罗来纳和田纳西）与北部（新罕布什尔和缅因）较为稀疏。

（四）外部交通

AT全程共穿过500条公路，平均每6公里就有一次与外部世界连接的机会。虽然美国是汽车之国，AT也可以通过大型公共交通抵达不少区域。

铁路 步道上的哈勃港（西弗吉尼亚）和博林Pawling（纽约）有2处火车站就在步道上。哈勃港距离华盛顿110公里，由马里兰客运中心MARC在工作日每天运行2～3趟去华盛顿特区的早班车，在晚上返回哈勃港；博林距离纽约市曼哈顿130公里，由北方铁路（Metro–North）开放至曼哈顿哈林区的线路，每周五至周日从曼哈顿的中央车站发车到达AT；博林小镇本身的Amtrak全7天都有服务。除此之外，美国国家铁路客运公司Amtrak也在以下AT附近大城市运行：Roanoke（弗吉尼亚）、夏洛特（弗吉尼亚）、Rutland（佛蒙特）、White River Junction（佛蒙特）。

公路 AT附近的大巴车线路多在新英格兰地区，新罕布什尔、马萨诸塞和宾夕法尼亚的特拉华河谷都有专门的巴士站可以通往大城市。白山内部的Concord Trailways可从白山的Pinkham山口前往Gorham小镇和汉诺威市。此外，各个补给城市也有许多出租车公司提供到达步道口的班车服务。

六、步道运行管理

（一）步道管理

ATC由本顿·麦凯始建于1925年，目前共有53名全职员工，15名董事会成员，1个总部和5个支部办公室，联合了31个山野俱乐部、39个沿线城市、14个州、包括美国林务局和国家公园局在内的5个联邦组织，成为了美国步道管理的最大机构之一，也是阿帕拉契亚步道的最大权力机构。ATC在联邦颁布《国家步道系统法案》之时还是国家公园局的从属机构，而在七八十年代的民间和政府权力纠葛中，最后由国家公园局让步，任命其为ATC的最终管理机构，其职能范围和国家公园局、美国林务局属于同等地位。ATC的总部在1972年由华盛顿特区迁至西弗吉尼亚的哈勃港国家历史公园，距离步道仅0.3公里。这里有一个小型的展馆、书店，有着AT徒步者历年的数据资料，也是联络协调AT管理系统所有支部的指挥中心。

ATC现有超过4万名会员，总资产达1700万美元（含40个沿途地产），管理超过10万公顷的土地。在2015年，超过6000名志愿者在31个山野俱乐部的带领下共贡献了21万小时的步道维护工时（Appalachian Trail Conservancy，2015a）。

ATC的主要职能包括（Appalachian Trail Conservancy，2016）：

组织协调 与阿帕拉契亚步道管理系统之内的所有山野俱乐部、国家公园局阿帕拉契亚步道办公室、美国林务局及州级管理机构一起制订年度的步道维护工作计划，共同梳理协调志愿者和资源分配等工作重点。

步道安全 确保AT所有公路和河流走廊的安全。

减轻步道负担 大型团队、商业项目和每年增长的徒步者数量会在一定程度上削弱徒步者的步道体验。

土地保护 识别AT走廊附近需要保护的土地，增强公众意识，巩固“土地和水资源管理基金”（LWCF），组织科研项目；研究气候变暖等环境因素对步道产生的影响；和州立的历史文化机构合作，开发保护沿线的人文遗产，等等。

教育 无痕山林原则教育、青少年教育等；组织学校、夏令营、青少年志愿者等教育机构投入关于步道维护和保护的工作。

步道建设和维护 辅助沿途的31个山野俱乐部开展实施每年的步道维护工作；保证步道系统的各个参与者各司其职；向所有的步道志愿者提供必要的资源。

AT宣传和其他行政工作 维护网站、发行出版物、用GIS系统完善AT地图、增加志愿者和商业/个人的参与；筹款；投资；举办关于步道的各种活动；推广《林中漫步》等与AT相关的文化作品，等等。

AT的维护和建设基本完全依靠沿途的31个山野俱乐部的志愿者，ATC所建立的完整的“管理走廊”包括了联邦、州立和地方的各个资源，这也是AT和PCT管理当中最不同的地方。总体来说，AT的管理系统更加成熟，志愿者组织的职能更加强大，他们在管理中扮演的角色也更重要。AT山野俱乐部的志愿者的职能有：维修步道、建造和维护庇护所、巡逻和保护步道的各项资源、记录和保护濒危动植物、投身所在区域的管理规划、参与当地的步道委员会、支持与AT有关的宣传和教育项目，等等。

AT的管理系统包括：

31个山野俱乐部 这些俱乐部包括沿途各地的户外组织，他们从20世纪20年代开始就在AT的建设中扮演了重要角色；俱乐部包括著名的阿帕拉契亚山野俱乐部、高校（达特茅斯和弗吉尼亚理工）、州级别的户外俱乐部（如佛蒙特的Green Mountain Club和新泽西/纽约的New Jersey–New York Trail Conference）、市级别的户外俱乐部（如Roanoke Appalachian Trail Club和Allentown Hiking Club）和更多的地方级别的小型俱乐部。

6个大型步道建设团 这6个大型的“Trail Crew”负责步道改建、新建桥梁、新建庇护所等需要集中投入工作的大项目，建设团一般从每年5月运行到当年10月，团员也包括当年递交申请的志愿者。步道建设团提供培训、营地、伙食和保障，志愿者提供劳力。

5个联邦机构 公园局保护、管理沿线的6个国家公园（大烟山国家公园、仙乃度国家公园、C&O国家历史公园、哈勃港国家历史公园、蓝岭国家风景道、特拉华河谷国家休闲区）；林务局负责沿线的国家森林（白山国家森林、绿山国家森林等）；渔业与野生动物署负责沿途的野生动物保护区（National Wildlife Refuge）；史密森学会（Smithonian Institute）负责生物保护；田纳西河流域管理局（Tennessee Valley Authority）负责沿途的2

个水坝。

39个沿线社区 AT沿途的补给站有几百个城市和社区，但是这39个社区（不一定在步道上）的政府组织特别明细了与ATC的合作关系。

上万企业和个人 4万个会员、数百个企业合作商，等等。

（二）资金来源

以2015年的财务报告为例，AT现有总流动资产（total current assets）为602万美元，总资产为1767万美元。总收入817万美元，其中31%为公众捐款和支持，256万美元；27%为政府（国家公园局、美国林务局等）的服务资金，220万美元；18%为ATC会员费用，150万美元；14%为AT相关产品的营业额，118万美元；剩余为募捐物品、投资等。总支出823万美元，其中40%为土地保护经费，326万美元；24%为出版和宣传经费，193万美元；14%为会员服务经费，114万美元；12%为管理经费等，100万美元；剩余为教育、公众信息、组织发展经费等（Appalachian Trail Conservancy，2015b）。

AT的主要捐助者包括，基金会，如William Penn Foundation捐助5万美元；山野会，如Smoky Mountains Hiking Club捐助2500美元；国家公园基金会（National Park Foundation），捐助1万美元；企业，其中以谷歌捐助10万美元以上为最多，Osprey、REI、Expedia、Squire Patton Boggs等捐助25000～49999美元不等。个人捐助者，10万美元以上的有两大捐助者，5万～10万的有两大捐助者，2.5万～5万的有6人，等等。

从这个报告的数据可以看出，AT在各方面的款项都比PCT更为充足，而其国家政府的拨款为PCT的整整2倍。这也说明了AT作为一个完整国家公园性质的管理走廊相较于其他项目的更重要的地位。

（三）步道准入与许可

除了以下几个特殊区域，徒步阿帕拉契亚步道无需任何许可证：

大烟山国家公园 需缴纳20美元办理长距徒步许可证，另有扎营和使用庇护所的限制，请参考“庇护所”。

仙乃度国家公园 需要在AT上的公园边界入口填写一张长距徒步许可证，无需缴纳费用。

巴克斯特州立公园 有2个营地、一个AT北行长距徒步者专属庇护所，所有AT徒步者在进园时需向护林人或管理员注册，并领取终点编号（AT亦有起点编号，在Amicalola州立公园领取；半程编号，哈勃港ATC总部领取）。

实例二 美国太平洋山脊步道

太平洋山脊步道（Pacific Crest Trail，简称PCT），位于美国西部紧邻太平洋的三大州——加利福尼亚州（简称加州）、俄勒冈州和华盛顿州。它是一条“纵贯线”，大致走向由南至北，最南端位于美国与墨西哥接壤的边境小镇坎普（Campo），最北端一直延伸至加拿大境内距温哥华仅3小时车程的曼宁省立公园（Manning Provincial Park）（图2–26）。徒步者从墨西哥一路走到加拿大，经历半年的风霜雨雪，颇有史诗之感。PCT全长4290公里，只能人和马通行，禁止自行车骑行。全程大部分路段在远离城镇的山脉和林区里，十分偏僻，保留着开创者们最为推崇的荒野风貌。PCT走廊附近的大城市包括圣地亚哥、洛杉矶、旧金山、波特兰、西雅图和温哥华；太平洋山脊步道协会（Pacific Crest Trail Associacion，简称PCTA）的总部位于加州的首府城市萨拉门托。

图2–26　太平洋山脊步道路线图

一、步道历史

荒野保护浪潮首先影响了AT的创立，随后，这一思潮也传递到了西部，影响了PCT的规划和建造。PCT是全世界距离最长、风景最美、生态最多元、文化最浓厚的徒步线路之一。一次性或是分段徒步太平洋山脊步道是许多徒步爱好者终生的梦想。

（一）太平洋山脊步道的雏形

1926年，就在阿帕拉契亚步道雏形被推广的几年之后，西部华盛顿州的女学生蒙哥马利提议建造一条与东部阿帕拉契亚步道平行的山脊步道，连接墨西哥和加拿大的国境线，纵贯美国西部的山脉。这一构思也成了最早的西部纵贯线的雏形。1920年，克里特成为了美国林务局（United States Forest Service）第六区的总管，监督俄勒冈、华盛顿两州的林业开发。克里特监督建造了西部第一条纵贯步道——俄勒冈“天际线”步道（Oregon Skyline Trail），连接火山湖国家公园（Crater Lake National Park）至俄勒冈最高峰胡德山（Mount Hood）的320公里的区域；克里特在1928年又规划出了一条华盛顿州的纵贯线“喀斯科特山脊步道”（Cascade Crest Trail），并且把俄勒冈天际线步道延伸贯穿俄勒冈南北州界线。至此，太平洋山脊步道在俄勒冈和华盛顿两个州的前身也基本完成。而PCT最重要的部分——加州，却直到20世纪30年代初才迎来最重要的领导人——克林顿·C·克拉克（Clinton C.Clarke）。克拉克致力于实现最初的“美西纵贯线”理想，在1932年广泛召集加州各地的民间组织，成立了第一届“太平洋山脊步道系统大会”（Pacific Crest Trail System Conference），即太平洋山脊步道协会的前身。步道系统大会致力于把已有的西部山径衔接串通，在此基础上建造新的步道，最终形成一个连贯的步道“系统”。大会的成员包括童子军、基督教青年教会（YMCA）、塞拉俱乐部、洛杉矶郡憩游部、加州登山俱乐部、西雅图登山者俱乐部等。那时在西部各地已经有6大步道成型——俄勒冈天际线步道、喀斯科特山脊步道、北加州的火山岩山脊步道（Lava Crest Trail）、太浩湖—优胜美地步道（Tahoe-Yosemite Trail）、约翰缪尔径和沙漠山脊步道（Desert Crest Trail）。克拉克利用了罗斯福新政时期的民兵团（Civilian Conservation Corps）来设计和修建以上步道之间的连接（Schaffer，1995）。

克拉克于1935年正式设计了一份“太平洋山脊步道”的蓝图，把线路的大致位置草草描述下来并提交国会。1935—1938年，基督教青年会用这份草图探索克拉克所设计规划的路线，第一次在历史意义上“纵贯”了美国西部。40多组14～18岁的青少年利用3年夏天的时间，在基督教青年会的年轻领导人罗杰斯的引导下完成了从墨西哥国境线至加拿大国境线的分段徒步，以证明克拉克线路的合理性。

（二）国家步道系统和法案

第二次世界大战的爆发让PCT项目搁置了近20年。20世纪60年代，人们对户外探索的热情高涨。太平洋山脊步道是美国国会批准的第一批2个国家风景步道中的一条。此时，另外一条步道，即阿帕拉契亚步道已经修建完成多年。而太平洋山脊步道只是纸上谈兵的愿景，真正完整连贯的线路并没有修建完成，克拉克早年设计的体系不得不在20年后推倒重来。1965年，美国林务局重新调整了线路，完成了步道路线草案。1971年，PCT顾问委员会成立，各个领域有代表性的公民拟定了步道的选址、设计和管理指南。1973年，太平洋山脊步道最终在规划层面成型，被写入联邦的历史文案。PCT由美国林务局为主管理，林务局、国家公园局、加州州立公园局、太平洋山脊步道协会和地区志愿者联合设计、修建和维护（Schaffer，1995）。

（三）修建与维护

对于建设和维护，PCT的创始人克拉克提出了四点设想（Schaffer，2012）：

① PCT尽量与美国西部的山脊平行，并经过景色最优美、地理位置最偏远、最有“荒野”特征的自然景观；

② PCT起到长久性保护“荒野”的作用，即将步道经过的土地持续国有化、自然化，减少商业性质的开发和大型土木工程的干预；

③ PCT为青少年的户外教育提供一系列契机，建设远征项目，激发探险精神和浪漫情怀，培养领导能力和自立能力，促进身体健康成长；

④ PCT将人们带回更简单、自然的生活方式，培养人们对户外和大自然的热爱。

PCT的管理蓝本提供了步道的主旨、设计元素（如路标等）、管理机构等规划，也把路径限定在以公有土地为主的区域上，步道倾斜度不得超过15°，也需要在最大程度上绕过湿地、草甸等脆弱的生态区域。根据这个蓝本，PCT已建造完成的部分经过了一定程度的改造和绕道。修建了大量的之字形线路，许多路径开始绕过山峰，避开容易风化侵蚀的区域、生态脆弱的区域。1973年步道的地图还只是一个大致的“构想”，当时很多林务局管理的区域并没有实际修建完成的步道，地图上标出的线路在70年代由很多徒步者“试走”之后，才在数年后有了严格意义上的“步道”。

PCT地图出版后，在1993年才宣布步道竣工。这20年间，私有和公有土地的争端是主题。加州莫哈维沙漠（Mojave Desert）附近的特宏农场（Tejon Ranch）、北加州和俄勒冈州交界的Seiad Valley、华盛顿州最南部的私人领地等都不愿意交出路权。于是，PCT的修建者只能绕过这些私有土地，或者在私人土地的限制下留出一小部分“走廊式”区域让行人通过，又或让线路与公路完全重合。目前，PCT总长当中有10% 322公里的路段经过私人土地。由于PCT未形成一个完整的行政管理体系，这些经过私有土地的路段不受联邦法律的保护和限制，随时有可能被道路修建、私人开发、围栏建造、采矿、水坝建造等的商业开发所影响，剥夺一部分的“荒野感”，减少步道附近生态保护的可能性。

为了全面维护PCT，致力实现100%国有化，PCT俱乐部与系统大会于1992年合并为“太平洋山脊步道协会”（Pacific Crest Trail Association，以下简称PCTA）。PCTA和美国林务局、国家公园局、土地管理局和加州公园局（California State Park Service）这四大政府部门协作，筹集资金，募集捐款，购买私人土地，调动志愿者，旨在让步道最大程度上脱

离周边各种商业或半商业开发项目的威胁，将步道完全纳入联邦管理的范围之内。除了政治层面的活动，PCTA还负责宣传推广步道形象，出版期刊《通信者》(Communicator)，发放长距徒步许可证，为徒步者提供最新的步道路线信息。PCTA是一个联结政府、企业、民间团体、使用者之间的非营利机构，有17名全职员工，6~8名董事会成员，每年有大约2000名志愿者贡献约20000小时的服务。目前，PCT每年都会经历改道、山火、维护和重建。这些工作由美国林务局统一部署、由PCTA提供协助，参与步道维修的工作人员大多是林业部门的员工或是志愿者。而PCT沿途三州的各大非政府、非营利性组织（包括户外、环保、宗教、教育等）则提供志愿服务。

太平洋山脊步道可以被分为五个大区，每个区域的自然地貌条件、路线特点、补给和沿途设施各不相同。

南加州 线路多位于高原沙漠和高原山地，水源稀缺，需要依赖藏水点。地势开阔平缓，高低海拔之间转换极快，同一天内可同时徒步低海拔平原、沙漠和中高海拔山地地区。暴露感强，紫外线强烈，昼夜温差大，地区之间温差大（沙漠气候）。易出现缺水、中暑、体内离子失调等问题。补给较为容易。

中加州（内华达山脉） 线路途经著名的约翰缪尔径，穿梭于塞拉内华达山脉的诸多山口和高山河流，途经8个海拔超过3048米的山口。这一段是PCT全程平均海拔最高，爬升和下降最为陡峭，地处最偏远的地区。以高原山地气候为主，日照时间长、太阳辐射强、寒冷干燥、水源丰富。5月底至6月初在高海拔地区依然有积雪，林线以上呈现以火成岩和沉积岩为主的山地景观，高原湖泊星罗棋布。难点是海拔、雪盲、低温、紫外线、闪电、融雪、蚊虫、碎石路。补给非常困难。

北加州 正式进入喀斯科特山脉，线路起伏明显，主要位于丛林之中；沿途经过沙斯塔山、拉森峰等壮丽的火山。这一段结合了南加州和中加州的特点，途经许多重要的河流和瀑布。补给较为容易。

俄勒冈州 太平洋山脊上的“绿色长廊”。线路多隐匿于丛林之中，地势平缓但不开阔，沿途经过包括三姐妹和杰斐逊在内的著名火山。

华盛顿州 景色壮丽雄奇，但天气十分湿润，每年只有8月气候稳定，最适合徒步。海拔升降明显，徒步难度较大，地势偏远，以高原山地为主，高原湖泊星罗棋布，可以与内华达山脉相媲美。降水频繁、坡度陡峭。冰川峰荒野区（Glacier Peak Wilderness）是PCT修缮最不完全的部分，步道上的杂草可能漫过头顶，即使在不下雨的天气里徒步者也可能全身湿透。另外，华盛顿的步道地表本身多含岩石、树根，雨后泥泞崎岖。徒步者在华盛顿的经历分两个极端，极为幸运的徒步者可以赶上一个月的好天气；而不幸运的徒步者，几乎要在寒冷的阴雨之中前进一个月。华盛顿州是PCT徒步者公认的景色最美的区域，也是全程难度最大、最考验徒步者毅力的区域之一。

二、景观与体验

PCT不愧其“山脊步道”之名。它由南至北依次穿越南加州的横向山脉（Transverse

Range）、中加州的内华达山脉（Nevada Range）和北加州直至加拿大境内的北喀斯科特山脉（North Cascade Range）。其中，纵贯北加州、俄勒冈和华盛顿三州的北喀斯科特山脉是太平洋火山带（Pacific Fire Rim）的组成部分之一，沿途有多座火山，其中的圣海伦火山还在1980年喷发过。PCT的最高点森林人垭口（Forest Pass）海拔高至4009米，而最低点哥伦比亚河谷（Columbia River Gorge）的海拔则接近海平面。PCT全程的总爬升多达149174.9米，相当于把珠峰从底到顶攀爬17次；徒步走完过PCT的人数远远不及登顶珠峰的人数。因此，PCT和大陆分水岭步道（Continental Divide Trail）常被人誉为“横着的珠穆朗玛峰”。

PCT是现有的11条美国国家风景步道当中最偏远的一条，它穿越了美国23处国家森林和48处荒野区，跨越美国7个自然带中的6个，沿途有高地沙漠、高原、丛林、湖泊、瀑布、冰川、洞穴、河谷、温泉、火山、盆地、峡谷等，地质地貌资源丰富，风景美不胜收。太平洋山脊步道几乎覆盖美国除热带雨林之外的所有自然区。地形地貌变化多样，途经的地形区包括高原、盆地、峡谷，沙漠、冰川等。野生动植物种类繁多，是一本囊括亿万年地球变迁史的自然教科书。沿途景观包括森林、湖泊、火山、瀑布、洞穴、温泉等（Schaffer，1995）。

行走太平洋山脊不仅是一次与大自然的亲密接触，更是感受徒步者文化、领略美国人文风情的漫漫旅途。PCT的壮丽风景吸引着大量徒步者一次性从墨西哥走到加拿大，在一个季节内完成4290公里长旅的通径徒步需要4～6个月，许多人选择从南向北行走。为了避免加州未化的积雪和每年秋季华盛顿的第一场大雪，徒步者必须在每年4～10月之间的狭窄“时间窗口”完成这一挑战。这虽是一个勇敢者的游戏，但更考验徒步者的耐力、心态和规划能力。自20世纪70年代第一批通径徒步者掀起了PCT徒步热潮后，每年都有成百上千的徒步者试图一次性走完全程。他们当中年纪最小的仅5岁，年纪最大的已经70多岁，速度最快的纪录是53天。2015年，申请太平洋山脊长距徒步许可证的人数高达4453人，2014年为2655人，2013年为1879人。这些徒步者来自美国全境的50个州和世界上34个国家和地区。当中，约有600人走完全程。

对于PCT徒步者而言，步道本身的难度并不高。根据PCT步道设计最初的规定，步道的坡度不得超过15°，陡峭的地方要用“之”字形路线代替。美国西部的步道多是用炸药开辟，地表多为细碎的沙石和针叶，相比东部的树根、泥巴和巨石，PCT显得格外简单。然而事实并非如此，PCT徒步者必须应对高海拔的大雪、暴露地带的雷电、漫过腰际的溪水。最重要的是，PCT的沿途补给点稀少，步道距离城市和外部道路十分遥远，沿途的人为设施很少，徒步者人数不多。这就意味着徒步者必须一个人面对“荒野生存”的种种可能性，要做好万全的准备，应对各种危机。徒步PCT并不是一件易事（Strayed，2013）。

美国的西部大体气候干燥，俄勒冈州和加州多为地中海气候，降水多在冬季。PCT的一大挑战是从沙漠直接到雪山，基本没有过渡。每年4月从墨西哥出发，气温已经高达35℃以上，干燥酷暑，风尘仆仆。行走一个月之后，突出重围，却要完全进入雪山的怀抱。万径人踪灭，只能看到雪地上深深浅浅的脚印，夜晚温度降至零下，白天要趟过刺骨

的溪水。如果从南加州出发过早，沙漠还比较凉爽，然而雪山部分基本无法通过；如果从南加州出发太晚，雪已经基本化掉，然而沙漠地区酷暑难熬，犹如地狱。这就意味着徒步者必须对每年冬季的雪情准确把握。所以，一次性徒步PCT的时间只有每年夏天的短短几个月，徒步者必须保持一定的速度，才能在一个季节内完成全部4290公里。

徒步者会在沿途经历0℃以下至40℃的气温，也会经历大风、冰雹、酷暑、干旱等诸多天气情况。步道上有毒蛇，也有毒橡。内华达山脉地处偏远，步道上没有桥梁，必须涉水过河。南加州的山脊上风力可达60公里/小时，走路举步维艰，晚上扎帐篷更是困难。徒步者经过北加州和俄勒冈州的丛林时正值蚊虫最活跃的时期，除此之外，还要担心黑熊对食物的觊觎，每天晚上必须妥善把食物装进密封的熊罐或是挂在树上。如果徒步的速度太慢，不能在每年9月之前到达华盛顿州，则极有可能面对美国西北部的第一场暴风雪而无法继续前进。除此之外，美国西部近年来干旱严重，南加州的水源极度稀缺，有时候要备足整整一天的饮用水，最多的时候要背负六七公斤的水量。干旱带来的另一个问题是山火，从2012年徒步季开始，几乎每年都有大面积的林区和步道因山火而关闭，徒步者必须另外改道而行。因此，徒步者需要高度自立，背上的所有装备（帐篷、睡袋、食物）是半年来赖以生存的所有物资。

有人愿意常年生活在步道上，在步道附近安家，帮助前赴后继的徒步者，这些人被称为“步道天使”，他们向徒步者伸出援助之手，帮助其往返补给城镇，提供免费的饮料和食物，甚至还会把自己的家腾出地方来给徒步者休息。在南加州炎热的沙漠里，天使们会开着吉普车，拖上几百公斤的饮用水，建立起一个个“藏水点”，让几十公里的无水区变成一个个“绿洲”。在步道天使背后，更有一个上万人参与的长距徒步者群体网络，提供强大的指南资源、数以万计的网站资料、信息翔实的订阅邮件等，来帮助徒步者完成他们的梦想。

（一）高地沙漠

山峦叠嶂、风景开阔。植被多为沙漠植物，包括草本植被、仙人掌、矮灌木、地中海灌木林、亚热带常绿硬叶林、山地林区等。风沙极大、有众多风力发电站。步道多沿着山脊侧部行走，多数地区较为暴露，也有少部分在高原山地林区前行。

安沙波列哥沙漠州立公园（Anza-Borrego） 占地2400平方公里，是加州最大的州立公园和全美仅次于阿迪朗达克公园（Adirondack）的第二大公园。

华斯克巨岩公园（Vasquez Rocks Natural Area Park） 洛杉矶1小时之外甜水镇的著名沉积岩石，是加州攀岩圣地。

羚羊谷（Antelope Valley） 特哈查皮山脉之间的大型谷地，PCT从这里逐渐过渡至内华达山脉。

（二）湖区

PCT经过的湖区多为高山湖。在俄勒冈，由于喀斯科特山脉的火成地貌，许多湖泊并没有活水流入，例如美国最深的淡水湖——火山湖。

太浩湖（Lake Tahoe） 美国第二深的淡水湖，第一大高山湖，深度为501米；其容量仅次于五大湖区，排名美国第六位。

火山湖国家公园（Crater Lake National Park） 建立于1902年，是美国第五个国家公园；深度为594米，为美国最深，是一座完全封闭的湖泊，为Mazama火山在7700年前喷发后形成的1200米火山口的产物。

高山湖荒野区（Alpine Lakes Wilderness） 西雅图附近的高山湖区，喀斯科特最险峻的地带，风景秀丽，距离西雅图车程仅1小时。

奇兰湖（Lake Chelan） 美国第三深的淡水湖，位于喀斯科特国家公园境内，只能通过直升机、徒步、轮船三种方式抵达，周围群山的崖壁上有古印第安人的壁画。

（三）高山

PCT多沿着内华达山脉和喀斯科特山脉的山腰侧面切割，很少经过山顶。这些山体既有花岗岩等火成变质岩，也有南加州高地沙漠中圣荷圣托峰一类的沉积岩山体。PCT经过的群山有一部分在林线以下，有很多则是在林线上方，较为暴露，但视野也更开阔。

圣荷圣托峰（Mount San Jacinto） 南加州第二高峰，海拔超过3048米，可在山顶西眺太平洋、东望科罗拉多沙漠。

拉森火山（Mount Lassen） 喀斯科特山脉最南端的火山，海拔3187米。

沙斯塔山（Mount Shasta） 海拔4322米，平地而起的一座高峰，为加州第五高；关于沙斯塔雪山有众多传说，有人说雪山内居住着远古大陆Lemuria的遗留子民，科技发达，远在世人之上；有人说沙斯塔是世界一大“场力”中心，有着神奇的能量，颇为这座火山披上神秘色彩。

三姐妹和杰斐逊峰（Three-Sisters/Mount Jefferson） 俄勒冈的几座火山，其中三姐妹为连续的3座山峰，杰斐逊峰为美国本土最秀丽、攀登难度最大的雪山之一。

惠特尼峰（Mount Whitney） 美国本土最高峰，攀登难度在美国本土高峰中名列前矛。

（四）河流/河谷

加州北部、俄勒冈和华盛顿交界处有着美国最大的几处河流谷地，PCT在这类区域海拔升降很大，从一个山峦下降到一条河流、再爬升至另一个山口，如此反复，颇有坐过山车的感觉。

众多河谷 北加州克拉玛丝地区（Klamath Mountains）的众多河流，森林茂密、气候湿润、峡谷众多，曾有传说这里有“雪人”。

哥伦比亚河谷国家休闲区（Columbia River Gorge National Recreation Area） PCT最低点，是一大国家休闲中心，有许多瀑布、溪流，河谷本身的景致类似长江三峡，壮丽秀美。

（五）国家公园和荒野区

PCT沿途经过7处国家公园，包括巨杉国家公园（Sequoia National Park）、国王峡谷国家公园（Kings Canyon National Park）、优胜美地国家公园（Yosemite National Park）、拉森火山国家公园（Lassen Volcanic National Park）、火山口湖国家公园（Crater Lake National Park）、瑞尼尔山国家公园（Mount Rainier National Park）、北喀斯科特国家公园（North Cascades National Park）。

约翰缪尔径（John Muir Trail） 全长超过354公里，在加州内华达山脉深处，是美国乃至全世界景色最秀丽的高山步道，途经八大海拔超过3048米的山口，数千个星罗棋布的高原湖泊，连接巨杉、国王峡谷、优胜美地3个国家公园和亚塞亚当斯（Ansel Adams Wilderness）和约翰缪尔（John Muir Wilderness）2个荒野区。

优胜美地国家公园（Yosemite National Park） 美国最早建立的国家公园之一、世界文化遗产，每年约有380万人参观，以其大岩壁、瀑布、高山和湖泊闻名，诞生了诸多大岩壁攀岩家。

加州北部的荒野区（Trinity Alps Wilderness和Castle Crags Wilderness） 延续塞拉内华达的花岗石地貌。

胡德山（Mount Hood） 俄勒冈最高峰，火山，海拔3426米，是美国海拔最著名的高山之一。

山羊石荒野区（Goat Rocks Wilderness） 有著名的“刀刃”山脊，可远眺雷尼尔雪山。

北喀斯科特国家公园（North Cascades National Park） 美国本土最偏远的国家公园之一，位于加拿大边界，整个公园基本不通公路，群山林立，与世隔绝，是美国登山、滑雪资源最丰富和最有挑战性的区域。

三、徒步道路

在南加州，步道多建在山腰，在中加州多经过垭口、高地，在北加州和俄勒冈州多经过密林，在华盛顿州多经过山脊和山谷（图2–27）。全程仅16公里长的步道在公路上，若需要穿越高速公路，PCT多经过其下的人行隧道。由于近年来山火频发，PCT在多处改道。选取路线时尽量避免了湿地、沙滩等敏感区或脆弱区。PCT的建设一般就地取材，步道的地表由当地的地质地貌决定。大多数路面属于山坡土路、针叶林土壤、沙漠等较为松软的路面，也有花岗岩、玄武岩等硬地表。许多路段由炸药开辟，石头比较细碎，不过也有少量偏僻之处依然保留了比较简陋的

图2–27 PCT沿途景观（张诺娅 摄）

大石头路面。俄勒冈的火山带有少量路段的玄武岩比较多，这些路段踩起来非常坚硬，志愿者特地用沙土填平了这些区域。

中加州—内华达山脉的几百公里步道偏僻，距离公路相距遥远，无法搭设桥梁，所以大多数河流需要徒步者涉水渡过，有些时候溪水漫过膝盖。在雪量大的年份，水位太高，基本无法过河。这也说明太平洋山脊的徒步窗口非常短。类似地，在华盛顿北部的冰川峰荒野区（Glacier Peak Wilderness），山洪曾经冲毁了桥梁，志愿者无法携带维护工具进入，步道只得改道。

山火之后，太平洋山脊步道协会（PCTA）将会同美国林务局联合发布改道方案。有些山火影响的路段会关闭一整年，甚至更久。而那些曾经被山火烧过的区域，在确定不会有倒树、侵入植物等危险之后，徒步者可以沿原路线进入。一般会在这些步道口竖立警示牌。PCT的路线每年都因此而改变，PCTA官网有当年改道、封闭路段的最新信息。

四、沿步道服务设施

PCT沿途的服务设施隶属于该路段从属的四大管理机构，即美国林务局、国家公园局、土地管理局和加州公园局，以及10%的私人领地。PCT管理机构中覆盖面积最大、职能最多、管理范围最广的是美国林务局，负责所辖区域的，包括开采、伐木、冶炼、采集、狩猎、科研、旅游、守林、灭火、救援、执法等一系列事务。

PCT途经的23处国家森林和38处荒野区由美国林务局管辖，占沿线全部荒野区的80%。国家公园局管理沿途的7处国家公园和4处国家纪念地。4处州立公园由加州公园局管理；南加州和南俄勒冈州的部分非林区和非国家公园土地（如沙漠等）由土地管理局管辖。还有大约321公里的步道穿过私人领土，使用范围限于步道两侧各几米宽的狭长走廊。国家荒野区的步道设施最少，国家公园和州立公园的步道设施最多。

（一）荒野区的“零设施”体系

PCT经过的荒野区基本没有任何人工设施，路牌也十分少见。很多地方由其他徒步者用石头堆积出的记号来指示方向，在森林中步道沿途的树上会被划出林业步道的普遍记号，而没有PCT特有的标识和指示牌。PCT沿途的荒野区未设置固定营地，没有庇护所和林间厕所，极少穿过伐木的土路，不提供放置食物的熊箱，也没有明确的护林人和管理人员的小木屋。荒野区一般离公路较远，地理位置偏僻，旨在还原最原始的自然风貌。

（二）露营地

PCT的绝大多数路段属于人为干预极少的国家森林和土地管理局管辖的区域，没有固定的营地。由于PCTA等户外环境组织大力推广无痕山林理念，近年来PCT沿途开始鼓励徒步者集中扎营，鼓励人们在已有破坏痕迹的“牺牲址”上选取营地，不把人为影响扩大化，带到更偏僻和原始的区域。PCTA与步道地图制作者、指南书作者和手机APP制作者共同标注PCT地图出版物和手机导航设备中的营地位置，减少标注的营地数量。已被标注

出来的“营地”也不属于规范式的营地，除了林业工作者和志愿者之外，很少有人监督。那些较为小型的、分散的、地理位置较偏远的、所处自然环境和生态资源比较脆弱的可用营地选址逐渐在地图上被移除。

然而，PCT长距徒步者的指南书上提倡相反的理念，徒步者应该“隐蔽式”露营，避免长期使用的营地，避免靠近水源的营地，避免有火圈的营地。主要是为了避免黑熊、老鼠和土拨鼠的骚扰，因为这些动物喜欢到人集中的区域活动。

PCT徒步者有选择绝大部分营地的自由，而这一自由将在国家公园、州立公园和少数经保护的不得扎营的区域受到限制。PCT的长距徒步许可证（Long Distance Backpacking Permit）适用于800公里以上的长距徒步者，此许可证可以取代国家公园和州立公园内部的野营许可证，向徒步者提供在公园内任何非正式露营点扎营的权力。如果徒步者要选用公园的正式营地（Campground），则要缴纳一定的费用。这些营地一般有餐桌、垃圾桶、水管、熊箱、厕所等，某些营地还有淋浴和小卖部，设施较为齐全。某些州立公园如加州的伯尼瀑布公园（Burney Falls State Park）在家用车营地区内部专门划分了一小块土地交给PCT徒步者使用。距离墨西哥国境线仅32公里的Lake Morena属于郡（county）管理的公园，对PCT长距徒步者也划定一个营地范围。绝大多数州立或者郡管辖的营地有专门的管理人员巡逻，徒步者在营地标牌处领取表格，自行签到和缴费，取下许可证的一页挂在帐篷附近，这一过程无人看管。PCT也偶尔经过一些私营的营地，包括“房车公园”（RV Park）和度假区等，PCT一般不直接经过这些地区，徒步者可以选择把它们作为补给地，投递包裹、休整和用餐。州、郡、私人营地等都不属于联邦森林管理系统管辖之内。

（三）营火

由于加州和俄勒冈州的大部分区域属于地中海气候，夏天干燥少雨，再加上受全球变暖影响，加州在最近5年连续遭遇极端干旱天气，水库蓄水量一度降到平均水平的20%以下。再加上加州许多区域地势暴露，山脊和平原的温差大，风大，一旦发生林火，会造成巨大的人员和财产损失。于是近年来加州强制要求PCT徒步者必须申请“营火许可证”（California Fire Permit），并将许可证随身携带。即使如此，加州和俄勒冈州仍然会在夏天进行一定程度的全面禁火，包括禁止营地明火、酒精炉甚至是气罐炉头热源等一系列的野外生活用火。按照加州营火许可证的要求，营地的火圈必须由大量的水浇灭。而南加州许多地区完全没有活水，徒步者必须携带1天以上的饮用水和生活用水，加之风大、火势不可控，沙漠徒步气候炎热，基本没有徒步者在沿途生火。酒精炉、木柴炉属于不可控的明火，也被全面禁止。

俄勒冈州北部和华盛顿州气候较为湿润，徒步者需要按照“无痕山林”原则合理选择和搭建火圈及灭火，除此之外并无特殊的限制。林务局的工作人员和志愿者会不定时地毁掉分散的小型火圈，鼓励徒步者使用比较完善的大火圈生火，或者干脆减少生火的次数。

PCT沿途路段皆是森林大火的高发区域，每年都会有路段因山火而关闭。这些火灾很少是由PCT徒步者引起的。以往发生过火灾的路段也会因为植被脆弱、容易发生树干倒塌的风险，而继续对徒步者关闭。山火发生之后，美国林务局会做出线路是否需要被关闭的判断，违反者会被罚款。PCTA等组织会与林务局积极配合作出改道方案，在官网向徒步者提供改道路线的地图，与此同时，在线路不受火灾直接影响的情况下，督促林务局尽快将关闭路线开放。

（四）标识标牌

根据美国林务局出台的步道标识管理规范，PCT沿途的路标大致分为以下三类：

非方向性标识 这类标志仅是PCT的官方符号，印在铁片或者塑料片上，在容易迷路的岔口，让徒步者确认目前行走在PCT上，不提供任何方向性的指示。步道岔口的标识直径9厘米，公路和步道相交口的标识直径为27厘米，在州际高速的标识直径为50厘米。森林中的标识常被钉在树干上，在没有树木的地方则会被钉在木杆上，底部用石头固定。

方向性标识 这类标牌有步道的名称和步道编号，某些提供目的地的方向和距离。统一规范的PCT标牌全称应是“Pacific Crest Trail No. 2000”。目的地往往是景点、与其他步道的交叉口、与公路的交叉口等明确的地标。此类标牌往往较大，有时候伴随PCT标识出现。提供目的地方向和距离的标牌也伴有箭头出现。

荒野区标识 由于区域的“荒野”性质，这类标牌往往为木质，和周边环境融为一体，未表明目的地和方向。

因为PCT沿途的管理机构有4个，每个机构都有自己订立标牌的规定，所以PCT沿途的标识并没有一个统一的规范。以上美国林务局的规范只是被应用的比较广泛的一个版本。为了提供荒野探索的体验，PCT鼓励徒步者使用地图、指南针等导航工具。为了减少预算，设置标识标牌往往是出于强制的需要。国家公园的标识最为具体，常有超过2个以上的目的地方向和距离指示；荒野区的标牌最容易受自然损毁，以至于几乎完全看不到标牌。PCT沿途的标牌也可能被人为破坏、偷盗或者涂鸦，或被风力、山火、洪水、腐蚀等自然力破坏；每年步道组织都会花费一定资金来添加和修缮标牌。徒步者常常抱怨在很长一段路完全看不到PCT标牌。设立标识标牌的间隔距离没有硬性规定。一般在国家公园内的标牌较为密集，在荒野区基本上看不到标牌。有的区域即使按照特定的距离放置标牌，由于被偷盗或损坏，标牌的间距也就不确定了。

PCT的南端（墨西哥—美国国境线）和北端（加拿大—美国国境线）有2个纪念碑，中点处有一中点指示牌。南端和北端纪念碑处皆有签到簿。图2-28为PCT北端纪念碑，碑后空出的一条森林缝隙即为美国和加拿大的国境线，左侧是美国，右侧是加拿大。

图2-28 PCT北端纪念碑

（五）庇护所

图2-29　缪尔小屋

美国并没有完整的森林庇护所体系，因为PCT的偏远性，步道沿途几乎没有庇护所。东部常见的三面式庇护棚（Lean-to）和阿帕拉契亚步道上的木质、石质庇护所（shelter）在美国西部并不常见。PCT在加州和俄勒冈州各经过了一处以“hut”（小屋）命名的庇护所。加州的缪尔小屋（Muir Hut）（图2-29）位于内华达山脉深处的缪尔山口，能容纳10余人在恶劣的天气中紧急避难。这一设计与美国最高峰、约翰缪尔径最高点惠特尼峰（Mount Whitney）顶峰的石头小屋功能类似，旨在提供紧急避难场所，不供一般徒步者过夜。而俄勒冈的一处小木屋和华盛顿州PCT沿途的3处小木屋主要服务于冬季的登山滑雪、越野滑雪爱好者。这些小木屋由当地的户外俱乐部修建和维护，使用频率较低。小木屋内有当地登山组织的规章、标识和签到簿。因为不鼓励徒步者依赖庇护所，分段徒步者和长距徒步者都必须携带帐篷、帆布篷或吊床等露营装备。

（六）熊箱和熊罐

从第1100公里始，PCT的许多路段都要求徒步者采取“合理储存食物的措施”，包括使用熊箱和熊罐。熊箱（Bear Box）是大型的铁箱，可以放下多个徒步者的全部装备，这类密闭铁箱被放置在内华达山脉中巨杉—国王峡谷国家公园、优胜美地国家公园、亚瑟亚当斯荒野区和约翰缪尔荒野区境内；熊罐（Bear Canister）是小型的密闭容器，仅为个人使用，需要徒步者随身背负（图2-30）。

图2-30　装满食物的熊罐

内华达山脉（尤其是PCT第1100～1600公里）是黑熊的栖息地。这里的黑熊数量虽不是美国最高，但因优胜美地是最早成立的国家公园之一，故而长久以来没有狩猎的历史；20世纪50年代的优胜美地国家公园曾一度把黑熊“圈养”起来让游客喂食，所以这里的黑熊世世代代对人类缺乏恐惧。黑熊对人类本身的威胁较小，但它们是爬树和偷食物的高手，有时甚至会破坏帐篷、翻垃圾箱、爬树取下挂在树上的食物袋子。“犯事”超过两次以上的黑熊会被工作人员枪毙或是“遣送隔离”至其他野生区域，所以背负熊罐、合理存储食物，不仅是对自身的保护，更是对熊的保护。

泛内华达山脉区域（即约翰缪尔径附近）对PCT的徒步者有以下要求：所有有气味的物品都需要被“合理放置”于熊罐和熊箱内，这些物品包括垃圾、食物、烟酒、香皂、牙膏、香波、防晒霜、急救箱、湿纸巾、护肤霜、防虫剂等；开车进入公园营地的旅客，需要在搭建帐篷之前就把以上物品放入熊箱中，食物要被完全密封；使用公共营地（Campground）和野餐区（Picnic Area）的旅客必须随时看管放置在外的食物，及时清除垃圾至密封垃圾桶。

PCT长距离徒步者和分段多日徒步者在指定区域（每年会有变化）强制使用随身熊罐；其他非指定区域也“强烈建议”徒步者使用熊罐或者熊箱；某些其他区域允许用“熊袋子”（如Ursack一类的全密封、强度材料制成的食品袋）。其他的防熊措施包括分隔晚餐的区域和营地、减少食用香气过重的食物、分散扎营等。

（七）藏水点

藏水点（Water Cache）指的是由志愿者维护的紧急储水点（图2-31），在南加州的沙漠里常见。当地居民常将饮用水放置在几十个甚至上百个加仑容器中，用绳子拴在一起，为在沙漠中水源稀少区域的徒步者提供紧急饮用水。这些藏水点由“水天使”自愿维护，近年来因PCT长距徒步者数量的陡增而负担加重。

图2-31　藏水点

五、步道周边服务体系

PCT是美国11条国家风景步道中最偏远的，也是从规划到建成用时最长的。PCT总体排斥开发、提倡保护。PCTA等官方组织也把土地公有化作为工作任务之一，旨在利用联邦的管理去限制任何商业开发。PCT附近商业活动迟缓的另一原因在于这条步道的徒步性质。PCT只适合在夏季进行长距徒步而PCT地处偏远，有些路段甚至要走上几天才能看见公路。季节性和偏远性决定了徒步的难度，这两个因素也决定了沿途城镇和商家稍纵即逝的商业机会和提供补给的商业难度。所以，PCT沿途基本没有专门为徒步者服务的城镇设施和娱乐项目。

PCT在全长4200公里的路线上，只从一个小镇中心经过；其他的小镇、度假村、加油站等多要沿着公路步行或是搭车一定距离，有些偏远的地方还需要徒步者沿着别的步道走出大山，再进行搭车。例如内华达山脉里的猩红山谷度假村（Vermillion Valley Resort）需要徒步者搭乘小船才能到达。

（一）住宿

徒步者对住宿的选择和要求根据自己的经济状况而千差万别。有人选择全程搭帐篷（包括在补给城市），也有人只要找到机会就住旅店。以下的住宿类别按照沿途普遍程度排序。

汽车旅馆　加州和华盛顿州超过半数地点有汽车旅馆。

度假村　全程大约20%属于服务区、度假村性质。

步道天使　有5处以上地方可以住在步道天使家（床铺、帐篷、房车等形式）。

公共露营　专门开辟给徒步者的露营区域，多位于国家公园或州立公园；某些小镇（如Warner Springs和Cascade Locks）也有这项选择。

青年旅舍　只有两三个附近城市有。

夏令营　PCT周边极少有夏令营。

（二）补给

补给，是长距徒步者的生命线。每个人背负能力不同，但大多数徒步者都需要在8天之内补给一次，获取新的食物、营养品、装备、指南书、地图和其他资源。徒步者必须在出发之前选择补给方式、找寻补给地点，并大致掌握到达这些补给地点的方式。PCT沿途补给地点包括城镇、乡村、高速公路加油站、度假村、农场和步道天使家等，徒步PCT全程平均需要补给40次左右。

补给的方式多种多样，包括沿途购买、邮寄、由补给人运送、直升机投递、提前藏匿等。其中最主要的两种补给方式为沿途购买和邮寄。对于PCT沿途几个使用率最高的补给点，徒步者可以采取“综合补给”的方式，邮寄重要的食品和装备，同时在当地购买食品，增强补给的多样性。

图2-32　包裹代收点

徒步者可以将提前准备好的补给盒子通过美国邮政业务（USPS）或私人快递公司（如UPS、FedEx等）投递到线路前方的补给地点。这些盒子可以是补给人在家中提前准备好、由补给人寄出，或是徒步者在沿线自己寄送，也可以是由其他人为徒步者准备和投递。图2-32为某步道天使家中代收的徒步者包裹，按姓首字母排序。

（三）外部交通

PCT穿过的大型公路包括几条美国的州际高速（I–5，I–10，I–15，I–80），全程总共穿越5次，大多是由高速下面的地道穿过。在北加州、南加州和俄勒冈州每隔几天就会穿过一条国道（比州际高速低一个级别），或是州内的高速公路。这些高速基本都可以通往常用补给点。中加州内华达山脉和华盛顿州有几个路段的公路极少，连续7～10天看不到柏油路也是有可能的。所以PCT徒步者如遇到意外，直升机救援往往比较保险。徒步者在徒步过程中，除了往返补给点外，几乎不会使用任何交通工具。

PCT纵贯线附近3小时车程之内的大城市，包括圣地亚哥（加州）、洛杉矶（加州）、旧金山（加州）、波特兰（俄勒冈州）、西雅图（华盛顿州）、温哥华（加拿大不列颠哥伦比亚省）。

（四）娱乐

一般的娱乐项目有游艇、划船、自行车出租、泡温泉等，较大的城市有更多的娱乐设施。

六、步道运行管理

PCT管理涉及100多个联邦机构，太平洋山脊步道协会（Pacific Crest Trail Association）专门管理PCT，沿途十几个登山户外志愿者组织和一大批的教育、政治、宗教、文化公益组织被团结在PCT周围，是包括了政府、商业、环保、媒体、公益、教育等多领域合作的结晶。PCT受到联邦法律保护，政府经费支持，管理权在民间。尤其是近年来美国林务局入不敷出，PCT的运转和经费来源也已经越来越不再依赖政府。

（一）步道管理

1. 太平洋山脊步道协会

PCTA成立于20世纪90年代初期，属非政府非营利组织。其前身是克拉克早在30年代就创立的太平洋山脊步道大会。该协会是众多政府、企业、志愿者之间的联结体，目前共有17名全职员工、5名地区代表、14名董事会成员。PCTA的宗旨是“捍卫、维护、推广”太平洋山脊步道，工作重心包括（Pacific Crest Trail Association，2013）：

① 捍卫步道公有化，向私人购买土地（以保证步道不被其他利益侵害），建立统一管理的徒步走廊；

② 筹款，购买私人出售的土地，弥补联邦资金缺口，维持志愿者协作；

③ 维护步道，通过志愿者完成步道的维护与项目新建，确保步道的每一寸土地都有专人维护；

④ 连接徒步者与步道，维护徒步者权益，解答问题；

⑤ 在社会主流媒体和社交网络平台推广步道，支持相关出版物，维护官网；

⑥ 宣传无痕山林理念，保证步道的合理使用；

⑦ 培训志愿者相关的步道维护知识，如基本森林管理、步道修建、工具使用知识；

⑧ 审核步道线路、开发新线路以让徒步者有更纯粹的户外体验；

⑨ 执行其他政府机构的相关任务。

PCTA在其官网明确指出，一直以来其最严峻和重要的工作是能让PCT的管理"一体化"。虽然1968年国会颁布的《国家步道体系法案》就确立了AT和PCT作为国家风景步道的地位，但PCT一直未能像AT一样拥有自己的"无缝"统一管理系统，沿途的各个机构的管理支离破碎，随时会受到私人利益的影响，让步道原本为提供自然体验的初衷受到损害。联邦依法每年必须用海岸石油开采所上缴的费用作为土地和水资源保护基金（Land and Water Conservation Fund，以下简称LWCF），这是国会立法的保护基金。然而，联邦实际只将这笔巨资当中的一小部分注入基金。因而，国家步道体系的管理经费比较微薄，美国林务局等联邦政府机构需要依靠PCTA来完成集资、行政、管理等诸多事宜。

当前PCTA会员和捐款人数达到9000人。其中，超过1700名志愿者、11.8万义工小时、360个项目。以2015年为例，PCTA协调范围内的志愿者贡献了96481小时、价值超过200万美元的步道维护服务，共维护超过2300公里（全线60%）的步道、重建了39公里的步道。这9万多小时的志愿者工作时间中有超过1/4是由青少年组织和学校贡献的。2015年PCTA从私人处筹款230万美元，从联邦获得90万美元的基金。PCTA还接受了3597个关于步道的电话、发布了4.6万本PCTA杂志、发放了4462张PCT长距徒步许可证，其官网的点击量超过292万（Pacific Crest Trail Association，2015b）。

2．四大政府组织

美国林务局　是PCT最主要的联邦管理机构，管理沿线26处国家森林，并领导其他政府机构管理PCT。与PCTA的工作相辅相成。

国家公园局　负责管理沿线7个国家公园的步道。

土地管理局　管理沿线国家森林和国家公园以外的公有土地，主要在沙漠和草甸比较丰富的南加州、南俄勒冈州区域。

加州公园局　管理5个加州州立公园。

3．企业支持者

有51家企业通过捐款与PCTA建立合作伙伴关系。企业为PCTA捐款，数目在250～50000美元不等；PCTA在官网和宣传资料上也会列出企业的名称和商标。包括谷歌、Leki登山杖、Osprey鹰包等在内的10家企业为PCTA提供了价值超过1000美元以上的物品或服务。步道沿线有9家商家与PCTA建立合作关系。

4．其他民间组织

PCTA致力于把这些民间组织与步道的维护全面结合，保证每一寸PCT经过的土地都有其对应的“管理员”。美国林务局、国家公园局等机构已经基本不对PCT的修缮和维护负责（Pacific Crest Trail Association，2015b）。

户外组织 各地以修缮步道为主的志愿者“民兵团”、户外俱乐部等；沿途经过的美国西北部、华盛顿地区、内华达山脉地区、沙斯塔地区、太浩湖地区等都有自己的步道协会；内华达山脉地区和北加州还有专门的步道维护志愿者团体；美国长距徒步者协会西部支会（ALDHA–West）等。

青少年组织 全国性的公益青少年团体，包括American Conservation Experience在内的针对18 ~ 25岁青年的志愿者项目，需要提交申请；另外一大主力则是美国童子军（Boy Scouts of America）。

学校 大学户外俱乐部、以环保为特色的特殊中小学等。

其他合作组织 涵盖环保、跑步、骑马等专门组织。

基金会和个人 民间筹款可直接捐赠给PCTA。

具有代表性的合作伙伴 其中包括塞拉步道志愿团（High Sierra Volunteer Trail Crew）、国家森林基金会（National Forest Foundation）、美国公有土地信托所（Trust for Public Land）、环境教育专属学校（Environmental charter schools）、无痕山林（Leave No Trace），以及PCTA各地分会等。

（二）资金来源

2015年PCTA的总收入为313万美元。收入的组成为（Pacific Crest Trail Association，2015a）：

非政府募款和会员费 可支配收入146万美元，不可支配40万美元；总计获得88949小时可上报的志愿者服务时间，合计价值为205万美元，并未计入收入。

其他非政府收入 包括项目收入21291美元、PCTA官方销售产品收入17167美元、实物捐助40万美元、其他收入18万美元、不可支配金转化的净收入34万美元等。

非政府类所有收入总和即非政府募款和会员费与其他非政府收入相加，为226万美元，占总收入的83%。

政府类基金 约89万美元，占总收入的17%。

2015年PCTA的总支出为291万美元，其中包括111万美元步道项目费用，35万美元土地购买费用，61万美元公众信息和教育费用，58万美元集资和会员发展费用，以及26万美元其他管理费用。2015年PCTA的净收入为20.8万美元；年底的PCTA累计净收入为234.8万美元。

PCTA在2015年的总收入中，有83%来自非政府收入。这些款项包括私人捐款、PCTA会员费、企业捐款、公益组织筹款等。PCTA官网上有快速便捷的PCTA会员注

册电子表格，也有企业、组织等建立合作伙伴关系的申请。个人捐助35美元即可成为PCTA会员；组织和企业捐助250美元以上即可成为合作伙伴。PCTA目前的最大的私人捐赠来自户外装备零售商REI（1.5万美元以上）；私人捐助超过1万美元以上的有20余人。在徒步者申请长距离徒步许可证的时候，便有机会捐助25美元成为PCTA会员；会员会在每个季度收到PCTA官方杂志和其他相关出版物，受邀参与PCTA年会活动等。

PCTA筹款中只有17%来自政府，这些款项基本都来自土地和水资源保护资金（LWCF）。每年的近海石油和天然气租约上缴约9亿美元注入这笔保护基金，其主要目的是为了建造和支持美国的国家公园和水路系统。可惜，这笔钱当中只有很小的一部分被花在了土地和水资源保护上；PCTA在2015年只拿到了89万美元。在过去的15年里，约2500万LWCF保护基金被用于购买和保护PCT沿途约6880公顷的土地。LWCF基金本身的地位也在近些年来岌岌可危，国会中保守派不支持这笔钱用于保障公有土地，威胁法案的修正和实施。

LWCF对于购买和保护PCT最后10%的私有土地十分重要。PCTA把购买最后这320公里土地作为工作的重中之重。由于土地出售的时机短暂，近年来LWCF基金已经不能满足购买这些私有土地的需求，PCTA必须另外筹集资金在短期内完成购买。为此，PCTA呼吁民众联系自己所在地区的参众两院议员，诉求LWCF基金的重要性。美国公有土地信托所、美国林务局和PCTA在保证太平洋山脊步道被全部公有化的道路上做出了重要贡献。2015年，PCT沿线最大的私有土地卡宏农场（Cajon Ranch）已同意结束近半个世纪的纠纷，让步道从沙漠改道至高山山脊。而这些私有土地对徒步者仍有诸多限制。PCTA的管理权限仅限于步道两侧各3米范围的土地，而对其他大型建设项目无法做出干预（Pacific Crest Trail Association，2016）。

（三）步道准入与许可

与PCT相关的许可证有很多，有长距徒步许可证（PCT Long-Distance Hiking Permit）、加拿大入境证、加州营火许可证以及相关地区的专门许可证等。对于想要通径徒步的人而言，长距徒步许可证和加州营火许可证是必需的。

PCT通径徒步者和任何超过805公里的分段徒步者，都需要申请PCT长距徒步许可证。许可证只适用于国家荒野区、国家公园、州立公园范围内PCT沿线附近营地和步道区域。在上述区域之外露营徒步，需要获得该地区专门的野外许可（Backcountry Permit）。许可证系统一般在每年2月开启，原则上是免费的，但建议进行25美元以上的捐款，成为PCTA会员。徒步者应将许可证打印并随身携带，便于护林人检查，电子版的许可证是不被承认的。因为PCT逐年上升的热度，南加州前160公里的生态系统受到一定的影响。因此，从2015年开始，南加州的国境线开始对PCT徒步者的数量进行限制，每天上限50人。

对于徒步距离少于800公里以下的徒步者，需要申请徒步经过的荒野区和国家公园、州立公园自身的许可证。国家森林和荒野区的露营许可大多只需要在步道口填写一张表格并随身携带即可。国家公园的许可证大多需要提前数月申请。而354公里的约翰缪尔径通径徒步的许可证采用抽签方式，需要提前大约半年选定日期。PCT在优胜美地国家公园线路附近的Half Dome等短途路线更加火爆，每年3月开放抽签系统不久之后，当年夏天的许可证即被争抢一空，尤其在周末。

加州营火证（California Fire Permit） PCTA强烈建议所有徒步者都取得营火证，打印并随身携带。徒步者必须持有营火证才能使用炉头、酒精炉、营地篝火等任何形式的明火。在大多数年份，加州的绝大多数区域禁止使用营地篝火和酒精炉等开放式、不可控营火。在特殊的年份，在某些区域内特别是在南加州、北加州和俄勒冈州等相对干燥的区域，完全禁止使用一切炉具。每年加州对营火的限制程度不同。加州营火证可在加州林务局下属的办公室、游客中心和Ranger Station办理，也可在网上获取。徒步者需要观看一个简短的视频、做几道关于正确搭建营火和灭火的选择题，以对用火安全有一个基本了解。

加拿大入境许可证（Canada Entry Permit） PCT北端终点是第78号纪念碑，位于美国和加拿大国境线上。纪念碑周围荒芜人烟，想要回到“人类社会”有两个选择，一个是向南折返，至Harts Pass或是Rainy Pass，从公路搭车回到附近的城镇，再寻求其他方式到达西雅图。另一个选择是继续向北，徒步14公里进入加拿大的曼宁省立公园（Manning Provincial Park），搭乘大巴车至温哥华，再使用合适的交通工具返回美国。如果选择后一种方式进入加拿大，所有的徒步者都需要申请加拿大入境许可证。

实例三　加拿大大步道

加拿大大步道（The Great Trail，简称GT）是世界上最长的休闲步道，已经成为加拿大的一个国家符号（A National Icon）。该步道是加拿大有史以来最大的志愿者项目，由非营利慈善机构横穿加拿大步道组织（Trans Canada Trail，简称TCT）发展和推广。GT发展起于1992年，并将于2017年即加拿大150周年国庆之时全部完成，完成后GT将从大西洋经太平洋最后到达北冰洋，跨越2.4万公里，穿过加拿大所有省和地区（图2-33），连接1000多个市1.5万个社区的加拿大民众，80%的加拿大民众可以在30分钟内到达GT。步道使用者可以通过开展徒步、骑自行车、骑马、滑雪、划独木舟和骑雪地摩托等活动，来探索加拿大多样的自然景观和历史文化。

为庆祝步道2017年的连接并展现加拿大广阔的地域和多元文化，2016年伊始TCT开始使用“加拿大大步道”替代原名称“横穿加拿大步道”进行推广，为方便描述，下文中使用原名称“横穿加拿大步道”（简称“横加步道”）。

图2-33 加拿大大步道路线图

一、步道历史

（一）横穿加拿大步道建设基础

在20世纪80年代中期的加拿大，有一批铁路被闲置，并且大部分铁路线路都位于溪流、河流和峡谷等自然廊道附近，有人意识到这些闲置的铁路可以用来发展成为休闲步道，因此提出了“铁路转步道”（rails to trails）的概念，并在90年代初对废弃铁路线路进行了存量调查，很多徒步爱好者也陆续加入到此项活动中。在此期间，由“铁路转步道”推广团体在政府的帮助下将废弃的铁路转化成为休闲步道，如不列颠哥伦比亚省凯托谷铁路步道（Kettle Valley Rail Trail）、爱德华王子岛省联邦步道（Confederation Trail）等。

在此之前，加拿大国内亦有多条著名的步道吸引着大量的徒步、骑行爱好者。例如始建于1971年连接渥太华和金士顿的丽都步道（Rideau Trail），始建于1973年位于安大略省苏必利尔湖和木伦湖之间的旅行者徒步道（Voyageur Hiking Trail）。

（二）始于125周年国庆

在“铁路转步道”运动火热开展的同时，一位阿尔伯塔省居民，同时也是卡尔加里奥运会组委会主席的威廉·普拉特（William Pratt），亲眼目睹了许多年轻的自行车骑行者在一次可怕的事故中去世，此事件之后他梦想着有一条可以让所有的加拿大人安全访问的从海岸到海岸再到海岸的步道。

1992年，加拿大联邦政府成立“加拿大125周年公司”（Canada 125）以策划庆祝加拿大125周年国庆的项目和活动。Canada 125公司秘书保罗·拉巴杰（Paul LaBarge）与威廉·普拉特（William Pratt）、皮埃尔·卡姆（Pierre Camu）首次提出并正式启动了横穿加拿大步道（Trans Canada Trail）项目，并将其作为一项遗产计划庆祝加拿大125周年国庆。横加步道是该公司最成功的项目之一，其将所有加拿大人以参与者而非观众的身份连接了起来。

同年，联邦政府通过Canada 125公司为横加步道项目投入第一笔资金，成立横穿加拿大步道组织（Trans Canada Trail，简称TCT），皮埃尔·卡姆、威廉·普拉特分别作为该组织的首任主席和执行董事。次年，在TCT的组织下各省和地区成立了步道组织或授权于已有的相关组织，新成立的省和地区步道组织主要由步道使用者和徒步俱乐部组成，此次在全国共招募了150万名志愿者。

1994年6月，TCT推出宣传语“世界上最长的休闲步道”，并在电视、广播电台、报纸等媒介进行宣传。同时发起“建一米步道”（Build a Metre of Trail）活动，鼓励民众捐赠建设步道。

此后20多年间，13个省和地区的步道组织、社区、志愿者在加拿大各级政府的推动下积极地完成境内的步道连接。

（三）献礼150周年国庆

步道连接计划 2007年TCT制定了《步道建设策略》（Trail Building Policy），规划在2010年对步道进行挂牌（Inaugurated），即届时横加步道将是一条连续的廊道，同时允许20%～25%的路段为“临时道路线路”即步道缺口（Trail Gaps）。2010年TCT完成了第一次“步道连接计划”（Trail Connection Plan），确定步道目标长度为22503公里，其中提议路段中73%即16574公里已投入运营。同时，TCT还向公众提供了横加步道的全线地图和指南书，并标明了步道缺口位置。“步道连接计划”在之后的每年3月31日进行更新，明确更新后的目标长度、已运营步道长度及步道缺口长度，步道组织及其合作伙伴可根据该计划制定详细的路线规划、评估可利用的资源并确定最现实的步道选线。

献礼150周年国庆 到2015年3月31日，横加步道目标长度已达2.4万公里（TCT，2015），2015—2016年间步道目标总长并未增加，到2016年10月，已完成整个项目的90%，即21452公里。TCT计划在2017年即步道项目启动的第25周年暨加拿大150周年国庆时达到全线连接。届时，全长达2.4万公里的横加步道将连接大西洋海岸和太平洋海岸再向北直抵北冰洋海岸，穿越加拿大每个省和地区，成为世界上最长的休闲步道，同时也是加拿大人欢度150周年国庆的天然舞台，向世人展示加拿大国家雄伟的自然和文化遗产。

名副其实的“大步道” 将“连接整个国家”作为目标，这条史诗般的步道由成千上万的梦想家、实干家、志愿者、朋友和伙伴共同创造。步道将大西洋海岸、太平洋海岸及北冰洋海岸连接在一起，使用者共享地平线，通过沿地平线的步道去发现加拿大的辽阔与美，通过水路、公路、人行道去发现国家的荒野、农村和城市。这条步道俨然已成为加拿大的国家符号（A National Icon）。

2016年伊始，横穿加拿大步道组织将“大步道”（The Great Trail）作为步道新的名称推出，以庆祝2017年的连接（TCT，2016）。显然“大步道”名称更能体现这一伟大的成就，彰显加拿大的广阔和多元文化。

（四）横穿加拿大步道的愿景

创建横穿加拿大步道，使之成为世界上最长和最伟大的休闲步道；为加拿大民众提供一个休闲环境，以探索历史、了解国家的自然地理和多元文化，并且塑造一个关于“作为一个加拿大人意味着什么”（what it means to be Canadian）的思想；为当地、区域和国家的经济可持续发展做出贡献，提供就业机会、推动经济增长、展示绿色发展和提高加拿大人的健康水平；安全、健康、低成本，并且是最好的健身和活动目的地之一；培养加拿大人团结精神和国家自豪感，将大西洋海岸到太平洋海岸再到北冰洋海岸的人们紧密联结在一起，世代相传；成为体验加拿大宏伟原始的美景及丰富地域文化的首选目的地。

二、景观与体验

（一）从海岸到海岸再到海岸

横加步道从大西洋海岸到太平洋海岸再到北冰洋海岸，途中蜿蜒穿过山脉、平原和森林，全部路线中有74%位于陆地，26%位于水上，水路主要位于北部区域。横加步道东部起点位于大西洋海岸圣约翰市大广场，自此步道沿克豪斯步道（Wreck House Trail）经过沃特福德河谷（Waterford Valley），穿过北方针叶林到达康塞普申湾纽芬兰铁路公园（Newfoundland T'Railway Provincial Park），使用者可以体验自然的无穷变化，了解古老的欧洲移民在北美洲留下的历史文化。之后沿纽芬兰岛最长的河流功勋河（Exploits River），经巴斯克斯港口（Port aux Basques）乘坐轮渡到达新斯科舍省。自此向西在联邦步道（Confederation Trail）上欣赏由迷人的阔叶林、古朴的村庄、海景组成的移动风景线，越过芬迪湾（Fundy Bay）遇见世界上最高的潮汐。之后继续向西一直沿南加拿大行进，最后翻越巍峨的落基山脉到达步道的西部终点太平洋海岸的维多利亚，完成从加拿大东海岸到西海岸的穿越。

北部线路从坐落在落基山脉东侧的阿萨巴斯卡镇（Athabasca）开始，向北经水路阿萨巴斯卡河、奴河（Slave River）及加拿大第二大湖泊大奴湖（Great Slave Lake）之后沿毛皮贸易遗产路线马更些河（Mackenzie River），涉水穿过北方针叶林、亚北极苔原直到北冰洋海岸；陆路经沃森湖（Watson Lake）沿着著名的荒野探险历史路线阿拉斯加公路（Alaska Highway）、古老的淘金路线岱克公路（Klondike Highway）到伊努维克（Inuvik），途中穿过原始的荒野区，可遇到野生动物，最后穿过育空高原森林，进入北极圈。最终经水路到达北部起点北冰洋海岸的图克托亚图克（Tuktoyaktuk），完成从海岸到海岸再到海岸的穿越。

（二）穿越加拿大境内全部省区

横加步道的主体线路从位于北美洲最东端的城市纽芬兰拉布拉多省圣约翰开始，通过轮渡进入新斯科舍省，之后陆路进入新不伦瑞克省或轮渡进入爱德华王子岛省，从新不伦瑞克省进入魁北克省，经安大略省、曼尼托巴省、萨斯喀彻温省、阿尔伯塔省，穿过加拿大大多数主要城市和人口最稠密的地区，到达最西端不列颠哥伦比亚省维多利亚。北部线路从阿尔伯塔省埃德蒙顿途经不列颠哥伦比亚到育空地区，或水路直接到达西北地区。另外，在努纳武特地区国家公园内还建设有144公里的横加步道。

横加步道全线穿越了加拿大10个省、3个地区（表2–16），连接了超过1000个市的3400万加拿大人，80%的加拿大人在30分钟内即可到达横加步道。横加步道给加拿大人及国际徒步者提供了一条独特的途径去探索加拿大的大城市、小城镇，去了解加拿大丰富的历史及多元的文化、社区和民族。

表2–16　各省或地区横加步道设计总长度及完成比例（2016年3月31日）

编号	省/地区	设计长度（公里）	已完成比例（%）
1	纽芬兰和拉布拉多省　Newfoundland & Labrador	889	100
2	爱德华王子岛省　Prince Edward Island	444	100
3	诺瓦斯科舍省　Nova Scotia	1000	61
4	新不伦瑞克省　New Brunswick	913	92
5	魁北克省　Quebec	1514	97
6	安大略省　Ontario	5200	77
7	曼尼托巴省　Manitoba	1352	93
8	萨斯喀彻温省　Saskatchewan	1571	98
9	阿尔伯塔省　Alberta	3004	63
10	不列颠哥伦比亚省　British Columbia	2979	90
11	育空地区　Yukon	1602	100
12	西北地区　Northwest Territories	3510	99
13	努纳武特地区　Nunavut	144	100
总计		24122	86

资料引自TCT. Our Canadian Journey 2014—2015 Annual Report，2015.与 TCT. 2015—2016 Annual Report Gaining Ground，2016.

（三）穿越或邻近国家公园和国家历史遗迹

图2-34 班夫国家公园

横加步道选线时优先穿越国家公园、省级公园和国有土地。步道穿越了班夫国家公园（Banff National Park）（图2-34）、森林野牛国家公园（Wood Buffalo National Park）和芬迪国家公园（Fundy National Park），同时线路靠近乔治亚群岛国家公园（Georgian Bay Islands）、特拉诺华国家公园（Terra Nova）、雷丁山国家公园（Riding Mountain）等8个国家公园。横加步道沿线还经过了丽都运河（Rideau Canal）、史丹利公园（Stanley Park）、贝特尔福德堡（Fort Battleford）等众多国家历史遗迹。

班夫遗产步道（Banff Legacy Trail）是横加步道位于班夫国家公园的路段，从公园东大门到弓谷公园大道，连接了班夫和坎莫尔的山区。在这条步道上，徒步者有很多机会看到野生动物，可以在悬崖边上瞥见大角羊，在沼泽地捕捉到麋鹿和狼的身影，还可看到令人应接不暇的层层叠叠的瀑布。而沿横加步道行进在加拿大最大的国家公园——森林野牛国家公园，可以沿湖岸的白杨和云杉林进入寒带森林的深处，欣赏壮观的喀斯特地形，以及盐湖边上被盐和霜侵蚀成奇妙形状的岩石。

（四）沿铁路线路行进

横加步道线路有相当大的部分是利用废弃的铁路或平行于现有铁路设置，废弃的铁路一般由加拿大太平洋铁路和加拿大国家铁路捐赠给省政府改建成休闲步道。例如连接剑桥市（City of Cambridge）和巴黎镇（Town of Paris）的铁路步道（Cambridge to Paris Rail Trail）就是在老铁路的路床上建设的，于1994年投入使用，全长18公里，沿这条步道可穿越茂密的森林，俯瞰壮观的河流并有机会观赏到野生鸟类及其他动物。再如由凯托谷铁路改建的凯托谷铁路步道（图2-35）总长450公里，经过布鲁克米尔（Brookmere）等7个小镇，小镇之间距离较远，徒步者必须携带足够的食物和水。该段步道为砾石路面，有些路段路面较为粗糙，并且还有路段因为越野车等机动车的使用已经退化，因此骑自行者需要提前准备好自行车修理工具以应对紧急情况。

图2-35 凯托谷铁路步道（Vismax 摄）

横加步道线路除了利用了废弃的铁路，还充分利用了其他已有步道，尤其是多用途步道，例如丽都步道（Rideau Trail）、旅行者徒步小径（Voyageur Hiking Trail）。在没有现成步道或步道建设十分困难的地区，横加步道可能是二级道路或电力线路，在没有公共土地可用的地区，省或地区的步道组织与私人土地的所有者进行协商获得路权（Right of Ways）。2015年初，横穿加拿大步道组织建议各省的步道组织将步道沿公路路肩进行建设，以完成剩余的步道。致使横加步道中有太多的路线由公路组成，步道使用者在繁忙的公路上骑行或徒步，具有一定的危险性。

（五）体验多种步道及多用途步道

横加步道是多用途步道，步道使用者可以根据路段的特点选择徒步、骑自行车、划船、骑马、越野滑雪和越野摩托车等多种方式通行。而在一些地区步道的路面只适合徒步，例如安大略省北部的步道，而育空地区拥有良好的滑雪与雪地摩托车步道，甚至在冬季会关闭部分顶级公路用于雪地摩托车通行。

横加步道的路段大致分为四种类型：绿道（Greenway），支持一种或多种夏天活动的路段，夏季不允许摩托车通行；自行车道（Road Cycling Route），进行了铺装或砂石化处理，使用者可能会受到相关公路交通法案的约束；黄道（Yellow Trail），在夏季允许摩托车通行的路段；蓝道（Blueway），为水域路线，使用者可以使用机动船舶，但是需要遵守有关船舶的法律法规（TCT，2009）。

（六）遵循步道文化

步道像道路一样，将人们带到想去的地方，但又不像道路，步道设施较简陋且不经常进行清理，并且有时一个使用者对步道的享用方式可能会影响其他使用者，因此步道使用者需要意识到是与其他人共享同一条步道。制定一些通用的规则可以在保护步道的同时也保证步道使用者的安全和相互尊重。步道使用者都自觉遵守这些简单通用的规则，逐渐形成了一种步道文化（Trail Etiquette），步道使用者也得到了更好的体验。

横加步道的使用者可参考以下通用规则：礼貌对待其他步道使用者；尊重所有的标识和步道沿途的财产；避免破坏环境；提前了解有关步道的开放和关闭；不带走野生动物和植物；在步道上行走，途经步道，但不要改变它。

步道使用者之间可遵循3C原则：

常识原则（common sense） 当在步道上遇到其他人，最容易移动的人让行，但需要用常识决定哪一方更容易移动。理想情况下，骑自行车者让行所有人，徒步者让行骑马者，骑自行车者若攀爬陡坡可考虑优先通行。一般情况下，当遇到其他使用者在左侧通行时，靠右行进。

交流原则（communication） 与其他的使用者交流，告知他们危险路段位置、步道条件及沿途特点等。进行友好地问候，让其他人知道自己的存在。如果有他人加入你的团

队，告知自己团队中的同伴。

好意原则（courtesy） 关注并理解他人的需要。

三、徒步道路

横加步道全长2.4万公里，由近500条休闲步道相互连接而成。这些休闲步道有的是历史上的古道、有的是恢复的废弃铁路，有的还是公路路肩、二级道路或电力线路等，因此横加步道拥有多样化的路面，为徒步者带来多种徒步体验。横加步道的路面类型大致可分为土路（图2–36）、碎石路、柏油路（图2–37）等几种类型。例如，魁北克省北火车站步道（P'tit Train du Nord）全长200公里，其中60公里步道经过柏油铺装，路面状况良好，另外140公里为碎石路面，有些路段因为冲刷会造成一些颠簸，适合宽轮胎的混合动力自行车通行。

图2–36　土路（班勇　摄）

图2–37　柏油路

四、沿步道服务设施

横加步道在沿线配备有简单的基础设施，例如官方露营地、庇护所和淡水供应点等。横加步道所有路段使用统一的横加步道标识，但不同省和地区的步道标识标牌各有特点。徒步者可在各省和地区的步道机构网站上下载数字地图，地图中标有露营地、展馆、厕所等基础设施的位置。

露营地 横加步道沿线拥有官方设置的露营地，同时徒步者可以使用步道途经的国家公园等公共区域设置的露营地，并不是所有的路段都能找到官方露营地，关于露营的规定各省和地区之间要求也不同。例如在安大略省，徒步和骑马的步道使用者只能在指定区域进行扎营，而对骑车、滑雪、划水及骑摩托车旅行的步道使用者并没有限制；在不列颠哥伦比亚省，所有步道使用者允许露营，但需遵循步道文化，若在私人土地上，要尊重土地所有者的要求。

标识标牌 步道沿线设有标识标牌，为步道使用者提供方向及服务信息。但只有“官方横穿加拿大步道”（Official Trans Canada Trail）可以使用横穿加拿大步道标识，标识为

“上部从左到右分别为连在一起的蓝色、黄色和绿色的人形符号，下部为横穿加拿大步道的英语和法语写法”（图2-38）。每个省和地区，甚至是每条路段的标识标牌还增加了该区域或步道的特点。

图2-38 横穿加拿大步道标识（来源：TCT官网）

图2-39 步道展馆

步道展馆 TCT在横加步道沿线共设置了86处步道展馆（Pavilion），在展馆中铭刻了步道捐赠者的信息（图2-39）。展馆还为步道使用者设置了庇护所和淡水供应点，但各省和地区之间设施配备并不相同。

步道地图 TCT官网可以下载步道全线GPS地图和PDF格式地图，步道使用者还可购买由省/地区步道组织编撰的当地步道地图指南。TCT的数字地图上会标明每个路段的长度、路面类型、穿越地区的环境类型、可开展的休闲活动类型、步道展馆位置、访客中心及自然和文化景点等信息，地区提供的步道地图指南上除了提供上述信息还会提供露营地、旅馆等位置。

五、步道周边服务体系

横加步道连接了加拿大1.5万个社区及大量小镇。社区和小镇为徒步者、骑自行者等步道使用者提供休息、娱乐、补给等服务，步道使用者可以通过当地的步道连接线或区域道路到达小镇，利用小镇的对外交通离开步道去往其他城市。

步道社区和小镇 横加步道连接的社区或沿途小镇为途经的徒步者、骑行者等提供住宿、餐饮、自行车维修、娱乐等服务，根据小镇的规模有酒店（hotel）、旅馆（lodge）、客栈（inn）等不同条件的住宿设施，步道使用者可以在社区和小镇补充食物和水。同时，社区及小镇在步道上举行徒步、骑行比赛等活动，积极支持和推广步道的发展。有的步道志愿者认为步道可以反哺小镇，因此极力向小镇推介商业机会并与旅游业对接。例如不列颠哥伦比亚省朱红步道（Vermilion Trails）的志愿者朱迪（Judy）为普林斯顿小镇（Princeton）打造了梦想之桥（Bridge of Dreams）、韦尔豪泽围屋（Weyerhaeuser Roundhouse）、小镇历史壁画（Town History Mural）等项目，在发展小镇旅游业的同时，也为途经的徒步者提供了便捷的服务。

步道外部交通 步道穿过的社区和小镇积极设置与横加步道的连接线路（external links）。例如，育空地区的旅行者徒步道与相距几公里的横穿加拿大公路（Trans Canada Highway）并行，公路提供了很多出入口供徒步者进入。步道途经的小镇内有如灰狗巴士（Greyhound Bus）、轮渡、机场等，步道使用者可以通过小镇的这些对外交通离开步道去往较大的城市。

六、步道运行管理

横加步道是在成千上万的加拿大人、社区、企业、步道组织及各级政府的参与下逐渐发展起来的。横加步道归属于当地步道组织、省政府、步道代理机构及其穿越的市政部门，以社区为基础建设和维护，依靠了大量志愿者的力量，横加步道项目是加拿大有史以来最大的志愿者项目之一。

（一）全国性管理机构——横穿加拿大步道组织

横穿加拿大步道组织（Trans Canada Trail，简称TCT）是一个注册的非营利慈善机构，负责步道的总体线路和设计。通过支持地方层面步道的成功建设，以促进和协助步道的使用和发展，并向当地的步道建设者提供资金。但TCT不拥有任何一段步道，对步道的使用不承担责任。

横穿加拿大步道组织由两个非营利慈善组织构成，即横穿加拿大步道慈善组织（Trans Canada Trail Charitable Orgnization，简称TCTCO）与横穿加拿大步道基金会（Trans Canada Trail Foundation，简称TCTF）。横穿加拿大步道组织拥有高级管理团队及步道穿越的所有市的副市长及社区长官组成的步道支持团队，两个组织分别拥有独立的董事会（图2-40）。

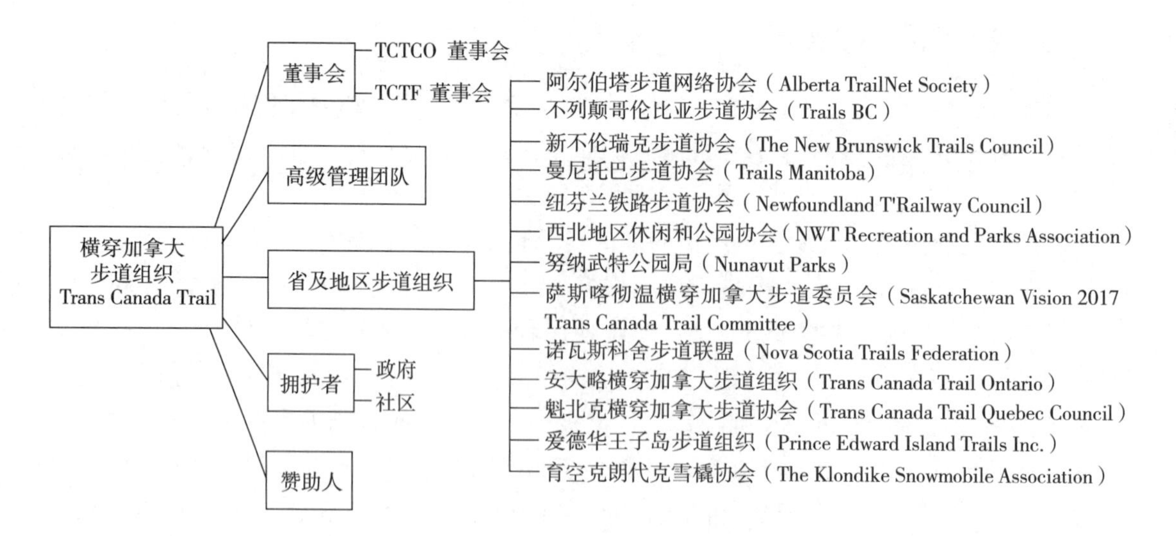

图2-40 横穿加拿大步道组织

1. 横穿加拿大步道慈善组织

横穿加拿大慈善组织董事会为步道发展提供必要的支持和指导。董事会设立6个常设委员会，分别是沟通与市场委员会，财务、审计及投资委员会，管理委员会，政府关系委员会，拨款委员会和步道项目委员会（TCT，2013）。

横穿加拿大步道慈善组织的责任如下：

监督步道的建设和发展 与省和地区的步道组织及负责管理维护当地步道的400多家当地步道机构、市政和保护部门共同合作。

向合作伙伴提供资金 在资金上支持他们开发并完成这条惊人的步道，展示独特的风景，为加拿大的国家步道的多样性和伟大做出贡献。

推广和营销步道，并对外传达步道的进展 得到了媒体赞助商The Globe和电信合作伙伴SHAW Media的支持；横加步道的成功与加拿大人多年的努力息息相关，他们是步道的使用者与建造者、公司、基金会、个人及各级政府。

与各种支持组织，形成战略联盟 与加拿大最好的实践组织，例如大西洋加拿大步道协会、加拿大环境组织、参与行动组织建立合作关系。

提供地图应用等工具 保证步道使用者可以得到步道地形、步道条件等信息，从而使他们可以获得最好的步道体验。ESRI是顶尖的GIS软件公司，他们对步道的测绘系统发展提供了赞助。

2. 横穿加拿大步道基金会

TCT认识到资金对于完成横加步道项目并使其成为一项可世代相传的遗产十分重要，因此在2010年成立了独立的慈善基金会——横穿加拿大步道基金会。基金会拥有独立的董事会，其使命是筹集用于步道建设、推广、持续维护的资金，筹集到的资金会转移至横穿加拿大步道慈善组织以满足其支持步道发展。

（二）省和地区级步道组织

横加步道经过的每个省和地区都设置了负责当地步道的组织，以确保步道的计划和建设能满足当地社区的需要。省和地区的步道组织负责完成其境内步道的注册及发展，TCT给予大力支持。省级步道组织、当地步道机构同志愿者形成的强大的合作能力成就了横加步道。

例如，完成后将成为区域步道最长省份的安大略省，其境内步道规划全长5228公里，由省级组织安大略横穿加拿大步道组织（Trans Canada Trail Ontario，简称TCTO）管理运营。TCTO属非营利组织，由TCT组织当地的步道主要使用者和徒步俱乐部组成。该组织得到TCT的授权完成横加步道在安大略省的连接。TCTO与当地的合作伙伴即步道的拥有者一起计划和支持安大略省境内的步道发展。TCTO的运营在很大程度上得到了TCT的支持，同样也得到了致力于步道建设的志愿者们的大力支持。

第一个完成横加步道境内连接的是纽芬兰和拉布拉多省，境内步道全长为900公里，由纽芬兰铁路理事会（Newfoundland T'Railway Council）负责其发展。纽芬兰铁路理事会属非营利组织，致力于推广“铁路转步道”，支持和协助横加步道境内的建设是理事会的目标之一。

（三）各级政府

横加步道的发展离不开各级政府的大力支持与积极推动，从联邦政府到省级政府再到步道所穿越的市政府，各级政府从资金支持、部门协调甚至是直接参与步道建设等方面对步道的发展给予了巨大的帮助。

联邦政府 加拿大联邦政府通过投入资金为横加步道的发展提供了十分重要的支持。1992年联邦政府通过“加拿大125周年公司”为步道的发展提供了第一笔资金。之后加拿大遗产部、公园局、旅游局等联邦政府部门也为步道建设、维护和活动发展等提供了资金支持。另外，联邦政府为鼓励民众捐赠，在民众捐赠基础上给予资金配套。

2009年12月，作为国家公园、国家历史遗迹等保护地的主管部门，环境部加拿大公园局与TCT在部长圆桌会议上签署合作备忘录，以“确定和实施与步道规划、设计、建设、维护、可持续发展、安全、交流、推广和学习有关的互惠互利的计划”。双方将与更广泛的步道组织进行交流，分享专业知识，协同工作，共同制定年度计划选择有潜力的项目和机会（Parks Canada，2009）。

加拿大联邦政府层面没有步道相关的立法。由于缺少国家级的建设标准和进入条件使得步道及标识系统参差不齐，步道使用者与机动车之间时常发生误解。这些都降低了步道使用者的安全性，也在一定程度上削弱了步道的吸引力。

省级政府 加拿大省级政府也在多方面支持横加步道的发展。例如，新不伦瑞克省政府协助省步道委员会（New Brunswick Trails Council Inc.）将数百公里废弃的铁路发展成为多用途步道；不列颠哥伦比亚省政府土地协调办公室帮助策划了全省的步道路线，使得80%的线路位于公共土地；安大略省林业主管部门自然资源部与保护地主管部门安大略公园局熟知当地现有步道和可建步道路线，于2007年协助安大略横穿加拿大步道组织规划了安大略北部路线，该路线穿越了5个安大略省级公园。

还有部分省级政府根据各自省内的法律框架制定了针对步道的相关法律。例如，新斯科舍省在1989年已制定《步道法案》（Trails Act），并制定了相应的法规（Office of the Legislative Counsel of Nova Scotia，1989）。安大略省在2016年6月也制定了《安大略步道法案》（Ontario's Trails Act）（Ministry of Tourism, Culture and Sport，2016）。

市级政府 加拿大市级政府在步道的发展过程中起到了关键的作用。约70%的加拿大人生活在城市中，因此对步道的大多数需求也来自城市。其中大多数人希望可以利用一天的时间在周边或一个小时车程距离内体验步道。在周末和假期，越来越多的人需要更长距离的步道体验。市政府将城市边界的步道进行了较好地建设。例如，多伦多市将城市边缘已存在的长距离的滨水步道注册成为了横加步道的一部分（Norman et al., 2009）。

（四）志愿者

横加步道是加拿大有史以来最大的志愿者项目之一。全加拿大有约150万名步道志愿者，他们为促进步道的建设和利用，提供知识、信息、技术和必要的资源。志愿者是步道的建设者、管家、推动者、政策开发者、教育工作者，同时也是步道的领导者和使用者。在省或地区步道组织的网站上，会根据需要发布招募志愿者的信息。例如，在不列颠哥伦比亚省横穿加拿大步道网站上发布了招募可参与改善步道标识、更新步道GPS数据、清理步道等工作的志愿者的信息；育空地区步道组织在招募协调员，与政府及横穿加拿大慈善组织等机构进行沟通；爱德华王子岛省步道组织在招募步道维护志愿者及董事会志愿者。人们可根据自己的兴趣和能力申请成为单次活动志愿者或长期志愿者。

（五）资金筹措与管理

横加步道项目的资金“取之于民，用之于民”。步道的发展得到了全国各地区人民以及公司、基金会和各级政府的支持，横穿加拿大步道基金会（Trans Canada Trail Foundation，简称TCTF）负责筹集资金并交于横穿加拿大步道慈善组织用于支持步道的建设。

加拿大政府 加拿大政府提供了超过3500万加元的资金支持，其中包括加拿大遗产部2004年提供的1500万加元，以及加拿大公园局2010年提供的1000万加元。政府的资金支持占步道所有资金来源的一半。加拿大政府承诺：为了完成步道在2017年的连接，民众每捐款1加元，政府给予50分加币的配套。

“建一米步道” 是由TCT推出的活动，旨在向加拿大民众筹集资金建设步道，民众可通过捐赠步道用来纪念一个特殊的事件、一个家人或朋友。同时，TCT将这些捐赠者的名字或捐赠者指定的名字铭刻在步道沿线的亭台或展馆的展板上，以此回馈捐赠者。在该项目推出前，加拿大125周年公司在1992年对民众的捐赠潜力做过一次调查，30%参与调查的加拿大人愿意花30加元购买象征性的“一米步道”，这些民众愿意购买的步道长度平均为1.4米。TCT于1994年推出了该项目，开始售价为36加元/米，之后提升到50加元/米。在1994—2012年的19年间，共有超过10万个捐赠者名字刻在了全国80多个展馆中。铭文的方式在2012年关闭，取而代之的是制作特色的卡片作为礼物送给捐赠者或捐赠者指定的人。

“Chapter 150” 选择150名为横加步道的连接捐赠超过50万加元的成员组成的领头人团体。TCTF邀请加拿大民众、家庭、公司和基金会成为“Chapter 150”的成员，理查森基金会（Richardson Foundation）贡献总额100万加元，成为Chapter 150的第一个成员。“Chapter 150”像一个强有力的符号，证明了加拿大人是如何团结共同实现一个伟大愿景的。

（六）步道注册准入

横加步道经过前期的发展，发现每个省和地区的步道发展都存在许多不同的困难。因此，TCT在2007年制定了《步道建设策略》（TCT，2007），其中列出了步道发展流程（图2-41）、步道路线规划原则与指南、步道注册标准和流程等内容，为步道建设者确定了目标和努力方向。

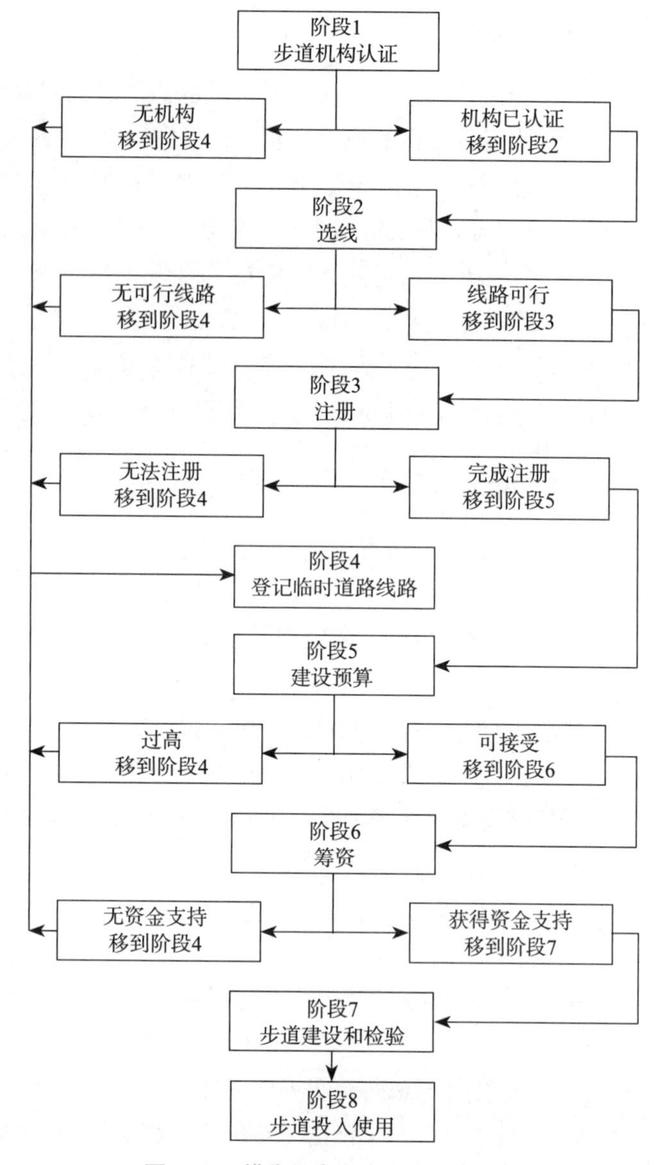

图2-41　横穿加拿大步道建设流程图

1．步道路线规划原则与指南

在步道规划和建设过程中有一些关键的步骤，其中最重要的步骤就是确定两个点之间的连接路线。一旦路线确定，其他步骤便可随即落实。TCT为实现2010年横加步道的挂牌目标，并向民众提供步道全线地图和尽可能多种类的休闲活动，从2007年开始与全国各地的步道合作伙伴一起，使用以下的指导原则规划和发展步道路线：

社区支持　任何步道发展必须以被当地社区认可为前提，任何提议的步道线路若不能被社区广泛支持必须重新进行规划。

可持续发展　步道的发展需要当地社区提供持续的步道管理、维护、巡逻等服务。为了保证步道可持续发展，必须有专门步道机构承担该协调责任，并对社区负责。TCT对所有路段的管理和使用不负有责任。

安全性　使用者的安全对于任何步道都是最重要的，因此把使用者的安全性作为决定步道路线的第一考虑因素。步道所在土地的所有者或步道拥有者对步道使用者的安全负直接责任，TCT对所有路段上使用者的安全不负有责任。

体验性　步道线路必须努力为使用者提供体验加拿大丰富景观的机会。步道应被视为是体验加拿大自然、地理、历史与文化等难忘独特经历的一种载体。横加步道不仅是地面上的一条小路，它应该将使用者与该地区的景观和活动连接在一起。

行动障碍人士　由于步道穿越不同类型和具有挑战性的地区，因此不能满足行动障碍人士通行全程。但是，步道规划者应尽量建设一部分路段可以满足行动障碍人士的使用。

完成时间 2010年[①]为横穿加拿大步道组织规划的步道挂牌时间，任何提议的线路甚至是已经注册的路段，若在该日期前不能完成需重新进行准入考虑。

2．步道注册

确定两个点之间的连接线路之后，既可开展以下工作：确定管理步道的组织结构、获得土地所有者的步道经过许可、确定步道建设成本、筹集步道建设资金、制定步道运营标准、获得足够的责任保险。然而确定一个可行的线路并获得土地所有者的许可是一个十分耗时的过程，需要进行多次实地考察并开展大量的工作。如果线路不确定，步道的整个开发过程将会停滞不前。鉴于确定步道线路的重要性，TCT制定了步道的注册标准及流程，以便确定提供申请的现有路段或规划路线是否可以最终正式注册为“横穿加拿大步道”。

注册标准 已建成并投入使用的步道需要向TCT提交注册申请；还未建设的步道或仅是规划建设步道的土地也需要提交注册申请。无论步道是否已经投入使用，提交注册申请的步道必须满足以下条件：是2010年将挂牌步道路段中的一部分；拥有土地所有者或步道运营者的书面授权；在一定程度上可以注册为“永久”性的步道；确保步道符合所有与建设有关的关键条件，这些条件包括但不限于步道可开展的休闲活动、步道路线规划原则与指南、步道完成时间等。

被提议的步道在投入运营前，必须提交责任保险证书，被保险人必须包括TCT及其工作人员、领导者、志愿者等人员。还需将方向和安全标识牌清楚地设置在步道的适当位置。如果步道尚未存在，则必须保证步道在横穿加拿大步道挂牌之前投入运营，但TCT允许2010年时全线中20%～25%的路段为“临时道路线路”。换句话说，如果规划的步道符合所有注册标准，可以提前先完成注册，之后再投入运营。

注册流程 ①当地的步道机构填写步道登记表，提供所需的所有信息；②步道经过的土地所有者必须提供书面许可，以证明同意横加步道穿越其土地；③如果步道已经运行，当地步道机构必须提供一份责任保险证书；④填写完成的步道登记表同土地所有者的书面许可及保险证书提交给TCT省/地区步道组织；⑤当地步道机构必须在注册登记表上签字；⑥TCT省/地区步道组织审查步道注册登记表，如果一切正常，他们将提交给TCT进行批准；⑦TCT审查后，如果符合注册标准，将向提交注册申请的当地步道机构提供正式信函和步道注册编号证书。该段步道将被认为正式注册并成为横加步道的一部分。

3．“临时道路线路”与“官方横穿加拿大步道”

横穿加拿大步道是一条连续的线路，但是负责步道规划和管理的组织无权征用土地，因此如果土地所有者不同意步道穿越其土地时就会严重阻碍步道的发展。有时通过步道连接两个已经确定的社区十分困难或经济上不切实际。问题出现的原因主要是以下一种或多种：两个社区之间距离很长，并且人烟稀少，没有步道组织可以去建设、推广、使用和维

① 2010年之后每年仍有新注册的步道，规划路线也逐渐延长。

护步道；两个社区之间的土地遇到建设步道的障碍，例如私人土地、公共支持意愿低、河流、堤道、生态敏感区、农业耕作区、建设困难或危险的地质等；预计的步道使用者数量较少，使得两个社区之间难以建设和维护休闲步道或经济上不可行。

如果出现上述情况，就会使得道路或公路成为两个社区之间唯一的连接线路，但是在建设横加步道的初衷中，从来没有将道路或公路作为路线选择。然而，当极力希望完成步道全线连接之时，步道建设者面对挑战不得不做出一些妥协以保证横加步道的贯通和完整性。为了反映加拿大境内现实的地形地貌，TCT正式提出，在没有合适的替代路线时，道路或公路可以被选择作为横加步道的一部分，并根据实际情况分类注册成为“官方横穿加拿大步道”（Official Trans Canada Trail）或记录为“临时道路线路”（Temporary Road Link），以便步道使用者了解步道缺口的位置从而更好地规划行程。两者之间的区别如下：

官方横穿加拿大步道 最低车流量的道路、路肩可安全开展休闲活动的道路可以被注册成为“官方横穿加拿大步道”，典型的例子就是三级公路和草原公路。上述道路需要同其他步道一样按照相同的规章和流程进行注册，并被视为真正的横穿加拿大步道，享受注册步道拥有的各项权利与福利，例如横穿加拿大步道标识、50加元/公里的步道注册奖励、步道建设资金等。

临时道路线路 被列为“临时道路线路”的通常是主要公路及其他不适合开展休闲活动的道路，同时上述道路是两个社区之间唯一的连接线路，或者没有组织负责步道的规划、发展及维护等情况。其中一个典型的例子是不列颠哥伦比亚省北部阿拉斯加公路。

临时道路线路不必为步道使用者提供他们寻求的休闲体验，重要的是告知使用者，这些线路是两个已投入使用的横加步道路段之间唯一的连接线。这些道路不是“官方横穿加拿大步道”，但仍会显示在横穿加拿大步道组织的地图和指南上，但会说明考虑到使用者的安全，道路管理部门不允许进行休闲活动，任何使用这些道路做休闲活动的人员需自行承担风险和责任。“临时道路线路”无权享受“官方横穿加拿大步道”的权利和福利。在之后发展过程中，步道建设者需用越野道路替代“临时道路线路”。

实例四　印加路网

印加路网（克丘亚语Qhapaq Ñan，英语Andean Road System）是哥伦比亚、厄瓜多尔、秘鲁、玻利维亚、智利和阿根廷6个国家共有的世界文化遗产，全部线路总计3万多公里（图2–42），穿越世界上最极端的地形区，跨越热带雨林、肥沃的山谷和干旱的沙漠，经过数百个印加帝国建筑、工程以及宗教遗址。其中被称作印加古道（西班牙语[①]Camino Inca或Camino Inca Machu Picchu）的路段，位于秘鲁境内，起点为库斯科（Cusco），终点为马

① 本节未标注为克丘亚语或英语的外语内容都为西班牙语。

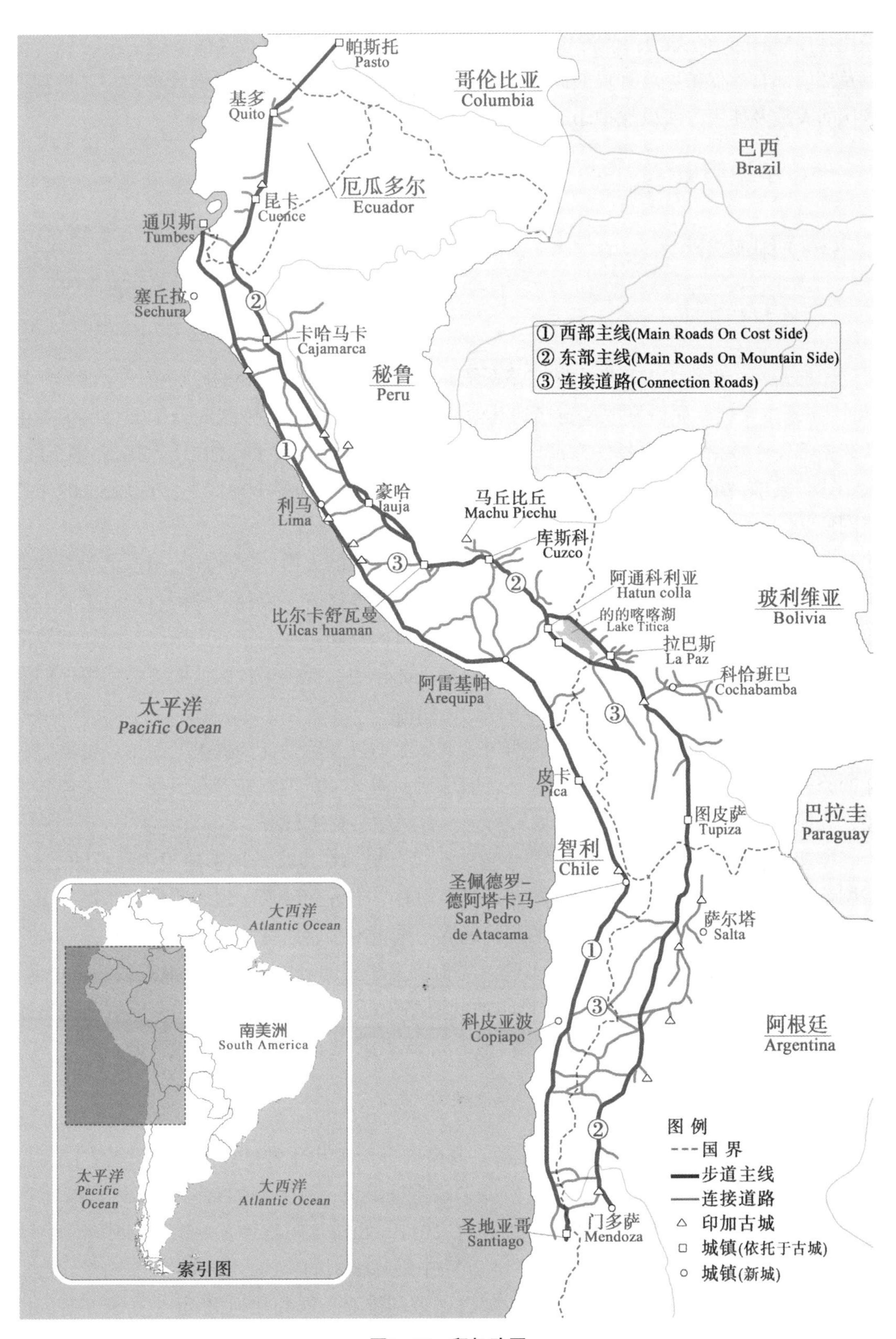

帕斯托
Pasto
哥伦比亚
Columbia
基多
Quito
巴西
Brazil
厄瓜多尔
Ecuador
昆卡
Cuence
通贝斯
Tumbes
塞丘拉
Sechura
卡哈马卡
Cajamarca
① 西部主线(Main Roads On Cost Side)
② 东部主线(Main Roads On Mountain Side)
③ 连接道路(Connection Roads)
秘鲁
Peru
豪哈
Jauja
利马
Lima
马丘比丘
Machu Picchu
库斯科
Cuzco
阿通科利亚
Hatun colla
玻利维亚
Bolivia
的的喀喀湖
Lake Titica
比尔卡舒瓦曼
Vilcas huaman
拉巴斯
La Paz
科恰班巴
Cochabamba
阿雷基帕
Arequipa
太平洋
Pacific Ocean
皮卡
Pica
图皮萨
Tupiza
巴拉圭
Paraguay
智利
Chile
圣佩德罗-德阿塔卡马
San Pedro de Atacama
萨尔塔
Salta
大西洋
Atlantic Ocean
南美洲
South America
科皮亚波
Copiapo
阿根廷
Argentina
图 例
国 界
步道主线
连接道路
印加古城
城镇(依托于古城)
城镇(新城)
太平洋
Pacific Ocean
大西洋
Atlantic Ocean
圣地亚哥
Santiago
门多萨
Mendoza
索引图

图2-42 印加路网

丘比丘（Machu Picchu），全长45公里，是南美洲最著名和最受欢迎的步道，由秘鲁文化部及环境部自然保护区管理局共同管理。秘鲁政府在2002年制定严格的管理规定，控制古道访问人数及使用方式以保护印加古道。

一、步道历史

（一）印加路网

1．辉煌的历史

印加路网，也称为安第斯山脉道路系统，从位于现秘鲁、曾经的印加帝国首都库斯科延伸出4条主干线，而后发散型连接到其他的小路网中。东部主干线高悬于安第斯山脉山脊，西部主干线沿海岸平原、东部山区和低地行进，共同构成了印加帝国的南北主干线。主干线与发散型的小路网构成的道路系统连接着印加帝国的各个地区，3万多公里的印加路网使300万平方公里的领土互相连通起来。

印加路网是一个不平凡的道路系统，经过了由北部的火山、南部的冰川、最干旱的沙漠和最大的湿地等组成的世界上最极端的地形地貌，连接着人口稠密地区、行政中心、农业区、矿场、宗教仪式中心以及印加人心目中神圣的空间。在安第斯山脉广泛的地理范围内，该道路系统在空间和社会组织方面起着很大的作用，提供了社区认同感，使得他们的文化习俗、文化表现形式及传统技能得以代代相传。

印加路网曾经为帝国民用和军用通信、人员流动以及后勤支持提供了简单、可靠、快速的路线。在当时路网主要的使用者是帝国士兵、搬运工、美洲驼篷车以及办理公务的贵族，其他人若要在道路上通行则需要许可证，并缴纳桥梁通行费。

印加路网以其道路庞大的规模和卓越的质量，成为在丰富的地形地貌中独特的工程。路网连接了安第斯山脉和海岸线，穿越了热带雨林、山谷和沙漠。这表明他们掌握的工程技术足以克服安第斯山脉多样的地形地貌造成的重重困难，这些技术的核心主要是建设多种道路结构。例如，在陡峭的山坡上建立类似巨型楼梯的石阶；在海岸附近的沙漠地区，建立矮墙以避免风沙覆盖道路。尽管印加的道路规模、建设和外观多样，但宽度通常是1～4米。道路由当地人按照传统道路管理技术，采用传统材料进行维修和维护。

2．世界文化遗产

如今，印加路网中可见部分只剩1/4，其余部分因现代化基础设施的建设被不同程度地摧毁。联合国教科文组织、世界自然保护联盟等组织一直与印加路网沿途6个国家的政府共同合作，致力于路线的保护。6个国家在2011—2012年间签订了一系列国际联合宣言和声明，承诺给予印加路网以本国国家遗产法中最高级别的保护。2014年世界遗产大会宣布“印加路网是哥伦比亚、厄瓜多尔、秘鲁、玻利维亚、智利和阿根廷6个国家共有的世界文化遗产”（UNESCO，2014）。

专栏　世界遗产委员会评价

印加路网全长约3万公里，是横跨印加地区的交通、贸易和防御道路网络系统。经过印加人几个世纪的建造，再加上部分基于前印加的道路设施，这一非凡的道路网络系统穿越了世界上最极端的地形地貌，跨越了热带雨林、肥沃的山谷和干旱的沙漠，将安第斯山脉白雪皑皑的山峰和海岸连接了起来。印加路网纵横安第斯山脉，在15世纪达到其扩展的最大范围。印加路网在其中超过6000多公里的范围内包括了273个遗址，这些精选的遗址充分显示了印加路网的社会、政治、建筑和工程建设成就，以及路网对贸易、住宿、仓储和宗教所起到的重要意义。

（二）印加古道

印加路网中最负盛名的是马丘比丘小径（Camino Inca Machu Picchu），位于秘鲁境内，从印加帝国首都库斯科到马丘比丘城，是南美大陆最著名和最受欢迎的徒步线路，这段线路被称为印加古道（Camino Inca）。马丘比丘城堡是印加帝国的皇家庄园，居住着印加执政者和几百个仆人，其远离主干道，并且不设有大型仓储设施，因此需要从库斯科以及其他地区定期获取商品和服务。印加古道是从库斯科到马丘比丘的常用线路，在两地之间还有其他可以连通的替代线路。

印加古道是秘鲁国家遗产的一部分，由文化部建设及管理，由于该古道同时位于马丘比丘圣地内（Santuario Histórico de Machu Picchu），还需要秘鲁国家自然保护区管理局协助管理。印加古道全长45公里，徒步者走完全程需要4天时间。1996—2001年间，由于没有监管措施，每天进入印加古道的人数超过1000人，徒步者到处扎营，沿途丢弃垃圾，破坏古道及周边景观。秘鲁政府在联合国教科文组织的压力下，极力保护印加古道，并在2002年制定了访问印加古道的管理规定，每天只允许500人访问古道，其中包括200名徒步者及300名辅助人员。在严格的许可证制度下，有些徒步者选择避开印加古道，改行其他替代线路从库斯科到达马丘比丘，并且不需要申请许可证。例如，徒步者可以通过萨康泰山步道（Salkantay Trek to Machu Picchu），在安第斯山脉萨康泰山下行进，最后到达马丘比丘城。

二、景观与体验

跨越6个国家　印加路网跨越哥伦比亚、厄瓜多尔、秘鲁、玻利维亚、智利、阿根廷6个国家，由秘鲁首先提出申请加入世界遗产名录，之后阿根廷等其他5个国家陆续加入申请，2014年印加路网正式列入世界遗产名录，成为6个国家共同拥有的具有显著价值的世界遗产。印加路网提名的主要路线共693公里，308项遗址，穿越231个社区（表2-17）。

表2-17　印加路网提名路线长度

国家	长度（公里）	建筑遗址	社区
哥伦比亚	17	—	10
厄瓜多尔	108.9	49	31
秘鲁	250	81	156
玻利维亚	85.7	8	7
智利	112.9	138	9
阿根廷	118.5	32	18
总计	693	308	231

资料引自Ministerio de Relaciones Exteriores y Movilidad Humana. Qhapac Ñan，Andean Road System included in the World Heritage List of UNESCO，2014.

穿越多样自然景观　印加路网从哥伦比亚生物多样性丰富的热带地区开始，沿厄瓜多尔海岸之后穿过秘鲁大部分国土，途经温暖而荒野的海岸、茂密的热带雨林和雄伟的安第斯山脉进入玻利维亚，在玻利维亚经过印第安人的圣湖——的的喀喀湖（Lago Titicaca），穿越广大的亚马孙低地进入阿根廷，之后跨越高山、山谷进入智利极端干旱的阿塔卡沙漠。

作为印加路网中最受欢迎的徒步路线，印加古道途经秘鲁丰富的自然文化景观及复杂的地理环境。徒步者在印加古道上会多次沿意为“圣河”的乌鲁班巴河（克丘亚语Willkamayu）行进，穿越云雾森林、跨越辽阔的高原草原，在印加古道最高点海拔4215米的亡妇人山崖（克丘亚语Warmiwañusca，英语Dead Woman’s Pass）领略安第斯山脉叹为观止的壮美景观。

途经印加帝国遗址　印加路网693公里长的路线中，经过了308处印加帝国建筑遗址，平均2.25公里就会遇到一处。徒步者在印加古道上会遇到具有宗教和礼仪作用的Patallacta（克丘亚语，意为“高处平台上的城镇”）、Runkurakay（意为“篮子一样的房子”）、Phuyupatamarka（意为“云端上的城市”）等数个遗址建筑群。最后在清晨穿过Intipunku（意为“太阳门”），迎接黎明时分壮观的马丘比丘（图2-43），在大自然壮丽的背景

图2-43　马丘比丘

下，人为的艺术及布满森林的山峰塑造出了神奇景象，一路所有艰辛在这一刻被令人难忘的景观所奖励和回馈。

不同天气的穿越体验 印加古道全部路线均位于安第斯山脉，一年之间天气差别较大，徒步者需要根据身体适应力选择在合适的天气完成徒步活动。

库斯科年均温在14～16℃之间，白天温暖、夜晚寒冷，雨季为12～3月。马丘比丘为亚热带气候，白天温暖而潮湿，夜晚寒冷，雨季为11～3月，最潮湿的月份为2～4月，期间步道经常因山体滑坡或洪水而关闭。从一年的天气来看，鲜有阳光明媚、温暖、干燥的适合徒步的完美时期。

徒步者可权衡步道的天气变化及个人意愿选择进行徒步的时间：2月，步道关闭以进行修护及清理；1月和3月，大雨多，尽可能地避免选择此期间进行徒步；4月、11月及12月，天气大多温暖和晴朗，是较适宜徒步的月份；5月和10月，天气温暖晴朗，适宜徒步；6～9月，天气晴朗，几乎没有降雨，是徒步的最佳季节。

经历高原反应 印加古道的起点库斯科海拔3250米，如果徒步者从一个接近海平面的城市到达此地，可能会经受高原反应。一般在海拔超过2134米有些人就会出现高原反应，随着海拔继续升高，出现的机会越来越大。而在印加古道徒步过程中，几乎全程海拔都超过2500米，约1/3的路段位于海拔3500米以上，全程的最高点亡妇人山崖则海拔高达4215米。

高原反应最常见的症状是头晕、恶心、头痛、胃不适等不良反应。有研究表明，不是每一个人都有高原反应，但是目前还没有办法在未进入高原之前得知是否会有高原反应。徒步者可以通过吃药、咀嚼古柯叶或在开始徒步之前在海拔较高的城市休整3天以上以降低产生高原反应的机会。

三、徒步道路

印加古道几乎全程都为石头路或碎石路（图2-44），在穿越云雾森林和草原的路段，会出现部分土路。途中伴随着步道海拔起伏的变化，还有无穷无尽的石阶。例如在翻越亡妇人山崖当天的行程中，徒步者需要从海拔3000米的营地翻过海拔4215米的亡妇人山崖，之后下到海拔3600米的营地，一天需要爬升1200米，下降600米，给徒步者带来极大的挑战，徒步者在过程中可体验到茂密的森林、无尽的台阶、急促的呼吸和沉重的脚步。

图2-44 石头路

四、沿步道服务设施

简单的露营地及基础设施 印加古道线路共有16个露营地，徒步者必须在指定的露营地露营。露营地不能由徒步者或旅游公司随意选择，而是由马丘比丘历史圣地保护区管理局（Unidad de Gestion Machu Picchu，简称UGM）根据日期进行分配。有一些露营地，如曲查湖营地（克丘亚语Quchapata），因过度使用而造成退化，就不再允许进行露营了。露营地基本上没有电，也没有手机移动网络。厕所条件简陋，较大的营地有冲水厕所，后半段的路程中的露营地还提供浴室，如果在露营地之间的行程中徒步者需要上厕所，则需要远离步道及水源地，或提前准备配备有马桶的帐篷厕所。

配备搬运工、厨师和向导 印加古道规定不允许徒步者单独在古道上步行，必须以由搬运工、厨师及向导组成的小团体行进。例如一个40人的团体，包括最多16名徒步者，至少2名向导，其余为搬运工、厨师等辅助人员（图2–45）。搬运工需要持有马丘比丘历史圣地保护区管理局颁发的许可证，每个搬运工只能携带20千克的行李，包括15千克徒步者的物品和5千克个人物品，搬运工负责携带野营装备、食品及厨房设备等。

图2–45 搬运工

五、步道周边服务体系

步道终点小镇 距印加古道终点最近的城镇为阿瓜斯卡连特斯镇（Aguas Calientes），小镇内具有良好的旅游服务设施，徒步者可以在小镇过夜，享受小镇的温泉，第二天深度访问马丘比丘城。

外部交通设施 印加古道只允许从库斯科向马丘比丘单方向徒步行进，徒步者返程只能在阿瓜斯卡连特斯镇乘坐火车、大巴或其他交通工具离开。

六、步道运行管理

（一）印加古道管理部门

印加古道属于世界文化遗产印加路网，也是秘鲁国家遗产的一部分，因此步道的建设及访问限制都由国家文化部进行控制管理。文化部负责维护步道、露营地及其他配套设施，制定步道访问价格及负责发放许可证。同时，印加古道位于马丘比丘圣地内，是秘鲁环境部自然保护区管理局所属的保护地，所有的访客必须遵守保护地的规章制度。

（二）印加古道访问管理规定

2002年秘鲁国家文化部为了保护印加古道，制定了访问印加古道的管理规定。规定的主要内容有（Ministerio de Cultura Cusco，2003）：

以团体形式进入 以旅游为目的的徒步者必须通过旅行社组织安排，以团体的形式访问印加古道，团体是由徒步者、向导及辅助人员组成的，其中向导为授权的专业人员，由旅行社聘请以引导徒步者。辅助人员为在马丘比丘历史圣地保护区管理局在册的厨师、搬运工和其他提供服务的人员。

限制访问人数 小团体最多40人，其中16名徒步者、2名向导，其余为辅助人员。每天印加古道访问的最大人数限额为500人，其中200名为徒步者，300名为向导和辅助人员。

支付访问的费用 徒步者需在库斯科市的文化部财务办公室缴纳印加古道进入的费用。

限制停留时间 印加古道门票上标有进入与离开古道的时间，徒步者不得超过门票标注的时间段，遇到偶发情况或不可抗力除外。徒步者进入的起始时间是指在马丘比丘圣地的控制点或监控点登记进入印加古道的时间。19:00～05:30之间，徒步者禁止在古道上行进，遇到偶发情况或不可抗力除外。

访问限制 每年2月为印加古道关闭修复月，禁止一切访问活动。在可访问期间，出于保护或修复等原因，印加古道也会有不定期的限制或关闭。在这种情况下，马丘比丘历史圣地保护区管理局会提前30个工作日通知徒步者。在高风险、偶发情况或不可抗力下，会在无法提前告知的情况下关闭或限制进入。在这种情况下，马丘比丘历史圣地保护区管理局会告知徒步者相关情况。

（三）印加古道徒步运营公司

印加古道徒步运营公司会协助徒步者完成很多准备工作，例如帮助注册印加古道徒步许可证，组织徒步团队，提供向导、搬运工、厨师和大部分必要的设备。2016年共有195家获得官方许可证的印加古道徒步运营公司。官方许可证由国家自然保护区管理局在每年年底授予及更新。基于相关法律，旅游经营者必须满足基本的要求才能得到许可证，表现不佳的公司不予颁发或被撤销许可证（Andean Travel Web Guide to Peru，2016）。

参 考 文 献

安超．美国国家公园的特许经营制度及其对中国风景名胜区转让经营的借鉴意义［M］．中国园林，2015，31（2）：28–31．

American Trails. Trails for all Americans, the report of the National Trails Agenda Project [R]. U.S. Department of the Interior National Park Service, 1990.

Andean Travel Web Guide to Peru. Licensed Inca Trail tour operators / Cusco tour operators 2016 [EB/OL]. Andean Travel Web, 2016 [2016–06–19]. http://www.andeantravelweb.com/peru/companies/peru/licensed_

inca_trail_tour_operators.html.

Anderson L. Benton MacKaye: Conservationist, planner, and creator of the Appalachian Trail [M]. Johns Hopkins University Press, 2003.

Appalachian Trail Conservancy. ATC Policy on recreational user fees [R]. ATC, 2014.

Appalachian Trail Conservancy.Accountability and transparency [EB/OL]. ATC [2016-09-15]. https://www.appalachiantrail.org/home/about-us/accountability-and-transparency.

Appalachian Trail Conservancy.Appalachian Trail 2015 annual report [R]. ATC, 2015a.

Appalachian Trail Conservancy.The Appalachian Trail Conservancy financial statements [R]. ATC, 2015b.

Comision Nacional del Medio Ambiente, Consultoria e Ingenieria Ambiental. Manual técnico de estándares y recomendaciones senderos [R]. CONAMA, 2002.

Comision Nacional del Medio Ambiente. Aprueba modelo de organizacion y gestion intersectorial del Sendero de Chile [J]. CONAMA, 2005a.

Comision Nacional del Medio Ambiente. Informe final de evaluación Programa Sendero de Chile [R]. CONAMA, 2005b.

Forest Service. The 2009 Continental Divide National Scenic Trail comprehensive plan [R]. FS, 2009

IPS. ENVIRONMENT-CHILE: A Mega-Trail for Ecotourism [EB/OL]. 2005, [2016-04-19]. http://www.ipsnews.net/2005/04/environment-chile-a-mega-trail-for-ecotourism/.

King B B, Anderson L, Rubin R, et al. Trail Years: A history of the Appalachian Trail Conference[J]. Appalachian Trailway News 57th Anniversary Issue, 2000.

MacKaye B. " An Appalachian Trail: A Project in Regional Planning." [J]. Journal of the American Institute of Architects 9, 1921, 325-330.

Ministerio de Cultura Cusco. Propuesta definitiva reglamento de uso turistico de la Red de Caminos Inca del Santuario Historico De Machupicchu [J]. Ministerio de Cultura Cusco, 2003.

Ministerio de Relaciones Exteriores y Movilidad Humana. Qhapac Ñan, Andean Road System included in the World Heritage List of UNESCO [R]. Ministerio de Relaciones Exteriores y Movilidad Humana, 2014.

Ministerio de Turismo de la Nació n Subsecretarí a de Desarrollo Turí stic. Manual de Producto Senderos de Argentina / Huella Andina [R]. SECTUR, 2010.

Ministerio de Turismo, Administracion de Parques Nacionales. Ley N° 22.351. Ministerio de Turismo, 2015.

Ministry of Tourism, Culture and Sport. Province passes Act to support Ontario' s Trails [EB/OL]. 2016 [2016-10-18]. https://news.ontario.ca/mtc/en/2016/06/province-passes-act-to-support-ontarios-trails.html.

Mittlefehldt S. Tangled Roots: The Appalachian Trail and American Environmental Politics [M]. Seattle: University of Washington Press, 2013.

Nash R. Wilderness and the American mind [M]. New Haven: Yale University Press, 1967.

National Park Service. Appalachian Trail history [EB/OL]. [2016-7-15]. https://www.nps.gov/shen/learn/historyculture/at.htm.

National Park Service. Designations of National Park System Units[EB/OL]. [2016-3-5]. https://www.nps.gov/goga/planyourvisit/designations.htm.

Norman T, Shiner D. Shared-Use Trails in Canada [R]. Novus Consulting, 2009.

Office of the Legislative Counsel of Nova Scotia. Trails Act. The Revised Statutes, 1989 [476].

Pacific Crest Trail Association. 2014-2017 strategic plan [R]. PCTA, 2013.

Pacific Crest Trail Association. 2015 Audited financials report [R]. PCTA, 2015a.

Pacific Crest Trail Association.2015 PCTA annual report [R]. PCTA, 2015b.

Pacific Crest Trail Association.Trail and land management [EB/OL]. PCTA, [2016-10-3]. http://www.pcta.org/our-work/trail-and-land-management/.

Pam Gluck. The National Trails System: a grand experiment [R]. American Trails Magazine, 2008.

Parks Canada. Parks Canada signs MOU with the Trans Canada Trail [R]. Parks Canada, 2009.

Pennsylvania Department of Community and Economic Development. A conservation guidebook for communities along the Appalachian National Scenic Trail [J]. PDCED, 2009.

Pennsylvania House of Representatives. Pennsylvania Appalachian Trail Act 1978 [J]. The General Assembly, 2009.

Roger N. Clark and George H. Stankey. The recreation opportunity spectrum: A framework for planning, management, and reserch [R]. U.S. Department of Agriculture Forest Service,1979.

Schaffer J, Selters A. Pacific Crest Trail: Oregon and Washington [M]. Wilderness Press, 2012.

Schaffer J. The Pacific Crest Trail: California [M]. Wilderness Press, 1995.

Sidaway R. Long-Distance Trails: The Appalachian Trail as a guide to future research and management needs [M]. New Haven, CT: Yale University Press, 1979.

Strayed C. Wild: From lost to found on the Pacific Crest Trail [M]. Vintage, 2013.

Subsecretarí a de Turismo Neuquen. Huella Andina pretende incluir a otros municipios [EB/OL]. 2012 [2016-06-20]. http://neuquentur.gob.ar/es/prensa-turistica/10285/huella-andina-pretende-incluir-a-otros-municipios/.

TCT. 2015-2016 annual report gaining ground [R]. TCT, 2016.

TCT. Our Canadian Journey 2014-2015 annual report [R]. TCT, 2015.

TCT. Trail builders policy [R]. TCT, 2007.

TCT. Trans Canada Trail Committees [R]. TCT, 2013.

TCT. Trans Canada Trail Greenways: vision and core principles [R]. TCT, 2009.

The Senate and House of Representatives of the United States of America in Congress. THE NATIONAL TRAILS SYSTEM ACT as amended through P.L. 111-11, March 30, 2009 [J]. The Senate and House of Representatives of the United States of America in Congress, 2009.

UNESCO. Qhapaq Ñan, Andean Road System [EB/OL]. UNESCO, 2014 [2016-06-05]. http://whc.unesco.org/en/list/1459.

United States Department of the Interior, Bureau of Land Management *et al.* The National Trails System Memorandum of Understanding [R]. United States Department Of The Interior, Bureau Of Land Management, National Park Service, United States Fish And Wildlife Service, United States Department Of Agriculture Forest Service, United States Department Of The Army Corps Of Engineers and the United States Department Of Transportation Federal Highway Administration, 2006.

第三章

欧洲国家步道和跨国步道

第一节　英国国家步道

在20世纪初的英国，非常流行行走于荒野、自然之中。早在1932年，人们便徒步进入金德斯考特地区，欣赏美景，探索自然。为了保持英国本土自然景观的“特殊性”，保护这些荒野和自然区域免受战后工业发展的影响，英国政府出台法案，设立国家公园（National Park）、杰出自然美景区（Areas of Outstanding Natural Beauty，简称AONBs）和长距离步道（Long Distance Routes）。自1965年起，英国官方陆续建立了15条国家步道，总长超过4000公里。预计到2020年，当英格兰海岸步道建成，英国国家步道的总长度将突破8000公里。

英国国家步道由英格兰自然署（Natural England）和威尔士自然资源署（Natural Resources Wales）统一规划和管理。英国国家步道在建立上有国家的参与，在通行上有法案赋予权利，在地方管理上有地方合作伙伴关系和交通部门的协助，这些“绿色长径”（Long Green Trails）联通了英国最美的自然风景和最有价值的历史遗迹，正逐渐成为像高速公路一样重要的国家绿色基础设施。

一、国家步道发展历程

（一）社会历史背景

自1965年英国创建第一条国家步道，英国国家步道的发展已历经六十寒暑。与之相关的“徒步权利”斗争和步行潮流诞生的思想基础则可追溯到20世纪30年代。

1. 重返田园的渴望

英国资本主义的发展壮大不可避免地伴随着农业衰退，人们纷纷离开农村进入城市，留下荒芜的田园，以及被私人瓜分圈占的广袤土地。这种衰退在20世纪30年代达到了顶峰。同时，工业发展还对自然环境造成严重损害，森林被砍伐殆尽。英国民众开始渴望重返田园，欣赏留存在那里的闲适氛围和自然美景，步道成为了最经济方便的重返之路。

2. 世界潮流的推动

20世纪三四十年代，徒步在欧美等国家成为潮流。建设长程步道*，为民众提供重返自然、荒野，欣赏国家美景的通道已经在美国成为现实，这促使英国等欧洲国家开始思考本国长程步道的建设。1935年英国记者汤姆·史蒂芬森（Tom Stephenson）收到一封美国朋友的来信，询问在英国是否已经有一条类似阿帕拉契亚步道的长程步道，长度达到4000

* 长程步道一词指步道的长度性质。英国早期的“长距离步道”和现在所称的“国家步道”均属于长程步道。

公里，可以为计划在英国度假的两位美国妇女提供荒野徒步的机会。这封信引起了史蒂芬森的思考。同年，史蒂芬森在《每日先驱报》上发表文章《渴求：绿色长径》（Wanted: A Long Green Trail），首次提出在英国建设一条“没有被水泥和沥青覆盖的轨迹”，这条轨迹将是“心怀感激的朝圣者留在地图上的模糊印记，伴随着岁月的流逝，雕刻在大地的面庞上”（Stephenson，1935）。史蒂芬森后来成为了徒步协会的秘书长，与许多社会团体一起，在此后的30年一直在“为这个国家而战”（fight for this country），致力于推动英国“阿帕拉契亚步道”的发展（BBC England Branch, 2015）。

3．争取权利的胜利

尽管已经离开土地，土地所有者们仍然对其原有土地进行过度保护。在这个时期，英国的徒步者们随时面临被起诉、被驱逐，甚至被困于陷阱的窘迫境地。尽管艰辛，仍然有成千上万的徒步爱好者从城镇涌向乡村，用行动争取荒野漫步的自由，争取这项天赋的人权。英国传奇徒步者本尼·罗斯曼（Benny Rothman）曾经说过：“有三样东西是我们应该自由享受的，自行车、露营和徒步。”1931年，6个区域徒步联合组织代表成立了“全国步行者联盟”。从此，开始了在联邦层面争取徒步权利的战役。1932年4月24日，400名步行者发起了“金德斯考特游行”。他们有组织地进入到现在位于高原峰区内的高沼地（A Moorland Plateau），与土地所有者留下的看守产生了冲突，数人被逮捕和关押。接下来的几天或几周内，舆论开始摇摆，直到倒向闯入者。这次游行是英国民众徒步合法化进程的开端，拉启了持续60年的英国徒步权利斗争的序幕，直接推动了1949年《国家公园和乡村访问法案》（National Park and Access to the Countryside Act 1949）的制定。

（二）发展阶段

1．思想萌芽阶段（第一次世界大战后至1930年）

重返荒野和田园的思潮席卷英国。民众甘冒风险进入乡村区域。步行作为一种生活态度开始深入人心。

2．步行合法化阶段（1931—1949年）

土地所有者对其私有土地的固守遭到质疑。步行合法化提上英国政府日程。民众开始畅想英国第一条长程步道的建设。第二次世界大战后，为了保护英国的荒野资源和风景秀丽的自然区域免受战后发展影响，英国通过立法创建了国家公园、杰出自然美景区，以及如今分布在英格兰和威尔士的英国国家步道前身——长距离步道。

3．体系化发展阶段（1950—2009年）

1965年英国第一条国家步道建成。此后50年间，英国政府在英格兰和威尔士地区陆续建成了其他14条步道，总长超过4000公里。在此期间，与步行权利和步道相关的立法逐步推进，在2009年基本实现了英格兰和威尔士的乡村地区访问权利的全覆盖。英国实现了徒步合法化，步道建设体系化、规模化、规范化发展。

4．基础设施化发展阶段（2010年至今）

2009年后，英国国家步道的发展进入新时期。这一年，英国开始规划建设英格兰海岸步道（England Coast Path）。该步道在建成后将勾勒出整个英国海岸线，成为英国新的民族地标，受到了英国民众前所未有的广泛关注。为了回应民众的热情，英国政府专项拨款4000万英镑，用于推动步道线路的协商、规划和建设。时任英国副首相尼克·克莱格（Nick Clegg）就此事做出承诺，保证海岸步道将在2020年准时向公众开放，不会因为政治原因减缓步道建设。英国广播公司于2016年3月报道了一座专门为英格兰海岸步道修建的桥梁，该桥梁位于东尼福特的苏威尔河上，宽15米。这是英国第一次因国家步道建设而新建主要基础设施。英国“徒步协会”（Rambler Association）在其官网上撰文，认为步行已经成为英国民众日常生活的重要组成，步道成为城镇和乡村基础设施的一部分，是国家旅游业的新生血液，也是政府卫生健康措施的重要组成。

二、国家步道体系

（一）体系概况

英国国家步道创立50年来，为人们提供了接近英国“独特区域”的条件，徒步已经成为深入人心的生活方式。除国家步道外，英国还有极为发达的长距离步道网络。国家步道与长距离步道的区别在于国家步道必须符合国家质量标准，其创立是法律赋予的权利，并且国家步道维护资金中的一部分来自中央政府专项拨款。这些区别保证了国家步道具有超越一般长距离步道的国家品质。

英国的第一条国家步道是奔宁步道（Pennine Way），创建于1695年。截至2009年，英国共建成国家步道15条。其中12条在英格兰地区，2条在威尔士地区，还有1条跨越了英格兰和威尔士。到2020年，长达4480公里的英格兰海岸步道将成为英国国家步道家族的第16个成员。届时英国国家步道的总长度将超过8000公里（表3-1）。相对于英格兰和威尔士的面积来说，这个数字已经足够英国民众骄傲和自豪。

表3-1　英国国家步道成员信息

地区	序号	步道名称	开放时间	长度（公里）
英格兰	1	克利夫兰步道　Cleveland Way	1969年	177
	2	科茨沃尔德丘陵步道　Cotswold Way	2007年	164
	3	英格兰海岸步道（在建）　England Coast Path	2020年	4480
	4	哈德良长城步道　Hadrian's Wall Path	2003年	135
	5	北部丘陵步道　North Downs Way	1978年	246
	6	泰晤士步道　Thames Path	1996年	296

（续）

地区	序号	步道名称	开放时间	长度（公里）
英格兰	7	奔宁步道 Pennine Way	1965年	429
	8	奔宁马道 Pennine Bridleway	1986年	330
	9	南唐斯丘陵步道 South Downs Way	2000年	161
	10	西南海岸步道 South West Coast Path	1978年	1041
	11	约克郡沃尔德步道 Yorkshire Wolds Way	1982年	127
	12	派得斯步道/诺福克海岸步道 Peddar’s Way/ Norfolk Coast Path	1986年	146
	13	山脊步道 The Ridgeway	1972年	139
威尔士	14	奥法的堤坝步道 Offa’s Dyke Path	1971年	285
	15	彭布鲁克郡海岸步道 Pembrokeshire Coast Path	1970年	299
	16	格林瑞步道 Glyndŵr’s Way	2000年	217
合计				8533

资料引自英国国家步道官网，2016.

（二）步道规划与建设

1. 线路规划

优先穿越保护地 基本上所有的国家步道都穿越了国家公园或杰出自然美景区。一条国家步道可能穿越多个保护地，一些保护地也可能有数条国家步道穿越。例如泰晤士步道穿越了3个杰出国家美景区，奔宁步道穿越了3个国家公园，奔宁马道穿越了2个国家公园和1个杰出自然美景区，而哈德良长城步道和奔宁步道都穿越了诺森伯兰国家公园（表3–2）。在穿越这些高等级保护地时，部分英国国家步道使用了借景与偷景的方式，仅从保护地的边缘擦过，在最大限度保护荒野资源的前提下，尽可能地拉近这些“英国美景”与徒步者的距离（图3–1）。

表3–2 英国国家步道成员信息

地区	序号	步道名称	穿越保护地名称	穿越保护地数量
英格兰	1	克利夫兰步道 Cleveland Way	北约克荒原国家公园（North York Moors National Park）	1
	2	科茨沃尔德丘陵步道 Cotswold Way	科茨沃尔德丘陵杰出自然美景区（Cotswold AONB）	1
	3	英格兰海岸步道（在建） England Coast Path	—	—

（续）

地区	序号	步道名称	穿越保护地名称	穿越保护地数量
英格兰	4	哈德良长城步道 Hadrian's Wall Path	诺森伯兰国家公园（Northumberland National Park）	1
	5	北部丘陵步道 North Downs Way	萨里山杰出自然美景区（Surry Hills AONB）、肯特丘陵杰出自然美景区（Kent Downs AONB）	2
	6	泰晤士步道 Thames Path	科沃尔德丘陵杰出自然美景区（Cotswolds AONB）、切尔顿杰出自然美景区（Chilterns AONB）、北威塞克斯丘陵杰出自然美景区（North Wessex Downs AONB）	3
	7	奔宁步道 Pennine Way	峰区国家公园（Peak District National Park）、约克郡河谷国家公园（Yorkshire Dales National Park）、诺森伯兰国家公园（Northumberland National Park）	3
	8	奔宁马道 Pennine Bridleway	约克郡河谷国家公园（Yorkshire Dales National Park）、鲍兰森林杰出自然美景区（Forest of Bowland AONB）、峰区国家公园（Peak District National Park）	3
	9	南唐斯丘陵步道 South Downs Way	南部丘陵国家公园（South Downs National Park）	1
	10	西南海岸步道 South West Coast Path	埃克斯穆尔国家公园（Exmoor National Park）	1
	11	约克郡沃尔德步道 Yorkshire Wolds Way	—	—
	12	派得斯步道/诺福克海岸步道 Peddar's Way/ Norfolk Coast Path	诺福克海岸杰出自然美景区（Norfolk Coast AONB）	1
	13	山脊步道 The Ridgeway	北威塞克斯丘陵杰出自然美景区（North Wessex Downs AONB）、奇尔特恩杰出自然美景区（Chiltems AONB）	2
威尔士	14	奥法的堤坝步道 Offa's Dyke Path	格林瑞和迪谷杰出自然美景区（Clwydian Range and Dee Valley AONB）、什罗普郡山丘杰出自然美景区（Shropshire Hills AONB）、布雷肯山国家公园（Brecon Beacons National Park）、怀河谷杰出自然美景区（Wye Valley AONB）	4
	15	彭布鲁克郡海岸步道 Pembrokeshire Coast Path	彭布罗克郡国家公园（Pembrokeshire National Park）	1
	16	格林瑞步道 Glyndŵr's Way	什罗普郡山丘杰出自然美景区（Shropshire Hills AONB）	1

资料引自英国国家步道官网，2016.

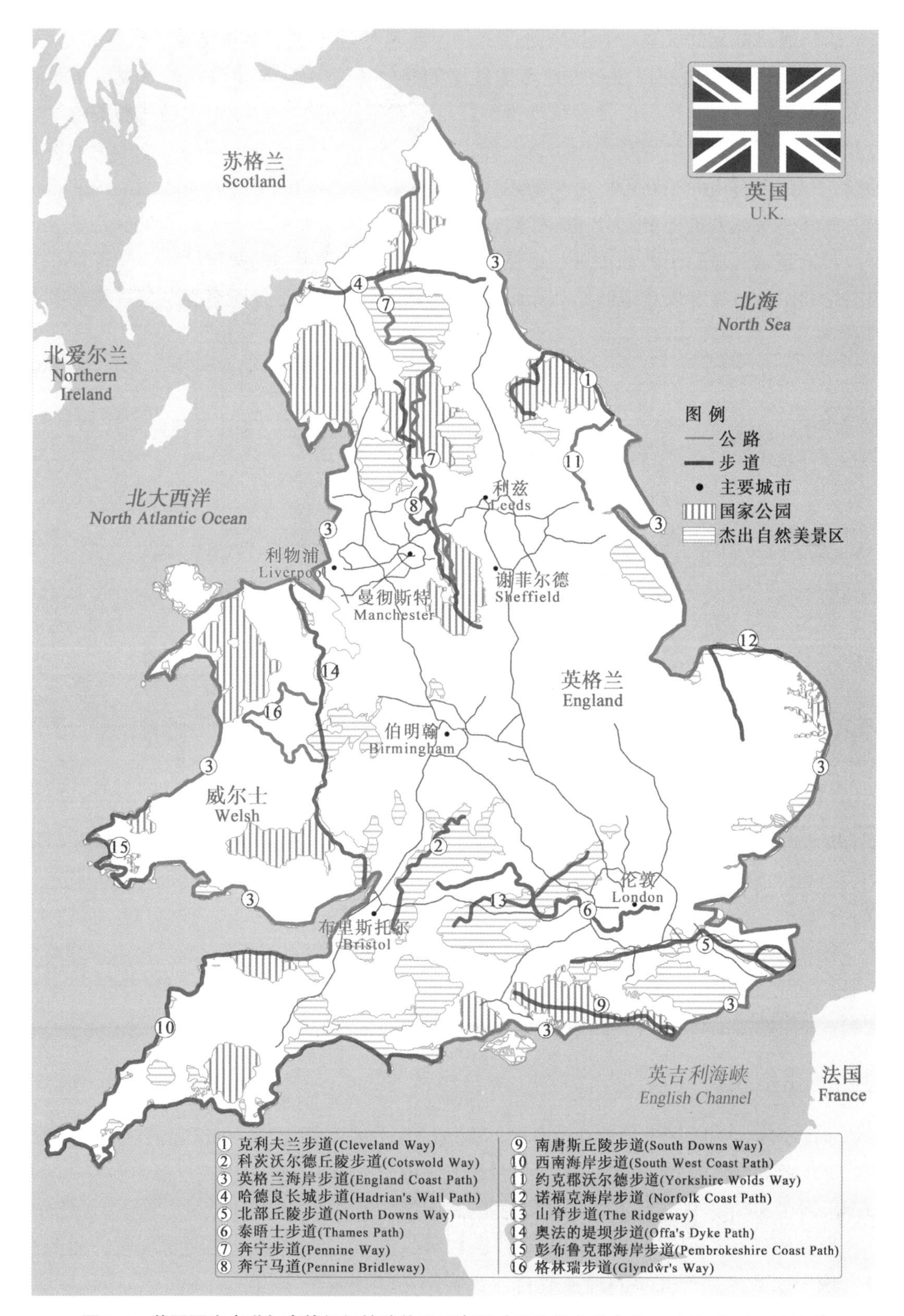

图3–1 英国国家步道与高等级保护地关系示意图（图片信息引自Natural England，2013d）

影响线路规划的要素 在规划阶段，国家步道的规划者主要从徒步者、线路本身、资源保护，以及土地利用四个方面考虑线路的布设（表3-3）。步道线路首先要满足徒步者对安全性、舒适性，以及景观视野的需求。对于线路本身，主要关注线路的连续性及其在未来可能发生的潜在变化。资源保护是国家步道线路规划中需要重点考虑的影响要素，利用现有山间小路可以避免新建线路给环境带来新的压力，同时也能节约建设成本。此外，规划人员还要充分考虑线路与生态敏感区域的关系，绕过或与其保持安全距离。步道穿越区域的土地利用现状也是影响国家步道线路规划的关键因素，全面而切实的土地利用分析能够使步道线路在布设时有效均衡徒步者与土地所有者、使用者的利益关系。

表3-3 影响英国国家步道线路规划的要素

影响要素类别	影响要素
徒步者	安全性
	舒适性
	景观视野
线路	连续性
	线路在未来的潜在变化
资源保护	尽可能地利用现有路径
	保护生态敏感区
土地利用	步道穿越区域土地利用现状
	步道穿越区域的土地所有者和使用者利益

资料引自英格兰自然署编制的《英格兰海岸步道总体规划（2013年）》.

影响线路规划的要素很多，“较少干预”是英国国家步道的规划者在平衡诸多线路影响要素时所遵循的唯一原则。在平衡影响要素时，英国国家步道的规划人员特别注意平衡徒步者和当地居民利益、休闲游憩与线路选择以及环境保护的关系。

2．步道建设

步道宽度 英国国家步道并没有实际宽度。相关法案规定，规划线路两侧各2米范围内，徒步者拥有访问权。建设步道时，只需要采取竖立标识标牌等措施，将徒步者的活动范围限制在这4米之内，并不需要对4米宽的路面进行拓宽或硬化。

步道类型 英国国家步道除基本线路以外，在规划编制和线路确定阶段，需要充分考虑未来数年或十几年因地形或自然灾害而可能出现的步道线路改变。针对这些潜在的线路改变，提出临时线路、替代线路和可选替代线路等解决方案。临时线路用来应对突然出现的、国家步道主线无法使用的情况。替代线路用来替代现有步道，以避免因继续使用现有步道而对徒步者或生态环境造成危害。例如在规划阶段如果预见了某步道路段经过长期使用之后，悬崖边缘的岩石可能因受到侵蚀而影响徒步者安全，线路规划人员则需要在规划步道主线的同时规划替代线路，以备不时之需，保证步道能够在长期使用中维持环境保护和徒步者利益的平衡。表3–4详细说明了建立临时线路、替代线路以及可选替代线路所依据的《国家公园和乡村访问法案（1949年）》条款。

表3–4 不同步道线路类型及宽度

类别	临时线路	替代线路	可选替代线路
法律依据	1949年法案第55（1）部分	1949年法案55（3）部分	1949法案55C（4）部分
适用情况	当现有步道线路某个方向的通行受到限制，或在一个时期内受到限制，可以指定临时线路作为临时措施。如果需解决长期问题，则需要进行替代线路的提案，并获得批准。临时线路是临时举措，不能无限期地使用。	当现有步道线路某个方向的通行受到限制，或在一个时期内受到限制，替代线路是解决长期问题的有效方式。在线路规划与提案的初期阶段，要对可能出现可替代线路的路段进行充分考虑，提出在未来可以利用的可替代线路。在长期发展中，这些已经被首相批准的可替代线路将可以满足长期需求。	当步道主线不适合使用的时候，可以使用可选替代线路。与可替代线路相比，可选替代线路并不是步道的主线，可以不与步道某方向的通行有直接关系。
是否需要首相批准	否	是，需要在报告中由首相批准	是，需要在报告中由首相批准
步道宽度	由于是步道线路的短期转移，其宽度以适度为标准。	一般来说步道的宽度是4米，步道线路两侧各2米。一般来说与地面物理特征相一致，例如篱笆、墙或其他。视具体情况而定，步道可能会宽于或窄于4米，而并没有一个统一的宽度。	

资料引自英格兰自然署编制的《英格兰海岸步道总体规划（2013年）》以及《国家公园和乡村访问法案（1949年）》.

三、国家步道特点

（一）强烈体现国家象征意义

50年来英国国家步道一直关注通过步道表达民族情感和国家象征意义。在BBC的一篇有关奔宁步道建成50周年的文章中，作者这样解释英国民众对国家步道的热情："有一些东西写在我们的基因中，那就是探索精神"（BBC England Branch，2015）。英国国家步道作为英国人民"探索精神"的物质载体，从建设的初期就是国家精神的具

象化表现。

英国脊梁——奔宁步道 奔宁步道穿越了被称作“英国脊梁”（Backbone of England）的北部高原地区。对于许多英国人来说，奔宁步道所蕴含的精神内涵远远大于徒步功能。作为英国的第一条国家步道，她是英国人民在英格兰走向高山和荒野历史的重要组成，有英国人这么评价奔宁步道：“徒步于奔宁步道，就好似将自己融入了历史，成为英国人民争取徒步荒野权利斗争故事的一部分。”在20世纪70年代，完成奔宁步道徒步是许多英国人心中最好的“成年仪式”。

步道勾勒出的英国海岸线——英格兰海岸步道 建设中的英格兰海岸步道拟建长度4480公里。蜿蜒于英国大不列颠岛漫长的海岸线上。对于对海洋有着深厚感情的英国民众来说，英格兰海岸步道除了将带给人们更长、更具挑战的沿海徒步体验，还将是新的民族地标，促使人们回忆起那段与海洋有关的黄金历史，唤起英国人民强烈的民族自豪感。

（二）重视荒野、自然和乡村原生风貌的保护和展示

英国国家步道分布在大不列颠岛人口密度较低、荒野资源保存较好、自然环境极为优美以及乡村原生风貌留存完好的区域。并没有避免穿越国家公园、杰出自然美景区等高等级保护地，但是这种穿越大多是从较为边缘的区域穿越，较少穿越保护地的核心区域。例如，奔宁步道经过的北奔地区，拥有3个国家公园、杰出自然美景区，2个国家级自然保护区和具有特殊科学价值的20个地点；克利夫兰步道作为英国的第二条国家步道，穿越了位于高沼地区能够体现英国荒野之美的北约克荒原国家公园。图3-2是奔宁步道沿途荒野风光，图3-3展示了建设中的英格兰海岸步道沿途乡村风光。英国国家步道在步道选线中重视荒野、自然和乡村原生风貌的保护与展示，与英国人民不断争取徒步权利的社会历史背景有关，也与英国国家步道的建设目的有关。英国政府希望通过国家步道引导英国民众，对荒野、自然和乡村区域进行有序探索。

图3-2 奔宁步道沿途风光（Waamel 摄）

图3-3 英格兰海岸步道沿途风光（在建）

（三）依法建设

英国最高立法机构通过制定法案，明确民众可以合法进入的区域，为英国国家步道的建设提供法律依据，并在法案中赋予英格兰自然署发展国家步道的权力。英国的最高行政权力机构通过批准规划和报告，赋予英国国家步道线路最高的行政合理地位。完善的法律法规体系既保证了英国国家步道线路的合法性和合理性，还保障了国家步道不可动摇的高等级地位。

（四）国家主导、社区参与、社会组织推动

英国政府通过批复规划和报告，拨付建设与维护专项资金维持英国中央政府在国家步道建设与维护中的主导地位。地方社区一直被鼓励参与到国家步道的建设和维护中。每个路段线路的确定都要经过全社会最广泛的意见征求和最深入基层的讨论协商。英格兰自然署在其文件《国家步道新政》（The New Deal）中多次强调希望建立更广泛的地方合作伙伴关系，并且希望社区深入参与到步道的维护工作中（Natural England，2013a）。社会组织几十年来一直冲刺在国家步道舆论战场的第一线，促进了国家步道相关立法，推动了步道建设的脚步，并一直致力于步行生活方式在英国的推广，是推动英国国家步道体系建设的重要力量。

（五）重规划，精线路，少建设

规划等级高 英国在国家层面十分重视步道规划的制定。其规划具有编制时间长、参与编制成员类型广泛、批准者行政等级高的特点。英国国家步道线路报告一旦制定完成，并得到首相批准，其步道建设的工作即基本完成。

利用现有小径及古道 英国国家步道在线路布局上尽量使用现有小径。利用现有小径的初衷是“通过登记现有小径，确定公众的访问权利”（The Parliament of United Kingdom，1949）。在实际操作中，利用小径被证明能够有效减少建设成本，并降低环境干扰。在此基础上，部分国家步道在布设线路时利用了古道，为以体现荒野和乡村原生风貌为主旨的英国国家步道增添了文化气息。例如泰晤士步道，大部分路段利用了后工业革命时期用于拖拽船只的拉船路。哈德良长城步道基本遵循哈德良长城所在位置，该城墙是罗马帝国时期的一个防御要塞（图3-4）。这

图3-4 哈德良长城步道（David Head 摄）

些古道的利用使国家步道成为联接民族历史和民族情感的纽带与桥梁，同时也起到保护历史文化资源的作用。

建设强度非常小　英国国家步道的建设以简单朴实为主要风貌。在确定线路位置后，所谓的建设只是为了保证线路畅通以及引导徒步者不要踩踏步道以外的区域所做的一些努力。例如，保证步道的排水，完善标识标牌系统，在需要的地方堆放青储饲料，以避免使用者踩踏其后的土地，或使用石块对路面进行适当的干扰，以避免水土流失。

四、国家步道法律法规

（一）立法之路

从酝酿到出台，《国家公园和乡村访问法案（1949年）》用了18年。1949年，该法案得到御准，英国历史上第一次从法律的层面明确了民众可以进入国家公园、杰出自然美景区等荒野和自然区域或使用登记在案的小径在乡村区域徒步的权利。法案颁布16年后，英格兰自然署的前身乡村委员会履行法案赋予的责任，在长距离步道的基础上创建了国家步道体系。

1981年，《野生动物和乡村法案（1981年）》修改了《国家公园和乡村访问法案（1949年）》中有关路权的部分。

2000年，《乡村和路权法案（2000年）》得到御准，以登记的形式将山地、沼泽、荒原等区域开放给民众，基本上实现了公众在英格兰和威尔士广阔乡村区域“徒步权利”的覆盖。明确了英格兰自然署和威尔士自然资源署有权力建设新的步行权利，即步道，进一步满足民众对乡村荒野地区访问的愿望。

2009年，《海洋和沿海访问法案（2009年）》正式颁布，赋予了英国民众漫步于英格兰岛漫长海岸线的权利，进一步完善公共访问权利在英格兰和威尔士的覆盖，促成了英格兰海岸步道的诞生。

至此，经过了60年的漫漫立法之路，英国民众取得了争取漫步荒野权利战役的最终胜利。

（二）法律结构

与英国国家步道相关的约束力分为两种，一种是议会法案，由最高立法机构制定颁布；另一种是具有最高行政约束力的规划和报告，由代表英国政府的英国首相批准（图3–5）。

1．法案——立法明确权利

与国家步道相关的五个法案都是联合王国议会法案（Act of Parliament in the United Kingdom），由英国最高立法机构制定，是具有最高法律效力的法律文件。

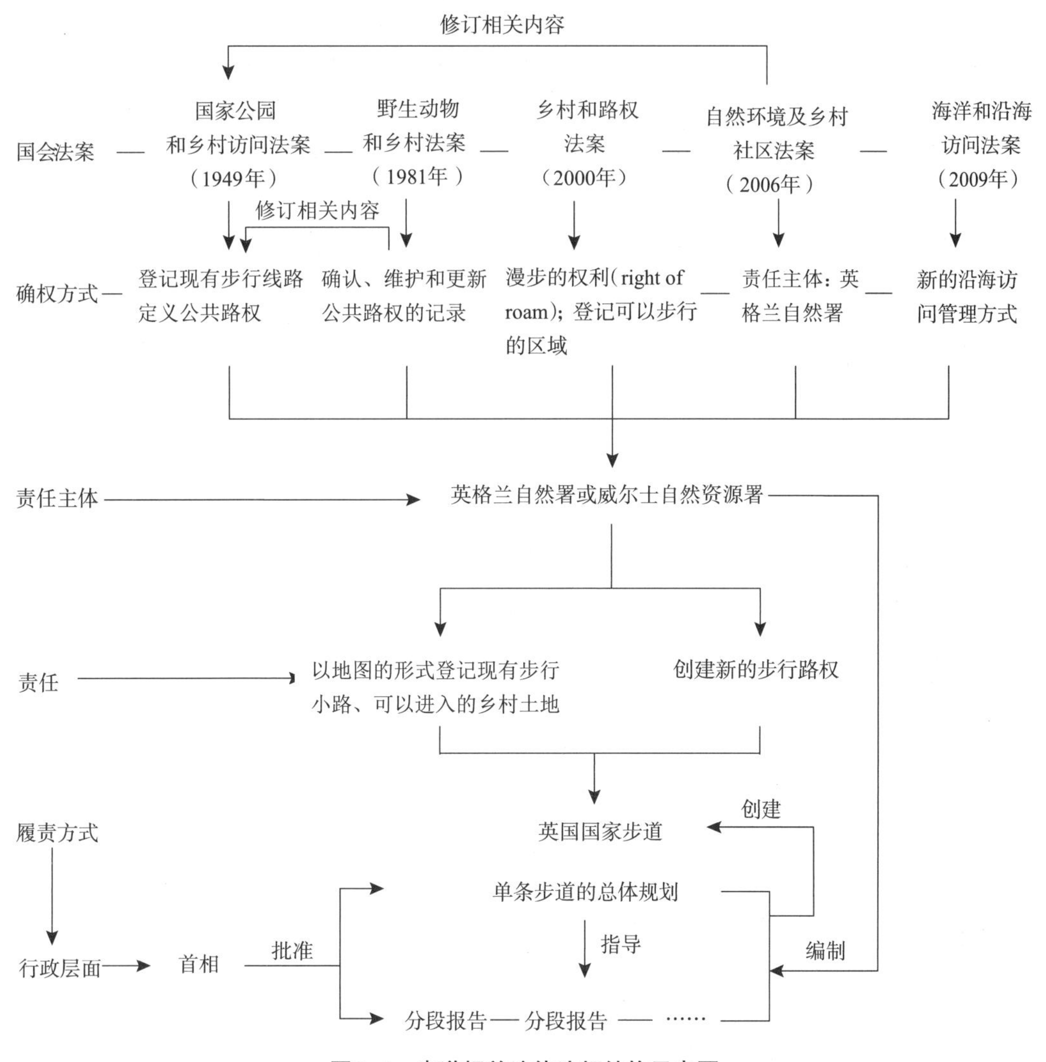

图3–5　步道相关法律法规结构示意图

通过议会法案，明确可以通过何种形式、在何种区域、由何人或何组织行使何种权力，使公众拥有使用这种形式访问这些区域的权利。相关法案包括：《国家公园和乡村访问法案（1949年）》（National Park and Access to Countryside Act 1981）、《野生动物和乡村法案（1981年）》（Wildlife and Countryside Act 1981）、《乡村和路权法案（2000年）》（Countryside and Right of Way Act 2000）,《自然环境及乡村社区法案（2006年）》（Natural Environment and Rural Communities Act 2006），以及《海洋和沿海访问法案（2009年）》（Marine and Coastal Access Act 2009）。这些法案确定了徒步行为以及英国国家步道体系的合法地位，是行使行政权力对徒步行为进行规范和管理的基础，也是从行政层面创建、管理和维护国家步道体系权力的来源。

2．规划——定义单条国家步道，履行职责，行使行政权利

由英格兰自然署及威尔士自然资源署制定，并提交给英国政府用以创建单条国家步道的规划包括总体规划和分路段报告。这些规划和报告经由英国首相批准，成为具有行政约束力的政府文书。这些政府文书不是立法权力的延伸，而是政府为了执行法律、管理国家、履行法律赋予的权力和义务的行政行为形式。这些有关英国国家步道的相关规划或报告是英格兰自然署和威尔士自然资源署代表英国政府履行及行使议会法案所赋予的责任和权力的重要形式和手段。

（三）相关机构

1．英国议会——法案立法者

联合王国议会是大不列颠及北爱尔兰联合王国议会的简称，也是英国最高立法机构。其领袖是联合王国君主，目前是伊丽莎白女皇。联合王国议会是与步道相关一系列法案的立法者。

2．英国政府——行政法规批准者

英国首相代表英国政府通过批准规划和报告的方式推动国家步道的创立，并授予英格兰自然署和威尔士自然资源署在国家步道建设、管理、运营方面的行政权力。

3．英格兰自然署、威尔士自然资源署——履行职责者、实践者

英格兰自然署与威尔士自然资源署联合拥有英国国家步道体系的橡果标识。两者分别在英格兰和威尔士担负着代表英国政府制定步道相关规划和标准、代表国家拨付步道维护款项的权力和义务。

英格兰自然署　前身是英国乡村委员会，它是英国政府的一个非部门公共体（non-departmental public body）以及英国环境、食品和农村事务部（Department for Environment, Food and Rural Affairs）的一个分支机构。该机构具有《国家公园和乡村访问法案（1949年）》所赋予的创建英国国家步道的权力，能够通过登记英格兰现有步行小径，建立长距离步道体系，并在此体系的基础上以提案的形式向国会提交规划和报告，创建新的国家步道。同时该机构也担负对现有国家步道进行修正和维护，以及向公众持续更新有关国家步道信息的责任。

英格兰自然署对国家步道的权力和责任仅限于英格兰。在发展新的国家步道时，英格兰自然署运用上述五项法案所赋予的权力对步道建设过程中可能遇见的土地管理、公共安全、防火、自然保护、历史文化遗产保护等方面的问题进行磋商与解决。表3-5显示了在规划创建英格兰海岸步道的过程中，英格兰自然署作为规划编制的主要责任部门，使用了《乡村和路权法案（2000年）》中的相关条款所赋予的权力（Natural England，2013c）。

表3–5　制定规划的法律基础

简略描述	细节性描述	乡村和路权法案的相关条款	具有制定指南的行政权力机构	报告通过之后是否拥有应用的权力
土地管理	土地的管理	24	英格兰自然署	是
公共安全	避免公众受到危害的措施以及建议的措施	25（1）（b）	英格兰自然署	是
防火	防止因天气或地面状况引起的火灾	25（1）（a）	英格兰自然署	是
自然保护	保护植物或动物或地质或自然地理特征	26（3）（a） 英格兰自然署		是
遗产保护	保护任何纪念碑、其他建筑、工作现场、花园或历史区域、传统艺术或具有考古价值的地点	26（3）（b）	英格兰自然署	否
防御	以防御为目的	28	国防部	否
国家安全	国家安全原因	28	内政部	否
盐沼和盐滩		25A	英格兰自然署	否

资料引自英格兰自然署编制的《英格兰海岸步道总体规划（2013年）》.

威尔士自然资源署　威尔士自然资源署（Natural Resources Wales）对威尔士范围内的国家步道（Welsh National Trails）具有和英格兰自然署同样的权力和责任。

4. 社会团体——推动者

英国民众徒步权利斗争的胜利离不开数量巨大、成员众多的社会团体及爱好者团体的参与和支持。英国徒步协会是其中历史最为悠久并对步道相关立法做出巨大贡献的组织之一。协会的全国委员会成立于1935年，一直以来都努力加速徒步合法化进程，并致力于推动精准地图的开放，以及步行生活方式的推广。

（四）相关法案

1. 国家公园和乡村访问法案（1949年）

作为第二次世界大战后英国重建工作的一部分，《国家公园和乡村访问法案（1949年）》为英格兰和威尔士地区自然和田园风貌的保护和访问构建了法律框架。该法案第一次提出以地图记录现有长距离步道的形式增强荒野和乡村区域的开放程度，赋予民众进入这些区域的权利。该法案在颁布之后的数十年间，经历了多次修改，其目的都在于进一步促进自然美景的保护并增强公众对这些区域的访问。该法案的最初制定早于第一条英国国

家步道——奔宁步道的创建。虽然法案并没有明确地提出国家步道的概念，然而其中关于建立长距离步道的条款为后续英国国家步道的建立奠定了法律基础，是50年来英国发达步行网络体系完善和壮大的法律渊源。

确定步道规划责任主体 法案在51A条款中有关于长距离步道的规定（The Parliament of United Kingdom，1949）。该部分阐明了英格兰自然署有通过向政府提交报告，确定某条与车行道路不完全重合的步行小径，为人们提供步行、骑马以及自行车等非机动车通行的权利。

以报告形式确定步道线路 根据该章节，报告应该包含显示具体线路的地图，以确定公共路权的存在位置。报告中还应该包括该条步道的维护和发展方面的内容；为公众提供沿线路行走所必需的规范和维护方法；制定与沿线所需渡轮等相关的经营管理规定；以及有关住宿、餐饮方面的规范等。此外，相关报告的制定需要咨询每一个步道沿途的国家公园管理局、国家联合规划局、县议会以及县民政局等相关部门，为政府提供全面且权威的信息来源，并对可能产生的费用进行估算。

长距离步道相关提案的批准 报告最终需要得到相关大臣或首相的批准。

2. 野生动物和乡村法案（1981年）

该法案主要包括保护本地物种、控制外来物种、提高有价值地点的保护和基于1949年法案的有关路权修订等四个方面的内容。法案的53～66条款，在《国家公园和乡村访问法案（1949年）》的基础上，要求地方权力机构通过绘制地图明确公共路权（The Parliament of United Kingdom，1981）。政府主体的职责在于明确、维护和持续更新公共路权的记录，保证这些路权具有持续通行的能力。这些公共路权也包括通过登记现有步道明确这些步行路权的存在。

3. 乡村和路权法案（2000年）

该法案实现了“徒步协会”和其他相关组织长期以来所寻求的，在乡村和某些尚未开发的荒野区域内“自由漫步的权利”。该法案赋予民众除长程步道以外在更广泛区域内访问的权利，并授权英格兰自然署以绘制地图的形式将包括“山地、沼泽地区、荒原和谷地等注册为一般公共土地的区域（并不是所有的荒野区域都被覆盖）”开放给公众（The Parliament of United Kingdom，2000）。该法案扩大了国家步道可能延伸的范围，为国家步道体系的扩大奠定了法理基础。国家步道由此可以延伸至更广阔的区域，为民众提供更加优美的自然美景以及荒野体验。该法案还包括公共路权以及自然环境保护等方面的内容。

4. 自然环境及农村社区法案（2006年）

该法案修订了《国家公园和乡村访问法案（1949年）》，明确了英格兰自然署和威尔士自然资源署在发展国家步道领域的权威地位（The Parliament of United Kingdom，2006）。

5．海洋和沿海访问法案（2009年）

该法案制定了新的沿海区域管理体系，赋予公众合法进入沿海土地进行访问的权利，弥补了其之前法案在沿海边缘区域（coastal margin）访问权利方面的法律空白。该法案旨在通过沿英国海岸建立明确的、连续的公共权利以提供开放式步行休闲空间，促进对英国海岸线的公共访问和享有。该法案允许现有沿海访问权利的保留，并且允许在沿海不存在访问权利的区域创建新的访问形式。该法案是创建英格兰海岸步道的法律基础。

《海洋和沿海访问法案》第296节赋予英格兰自然署以及国家首相使用他们的权力以确保两个目标（The Parliament of United Kingdom，2009）。第一个目标是确保围绕英国海岸线建设一条线路，这条线路是“英格兰海岸线路”，是一条经过批准的绘制在地图上的线路，而不是一条需要大兴土木的硬化道路。第二个目标是确保有关“沿海边缘”土地的公共享有，无论这些土地是否现存步行路径。

（五）规划文件

英国国家步道的规划文件包括总体规划和分路段报告。拟建国家步道的总体规划从宏观的层面，以文字和图件的形式，对单条步道从线路到管理、从建设到维护可能遇到的相关问题，特别是土地权属及线路规划所涉及土地的类型等问题给出解决方法。当总体规划受到首相批准，这些解决方法便具有了行政效力，能够有效指导后续线路位置确定。分路段报告一般针对拟建国家步道的某个路段，从实际操作层面，以图片和文字描述形式，对步道线路的具体位置进行确认。分路段报告需要经过反复公示确定线路合理性，并通过首相批准获得行政层面的认可。

1．总体规划

单条步道的总体规划主要关注建设背景、法律框架、步道线路创建流程、步道管理机制，以及在分路段确定步道线路位置时需要使用的利益均衡原则、步道沿线土地利用等方面问题。表3-6是《英格兰海岸步道总体规划》的目录和各章节主要内容（Natural England，2013c），规划编制人员列举了步道穿越区域可能出现的地形地貌和土地利用情况，以及国家步道不能穿越的土地利用类型，并在总体规划的后半部分，根据前半部分的原则和措施，以文字和图件形式就具体案例进行示范，以方便工作人员能够在实地工作中参考这些示范案例，正确解决问题。

表3-6　英格兰海岸步道总体规划（2013年）目录

部分	章	节主要内容
A：介绍	1　背景	1.1　适用性；1.2　沿海访问责任；1.3　关键术语；1.4　本规划
	2　法律框架	2.1　概述；2.2　英格兰自然署沿海访问报告；2.3　受沿海访问权影响的土地；2.4　管理沿海访问权

（续）

部分	章	节主要内容
B：定位与管理的关键原则	3　实施过程	3.1　概述；3.2　确定海岸段（Stretches）；3.3　发展合作伙伴关系；3.4　每一段海岸的实施过程；3.5　正在进行的英国海岸线管理
	4　公众利益	4.1　概述；4.2　步道的安全；4.3　步道的便利；4.4　步道的连续性；4.5　靠近海洋；4.6　从步道朝向大海的景观效果；4.7　使用现有的沿海步行线路；4.8　对海岸边界区域行使我们的权利；4.9　对敏感特征的保护；4.10　对海岸变化的保护
	5　业主和租户的利益	5.1　概述；5.2　业务需求；5.3　收入；5.4　隐私；5.5　改变土地使用的影响
	6　取得适当的平衡	6.1　概述；6.2　干预的必要性；6.3　最少限制的选项；6.4　联合解决方案（Alignmen　Solutions）；6.5　信息管理技术；6.6　限制或排除访问的方向——行政管理；6.7　限制或排除访问的方向——使用实践
C：关键原则的应用	7　沿海土地覆盖与地貌	7.1　悬崖；7.2　海岸山谷；7.3　海岬；7.4　定居点；7.5　林地和灌丛；7.6　荒野；7.7　草地；7.8　放牧沼泽；7.9　淡水生境；7.10　沙丘；7.11　沙滩和沙嘴；7.12　鹅卵石；7.13　盐水湖；7.14　岩石海岸；7.15　盐碱地；7.16　岛屿
	8　沿海土地利用问题	8.1　公牛；8.2　城堡；8.3　马和小马驹；8.4　羊；8.5　动物（不包括其他地方）；8.6　动物疾病；8.7　庄稼；8.8　受农业环境影响的土地的方案；8.9　猎鸟管理；8.10　野鹿管理；8.11　采石场射击；8.12　人造目标射击；8.13　工作作业；8.14　烧荒；8.15　农药；8.16　特殊事件；8.17　旅游景点；8.18　私人住宅、酒店、假日物业、公园和花园；8.19　露营和房车；8.20　高尔夫球场；8.21　洪水和海岸紧急情况管理；8.22　军事使用；8.23　未引爆炸弹；8.24　采矿作业；8.25　港口、工业级其他海上设施；8.26　土地和水污染
	9　案例——开放海岸	
	10　河口的附加考虑	10.1　概述；10.2　河口线形标准；10.3　渡轮服务；10.4　河口特征；10.5　游憩效益；10.6　例外土地
	11　案例——河口	

资料引自英格兰自然署编制的《英格兰海岸步道总体规划（2013年）》.

2．分路段报告

分路段报告的编制过程就是步道线路位置的确定过程。在报告最终得到首相批准之前，需要开展多次意见征求和公共听证，并与土地所有者面对面进行协商，以平衡多方利益。报告需要使用总体规划确定的原则和方法，对步道路段的具体走向和线路具体布局进行限制或排除。还需要针对徒步者开展活动的程度以及徒步者管理等方面内容进行提议。报告的主要内容包括步道应该遵循的拟定线路地图，包括所有的可替代线路、步道两侧辐射空间范围，以及国家步道周边所有限制徒步者进入或不允许徒步者进入区域的管理方案（表3-7）。依据《乡村和路权法案（2000年）》第二章提供的权力，当分路段报告最终通过首相批准，该步道线路将具有行政上的合理性，任何步道线路的变更需要重新经历提案、研究、讨论、公示、首相批准及再次公示等程序。

表3-7　英格兰海岸步道的分路段报告提纲

序号	内容
1	步道遵循的拟定线路图（以及任何可供选择的路线），注意按照现有公共路权布局的线路，或地面现有步行线路
2	对线路布局进行更深入的解释，并提供所有可能的线路选择，以及任何因海浪侵蚀而损毁步道的替代线路
3	明示可能的例外地
4	提案被批准后，实施方案的费用预估，以及由报告进行深思熟虑的任何特定地方管理安排，例如土地管理或自然保护的原因
5	以栖息地保护和关键敏感区域保护为目的所编制的文件和规定

资料引自英格兰自然署编制的《英格兰海岸步道总体规划（2013年）》.

五、国家步道组织管理

国家步道由英国中央政府委托英格兰自然署及威尔士自然资源署进行建设，并对建成之后的步道进行管理监控，使英国国家步道成为英国最高品质户外休闲线路的集合，将英国最美好的风景用最广泛的路途连接起来。国家步道为公众提供身心愉悦的休闲游憩体验，带动地方旅游业发展，并通过号召步道沿途穿越社区积极参与国家步道的维护工作，达到改善区域环境，为地方带来经济利益的作用。

（一）管理框架

英国国家步道的管理以国家支持、政府机构监管为前提，以地方管理为形式。步道途经区域的土地管理机构和合作伙伴是维持步道国家品质的主要力量，代表英格兰自然署管理各步道路段（图3-6）。

1. 监管机构

中央政府对国家步道事务的支持主要通过英格兰自然署得到落实。英格兰自然署负责制定步道国家质量标准，并代为发放国家拨付的步道维护专项资金。

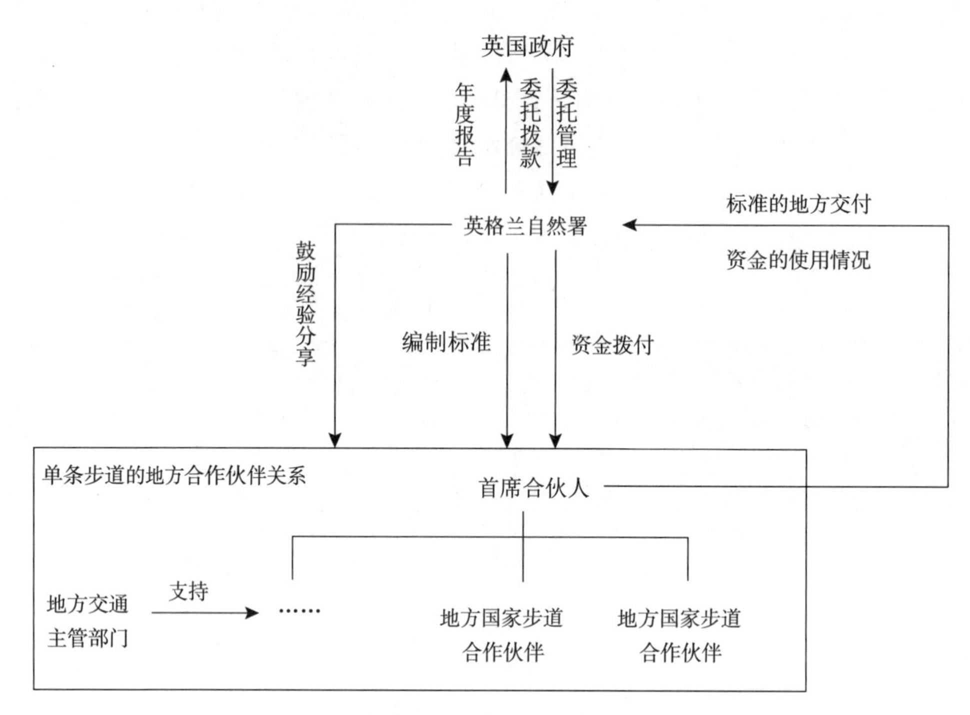

图3–6 英国国家步道地方合作伙伴关系构成和运行机制

（资料引自英格兰自然署编制的《国家步道新政》）

2．分段管理

英国国家步道视不同路段途经土地的权属和性质，确定该路段的管理方式。一般来说分为机构管理和地方合作伙伴管理。

国家公园及林业委员会 英格兰自然署有权力委派相关权力机构在步道穿越的区域，分路段代表英格兰自然署行使管理权力。根据国家步道穿越区域的土地管理机构，国家公园以及林业委员会等机构可以代表英格兰自然署行使步道管理权力（Natural England，2013a）。

地方合作伙伴关系 除国家公园或林业委员会等机构外，为了保证国家步道全线路长度的维护和管理，英格兰自然署致力于与其他机构达成合作伙伴关系。一条步道有多个地方合作伙伴（local trail partnerships），这些地方合作伙伴联合起来共同承担步道地方交付（local delivery）的集体责任。代表英格兰自然署管理非国家公园和林业委员会管辖土地上的国家步道。

3．地方合作伙伴关系的构成和运行

每个单条步道的诸多地方步道合作伙伴都需要有一个统领各项工作的首席合伙人（lead partner），该首席合伙人负责代表地方合作伙伴接受来自英格兰自然署的国家资金补贴，并向英格兰自然署提交交付报告，汇报地方合作伙伴对国家质量标准（National Quality Standards）的达标情况。地方合作伙伴在管理国家步道时，需要得到地方交通主管部门的支持。地方交通主管部门拥有路权，并对步道的管理具有法定责任。此外，英格兰自然署将派驻专员与步道合作伙伴共同工作，以评估他们的表现，鼓励他们开展集体活动，分享实践经验。

（二）监管机构职责

1．明确管理利益相关方

徒步者是英国国家步道的主要使用者。英格兰自然署希望通过维护步道的自然风貌，确保徒步者能够持续欣赏到自然美景，获得荒野感受。英格兰自然署认为，明确管理事务所涉及的利益相关方能够更好地督促地方合作伙伴等步道的实际管理者履行管理职责。这些利益相关方包括步道沿途土地所有者，即步道的所有者；为徒步者提供服务的地方旅游企业；步道途经区域的地方社区，他们可能是步道的使用者，也可能为步道提供维护和管理服务；其他任何以推广步道、推广步行生活方式、为民众健康谋取福利的公益组织和团体；以及环境志愿者团体。作为英格兰自然署的地方管理代表，地方合作伙伴需要确保当地民众和多个利益相关方有机会参与到步道事务中来。

2．制定并发布管理原则和质量标准

作为英国政府发展步道事业的代表，为了充分展现每条国家步道的独特魅力，发挥其吸引力，英国要求每条步道按照乡村管理局2003年制定的《国家步道品牌管理指导纲要》开展规划建设（徐克帅等，2008）。2013年，英格兰自然署制定了体验、提升、参与和经济四大管理维护原则，用以指导步道管理（Natural England，2013a）。

体验 让尽可能多的人使用国家步道，穿越诸多具有代表性的自然景观，让更多的人享受到广泛而多样的步行与骑行体验。

提升 不断地改善步道及其联络线，从而使得整个步道沿线在景观、自然及历史方面均得到提升。

参与 建立并维持一个关注步道及其沿线景观的利益共同体。

经济 为当地经济创造机会，使其受益于步道的使用。

在使用这些原则的基础上，英格兰自然署督促国家步道的地方合作伙伴在管理和维护中使用统一的国家质量标准（National Quality Standards），该标准基于对国家步道长期发展的考虑，约束了步道在维护中可能涉及的包括徒步者体验、步道质量、社区参与和经济效益等多方面的内容，这些内容与英国设立国家步道的总体利益相吻合。标准设置了较为灵活的指标体系（表3-8），为国家步道的地方合作伙伴预留了发挥空间。在灵活的指标体系中，有一些关键性指标（KPI），是国家步道的地方合作伙伴必须达到的最低要求（Natural England，2013b）。这些关键性指标包括徒步者的满意程度，步道的使用程度和类型，国家步道品牌的区域知名度和参与度，步道路面质量、状况和提升空间，其他有效合

作伙伴，地方性团体的参与程度，周边土地管理者对步道的满意程度，步道服务商对步道管理的满意程度，以及步道为地方带来的经济利益。关键性指标的设定能够让英格兰自然署有效追踪国家资金的去向，明晰国家资金所创造的价值，落实步道管理问责机制，制定步道在未来数年的资金投入和发展计划。

表3-8　英国国家步道国家质量标准

管理原则	**体验** 让尽可能多的人们享受多样化的穿越国家步道的徒步或骑行体验。	**提升** 改善步道及其联络线，从而使得整个步道沿线在景观、自然及历史方面均得到提升。	**参与** 建立并维持一个关注步道及其沿线景观的利益共同体。	**经济** 为当地经济创造机会，使其受益于步道的使用。
质量标准和相关指标	分路段保持步道连续，维护步道长度。增强步道线路的实用性。增强步道与地形和景观的融合。 **关键指标：游客满意度** 增强步道与景观、自然及历史的联系。网站信息精确且持续更新，可用来制定徒步计划和提供反馈。 **关键指标：信息高效的网站** • 提供类型和价位多样的住宿； • 优化路线设计，开发新的步道联络线，针对徒步者开发新的活动方式。 **关键指标：步道的使用程度和类型** **关键指标：品牌知名度、参与度**	开发步道潜力，提升步道体验，确保步道的状况符合使用程度和使用类型。 高质量的基础设施建设，包括： • 结构安全、舒适、便利； • 高质量设计、风格和用料，尽可能和当地景观及历史资源相吻合； • 统一风格、精确且与自然融合的路标和目的地标记，使得路线易于识别； • 路面状况良好，且不会破坏沿线的地质和土壤； • 道路易于通行，不受灌木丛或悬垂植被的阻碍； • 安全的道路和铁路道口通行。 **关键指标：步道的状况** • 一般情况下，步道上禁止机动车使用； • 步道的支持性服务（例如：摆渡、换乘等）可以使用机动车，相关信息精确且更新的； • 在步道沿线采取保护措施，确保可以保护或改善动物的栖息地、环境和历史资源。 **关键指标：步道的质量** 多样化、高质量的短途或环形徒步或骑行支线 **关键指标：可用性的改善**	通过地方步道合作伙伴，实现步道报告的定期交付与相关信息的下达。 **关键指标：有效的合作伙伴** 土地管理人/所有人对管理的评价和认可程度。 **关键指标：土地管理人对路线的管理满意度** • 通过当地团体的参与和联络，让其拥有自豪感和归属感； • 步道的合作包括与用户和当地团体的合作； • 民众有机会参与管理； • 活跃且不断壮大的用户协会或群体。 **关键指标：当地团体的参与程度和类型**	• 鼓励与当地企业合作； • 使用当地的商业或设施，并方便徒步者使用； • 当地企业认可步道的管理，并为其长期业务带来利益。 **关键指标：服务提供商对路线的管理的满意度** 将步道视为一项具有吸引力的投资，为当地带来多种多样的投资项目。 **关键指标：为当地经济带来的利益**

资料引自英格兰自然署编制的《国家质量标准》，2013b.

3．代表国家拨付专项资金

英国政府大力支持英国国家步道的管理与维护。为了确保国家步道的高等级地位，英国政府委托英格兰自然署代为拨付专项资金，保证英格兰自然署对地方合作伙伴落实国家质量标准的情况进行总体监管，达到对政府、国家利益相关者和公众负责的目的（Natural England，2013b）。

4．向中央政府提交国家步道年度报告

英国国家步道在管理上采取问责机制。地方合作伙伴对英格兰自然署负责，英格兰自然署需要向中央政府以及英国人民负责（图3–7）。英格兰自然署需要收集数据，公布年度业绩报告，证明自己在何种程度上完成了中央政府委派的任务。该报告需要向中央政府显示国家资金得到了怎样的部署，并概述国家标准指标得到了何种程度的落实。作为推动国家步道事务发展的领军人物和倡导者，英格兰自然署要充分考虑继续使用法定权力提案新建步道线路，并提出对现有步道线路的修正意见。此外，报告还需要阐述国家步道体系的建设进展，以强有力并且具有可比性的数据证明正在开展的国家步道建设是重要并且符合国家长久利益的项目（Natural England，2013a）。

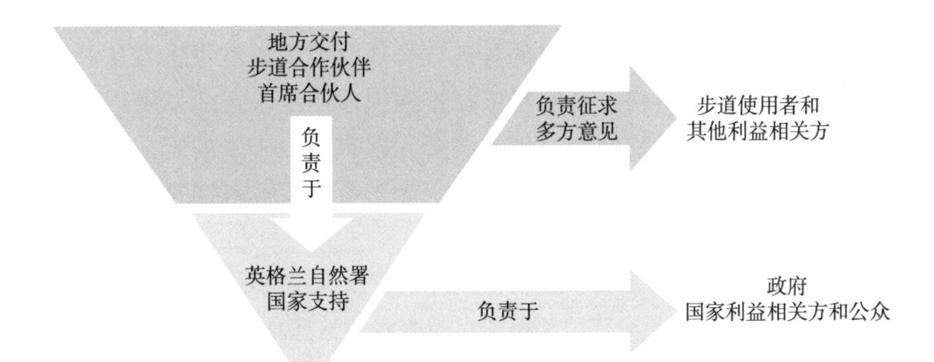

图3–7　英国国家步道问责机制示意图

（来源：英格兰自然署编制的《国家步道新政》）

5．回访地方管理合作伙伴和促进经验交流

国家步道是一个高起点项目，国家质量标准的实施交付必须有据可查。不同地方合作伙伴之间的管理经验和意见交流同样非常重要，并且这种做法也是国家步道开展建设以来一贯的好传统（Natural England，2013a）。英格兰自然署就以上两点定期开展回访，对质量标准所关心的道路状况和合作伙伴的表现等情况进行考察。如果步道合作伙伴的表现低于期望值，英格兰自然署将会对其展开更大力度的审查。如果地方合作伙伴无法提交一个令英格兰自然署满意的改善计划，那么其“国家步道地方合作伙伴”的身份可能会被撤销，英格兰自然署将会寻找新的地方合作伙伴。

6．推广与发展蓝图

英格兰自然署将会对步道的国家级品牌进行保护，以确保其在国内和国际市场

具有良好影响，并且拥有安全可靠的推广方式。从2013年1月起，名为“走遍英国”（Walk England）的机构被任命为国家步道推广的先锋，负责国家步道在地方的宣传和推广。

近年来，国家步道在管理维护方面出现了很多新情况，人们对国家步道的需求也更为强烈。从2013年4月开始，英格兰自然署和农业部成立一个新的工作组，就一些具体问题开展调研，向首相提出步道建设的长期规划和国家层面的管理措施，并就国家步道是否能够为地方经济做出更为显著的贡献开展研究。

（三）地方管理机构职责

交付报告　代表地方合作伙伴的首席合伙人需要按照统一的框架制定报告。地方合作伙伴通过定期向英格兰自然署提交报告，详述国家标准的落实程度，介绍工作开展、达成标准的方法和途径，以及中央政府所拨付的专项资金的使用和调配情况。此外，步道使用者和其他利益相关方的意见也应该包括在交付报告中（Natural England，2013a）。在编制报告的过程中，步道的各地方合作伙伴需要将报告与其他地方规划和管理举措进行对接，以便英格兰自然署依据报告内容制定步道的发展规划。一份通过所有合作伙伴参与形成的合格的交付报告将会为国家制定未来的资金拨付计划提供重要依据，英格兰自然署还将根据交付报告制定未来若干年针对国家步道体系的措施和计划。

寻求更广泛的资金支持　地方步道合作伙伴不应该仅仅满足从英格兰自然署，或地方公路主管部门得到直接的财务支持，英格兰自然署希望这些地方合作伙伴能够不断地寻求安全稳定的额外资源，进一步提高步道品质，创造更大利益。

六、国家步道运营管理

英国国家步道在运营管理阶段延续规划阶段确立的较少干预原则，使用“非正式管理技术”、简洁的标识标牌以及利用步道沿途社区提供商业化设施和服务，有效地避免新建设施对步道景观和环境产生新的干扰。

（一）非正式管理技术

非正式管理技术是希望通过非建设手段，将徒步对环境和景观的影响控制在有限范围内。在步道的运营中，管理者通过对徒步者进行指导，及时有效地为徒步者提供信息，对徒步以外的其他活动开展规划和管理，并号召社区参与管理等手段减少国家步道运营对步道所穿越土地、土地业主和自然环境的影响。

1. 徒步者指导

可以通过标识标牌或基础设施的布局来引导人们在行走时避开生态敏感区域。有的时候，引导性篱笆或临时性障碍物等不起眼手段可以有效起到鼓励公众沿步道既定线路行走的作用。

临时性障碍物 篱笆、草垛的合理布设和堆放能够有效地将徒步者的脚步限制在步道上。例如在悬崖边上，或较为敏感的植被边上设置短篱笆，以明确其不可靠近。短篱笆后的植被可以通过自然生长成为更加微妙的天然障碍物，这个过程往往需要较长时间。在天然障碍物形成之前，这些临时障碍物将担负起约束徒步者行为的重任。需要强调的是，这些障碍物未来将会被移除，步道管理者希望维持步道沿线景观的自然性，在管理过程中不新增任何永久性障碍物。

引导性篱笆 步道沿途一些原本允许徒步者进入区域的生态敏感性可能会阶段性上升，例如遇鸟群筑巢。在这种情况下，可以布设引导性篱笆（guide fence）用以阻拦徒步者步伐。实际上，引导性篱笆并不足以形成有效的物理屏障，其存在是希望以最小的围栏，做最低干预，提醒人们不要对特殊区域造成干扰。

2. 为参观者提供信息

引导性信息或解说 目的是说服徒步者以特定的方式行事。包括在特定地点以地方媒体或其他方式进行宣传。依据法律条款，英格兰自然署应代表英国政府为市民和土地管理者提供国家步道徒步的相关指导，并根据《海洋和沿海访问法案》第22章节的内容向公众传递与国家步道徒步相关的国家层面信息，以及其他组织的行为规范。例如登山和狩猎的地方行为规范。这些信息的传递将有助于提升徒步者的安全性。

特定地点布局标识标牌 英国国家步道的运营者通过在特定地点布局标识标牌达到对环境及景观最小干扰的目的。例如，在步道的入口区域进行重点布局，在其他区域较少布局。这样将会减少标识标牌对于景观和环境的损害，同时保证标牌的有效利用。同样，出于保护景观视野的目的，一些标牌在一段时间后可以取下。实践证明临时性的标牌完全可以满足管理需求。

多种宣传方式结合 在管理中，标识标牌与其他交流方式结合使用，会使人们更容易对标识标牌做出反应。例如通过传单或派出代表与徒步者进行面对面交流，解释国家步道的管理目标。

3. 其他活动的规划和管理

高峰期非徒步目的访客控制 有时候，需要对步道穿越区域沿途空间内的非徒步活动进行规划，避开徒步者通行的高峰时段，以避免高峰时段由于非徒步目的访客数量突然增加对景观和生态造成影响。

重要管理维护活动需提前告知 重要的管理维护活动需要提前告知，例如竖立告知标牌。这样能够避免在未来使用更强影响的干预手段。

4. 社区参与协商一致

社区参与决策能够为地方管理获取必要支持，并且鼓励当地民众在管理实施中体现价值，在约束徒步者行为等方面同样具有重要作用。

（二）统一标识和标牌系统

国家步道沿途通过小橡果标识和简单的多色彩标牌系统向徒步者表明该步道的国家地位，传递通行方式等基本信息。

1．小橡果标识

英国国家步道以橡树果实为唯一标识。布设在需要被标识的国家步道线路旁，为徒步者的旅程提供指引（图3–8）。

图3–8　英国国家步道橡果标识
（来源：英国国家步道官网）

2．色彩标牌系统

英国国家步道的标牌较为简单，通过在路口设置不同颜色的箭头，或者是标明“步道”、“马道”，或者“支路”等，明确谁具有特定的通行权力。

黄色箭头——仅限徒步　写着“步道”或者黄色的箭头表示步行是唯一的通行方式，如果没有土地所有者的允许，在其上骑自行车、骑马或者是驾驶机动车就是违法的行为。

蓝色箭头——步行、骑马、自行车通行　以文字标明“马道”或者蓝色箭头表明这是一条允许步行、骑马和自行车通行的多用途道路，如果没有土地所有者的特许，在其上驾驶机动车是违法行为。

紫色箭头——步行、骑马、自行车以及马车通行　以文字标明“限制性支路”或者紫色的箭头表明这是一条允许步行、骑马、自行车和马车通行的多功能道路。在没有得到土地所有者特许的情况下，驾驶任何机动车通行都是违法的。

红色箭头——步行、骑马、自行车、马车和机动车通行　以文字标明“支线”或者红色箭头表明这是可以步行、骑马、自行车、马车和机动车同时通行的道路。

（三）商业化沿步道服务设施及服务

除露营地外，英国国家步道沿线包括停车场或咖啡馆在内的设施或服务都是收费的。英国国家步道管理部门鼓励沿线社区参与到步道的管理和维护中，并从中获益。此外，英国国家步道徒步服务的商业化运营也十分成熟。国家步道官网提供路书售卖等服务。路书由专门的出版商出版，包括1:2500的地图，里面的内容包括细节会被步道经理们定期检查和更新。旅游公司能够提供包括行程规划、住宿安排、导览指南、向导服务以及行李转运在内的一揽子服务，确保徒步者的行李可以被准时运送到下一个住宿点。这些纯商业化服务既为步行者提供了便利，拉近了国家步道和民众的距离，降低了国家步道徒步的门槛，也为步道沿线的旅游公司带来了不菲的收益。

七、国家步道资金投入

（一）政府直接拨款开展步道建设

创建投入 英国国家步道在创建阶段花费巨大，尽管英国国家步道的道路建设采取利用现有道路，以及最少干预的原则，并不强调道路本身的建设，但是为了避免土地权属纠纷，保证步道品质，每条步道的建设都需要经过长期的调研和协商，以及反复地公证、公示和评估。英国政府用于步道建设的拨款大部分用于支付确定步道线路过程中反复调研、听证和协商以及制定规划和报告的花销。例如，为了保证英格兰海岸步道能在2020年前顺利开通，英国政府拨款4000万英镑，用于满足其长达8年的调研、反复地听证和漫长的土地权属协商所带来的巨大资金消耗。

成本回收 由于土地所有者的对抗，在英国建设国家步道要经历长时间的谈判和协商，导致英国国家步道的建设成本居高不下。即便投入巨大，威尔士在国家步道建设方面的经验显示，国家步道建设仍然是一件不赔本的买卖。威尔士部分的海岸步道为当地带来令人惊喜的经济和社会效益，预示着英格兰海岸步道在英格兰部分建设完成后，也将很快收回成本。而威尔士的另一条地方性步道——威尔士步道（The Welsh Path），甚至在建成的第一年就获得了超过1300万英镑建设成本的直接经济收入，是当地经济新的增长点。除经济利益外，国家步道在国民健康、休闲游憩以及民族情感方面所产生的潜在收益更是一笔无法估量的巨大财富。

（二）政府间接拨款支持步道维护

1/3的维护资金来自国家 为了维护国家步道的高等级地位和高标准质量，在其建成之后的运营和维护总费用的1/3来自英格兰自然署的专项资金。该拨款每三年拨付一次。在申请资金时，需要将所需资金总数，以及投资细节包含在申请书中。这样可以使英格兰自然署了解维护步道的真正成本是多少，并且保证国家投入的维护资金是有价值的。

额外资金额外申请 一般情况下，来自国家的维护资金在金额和拨付时间上是固定的。为了应对异常事件，如一段道路的缺失、一个主要路段的滑坡，如果地方合作伙伴积极要求和申请，并且能够证明在其管辖路段确实存在急迫的资金需求，英格兰自然署会考虑额外援助。

八、国家步道准入与许可

（一）国家步道体系准入机制

国家指派相关机构进行国家步道的线路规划、建设和管理。总体规划从理论上创建了

一条国家步道。但是该步道的具体位置还需要英格兰自然署准备提案，呈交给英国政府，通过分路段报告的形式，由英国首相进行批准。分路段报告的规划过程（表3-9）同时也是单条国家步道在实际操作层面进行建设的过程。

表3-9 《英格兰海岸步道总体规划（2013年）》所制定的分路段报告制定及实施流程概览

步骤1. 准备阶段	1. 定义海岸段的延伸长度 2. 与地方访问权利进行讨论 3. 询问关键组织有关海岸段的意见和想法 4. 对敏感问题的初步看法 5. 评估问题、机会和约束 6. 考虑现有的访问模式提出初步选线方案
步骤2. 开发阶段	1. 联系土地所有者 2. 在土地上做定位校正检查 3. 与土地所有者以及实际的土地使用者分享我们的初步设想，并在其有意愿的时候为其提供参与项目的机会 4. 关键敏感特征的保护规划 5. 就需要进一步讨论重点利益 6. 现实检查我们的发展提案
步骤3. 提案阶段	1. 提案定稿并落图 2. 在法定报告中对首相（SOS）公布 3. 就报告征求公众意见，听取任何想要参与的愿望 4. 就报告征求受影响土地的业主或使用者的反对意见
步骤4. 裁决阶段	1. 听取任何陈述或反对意见 2. 提出或总结这些意见和建议，综合我们自身的意见上报首相 3. 任命人员对反对意见进行裁决并报告首相 4. 首相最终决定是否通过我们的提案，有或没有修改
步骤5. 开幕阶段	1. 在咨询土地业主之后，完成经过批准的路段的建立工作 2. 任何统一的限制或要求得到实施 3. 经批准的地图出版 4. 命令新公众权利生效 5. 英格兰海岸步道在该路段上诞生

资料引自英格兰自然署编制的《英格兰海岸步道总体规划（2013年）》.

首先要确定将步道分为若干段落，以及每个段落的长度。在确定了步道路段之后，英格兰自然署派出若干工作小组，深入地方，在步道路段所在区域发展合作伙伴关系，就英格兰自然署对于步道线路的最初想法与地方民众、专家、土地所有者以及土地实际使用者进行意见征求、听证、讨论和协商。这个过程往往较为漫长，甚至长达数年，经过数次的多方面的征求意见以及协商，最终由英格兰自然署将报告提交给英国政府，由首相确定是否通过报告，确立访问权利，亦或是对报告进行修改。图3-9显示了截至2016年10月英格兰海岸步道分路段建设的进展情况。

预计2020年完成的海岸步道——截至目前时间点的路段状态

2016年10月28日

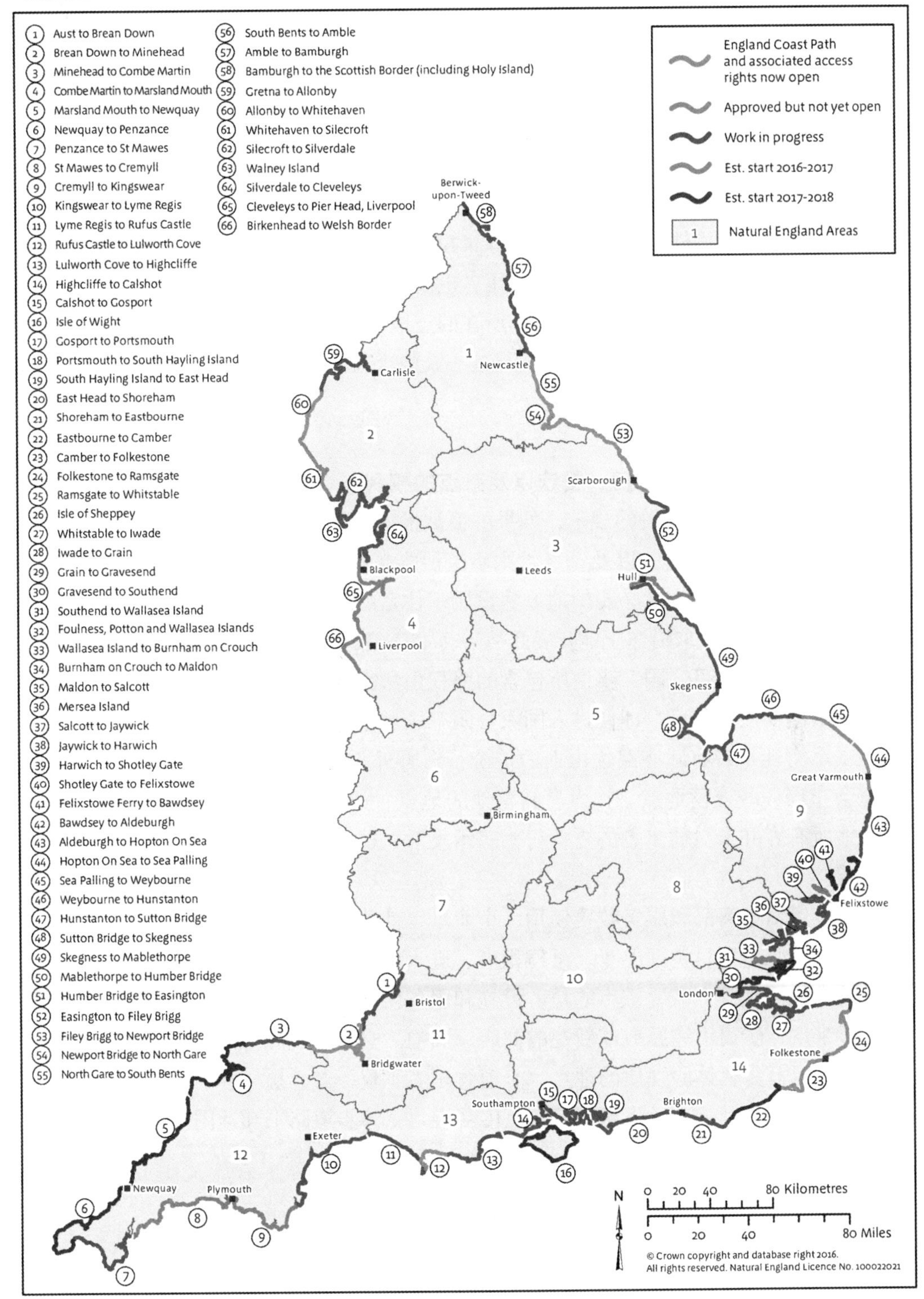

图3-9 英格兰海岸步道分路段建设阶段性成果图（来源：英国政府网站，2016）

经由首相批准的报告，将在媒体上进行公示，在这个阶段，利益相关方仍然有机会就步道线路和土地利用等问题提出意见，并由首相指派规划专业人员进行判定，以决定是否需要对相关内容进行修改。当步道的各个分路段报告获得批准，并完成简单实地建设，该条步道作为新的公共权利才真正生效，新的国家步道诞生，该步道完成了加入国家步道体系的程序。

（二）步道沿途例外土地

在步道穿越的土地上，仍然有一些土地是不可进入的。这些土地在《乡村及路权法案（2000年）》中被称为例外土地（The Parliament of United Kingdom，2000）。即便他们在地图上被标注为开放的可以访问的土地，步道使用者也没有权力进入这些地区。这些不允许步道使用者进入的土地包括房屋、建筑以及他们所在的土地，例如庭院、农田、正在进行建设和开发的土地、公园、花园、高尔夫球场、跑马场、铁路轨道、电车轨道，以及生产中的采石场。

（三）沿线服务及设施的许可

地方政府有布局沿途住宿、餐饮以及茶点的权利　根据《国家公园和乡村访问法案（1949年）》与长程步道相关的规定，如果一项被批准的长程步道的总体规划中提出允许国家步道沿线提供住宿、餐饮以及茶点，则步道所穿越区域及邻近区域的地方联合规划局，可以依据规划在他们认为有必要的地方建设用于住宿、餐饮以及茶点的建筑，但是他们不能以此为目的，强制获取沿途土地开展此类活动（The Parliament of United Kingdom，1949）。

露营需要默认许可　国家步道所包含的路权由法案和规划授予。因此所有人在使用国家步道时不需要任何许可。即便进入国家公园等区域也不需要额外的许可和收费。但是在英格兰，尽管徒步者有睡在路边山上的传统，在野外露营却并不合法。视各区域的传统，沿步道会布局一些露营地点。在没有露营地的地点，如果步道所经区域素来有露营传统，并且土地所有者并未对徒步者的露营行为表示反对，徒步者可以在这种默认许可的情况下进行露营。

允许步道沿途商品和服务收费使用　企业可以就徒步者使用相关商品、服务或设施收取费用。这些收费项目包括停车、桌椅租借、进入公园及历史性建筑或园林，以及开展徒步以外的其他活动等。需要重申的是，设施和服务供应商不能就一般公众进入步道收取费用。一般来说，步道沿途原有或新建的商店、酒吧、自行车出租点、饮用水供应点、农贸市场或其他具有乡村体验性质的地点，步道管理者不仅不禁止就徒步者使用这些商品和服务收取费用，还鼓励徒步者将相关信息上传网络，完善步道路书和地图。

第二节　法国国家步道

法国远足步道（法语Sentiers de Grandé Randonnée，简称法国GR）共142条，约6万公

里，占法国步道总长度的30%（图3-10）。在徒步者的眼中，法国GR已成为国家步道的最佳代表。经过长期发展，法国GR延伸至荷兰、西班牙和比利时三国，构成欧洲GR的主体。

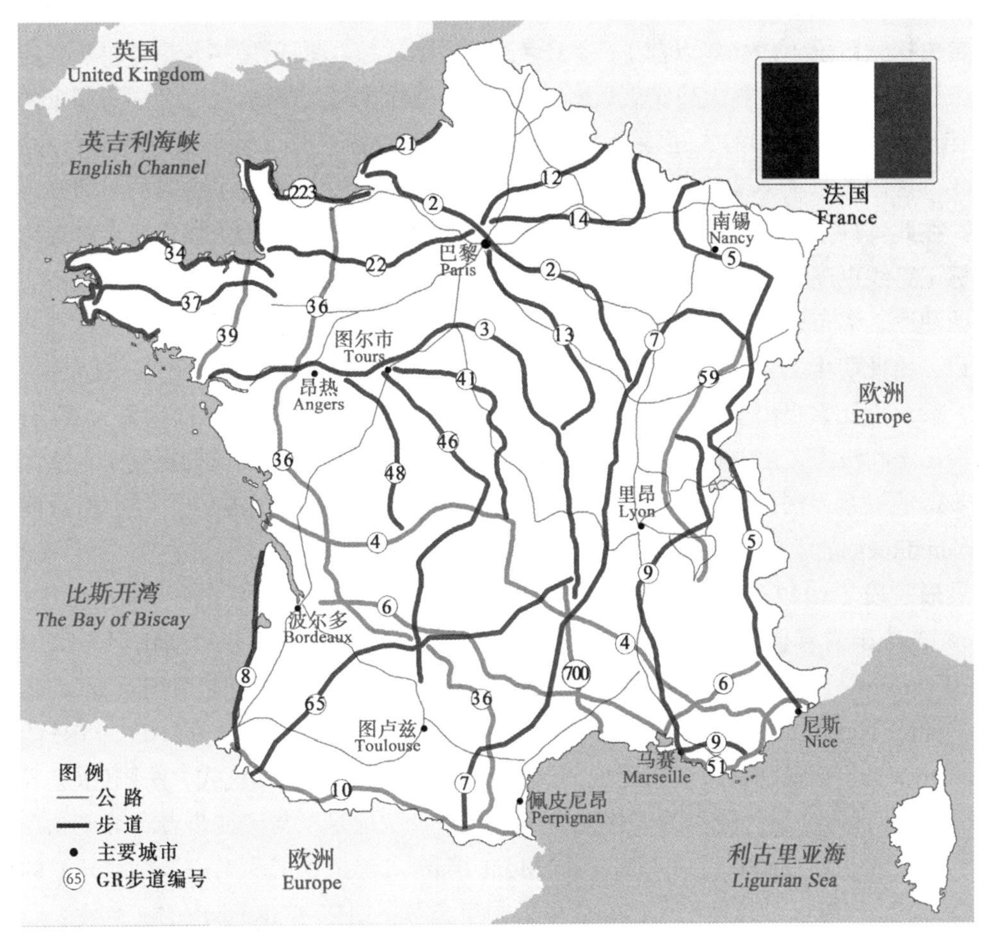

图3-10 法国GR的主要路线图

法国GR以“GR+数字”命名，标识为红白相间的条带图案。在142条法国GR中，有5条沿大西洋和地中海分布，分别为GR8、GR21、GR34、GR51、GR223，有2条濒临国境，分别为GR10和GR5，其余的135条步道纵横交错，形成了“法国GR高速公路网”（Dalama，2005）。

一、国家步道发展历程

第一次世界大战爆发以来，持续的战争使法国经济坠向低谷。步道的发展也相对自由和散漫，仅以少数人探索为主。第二次世界大战结束后，法国经济复苏，大量人口涌入城市，城市空间变得拥挤。在民间协会的推动下，人们开始走出城市，体验乡野。1947年，法国远足步道委员会（Comité National des Sentiers de Grande Randonnée）成立，成为法国的步道管理单位。同年，GR3的第一段正式开通，法国步道进入GR雏形阶段。1978年，法国远足步道委员会演变为法国远足联盟（the Fédération Française de la Randonnée Pédestre）。远足联盟一方面秉承了步道委员会的职责，另一方面将全国的远足协会进行了联合。从此，法国GR进入了高速化、规范化和规模化的发展阶段（Etcheverria，1997）。

自由探索阶段（1946年以前） 珍·卢瓦索（Jean Loiseau）是一名热爱自然和徒步运动的工程师。第一次世界大战结束后，他组织了一群徒步者，沿着法国及周边国家的道路进行徒步。当时，徒步的人还很少，"背包客"一词尚未出现，他们被称为步行的游客。1936年，法国颁布了《带薪年假（congéspayés）法案》。法国人有了更多的时间开展徒步活动。在此背景下，珍·卢瓦索不断地对徒步活动进行宣讲，鼓励人们体验乡野环境。此时，标记路线也逐渐在许多国家出现。如在美国的阿帕拉契亚步道，人们通过在石头、树干上图油漆、绑布条等方式指示方向。在一次徒步中，珍·卢瓦索看到了前人在森林中做的标记，由此萌生了做标记的想法。在法国露营俱乐部（Camping Club de France）的支持下，珍·卢瓦索提出了打造法国"步行者高速公路"的计划。第二次世界大战结束后，珍·卢瓦索和法国文化中心（Centre Culturel Français）联合向国民议会提交了在法国创建远足步道的提案。国民议会通过了该项提案，并决定立即执行。1946年，法国GR网络蓝图（plan directeur）、法国GR标识和志愿者相关条例相继发布。

雏形阶段（1947—1977年） 1947年8月22日，法国旅游俱乐部（Touring Club de France）、法国露营俱乐部（Camping Club de France）、法国阿尔卑斯山俱乐部（Club AlpinFrançais）和孚日山俱乐部（Club Vosgien），共同组建了全国远足步道委员会（Comité National des Sentiers de Grande Randonnée）。1947年8月31日，GR3博让西（Beaugency）步道最初的28公里建成。远足步道委员会举行了开幕式，法国GR进入雏形期。"徒步者高速公路"转变为"伟大的远足步道"，"远足"与"徒步者"等概念在法国诞生。1951年，环勃朗峰步道（Tour de Mont Blanc）建成，成为第一条全线开通的法国GR。1952年，法国GR总里程达1000公里，同年，第一篇描述GR3步道的文章发表。1957年，第一本步道指南（Topoguide of GR1）开始编写，并于1964年出版。

高速发展阶段（1978年至今） 1978年，全国远足步道委员会建立法国远足联盟，法国步道进入高速发展阶段。联盟融合了各地的远足协会，形成了一个全国性的庞大组织，目标也向自然环境保护、利益相关者关系协调等多方面逐步扩展，其宗旨是推广和促进法国GR步道的发展，制定和完善相关规章制度。1980年，步道标记宪章发行。1982年，建立了官方远足向导培训。1983年，步道远足省份计划（Plan Départemental des Itinéraires de Promenade et de Randonnée）诞生。1998年，联合国科教文组织将圣地亚哥·德孔波斯特拉（Saint-Jacques de Compostelle）步道列入世界文化遗产。2011年，远足联盟启动步道数字化工程，以促进其维护、开发、推广远足步道（Etcheverria，1997）。

二、国家步道特点

自然景观丰富 法国GR途经了众多法国的自然遗产地，包括：5座国家公园，4座国家海洋保护区，48个区域森林公园。徒步者在法国GR上能够体验高山草甸、森林等不同种类的植被景观（图3-11），也能够体验高山、峡谷、海岸等风貌各异的地理景观。无论是自然景观的数量还是种类，法国GR都具有相当丰富的多样性。

图3-11 自然景观（Jon Ingall 摄）

人文景观多彩 法国GR途经众多法国的古堡和遗址，为徒步者呈现出丰富多彩的人文景观。据统计，包括凡尔赛宫（Chateau de Versailles）在内的10000多个法国古堡，大部分都被法国GR串联。甚至有的步道自身就是世界自然文化遗产，例如圣地亚哥·德孔波斯特拉步道，在1998年被联合国教科文组织列入世界文化遗产名录。本土特色文化与周边民族和世界文化相融合，使法国GR更具吸引力。

补给和休憩设施完善 法国GR沿途经过村庄或城镇，以方便徒步者找到休憩场所和食物。沿途的休憩场所和旅店需提前预订，便于主人提前准备食物等。距离村庄和城镇较远的步道，会设置庇护所和露营地，少数庇护所提供生活用品，而多数只具备简单的遮蔽功能，需要徒步者自己携带帐篷、睡袋等生活用品。联盟及各附属协会的官网会公布和更新沿途住宿的相关信息。

监控系统发达 “生态夜视镜（Eco-veille）”是安装在步道上的监控系统。目的是鼓励徒步者积极参与步道景观的研究、保护和发展，促进和改善步道的环境。目前，该设备已遍布法国GR。设备连接了徒步活动的所有参与者，包括管理者、所有者和徒步者等，极大地提升了户外徒步中信息交流的便利性。

路面类型多样 法国GR的路面类型非常多，其中，道路路面有公路、乡村小道、野外小径等（图3-12），非道路路面有草地、沙滩、灌丛、森林等。法国远足联盟注重串联现有路面，形成一条完整的步道。因此，除了少数区域需要新建步道外，多数步道都沿着公路设置或与公路共用路面。

图3-12 步道路面示例图（Jon Ingall 摄）

连通性好 法国GR具有良好的连通性。在国内，它覆盖了法国全境，各地徒步者均可迅速进入步道网络。在国外，它与荷兰、西班牙和比利时的步道联合形成GR体系，使徒步者能够在周边三国进行连续徒步。与此同时，部分法国GR也是欧洲E体系步道的组成部分，如GR5、GR3、GR22等。因此，从法国GR出发，既能走遍法国的草原湖泊、高山原野，也能领略欧洲大陆的万千风情。

三、国家步道法律法规

法国没有出台专门的步道法律，但是法国环境法（Code de l’environnement）中的“徒步道路”一节为步道建设和维护提供了法律依据。主要内容有：①根据城市规划法第121-31条（article L.121-31 du code de l’urbanisme），为了保证路线的畅通，步道能借用已存在的公共道路以及私人道路。②根据财产权通用法第2131-2条，步道可以借用已被占有的台阶（la servitude de marchepied）。③任何乡村道路的孤立都会影响路线的连续性，因此，为了保持或者恢复这种连续性，可以酌情考虑备用步道。④任何公共土地的开发都不能破坏步道的连续性。⑤无论是公共步道还是私人道路，徒步者必须遵守相关的规章制度。⑥当地政府必要情况下可以调整步道的使用条件。

另外，法国远足联盟设立的法律委员会（Comité Juridique de la Fédération Francaise de la Randonnée Pédestre）主要参考国内现有的法律法规处理步道相关的法律事务，如城市规划法、民法等（表3-10）。

表3-10　步道法律委员会主要的法律参考

编号	中文名称	法语名称
1	城市规划法	Code de l’Urbanisme
2	财产权通用法	Code Général de la Propriété
3	民法	Code Civil
4	乡村法	Code Rural
5	林业法	Code Forestier
6	环境法	Code de l’Environnement
7	地方政府通用法	Code Général des Collectivités Territoriales
8	公路法	Code de la Voirie Routière
9	国有土地法	Code du Domaine de l’ État
10	土地征用法	Code de l’Expropriation
11	旅游法	Code du Tourisme
12	体育法	Code des Sports
13	交通法	Code de la Route
14	公共市场法	Code des Marchés Publics

（续）

编号	中文名称	法语名称
15	刑法	Code Pénal
16	遗产法	Code du Patrimoine
17	公共海域航道法	Code du Domaine Public Fluvial
18	港口法	Code des Ports Maritimes

四、国家步道组织管理

管理部门 法国远足联盟是远足训练、标准制定、步道修建和维护的官方协会。它包括1个督导委员会，116个区域委员会和部门，以及3430个附属协会（Fédération Francaise de la Randonnée，2016a）。

督导委员会是远足联盟授权且代表联盟协调所有事物的最高部门。它的宗旨是促进和推广法国GR的建设和发展。每届督导委员会任期4年，其成员从远足联盟中选出，共28人，其中1人同时作为远足联盟主席。

主要职责 法国远足联盟是法国国家奥林匹克体育委员会的成员、体育部远足活动的代表，同时也是林业、旅游、农业等部门的合作伙伴。联盟的主要职责包括步道的创建和维护、远足培训、步道宣传与推广、制订旅游指南和促进内外交流等。

制度保障 为了确保协会的正常运转，法国远足联盟制定了联盟的指导守则。主要内容有徒步定义、徒步建议、管理条例和活动规则。

徒步的定义是按事先设计好的路线，沿导航或者路标行走的体力运动。

徒步建议包括徒步实践安全建议、徒步路线选择建议、穿越特殊环境的建议、保护区域的特殊建议、特殊气候条件的建议、徒步能力自我评定建议。

管理条例分为一般条例、特殊条例和徒步类型监管条例。一般条例包括徒步准备和实施管理条例、组织内部管理条例。特殊条例包括夏令营监管条例、学校监管条例、身体残疾人管理条例、精神残疾人管理条例、有偿服务监管条例。徒步类型监管条例包括雪地徒步监管条例、越野行走监管条例、海岸徒步监管条例、健身监管条例。

活动规则包括活动的一般要求、活动组织的技术规则、耐力行走规则、健走规则和组织游客出游规则。

五、国家步道运营管理

（一）标识标牌设置

原则 法国远足联盟编写了步道标识标牌的准则，要求标识标牌须能够清楚地引导徒步者前进。安装组织必须定期对标识标牌进行维修，且在安装或更新前，必须把旧的拆

图3-13　标牌示例（Deistudio　摄）

除，避免干扰徒步者或者污染环境。同时要求尽量就地选择承载材料，如树干、岩石、电线杆等，最大程度减少对环境的破坏（图3-13）。特殊区域，如国家公园、自然保护区等，需要经过批准才能设立标识标牌。

规格　包括直行标牌、专项标牌和错误方向标牌。其中，直行标牌是由白色和红色两个矩形条带组成，长100毫米，宽20毫米，间隔5毫米。转向标牌是在直行标志下再增加一个转向直角白色标志，高70毫米，其余规格同直行标牌。错误方向标牌表示此方向是错误的，由一个红白相间的ST. André十字架表示。

相关组织单位　参与制定标识标牌的单位与组织有国家森林署（Office National des Forêts）、国家旅游部（Ministère du Tourisme）、国家后勤保障部（Ministère de l'Equipement）、生态与可持续发展部（Ministère de l'Ecologie et du Développement Durable）、法国马术联合会（Fédération Française d'Equitation）、法国循环旅游联合会（Fédération Française de Cyclotourisme）、法国自行车联合会（Fédération Française de Cyclisme）、法国阿尔卑斯登山俱乐部（Fédération Française des Clubs Alpins Français）、法国攀岩联合会（Fédération Française de la Montagne et de l'Escalade）。

（二）步道评级系统

经过多年的探索，法国远足联盟已经建立了完整的步道等级评价体系（Système de calcul Fédération Française dela Randonnée/IBP）。评价体系主要从体能要求、技术难度、危险程度三个指标对步道进行等级评价，每个指标分为五个等级。

体能要求　主要根据徒步过程中的体能要求来评价。

等级1：非常容易（Facile），在体能上没有任何难度。

等级2：比较容易（Assez Facile），在体能上基本没有难度。

等级3：轻微困难（Peu Difficile），需提前进行体能练习。

等级4：比较困难（Assez Difficile），需要提前进行体能训练，路线具有一定的挑战性。

等级5：特别困难（Difficile），需要提前进行专业的体能训练，路线具有相当大的挑战性。

技术难度　主要根据步道路程中障碍物和路面等情况评定。

等级1：非常容易（Facile），整个步道上都没有任何障碍，路面平整。

等级2：比较容易（Assez Facile），步道具有少量低于或等于脚踝高的障碍物，路面具有平坦的落脚处。

等级3：轻微困难（Peu Difficile），步道具有低于或等于膝盖高度的不规则障碍物。路面有不规则落脚处，不需要使用支撑设备。

等级4：比较困难（Assez Difficile），步道整体或部分具有至少一个臀部高的障碍物，路面不平整，需要使用支撑设备。

等级5：特别困难（Difficile），步道整体或部分具有至少一个齐腰高的障碍物，需要用手及其他设备辅助前行。

危险程度 根据徒步过程中人员受伤的可能性及程度来评定。

等级1：无风险（Aible），基本不会跌倒或滑落，步道上没有危险的路段，基本上不会受伤。

等级2：低风险（Sez Faible），摔伤或滑倒的可能性低，步道上具有一些显著的危险路段。有暴露于危险的可能性，可能受到轻微的伤害。

等级3：中等风险（Peu Élevé），一定的几率造成摔伤或滑落，步道上具有明显的危险路段。可能暴露于危险之中，有徒步者受伤事件发生。

等级4：高风险（Assez Élevé），受伤的可能性较高，很可能受到多方面的伤害，甚至造成死亡。沿途具有救援标识。

等级5：超高风险（Élevé），很高的几率会跌倒或滑落，已经处于极度危险的状态之中，如果跌倒，很可能会造成死亡。沿途有明显的救援和危险范围标识。

（三）活动组织

火灾预警教育 每到夏季，地中海周边国家的自然环境会受到严重的威胁，森林火灾是其中最严重的一个威胁因子。在法国，有85%的林火是人为引起的，因此，法国远足联盟和法国燃气公司共同制作了“警惕生态火灾”宣传册，教育和提醒徒步者在徒步过程中提高警惕。

徒步学校（La Randonnée Pédestre à l'École） 在该活动中，远足联盟与法国教育部合作，并且专门出版了《徒步学校》一书。书中提出了“简单教育”的理念，鼓励学生参与徒步活动，锻炼独立与坚持精神（Fédération Francaise de la Randonnée，2015）。

一条步道一所学校（Un Chemin un Eécole） 该活动由法国远足联盟发起，是围绕远足与步道，集发现、体验、锻炼于一体的教育性活动。项目的宗旨是教育学生尊重和保护生态环境，鼓励学生开发或维护步道，体现了地方性和可持续发展性，锻炼了学生的探索能力。

步道与健康 法国远足联盟不断推广法国GR，努力为全民健康做出贡献，并设立了“兰多西塔迪纳”和“海岸水上行进”等活动。其中，“兰多西塔迪纳”结合了运动和城市发现的主题，是经典的有益身心健康的徒步活动。“海岸水上行进”活动借鉴了船员的专业训练方法，可以使徒步者进行安全有效的肌肉训练并预防心血管疾病。

六、国家步道资金投入

法国GR的资金来源较为多样，主要包括国家拨款、企业和个人捐助以及步道营收等。

其中，国家拨款主要来自于法国的林业、环境、青年体育和旅游等多个国家部门。企业和个人捐助主要来自于法国燃气公司以及广大的徒步者群体。步道营收则是指通过对步道进行一定的商业化运营来获取收益。

在长期发展过程中，步道营收已成为法国GR重要的资金来源形式。法国远足联盟通过有偿培训、出售步道指南、会员收费等方式筹措资金。同时，联盟每年会招募大量的志愿者进行步道维护相关的免费培训。此外，联盟也会对步道当地的伤残人士进行培训，以有偿的方式聘请他们作为步道维护人员，从而帮助他们更好地生活。

七、国家步道准入与许可

步道访问　法国GR作为法国国家步道的网路干线和欧洲GR的重要组成部分，不仅对法国的徒步者免费开放，同时也欢迎欧洲甚至全世界的徒步者群体随时访问。在法国境内，法国GR已成为连接城市与城市、城市与乡村的纽带，同时也成为人们进行探索和发现的平台。在整个欧洲，法国GR也成为连接西班牙、荷兰、比利时等周边国家广大徒步者群体的桥梁。

步道审批　在法国，无论是新建步道、修改路线、延长步道、扩宽步道、修建备用步道，还是进行步道认证、重新认证等，都需要进行审批。审批过程包括草案提交—步道认证与授牌小组（Groupe Homologation et Labellisation）初审—立项—区域路线委员会（Commission Régionale Sentiers et Itinéraires）复审—部门及小径联合委员会（Comites Departementaux et leur Commission Sentiers et Itineraires）终审—反对或赞同—结论。

第三节　德国国家步道

德国拥有极其发达的步道网络，总长度超过20万公里。其中，500公里以上的长程步道有10条，总长达7084公里，主要长程步道路线如图3-14。德国步道不仅是德国民众日常休闲的主要空间，也是世界人民认识和近距离接触德国的绝佳途径。

一、国家步道发展历程

德国是一个热爱徒步的国家，徒步活动广受各阶层民众的欢迎。根据德国徒步协会（德语Deutscher Wanderverband）2010年发表的“休闲度假市场徒步旅行的基础研究”（Grundlagenuntersuchung Freizeit-und Urlaubsmarkt Wandern）调查报告，16周岁以上的德国人中，有56%是“活跃的徒步爱好者”，共3980万人（Deutscher Wanderverband，2010）。德国步道的发展始于18世纪末期，历经启蒙及雏形、制度化发展、高标准发展三个阶段。经过长达200多年的努力，德国建立了完善的步道系统，同时也使徒步理念深入到每个德国人的内心。

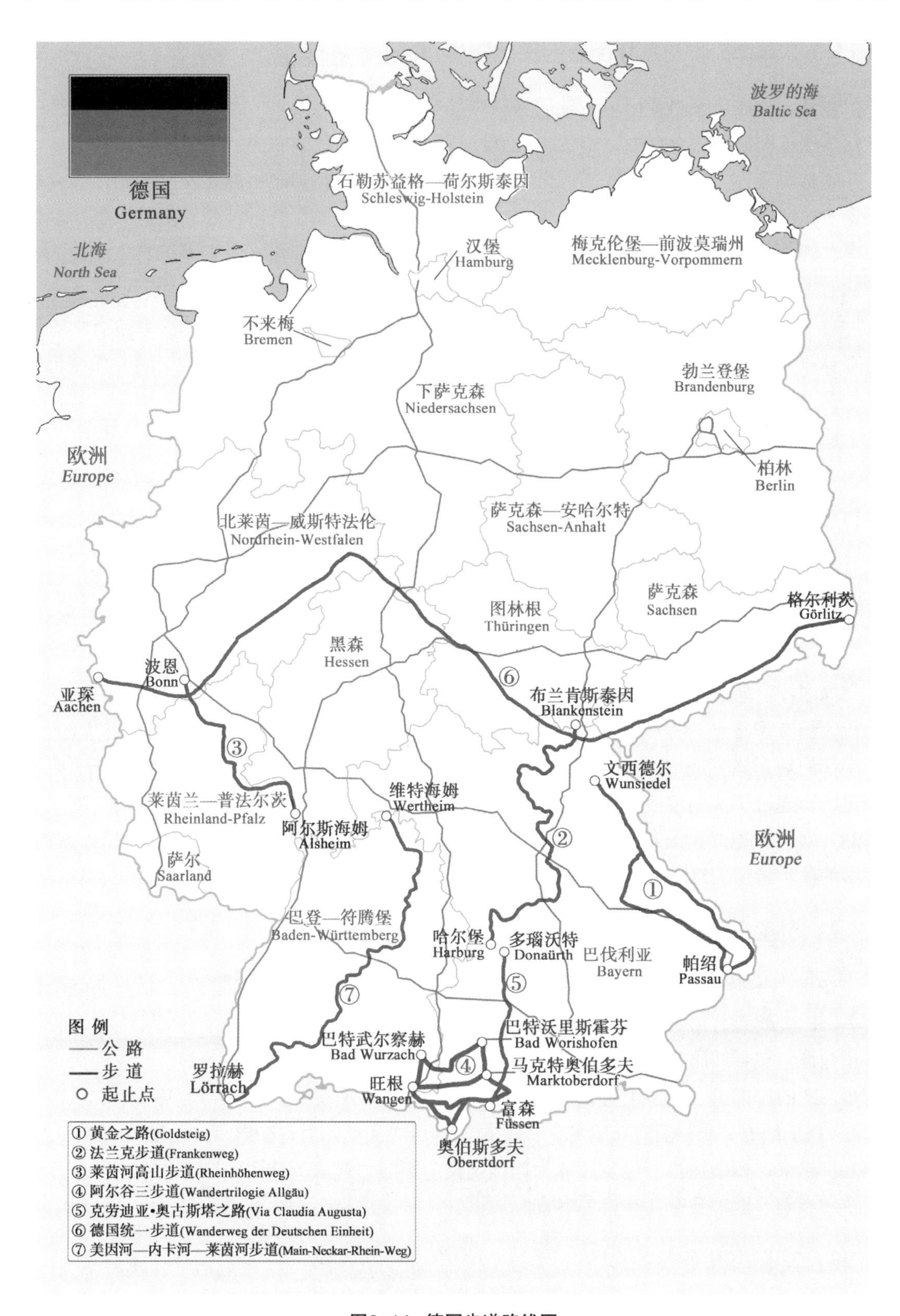

图3-14 德国步道路线图

（一）森林徒步与森林民族的思想渊源

德意志民族历来热爱山林，他们喜欢以徒步的方式走进森林、草地，追溯河流，拥抱自然。在长期的历史发展中，德意志民族逐渐形成了对森林的向往、崇敬和敬畏。

森林民族　不同于农耕民族、游牧民族或航海民族，德意志民族是从幽深的原始森林中走出的民族。远古时代德意志人聚居之处覆盖着浓密的原始森林，尽管随着人类活动的开展，森林逐渐被农田所取代，森林却仿佛这个民族的孩提记忆，影响着德意志民族的气质和心态（王晓卿，2010）。

数个世纪以来，许多文学作品都反映出德意志民族与森林千丝万缕的关系。有学者认为森林深处有着德国文化与精神的源头，森林曾经是德意志人赖以生存的空间，如今仍然是德国文化的根源。

回归森林　19世纪初，德国开始早期的工业革命。工业发展使自然环境遭受极大的破坏，人们对违反人性的都市文明和工业文化感到失望，渴望回归到遥远的过去，逃离现实，回归到森林之中，享受那一份原有的淳朴与自然。

（二）步道发展阶段

1．启蒙及雏形阶段

德国步道始于18世纪末，当时徒步是德国人进入森林的主要方式。以艺术家、文学家为代表的有识之士，喜欢穿梭于德国北部的吕根岛（Rügen）、中部的哈尔茨山脉（Harz）和南部的瑞士撒克逊地区（Sächsische Schweiz）。这些地区原始野性的景观与水资源要素的组合，迎合了他们浪漫主义的想法，同时引发了他们的创作灵感。大量森林题材的文学作品，唤起了德国民众对自然的向往（Wandern im Steigerwald，2016）。从此以后，越来越多的徒步者走入森林，客观上推动了德国步道的发展。

2．制度化阶段

19世纪中叶，德国步道进入制度化发展阶段。1864年，德国建立了第一个徒步协会——巴登黑森林协会（Badischen Schwarzwaldverein）。该协会致力于专门化、制度化的步道建设，包括线路开拓、沿途标记、提供地图，以及瞭望塔和庇护所的修建。随后，在徒步活跃的中部山区，多个协会相继成立。1883年，地方徒步协会各自为政的状况被彻底改变，15个地方徒步协会宣布合并，成立德国徒步协会。此后，相继有43个地方协会加入，到20世纪末，德国徒步协会发展成为德国规模与影响力最大的徒步协会，承担着德国步道的统一规划、维护及管理等相关事宜。

3．高标准发展阶段

20世纪90年代以来，伴随着步道建设的日益完善，德国民众对步道长度和品质的要求越来越高，德国步道进入高标准发展阶段。为满足民众需求，相关民间组织积极制定步道标准，以标准进行评判，对现有步道进行认证。其中，德国徒步协会制定了《高品质步道标准》（Qualitätsweg Wanderbares Deutschland），此外，由徒步专家组成的德国徒步研究所（Deutsches Wanderinstitut e.V.），制定了《高等级步道标准》（Premium–Wanderregion Kriterien）。1990年，萨克森州（Sachsen）的徒步者提出，希望修建一条横贯德国的长程步道，以此步道作为德国统一的标志。几年后，德国统一步道（Wanderweg der Deutschen Einheit）修建完成。该步道起于德国最东部的格尔利茨（Görlitz），止于最西部的亚琛（Aachen），成为第一条横贯德国的长程步道。1999年，德国徒步研究所开始对rothaarsteig进行认证，该步道成为德国第一条高等级步道（Premiumwanderwege）。2004年，全长520公里的法兰克步道（Frankenweg）通过德国徒步协会的认证，成为第一条高品质步道（Qualitätswanderweg）。

二、国家步道特点

四通八达，串联德国　德国步道网络四通八达，20多万公里的步道均匀分布在全国各地。从北海海滨到南部山地，从西南的黑森林地区（Schwarzwald）（图3–15）到东部的巴伐利亚森林公园（Nationalpark Bayerischer Wald），纵横交错的步道将这些地区连接起来，形成了遍布全国的步道网络。发达的步道网络为徒步者提供了多种可能，他们可根据自己的喜好自由选择步道线路。

图3–15　黑森林（Morseicinque　摄）

穿越最“德国”的风景　步道穿越或途经德国的16座国家公园、104座自然公园和15个自然保护区，这些地区森林茂密、景观丰富，为徒步者提供了多样的景观体验。例如法兰克步道（Frankenweg）全长520公里，途经法兰克瑞士—泛尔顿斯坦尼自然公园（Naturpark Fränkische Schweiz–Veldensteiner Forst）、阿尔谷自然公园（Naturpark Altmühltal）、法兰克山（Frankenalb）和法兰克湖（Fränkisches Seenland）等德国著名的自然景区。

图3-16 海德堡（Guenter Purin 摄）

每条步道都有故事 德国历史和文化享誉世界，每条步道都有自己的故事，众多的人文历史主题步道，包括德国古堡之路（Burgenstrasse）、黄金之路（Goldsteig）、浪漫之路（Romantische Straße）、哈尔茨女巫小径（Harzer Hexenstieg）等。例如，充满浪漫气息的德国古堡之路，以德国最宏伟的巴洛克式古城堡曼海姆（Mannheim）为起点，经过著名大学城海德堡（Heidelberg）（图3-16）、中古城市罗滕堡（Rotenburg ob der Trauber），纽伦堡市（Nuernberg），最后到达拜罗伊持（Bayreuth），沿途经过70多个不同历史时期的城堡。行走在德国古堡之路上，徒步者既能体验原汁原味的德国风貌，又能深入了解中世纪的历史文化（韩亚弟，2011）。哈尔茨女巫小径以“美丽”的女巫传说著称于世。云雾缥缈，似梦迷离的景色，为哈尔茨山（Harz）披上一层神秘面纱。每年4月30日夜里，即瓦普几司之夜（Walpurgisnacht），徒步者会装扮成女巫，到哈尔茨山的小径上，一边徒步一边跳舞。

带动区域经济发展 德国步道的发展始于中部山区。在当时，与其他地区相比，这些地区虽然自然风景秀丽，但工业化水平较低，经济发展相对滞后。通过在中部山区修建步道，吸引徒步者到该地区游览、休闲，从而带动了当地经济的发展，缩小了区域间经济发展水平的差距。

高标准、长程成为步道发展的趋势 从1999年开始，就有13条步道通过德国徒步研究所的认证，成为高等级步道。2004—2016年，已经有上百条步道通过德国徒步协会认证，成为高品质步道。截至2016年，德国有10条超过500公里的长程步道（表3-11）。

表3-11 德国长程步道概况

名称	长度（公里）	自然景观	历史文化	困难程度
美因河—多瑙河步道 Main-Donau-Weg	1140	黑森林、巴伐利亚侏罗山、多瑙河、陶伯河谷	雷根斯堡石桥、巴本海姆、罗滕堡	易
德国统一步道 Wanderweg der Deutschen Einheit	1080	萨克森小瑞士国家公园、埃弗尔国家公园、赛芬温泉、图林根森林	Rübenau、阿尔滕堡、奥尔登堡	
阿尔谷三步道 Wandertrilogie Allgäu	876	阿尔卑斯山、阿尔谷梯田景观	徒步三部曲主题馆、福森小镇	
克劳迪亚·奥古斯塔之路 Via Claudia Augusta	700	多瑙河、莱希河、福尔根湖	密特拉神庙、新天鹅堡、筏运博物馆、罗马浴室、莱希桥	中等

（续）

名称	长度（公里）	自然景观	历史文化	困难程度
波罗的海—萨勒大坝步道 Ostsee-Saaletalsperren	700	Einsiedler Wald、易北河、吕根岛	拉德堡、弗莱贝格小镇、Petri-Nikolai und St. Johannis教堂	易
黄金之路 Goldsteig	600	巴伐利亚国家森林公园、法尔肯施泰因岩壁、伊尔茨河	维森施坦城堡遗址、福克伯格城堡、弗里登菲尔斯小镇	易
美因河—内卡河—莱茵河步道 Main-Neckar-Rhein-Weg	540	Neckartal-Odenwald自然公园、黑森林、莱茵河、内卡河	中世纪城市施韦比施哈尔和埃斯林根、图宾根大学城、魏克尔斯海姆城堡	易
齐陶—韦尼格罗德步道 Zittau-Wernigerode	526	萨克森小瑞士国家公园、图林根森林、厄尔士山脉、哈尔茨山脉	圣约翰教堂、利林施泰因酒店	
法兰克步道 Frankenweg	520	法兰克瑞士—泛尔顿斯坦尼自然公园、阿尔谷自然公园、法兰克山、法兰克湖	库姆巴赫小镇、Plassenburg、世界最大的锡数字博物馆	易
莱茵河高山步道 Rheinhöhenweg	512	陶努斯山自然公园、莱茵韦斯特瓦自然公园	莱茵河中上游河谷世界文化遗产、德拉亨堡、莱茵石城堡、河角城堡、史特臣岩城堡	易

资料引自徒步网（Wandern），2016.

高标准步道的服务设施相当完善。例如，法兰克步道（Frankenweg）沿线建有徒步者使用的小木屋和山间旅馆。小木屋可免费试用，山间旅馆需要收费。步道上的标识标牌系统非常完善，沿线设立了大量的标识标牌（图3-17）。步道沿途访客中心提供徒步地图、步道旅行手册和互联网服务，以保证徒步者便利通行。同时访客中心也提供徒步装备服务，徒步者可以根据自己的实际需要进行租赁、购买或修理。

图3-17　法兰克步道标识牌

三、国家步道法律法规

迄今为止，德国还未制定专门的步道法律法规，但现有法律的部分内容涉及步道和徒步活动（表3–12）。在国家层面，《德国宪法》（Grundgesetz）明确赋予民众在乡村区域进行徒步的自由，奠定了德国徒步活动的法律基础，是徒步发展的根本保障。《联邦自然保护法》（Bundesnaturschutzgesetz）和《联邦森林法》（Bundeswaldgesetz）保障了徒步者进入步道和森林小径的权利。在地方层面，萨克森—安哈尔特州（Sachsen–Anhalt）和梅克伦堡—前波莫瑞州（Mecklenburg–Vorpommern），根据本地的实际情况，在遵守国家法律的前提下，制定了相应的法律条款。

表3–12　德国涉及步道的法律

层级	法律	内容
国家	德国宪法 Grundgesetz	第2条第1款　在开阔的乡村保证户外运动者进行一般活动的自由，他们具有从事户外运动的权利
	联邦自然保护法 Bundesnaturschutzgesetz	第59条第1款　允许在开放的农村道路、路径、未利用土地上开展娱乐休闲活动（一般原则）
	联邦森林法 Bundeswaldgesetz	第14条第1款　允许出于休闲活动为目的的人进入森林
州	萨克森—安哈尔特州森林法 Waldgesetz für das Land Sachsen–Anhalt	第11条　森林小径服务于森林开发和保护以及恢复为目的的管理。新建设和扩建的森林小径需要得到林业主管部门的批准
	梅克伦堡—前波莫瑞州自然保护法 Naturschutzgesetz Mecklenburg–Vorpommern	第26条第1款　允许市、县设置合适与连贯的徒步道、马术步道以及其他的道路，用于徒步或骑行

四、国家步道组织管理

德国徒步协会　德国徒步协会是德国步道修建、维护和管理的全国性民间组织。它在德国步道发展历史上扮有相当重要的角色，长期参与德国步道的建设和发展。截至2016年6月，德国徒步协会共由58个区域性组织和3000多个地方性组织构成，成员大约有60万名（图3–18）。

德国徒步研究所　20世纪90年代末，德国的徒步活动进入了大爆炸发展时期。在此背景下，德国马尔堡菲利普大学（Philipps–Universität Marburg）Rainer Brämer博士创建了德国徒步研究所，它是由一批从事徒步活动和相关研究的专家、学者组成，致力于科学地研究徒步、新的徒步路径开拓、步道检查等工作。在新的时代条件下，德国徒步研究所以徒步活动和相关研究为支撑，客观深入分析德国步道发展状况以及未来发展趋势，积极推动德国步道的高品质、现代化发展。

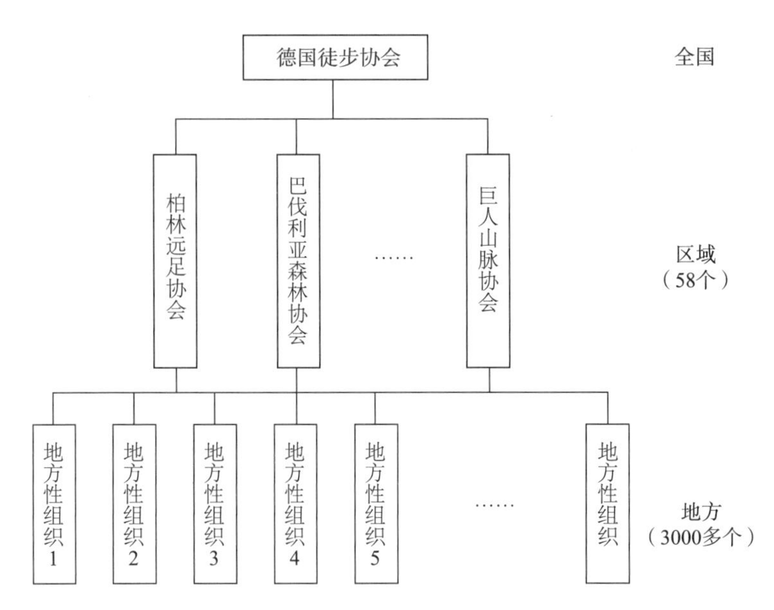

图3-18　德国徒步协会组织管理图

五、国家步道运营管理

德国徒步协会负责步道的运营管理与维护，志愿者也积极参与其中。德国徒步协会和志愿者相互配合、相互协作，共同推动着步道的发展。

协会主办　德国徒步协会是德国长程步道运行与管理的主体，其工作重点之一就是建立既环保又有趣的长程步道。德国徒步协会主要工作是：修建步道、设立与维护标识标牌、出版徒步杂志和书籍、资助地方徒步机构和举办徒步活动。

专栏　德国徒步日

德国徒步日是由德国徒步协会组织举办的民众徒步活动。它于1883年首次举办，此后每年在德国不同的城市轮流进行，至今已经成功举办116届，每年吸引3万～5万名徒步者参加。该活动一般历时6天，在此期间举办徒步游行、音乐会和徒步讲座等一系列的文化活动。其中闭幕游行是德国徒步日活动的高潮，每年有超过2万名来自德国各地的徒步者参与其中。

志愿者参与　志愿者是德国步道运行和维护的重要力量。德国徒步协会与各地方分会现有志愿者2万人，其中得到正规培训的志愿者大约有6300人，每年志愿活动的时间超过700万小时。每年还有200万名以上的德国公民自愿参与到服务当中。

六、国家步道资金投入

德国步道的资金投入来源渠道主要分为两大部分。一部分为德国徒步协会的自营收入，包括协会成员的会费缴纳，协会出版的徒步杂志和书籍所得收入，以及协会其他相关的经营性收入。另一部分为徒步者或第三方人员、企业的扶持与资助，包括徒步者或第三方人员为步道建设及维护自发进行的相关资金资助，以及第三方企业对协会的捐赠。如果捐款超过100欧元，德国徒步协会将给予捐赠者证书奖励，捐款超过200欧元，捐赠者可以得到税务部门承认的减税证明。

七、国家步道准入与许可

（一）步道准入标准

为促进德国步道的高标准发展，德国徒步研究所和德国徒步协会分别制定了《高等级步道标准》与《高品质步道标准》。二者的显著区别在于，高等级步道标准采用定性的方法评定步道，高品质步道标准则采用定量、具体的方法，对步道进行精准的评价。两个步道评价标准虽存在一定差异，但均对步道做出科学系统的评价，代表着德国步道的发展方向。

经过质量标准检测，获得德国徒步研究所和德国徒步协会认证与许可，就分别成为高等级步道与高品质步道。两种步道的有效期均为3年，时间到期后，需要重新认证与许可。

德国高等级步道标准　高等级步道标准（表3–13）要求步道路径原始自然、景观丰富多样、服务设施完善、重视步道交叉区域。该标准从路径形式、自然/景观、文化/文明、徒步控制系统和交叉区域等五个方面，对步道进行客观、严谨的定性评价。

表3–13　德国高等级步道认证标准

一级指标	二级指标	评价因子	影响
路径形式	地面	泥土、草	+
	宽度	窄、小	+
	路径边缘	绿色、有种植	+
	障碍	难以徒步	–
	步道用途	汽车、自行车行驶	–
	大道	道路救援	–
	交通安全	公路交通	–
自然/景观	森林	开放、美丽、栖息地	+
	地表形态	草甸、树木	+
	人工构筑物	空旷小径	+
	边缘	森林、海岸	+

（续）

一级指标	二级指标	评价因子	影响
自然/景观	视角	开阔、宽广	+
	水域	自然、美丽	+
	地质	岩石、洞穴	+
	田园生活	活动空间、水系	+
	植物群	古树	+
文化/文明	建筑	单调、丑陋	–
	市容	包容、老旧	+
	土木工程	高桅杆、垃圾填埋场	–
	静谧路段	安静	+
	历史建筑	宫殿、城堡	+
	纪念碑	古迹、艺术品	+
	小纪念物	神龛、十字架	+
	招待所	旅馆、小木屋	+
徒步控制系统	路标	等距离设置	+
	标记	术语准确	+
	方位	位置信息	+
	标识牌	定位信息	+
	休息设施	长椅、休息区	+
交叉区域	景观	壮观、原始	+
	种类	形成变化	+
	维护	风景、标牌缺乏	–
	替代线路	较差的替代线路	–
	节点	停靠站	+

注："+"表示影响为积极，"–"表示影响为负面。

资料引自德国徒步研究所制定的《高等级步道标准》（Deutsches Wanderinstitut e.V.，2016）.

德国高品质步道标准　德国高品质步道标准要求步道路径设计简单自然、沿途景观多样、服务配套设施完善。通过制定9个核心标准（表3–14）和23个选择标准（表3–15），以4公里为单位长度，对步道各项指标进行科学具体的评估，通过定量化的方法对德国步道做出客观认定。

表3–14 德国高品质步道核心标准

核心标准	评价因子	极限值
自然路径	保留自然、通畅灵活、风景独特路段	≥ 总距离的35%
人为影响的路段	松散石料覆盖的路段	≤ 总距离的5%
复合地板	沥青、混凝土和石头组成的路径	≤ 总距离的20%
在繁忙的路段上	无担保的路口	≤ 总距离的3%
繁忙的路段旁边	由路段宽度、到路段边缘的距离决定	≤ 总距离的10%
人性化的标识	“高品质步道”标识	总距离的100%
种类	种类变化大	8公里至少形成2种变化
体验能力	选择标准13 ~ 19	最少4个在这8公里范围内
密集的人为环境	位于商业、污水处理厂、电力线周围的路段	≤ 总距离的7.5%

资料引自德国徒步协会制定的《高品质步道标准》(Deutscher Wanderverband，2015).

高品质步道首先必须满足所制定的全部核心标准，之后根据选择标准进行具体分值评定。如果某项选择标准符合高品质步道标准规定，则得1 ~ 2分，总分超过11分就可以被认定为高品质步道。

表3–15 德国高品质步道选择标准

指标	评价因子	分值
路径	路径自然、风景独特 ≥ 1000米	1 ~ 2
	人为活动影响路段	1
	碎石道路 ≤ 300米	1
	沥青、混凝土 ≤ 500米	1
	宽度小于1米的路段 ≥ 500米	1 ~ 2
	繁忙路段 ≤ 50米	1
	繁忙路段旁 ≤ 300米	1
徒步控制系统	人性化标识	1
	标识标牌 ≥ 2个	1
	网络服务点 ≥ 2个	1

（续）

指标	评价因子	分值
自然风景	种类 ≥ 3个	1
	自然静谧路段 ≥ 1000米	1
	独特性景观 ≥ 1个	1～2
	天然水域 ≥ 1个	1～2
	代表性景点 ≥ 1个	1～2
	视野开阔景点 ≥ 1个	1～2
文化	文化特色景点 ≥ 1个	1～2
	地方景点 ≥ 2个	1
	国家景点 ≥ 1个	1～2
文明	密集的人为环境 ≤ 300米	1
	公共服务点每周开放5天以上	1
	公共交通站 ≥ 1个	1
	休息区 ≥ 2个	1

资料引自德国徒步协会（Deutscher Wanderverband，2016）.

（二）个人进入步道的许可

徒步者通常很少在野外安营扎寨，在部分地区后半夜露营是违法的。进入步道沿线的私有土地时，需得到土地所有者和私人业主同意，取得许可后方能进入。

第四节　西班牙国家步道

西班牙自然小径项目（西班牙语Programa de Caminos Naturales）启动于1993年，截至2015年底已形成总长度9200公里的国家自然小径网（Red Nacional de Caminos Naturales）（图3–19）。该项目由西班牙农业、食品与环境部进行管理，通过恢复废弃的铁路、畜牧业道路和纤道等，充分利用河岸、海岸等公共道路为人们提供安全的休闲空间，在保护历史文化遗产的同时，也促进了农村地区的可持续发展。

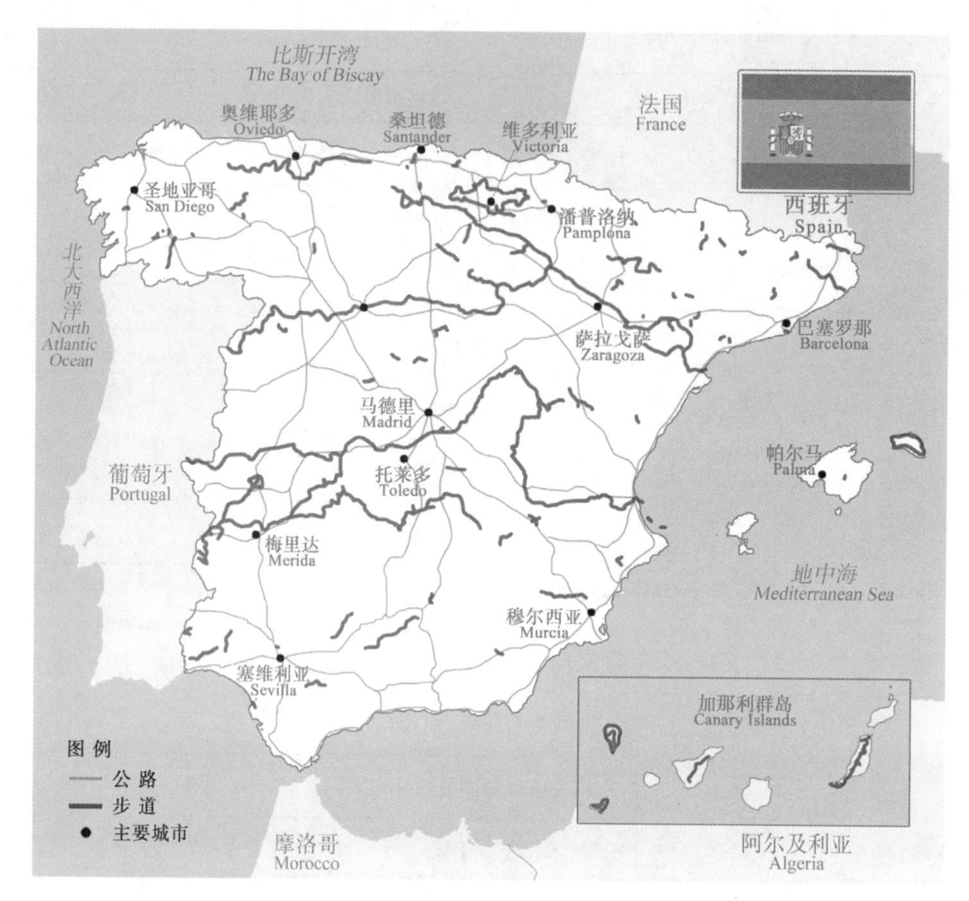

图3-19　西班牙国家自然小径网路线图

一、国家步道发展历程

（一）西班牙古老的道路网

在8世纪中叶，西班牙既已存在跨区域、跨国家、跨大陆，用于运输马蹄铁、毛纺、丝绸、银、鸦片等货物的贸易路线，还有纵横交错的河岸道路、纤道、通信道路、长而复杂的生产运输道路，如运输森林木材的阿斯佩山谷小径等，这些单用途道路或多用途道路共同构成了西班牙古道的道路网络。

（二）休闲运动的兴起与废弃道路的重新利用

19世纪和20世纪西方社会进入工业化阶段，在此期间出现了机动车辆，道路在这种情况下逐渐改变了传统宽度以适应机动车辆的行驶，落后的畜牧业道路逐渐被废弃，但同时也有潜力为民众提供巨大的公共空间。随着时间的推移，人们生活方式和习惯发生着变化，于是在20世纪衍生了一种重新利用这些道路基础设施的新活动：休闲运动。

从20世纪50年代开始，人们的徒步和登山等休闲活动只能通过直觉或辅助定位确定行进方位和路线。1965年到达休闲运动的繁荣时期，这一年“圣地亚哥朝圣之路”（Camino de Santiago）管理组织成立，标识系统设置完成，大量的徒步者开始出现在这条可追溯到6世纪末的朝圣之路上（图3-20）。1974年，GR7作为在西班牙境内的第一条欧洲GR步道开始标记建设，由欧洲徒步协会成员之一的西班牙登山攀岩联盟（Federación Española de Deportes de Montaña y Escalada）负责建设管理。

图3-20　圣地亚哥朝圣之路终点

70年代末，西班牙铁路网和窄轨铁路进行重组，废弃了部分铁路，这些废弃的遗产被徒步爱好者发现并开始利用其开展徒步活动。80年代登山徒步旅行开始普及，登山公司和登山联合会等机构参与建设了或长或短的步道的标识系统，并开始与山地自行车骑行线路和畜牧业道路等路线连接。

通过对废弃道路网络进行保留和恢复，为环保的非机动新用户开展徒步、骑马、骑自行车、滑冰、登山等休闲活动和环境教育活动提供了巨大的公共空间。

（三）自然小径项目的启动与发展

1.“自然小径”的前身——“绿道”

到1993年，西班牙共有7600公里的铁路线路被废弃或闲置，人们担忧这些具有重要历史和文化价值的遗产被逐渐遗忘或完全消失。伴随着一些新的社会需求出现，人们渴望更多的公共土地开展休闲活动，贫困地区也需要进行可持续发展。这些废弃或闲置的铁路有望被重新利用并为民众提供更多的公共空间，但在当时这些铁路部分隧道和桥梁年久失修，有些路段出现泥石流和滑坡等情况，在缺乏最低安全保证条件下开展徒步、骑自行车等休闲活动是非常危险的。基于这种情况，公共工程、运输与环境部①考虑到可用资源与社会需求之间的关系，提出应当修缮和利用废弃铁路，在保护历史文化遗产的同时，发展符合法律规定的休闲活动，提高用户安全，促进贫困地区的可持续发展。因此公共工程、运输与环境部以及铁路基础设施管理局、西班牙铁路网运营者共同合作，将废弃的铁路升级为“西班牙绿道”（Vías Verdes de España），使民众可以通过徒步或骑自行车，以愉快、安全、环保的方式领略西班牙自然与历史文化，自治区、直辖市代表、环保主义者和公民

① 从1993年至今，西班牙政府部门进行过多次重组，自然小径项目的主管单位由公共工程、运输与环境部（1993—1996），环境部（1996—2008），环境、农村与海洋部（2008—2011）到现在的农业、食品与环境部（2011—）。

都积极参与到铁路的恢复利用中。

2．“自然小径”的发展

1996年，新成立的环境部在绿道的基础上提出自然小径项目，在重新利用废弃铁路线路的同时，开始回收其他已经过时的交通基础设施，如畜牧业道路、纤道、山路、河岸、古运河道等。这些基础设施大多位于生态价值高、经济发展水平较低的地区，使用比较困难，但如果转换为自然小径或步道则较容易使用且具有特别的吸引力。该项目同时使西班牙GR步道得到进一步提升，与自然小径网相辅相成，实现了徒步者为农村环境创造更好生存条件的愿望。

2009年7月24日的“部长理事会协议”是自然小径项目的一个重要推力。理事会承认并肯定了该项目，认为其作为一个基本工具促进了农村地区旅游业的可持续发展，并委托环境、农村与海洋部及工业、旅游与贸易部合作完成该项目。在两个部委的共同合作下，自然小径项目成为“西班牙旅游计划2020”中的一个单元，增强了其竞争力和可持续性，最大化提供了社会福利。

2015年颁布的修正后的《山地法》首次将自然小径列入法案，在该法案中通过五个方面来定义自然小径：利用了原有的公共道路，如畜牧业道路、铁路、河岸等；主要开展体育、文化和娱乐活动，如徒步和骑自行车；位于农村区域，路线周边拥有高品质的自然与历史文化景观；通过开展休闲旅游活动，有助于促进农村经济多样化发展；统一商标和标识（Jefatura del Estado，2015）。该法案成为监管自然小径项目发展的第一部法案。2016年1月颁布的《规范国家自然小径网皇家法令草案》使自然小径可以得到更充分的法律保护和规范化发展。

二、国家步道特点

利用各种废弃道路　自然小径项目脱胎于1993年的绿道项目，回收和恢复已经废弃或闲置的铁路，1996年环境部开始纳入其他类型的废弃道路。在第一项规范自然小径建设的法律文件《山地法》和《规范国家自然小径网皇家法令草案》中，对自然小径的定义中均表明“利用原有的公共道路，例如古老的铁路路线、畜牧业道路、公路、河岸，还包括乡村小径和森林的轨道交通”。但在恢复这些废弃或闲置的公共道路时仅确保维持其存在和未来的实用性，这些道路在构成步道网络时，其连接线路不使用沥青等混合材料。因此这些步道对景观和环境仅有轻微的影响，可以更好地融入到周边环境中（图3-21）。

图3-21　自然小径示例（班勇　摄）

连接与利用欧洲GR步道 国家自然小径网在设置路线时还会尽可能地连接现有的欧洲GR步道，与GR步道共用线路及标识系统。如132公里长的霍亚韦斯卡自然小径（Camino Natural del la Hoya de Huesca）线路中就包括了GR1、GR95、GR16三条GR步道的路段，瓜迪亚纳自然小径（Camino Natural del Guadiana）包括了GR114全线（图3-22），布罗河自然小径（Camino Natural del Ebro）连接了GR65的起点，该起点汇集了圣地亚哥朝圣之路（Camino de Santiago）的所有分支。

图3-22 瓜迪亚纳自然小径与GR114

发展生态旅游，带动农村经济 利用回收的废弃线路开展生态旅游，与阳光、沙滩旅游进行互补。通过开展相关的休闲活动，带动农村经济多元化发展（图3-23），从而增加附近民众的福利。据调查，自然小径每年可带来2460万～3150万徒步者，2015年度国家自然小径网的经济影响估计为2.51亿欧元，其中64%为直接影响，36%为间接影响（Ministerio de Agricultura, Alimentacion y Medio Ambiente，2014b）。例如全长36公里的塞拉利昂绿道（Sierra Vía Verde），结合了学校培训与就业计划，雇用了当地60名失业年轻人恢复4座老火车站并配套相关的服务设施。同时，这些旧建筑物的结构改造意味着需要引进大量的投资，塞拉利昂绿道沿途2个火车站引进私人投资改建成为乡村酒店和餐厅，其他2个火车站分别被改建为酒店和观鸟博物馆。

图3-23 西班牙农村地区（张勇 摄）

步道分层级 西班牙自然小径项目在2010—2020年的10年计划中表示，将分三个层次发展国家自然小径网（Ministerio de Agricultura, Alimentacion y Medio Ambiente，2014a）。

国家级小径（Nacionales）：路线长度超过300公里。例如，目前的塔霍河自然小径（Camino Natural del Tajo），全长超过1000公里。也包括那些虽然长度较短，但能够实现长距离小径闭合的路径。

地区级小径（Regionales）：路线长度在150～300公里，这些是区域路径或主路的连接线，鼓励接近大片领土，开展环境教育和旅游活动。例如，位于埃斯特雷马杜拉自治区的卡塞雷斯—巴达霍斯自然小径（Camino Natural del corredor Cáceres–Badajoz），全长176.3公里。

配套小径（Complementarios）：长度小于150公里。可以连接到其他层次的步道，例如哈拉自然小径（Camino Natural de la Tara），全长51公里，向北连接到塔霍河自然小径。

三、国家步道法律法规

（一）自然小径建设依据

自然小径项目发展的20多年来，依法回收利用了废弃铁路、畜牧业道路、河岸、海岸等公共道路或进行新建。回收和利用公共道路主要依据以下法律法规。

畜牧业道路法案 《畜牧业道路法案》（Ley 3/1995, de 23 marzo, de Vías Pecuarias）介绍了畜牧业道路适用的基本规则。法案条款1.2指出畜牧业道路是指运输或流通牲畜的传统路线。条款1.3做出规定：畜牧业道路可以用于其他兼容和互补的用途，并遵循可持续发展，保护环境、景观、自然与文化遗产（Ministerio de Medio Ambiente，1995）。

海岸法案 《海岸法案》（Ley 22/1988, de 28 de julio, de Costas）定义、保护、利用和监管海—陆，尤其是海岸的公共区域。步道和小径使西班牙海岸有了显著的印迹，政府必须确保海岸和海—陆公共区域的使用。条款27中表明，用于运输的保税区（有地役权的区域）为从海边的内边界向外6米以内的区域，这个区域应永久地为行人、监控和救援的车辆通行，特殊的保护区域除外。在运输困难或危险的情况下，若有必要这个宽度最高可达到20米（Jefatura del Estado，1988）。

水域法修订皇家法令 《水域法修订皇家法令》（Real Decreto Legislativo 1/2001, de 20 julio，por el que se aprueba el texto refundido de la Ley de Aguas）批准了对水域法的修正，提出了小径的布局与使用。条款6中定义河岸指公共水道两侧，保税区为5米宽，供公共使用（Ministerio de Medio Ambiente，2001）。

（二）规范自然小径建设

西班牙国家及自治区政府近几年纷纷出台自然小径相关法令、法案，为国家自然小径网的可持续发展提供了法律支持和保护。

1. 有关绿道的议案

2010年4月14日，西班牙国会通过了一项有关绿道的议案。原环境、农村与海洋部提交的议案中，肯定了自然小径和绿道项目自1993年开始以来在重新使用废弃铁路及民众健康、农村地区经济和就业等方面起到的积极作用。但目前对正在进行的和已申请的绿道项目缺少必要的公共支持；并且项目需要考虑充足的资金来源以支持后期维护。因此，认为有必要加强绿道的相关法律法规。

国会最后通过议案并决定在以下方面敦促政府：推动和促进国会及自治区开发新的绿道，促进和改善现有绿道；列入国家预算拨款；制定一个具体的立法和监管范围，及时提供法律支持，并对运行旧铁路及其行动进行规范；促进与其他部门合作，如地方政府、建设部、铁路基础设施管理局、西班牙国家铁路网等，为该项目提供铁路、土地和周围建筑物的使用权（Cortes Generales Congreso，2010）。

2. 第一项农村可持续发展方案

皇家法令《Real Decreto 752/2010, de 4 de junio, por el que se aprueba el primer programa de desarrollo rural sostenible para el período 2010–2014 en aplicación de la Ley 45/2007, de 13 de diciembre, para el desarrollo sostenible del medio rural》是执行农村环境可持续发展法案《Ley 45/2007, de 13 de diciembre》第一阶段（2010—2014）的法令，将国家非机动路线网（La Red de Itinerarios No Motorizados）作为其中一项行动列在“基础设施、基本设备和服务”一节。

法令阐述了非机动路线网包括公共小径、废弃铁路、畜牧业道路，另一种类型是被闲置或废弃的非机动小径，用于徒步、骑自行车或骑马等休闲娱乐活动。规定了该项行动的实施办法、行动目标，还确定环境、农村与海洋部的空间发展办公室作为该行动的国家管理机构（Ministerio de la Presidencia，2010）。

3. 监管自然小径发展的第一部法案

2003年国会通过了《山地法》(Ley 43/2003, de 21 de noviembre, de Montes)，该法案适当调整更新了森林地区的法律法规，根据西班牙宪法和森林可持续管理原则等，对西班牙山地进行管理和保护。2015年该法案进一步进行了修订，并增加了6条附加条款，其中“自然小径”为第6条附加条款，使《山地法》成为自然小径发展和监管的第一部法律依据。条款中通过5个主要特征定义了自然小径，阐明了自然小径的发展目标，指定农业、食品与环境部负责自然小径项目并明确其相关职能（Jefatura del Estado，2015）。

4. 规范国家自然小径网皇家法令草案

自然小径构成的密集网络穿越了大量西班牙国土，相关部门认为有必要制定一个合适的法律框架，以承认和规范国家自然小径网，确定和注册“自然小径”商标，以确定

其身份和标识，使自然小径得到法律保护，实现可持续发展。为此，2016年1月19日农业、食品与环境部制定了《规范国家自然小径网皇家法令草案》（Proyecto de Real Decreto Por el Que se Regula La Red Nacional de Caminos Naturales），说明制定《规范国家自然小径网皇家法令》的目标是：国家自然小径网获得法律认可；规范国家自然小径网发展；对农业、食品与环境部发展自然小径制定要求；确定融资条件；确定农村发展和森林政策委员会（Dirección General de Desarrollo Rural y Política Forestal）在促进和协调国家自然小径网和其他类似的欧洲网络中的职能（Secretaria General de Agricultura y Alimentación，2016）。

5．自治区关于小径或其他公共道路的法律

国家自然小径网的发展允许自治区自主制定小径的批准、授权、管理及标识系统等方面的标准，以统一自治区内的小径。大多数自治区条例都可以被引用或直接用于管辖自治区领土内的步道。目前，已有5个自治区颁布了相关法案，分别是加那利群岛、瓦伦西亚、巴斯克、阿斯图里亚斯和拉里奥哈，其中阿斯图里亚斯自治区还在法案中表示对于不符合标准的步道做撤销处理。

四、国家步道组织管理

2015年颁布的涉及自然小径的法案《山地法》及2016年制定的《规范国家自然小径网皇家法令草案》中都明确表示，国家自然小径网由农业、食品与环境部进行管理，并阐明了其职能：监督和协调国家自然小径网；制定国家自然小径网管理计划，经部长理事会批准通过后，作为小径规划和发展的主要依据；批准新的路线加入到国家自然小径网中；提升和维护自然小径网；承担新加入到网络的自然小径的工程实施；注册商标“自然小径”与“非机动自然路线”；对国家自然小径网进行监测和评价，政府赞助部分自然小径的维护；在自然小径网的规划和设计中与其他部门进行合作；促进自然小径所在农村地区的发展；在国际相同等级的路网中代表西班牙；与工业、能源与旅游部等其他主管机构一起建立自然小径运营模式。

五、国家步道运营管理

地方政府或机构可以作为发起人主动申请将本区域的小径加入到国家自然小径网中，但需要确保小径涉及的土地资源可用，并获得各种小径发展所需的许可证和批准。公开承诺自然小径是与农业、食品与环境部共同合作，并承担因为自然小径所造成的侵占土地、侵权和其他任何可能出现的损伤土地或房地产的责任，同时负责小径的维护和管理。

自然小径基础设施的升级是由农村发展和森林政策委员通过其本身的预算资助，并由其负责施工现场的管理工作，完成路段升级后交付给发起人。发起人接收工程后，负责自然小径的维护和管理，以及促进休闲活动的发展，承担其运行成本，维护活动包括垃圾收集、更换损坏的元件、实施和促进相关活动等（Ministerio de Agricultura, Alimentacion y Medio Ambiente，2014c）。

六、国家步道资金投入

截至2015年，西班牙国家自然小径网长度共计9200公里。项目资金主要来自于农业、食品与环境部，到2015年共计2.14亿欧元，共数百个城市受益。同时，受益于西班牙刺激经济和就业计划的投资项目，2009—2011年三年间自然小径项目共获得投资0.92亿欧元（Ministerio de Agricultura, Alimentacion y Medio Ambiente，2016）。2011年一年间，自然小径网就增长了3462公里。自然小径的公里数近几年也一直在增加，2012—2015年五年间，总长度由8489公里增长到9201公里。

用于运营自然小径的资金主要投入于两个方面：一是基础设施升级，包括可行性研究、项目执行。大部分资金来自于农业、食品与环境部，其余将通过公约和议定书，确定农业、食品与环境部及工业、能源与旅游部，即原工业、旅游与贸易部之间的任务分配。二是维护和推广。初始阶段的步道运行维护由农业、食品与环境部负责。娱乐或文化项目的推广，由自治区负责，根据签署的协议和公约，自然小径的后期维护也由自治区负责。另外，为了提升现有的小径和建设新的自然小径，每年为项目提供800万欧元的预算，其中30万欧元用于自然小径的维护。

七、国家步道准入与许可

项目申请 申请加入自然小径项目首先需要一个公共机构作为项目的发起人，如区域政府、地方政府、联邦直辖市政府、公共实体等，发起人对废弃道路的恢复感兴趣即可申请项目。项目的发起人需要签订承诺书，包括确定土地的可用性，致力于项目的促进和保护，对财产侵占和损坏负有责任等。

项目评价 为了项目的竣工验收，需要对自然小径项目进行技术、社会和经济评价，制定和提供一份评价报告即一份自然小径的蓝图或项目书。一旦农业、食品与环境部接受该评价报告，发起者就可执行该项目（Ministerio de Agricultura, Alimentacion y Medio Ambiente，2014c）。

第五节　欧洲远程跨国步道

欧洲远程跨国步道（英语European long-distance paths，简称E-paths）是由欧洲多条长距离步道形成的步道网络。在欧洲，虽然大多数长距离步道仅在一个国家或地区内，但是E-paths却穿越了欧洲许多不同的国家，跨越从西欧到东欧、从北欧到南欧的整个欧洲大陆。E-paths目前共有12条，长度超过6万公里，命名编号从E1到E12，串联了欧洲的自然美景与地方文化，向世界展示了欧洲之美。

一、国家步道发展历程

1969年10月19日欧洲徒步协会（European Ramblers' Association）在德国注册成立，它是欧洲所有主要徒步协会的国际领导组织，协会以“发展徒步运动，开展徒步活动”为宗旨，开展各项户外徒步活动（European Ramblers' Association，2016）。欧盟的形成使欧洲跨国徒步旅行逐渐成为可能，越来越多的欧洲国家和人民紧密联系在一起，在此背景下欧洲徒步协会联系成员国共同建立了E-paths，鼓励民众跨境行走，以促进欧洲各国之间的联系和了解。E-paths的路线充分利用现有的国家和地方步道，把成员国或地区既定的路线渐渐连起来形成了国际徒步路线，因此E-paths并没有明确的建立时间。E-paths起初只有6条，但随着更多国家加入了欧洲徒步协会，目前路径数量已经上升到12条，穿越大部分欧洲国家，跨越6万多公里。

二、国家步道特点

（一）跨越整个欧洲大陆，以现有步道为基础串联

E-paths纵横欧洲（表3-16），从挪威的北角（Nordkap）到达希腊的克里特岛（Crete），从大西洋（Atlantic）穿行至罗马尼亚的喀尔巴阡山脉（Karpaten）和黑海（Black Sea）。其中E3穿越的国家数量最多，从南欧的葡萄牙穿行至中欧的波兰一直向东南到达欧亚大陆的十字路口土耳其，共跨越13个国家。E4设计长度最长，设计总长为1.18万公里，是E-paths中唯一一条长度达到1万公里以上的路径。最新的E-paths是E12，沿着地中海北部海岸穿行，跨越西班牙与法国直达意大利。E-paths大多以欧洲各国现有步道为基础进行串联而形成，新建的路段比较少，因此在很短的时间内，E-paths就拥有了12条长距离的跨国步道，构成了遍布欧洲的步道网络。

表3-16　欧洲远程跨国步道

编号	穿越国家	长度（公里）	穿越国家数量
E1	挪威—瑞典—丹麦—德国—瑞士—意大利	7000	6
E2	爱尔兰—英国—荷兰—比利时—卢森堡—法国	4850	6
E3	葡萄牙—西班牙—法国—比利时—卢森堡—德国—捷克共和国—波兰—斯洛伐克—匈牙利—罗马尼亚—保加利亚—土耳其	6950	13
E4	葡萄牙—西班牙—法国—瑞士—德国—奥地利—匈牙利—罗马尼亚—保加利亚—希腊—塞浦路斯	11800	11
E5	法国—瑞士—德国—奥地利—意大利	2900	5

（续）

编号	穿越国家	长度（公里）	穿越国家数量
E6	芬兰—瑞典—丹麦—德国—奥地利—斯洛文尼亚—希腊—土耳其	6300	8
E7	葡萄牙—西班牙—安道尔—法国—意大利—斯洛文尼亚—匈牙利	4330	7
E8	爱尔兰—英国—荷兰—德国—奥地利—斯洛伐克—波兰—乌克兰—罗马尼亚—保加利亚—土耳其	4390	11
E9	葡萄牙—西班牙—法国—英国—比利时—荷兰—德国—波兰—俄罗斯—立陶宛—拉脱维亚—爱沙尼亚	5200	12
E10	芬兰—德国—捷克共和国—奥地利—意大利—法国—西班牙	2880	7
E11	荷兰—德国—波兰	2070	3
E12	西班牙—法国—意大利	1600	3
长度合计		60270	

资料引自European Ramblers' Association官网，2016.

（二）穿越多种景观区

E-paths穿越了许多欧洲国家，串联了众多最能代表欧洲形象的国家公园、风景区和荒野保护区。行走在E-paths上，徒步者会跨越阿尔卑斯山脉（Alps），途经亚平宁山脉（Apennine），路遇莱茵河（Rhein），跨越多个海峡，体验最天然的欧洲魅力。表3-17列出了各条E-paths途经的景观区，大部分欧洲著名的景观点都位列其中。

表3-17 欧洲远程跨国步道经过景观区

编号	经过景观区
E1	北海—博登湖（Lake Constance）—戈特哈德（Gotthard）—地中海
E2	北海—日内瓦湖（Lake Geneva）—地中海
E3	大西洋—阿登山脉（Ardennen）—厄尔士山脉（Erzgebirge）—喀尔巴阡山脉（Karpaten）—黑海（Black Sea）

（续）

编号	经过景观区
E4	直布罗陀海峡（Gibraltar）—比利牛斯山脉（Pyrenees）—博登湖（Lake Constance）—巴拉顿（Balaton）—里拉山（Rila）—克里特岛（Crete）—塞浦路斯岛（Cyprus）
E5	大西洋—博登湖（Lake Constance）—阿尔卑斯山脉—亚得里亚海（Adriatic）
E6	拉普兰地区（Lapland）—波罗的海（Baltic Sea）—瓦豪河谷（Wachau）—亚得里亚海—爱琴海（Aegean Sea）
E7	大西洋—地中海—加尔达湖（Lake of Garda）—南匈牙利（South Hungary）
E8	爱尔兰海（Dorsey Head）—莱茵河—美茵河（Main）—多瑙河（Donau）—喀尔巴阡山脉—罗多彼山脉（Rhodopen）
E9	大西洋国际海岸路径（International Coast Path Atlantic）—北海—波罗的海
E10	拉普兰地区—波罗的海—舒马瓦山脉（Šumava）—阿尔卑斯山脉
E11	北海—哈尔茨山（Harz）—马克勃兰登堡（Mark Brandenburg）—马祖里亚（Masuren）
E12	沿地中海北部海岸（Mediterranean Trail）

以欧洲远程跨国步道E1为例，其总长度约7000公里（图3–24）。它从挪威北角开始，通过渡轮横跨瑞典和丹麦之间的卡特加特海峡（Kattegat），继续穿过丹麦、德国和瑞士，最终到达意大利的斯卡波利（Scapoli），这条路线规划向南延伸至意大利的西西里岛（Sicily）的巴勒莫（Palermo）。E1北至北极圈以北，南至北纬37º，自北向南经过苔原、亚寒带针叶林、温带阔叶林、温带森林草原、亚热带硬叶常绿林等多种植被类型区域，穿过至少10个国家公园，跨过1个海峡，路过许多湖泊和山脉，还穿过众多荒野保护区和自然保护区，沿路景观十分丰富（表3–18）。

斯塔伯斯登国家公园（Stabbursdalen National Park） 位于挪威北部的芬马克（Finnmark）高原，成立于1970年，保护了98平方公里的森林及河流，2002年公园面积得到极大扩展，变为747平方公里。斯塔伯斯登国家公园内拥有世界最靠北的松林，并且拥有众多芬马克高原的典型景观，例如荒芜的野山、开放的高原和狭窄的峡谷，散落着的山桦树以及绵延的松林。流经国家公园的斯塔伯斯瓦河拥有众多雄伟的瀑布和湍急的溪流，并点缀着幽静的深潭，在卢博（Luobbal）河流汇入宽阔的海湾。公园东南部是荒芜崎岖的盖森山脉（Gaissene），与之形成强烈对比的则是公园西部和北部波涛般的古老森林。

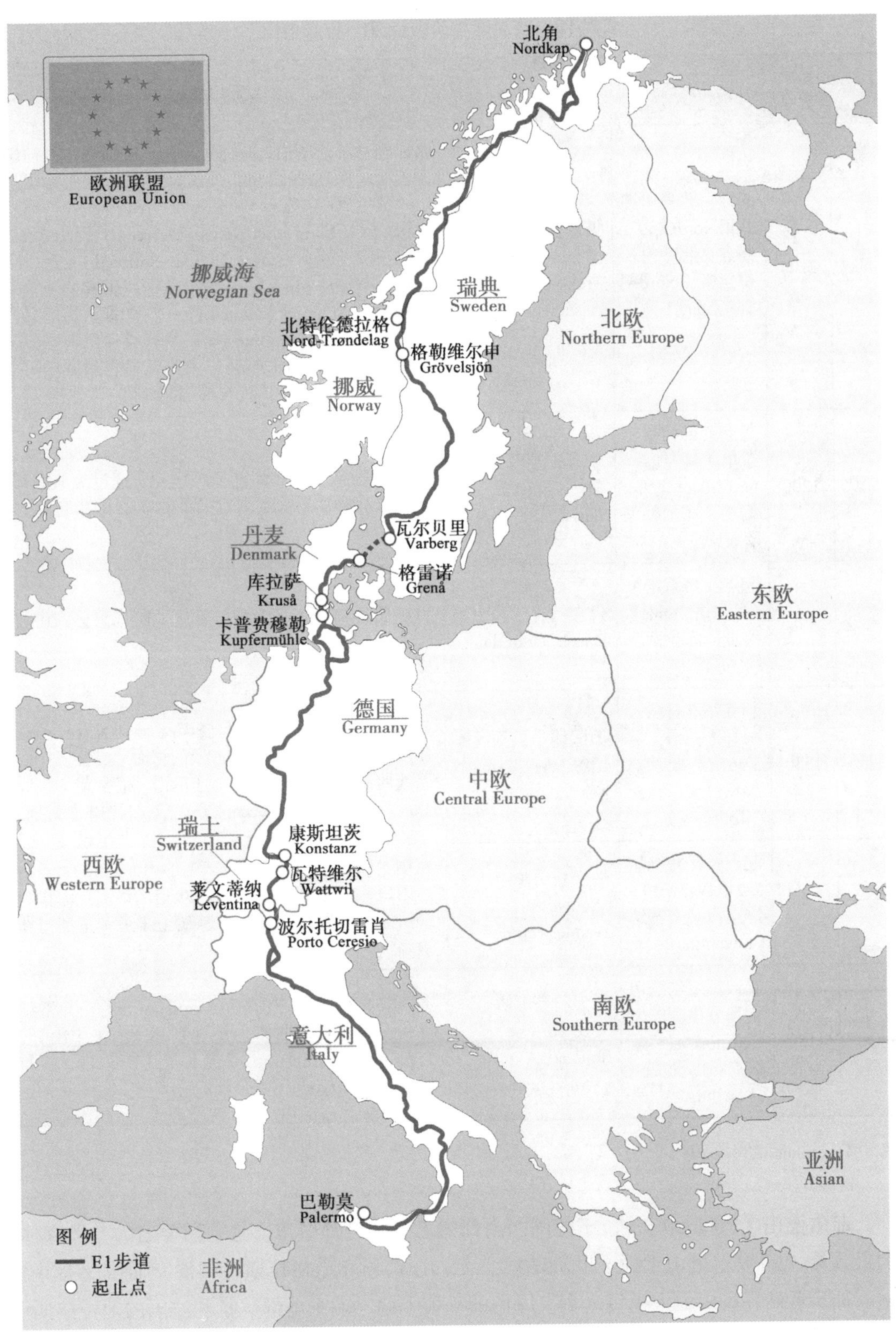

北角
Nordkap
欧洲联盟
European Union
挪威海
Norwegian Sea
瑞典
Sweden
北欧
Northern Europe
北特伦德拉格
Nord-Trøndelag
格勒维尔中
Grövelsjön
挪威
Norway
瓦尔贝里
Varberg
丹麦
Denmark
格雷诺
Grenå
库拉萨
Kruså
卡普费穆勒
Kupfermühle
东欧
Eastern Europe
德国
Germany
中欧
Central Europe
瑞士
Switzerland
康斯坦茨
Konstanz
西欧
Western Europe
瓦特维尔
Wattwil
莱文蒂纳
Leventina
波尔托切雷肖
Porto Ceresio
南欧
Southern Europe
意大利
Italy
亚洲
Asian
巴勒莫
Palermo
图 例
E1步道
起止点
非洲
Africa

图3-24 E1路线图

表3-18　欧洲远程跨国步道E1详细情况

国家	长度（公里）	起始地	负责机构	穿越的景观区
挪威	2105	起点：北角（挪威语Nordkap） 终点：北特伦德拉格（Nord-Trøndelag）	挪威步道协会（The Norwegian Trekking Association）	路线经过了斯塔伯斯登国家公园、托凯诺雷萨河国家公园（Rcisa National Park）、卡西瓦西荒野保护区（芬兰语Käsivarsi Wilderness Area）、玛拉严格自然保护区（Mara strict Nature Reserve）、上迪威戴尔国家公园（瑞典语Øvre Dividal National Park）、阿尔特湖（Altevatnet）、斯道斯欧费罗国家公园（瑞典语Stora Sjöfallet National Park）、帕耶兰塔国家公园（Padjelanta National Park）、云克达尔国家公园（Junkerdal National Park）、澳斯汀顿吉尔城堡国家公园（瑞典语BØrgefjell National Park）等地区
瑞典	1200	起点：格勒维尔申（瑞典语Grövelsjön） 终点：瓦尔贝里（Varberg）	瑞典旅游局（瑞典语Svenska Turistföreningen）	在瑞典的路线主要为狭窄的小径，穿过瑞典中部的山丘森林，避免了人口聚集的中心
丹麦	378	起点：格雷诺（丹麦语Grenå） 终点：库拉萨（Kruså）	丹麦远足（丹麦语Dansk Vandrelaug）	这条路线穿过了丹麦的风景线，而且它会到访较大的城镇
德国	1830	起点：卡普费穆勒（德语Kupfermühle） 终点：康斯坦茨（Konstanz）	德国徒步机构（德语Wanderverband Norddeutschland）	穿过了胡特恩贝格天然公园（德语Naturpark Hüttener Berge）、平行于波罗的海海岸，在汉堡的路线跨越了易北河（River Elbe）、蒂蒂湖（Lake Titi）、菲尔德山（Feldberg）最高点（1493米）等地
瑞士	348	起点：瓦特维尔（英语Wattwil） 终点：莱文蒂纳（Leventina）	瑞士登山步道（Schweizer Wanderwege）	在瑞士的E1经过卢塞恩湖（Lake Lucerne）、圣格达山口（St. Gotthard Pass），步道的最高点海拔为2091米，其路线使用了穿越瑞士步道和圣杰姆斯道路
意大利	1150	起点：波尔托切雷肖（英语Porto Ceresio） 终点：巴勒莫（Palermo）	意大利登山协会（Federazione Italiana Escursionismo）	途中经过利古里亚山脉（Ligurian）的马乔雷湖（Maggiore），利古里亚山脉东部，亚平宁山脊，布鲁伊尼（Simbruini）、爱尔尼（Ernici）、阿布鲁佐（Abruzzo）国家公园

资料引自Traildino官网，2016.

菲尔德山（Feldberg）　位于德国西南部的巴登—符腾堡州，是德国著名的“黑森林”的最高峰。E1穿越由山毛榉、欧洲花楸、云杉、银杉和道格拉斯冷杉混交而成的莽莽森林。徒步者站在高山之上极目远望，绿色的莱茵平原、瑞士西部美景和法国的斯特拉斯堡大教堂尽收眼底。

卢塞恩湖（Lake Lucerne） 位于瑞士中部，是瑞士的第四大湖，也是瑞士境内第一大湖。卢塞恩湖区可称为是瑞士联邦的发祥地，沿湖岸有许多古老的瑞士社区。E1在穿越卢塞恩湖时会走一段水路，徒步者需要乘坐渡船或划皮划艇。此后E1一直向南行走，到达意大利。

（三）步道分为不同级别

由于E-paths基本以欧洲各国现有步道为基础进行串联，因此大部分路径的徒步难度并不太大。至今欧洲徒步协会并没有正式的官方步道分级标准，大多数徒步者是根据徒步网站Traildino发布的相关信息来判断步道的行走难度。如E5难度最小，十分容易行走，但也有部分路径的徒步难度较大，如E1、E3、E4、E8。表3-19列出了E-paths的步道难度分级情况，分为轻松行走、容易行走和难度中等三个级别（Traildino，2016）。从整体来看，E-paths的行走难度都不太大，但是步道上的部分山地及荒野区路段可能有一定的穿越难度。

表3-19 欧洲远程跨国步道分级

难度级别	轻松行走	容易行走	难度中等
E-paths编号	E5	E2、E6、E7、E9、E10、E11、E12	E1、E3、E4、E8

（四）指示标识带有欧洲专属特色

图3-25 E1路径标识

虽然多利用已有的国家或区域步道标识进行标记，但E-paths还是拥有自己专属的标识。标识借用了欧盟Logo的元素，底色为蓝色背景，上面由黄色星星构成一个圆圈，在中间是字母E和相应编号，下方还标有欧洲徒步协会的网址（图3-25）。所有的欧洲国家境内基本都会有E-paths穿过，因此使用当地路标标识的路径不需要将当地的标识替换成E-paths的路标，只需将E-paths标识补充到现有的当地路标上即可。一般每两公里的路径需要有一个路标进行标注，在道路交叉口和起点、终点等重要的位置，也需要标注路标。E-paths沿途的标识早在140年前就开始在一些地区出现，主要由当地的徒步爱好者俱乐部负责设置，为此俱乐部召集了大量的志愿者，并且以这个传统为自豪。标识系统主要是为了标记步道，使所有路线符合基本要求和一般标记原则，个别地区标识形状会呈现多样化，但并不会对徒步者的行走构成误导。

（五）各国对步道沿途服务设施有不同规定

由于E-paths以欧洲各国现有步道为基础进行串联，缺乏统一规划设计与管理，因此各国对于步道沿线的服务设施规定不尽相同，徒步者需要提前了解各国各路段的具体情况，以免给自己的徒步旅程带来不便。以E1为例，挪威的部分路段没有道路标记，而且大部分所穿越地区没有服务设施和庇护所提供给徒步者。瑞典的路段沿途很少有商店，对于徒步者而言补给可能成为比较大的问题，但是瑞典允许野外露营，而且沿路会有简单的三面小木屋可免费使用。丹麦的路段不允许野外露营，步道沿线会有比较原始的露营地或者可搭建帐篷的空地，有些露营地会设置水龙头和简易厕所，可供徒步者免费使用。

三、国家步道组织管理

E-paths主要由欧洲徒步协会进行管理，欧洲徒步协会于1969年10月19日在德国斯图加特注册登记，是由各类热衷于徒步和登山活动的组织组成的联合会，致力于欧洲跨国境长程步道网络的规划、建设和维护，是一个非营利组织（European Ramblers' Association，2014）。1971年时欧洲徒步协会由来自6个国家的14个徒步组织组成，时至今日这个伞状协会的成员包括来自34个欧洲国家的61个徒步组织。大多数的成员组织历史超过50年，具备创造良好徒步条件的经验，包括道路标识设置，建设木屋、观景塔、船坞、露营地等，其中一些组织已存在100多年，最久的超过150年。欧洲徒步协会的成员组织共有超过300万名成员。例如E2、E8和E9三条E-paths穿过英国，这三条步道在英国的管理者为英国长距离徒步者协会和英国徒步协会，这两个协会是欧洲徒步协会的成员。

欧洲徒步协会的目标 促进欧洲的徒步和登山活动，关爱乡村地区，保护自然环境。创造并标记12条E-paths，保护这些步道以及其他欧洲路径，并保障其持续存在。进一步发展及保护欧洲民众跨越欧洲国境、欣赏欧洲文化遗产的权利及传统。在保护环境的前提下，创造并保护人们走入各类土地的权利。促进民众之间的相互理解。使人们加强徒步锻炼，保证健康的生活。为了保护自然环境，寻求保护自然环境的权利。通过跨国界合作和组织，加强人们之间的相互了解。

协会组成 包括大会（General Meeting）、主席团（The Presidium）以及主席（The President）。大会是欧洲徒步协会的理事机构，职责主要包括接受主席团的年度报告、接受财务会计的年度账目和报告、接受审计报告、正式批准主席团的活动、选举主席及主席团成员、选举审计师、批准预算、同意捐款数额、修正协会宪章、提名荣誉会员及名誉会长、接受或取消会员资格、批准未来几年主席团的计划和战略、决定下一次大会召开的地点和时间、变更协会的愿景和目标、批准商业行为以及解散协会。主席团由1名主席、3名副主席、1名财务主管、最多4名技术顾问组成。主席、副主席和财务主管必须公平地代表协会履行各项职责，每个人都有权独立代表协会。主席团的任何人都不代表国家，主席和主席团的所有成员只负责处理本协会的所有事务。主席团和大会依据欧洲徒步协会章程（Constitution of the European Ramblers Association）以及欧洲徒步协会基金会章程（Constitution of the Foundation of the European Ramblers Association）对协会进行管理。

四、国家步道运营管理

E-paths虽然由欧洲徒步协会创立，但由于协会是一个步行和登山组织在欧洲活动的联合会，结构松散，因此E-paths的具体运营工作主要由协会各国的成员组织来实施，主要包括以下内容。

图3-26　步道维护（来源：英国徒步协会官网）

开辟并维护步道　E-paths体系中各条步道的开辟及维护主要由各国徒步协会组织来完成。例如英国徒步协会在2012年促进了威尔士海岸步道的贯通，该组织同时并负责了英国国内各步道路面的维修、台阶的整理等维护工作。图3-26即为志愿者维护步道路面。

维护步道沿途标识　由于E-paths是民间协会发起创立的步道体系，缺乏政府层面的宏观视角与推动力，因此会造成大多数步道沿途标识类型多样、缺乏统一设计规划、部分路段设施缺失等问题，因此由欧洲徒步协会的成员组织进行维护。欧洲徒步协会已经为大多数欧洲国家设置了统一的标识系统标准（European Ramblers Association, 2013），表3-20就是标识的一般性标准，协会成员组织需要按照以下标准对步道沿途标识进行维护。

表3-20　标记步道的一般标准

一　般　标　准
标识应放置在线路方向上，使徒步者从远处便清晰可见。
标识应该放置在一个物体上，整个标识需让靠近的徒步者可见，确保标牌的表面与线路之间夹角超过45°。
线路应设有双向标识，两个标识明确分开，每个标识只标明一个方向。
路口是路径的交叉处，徒步者可进入或偏离线路。在进行标记时，必须注意徒步者可能在路口错误地离开标记线路，所以所有的路口必须被标记两个方向。
一种标识指示的正确方向应不超过路标位置的10米距离，应在路口看到明显的标识指示明确的方向，这种标记被称为引导标识。

（续）

一 般 标 准
另一种标识应放置在正确的路段上，并保持一段距离，防止引导标识被破坏，以便徒步者确定走在正确的路径上，这就是所谓的确认标识。
在没有路口的路段上，应设置保证标识。路口之间的距离以及引导标识、确认标识、第一个保证标识之间的距离应不超过250米，这个距离应在困难路段或山区地形适当缩短。
如果线路转向另一条路径或突然改变方向，应用箭头指示新的方向。
在建筑区，特别是在离开建筑区的路段上，应加强对标记线路的关注。
标识应放在线路的起点或终点，如果有必要也要在路口和其他地方沿途放置。
标识应标记沿线一个或多个目的地，并标注距离或达到所需时间。如果目的地被一个标识所标记，它必须标记在所有其他后续的标识上，直到目的地。

招募志愿者及会员 在欧洲大陆，欧洲徒步协会及其成员组织的具体工作在很大程度上是由志愿者来完成的，因此志愿者及会员的招募是各徒步组织最重要的工作之一。各国成员组织一般都会在官网上发布招募信息，感兴趣的徒步者只需填写简单的表格并缴纳少许会费就可以加入。

组织徒步活动 对于各国成员组织来讲，开展多样的徒步活动和倡议各类徒步项目是拉近协会与徒步者最好的方式。例如英国徒步协会每年都会利用徒步小组的形式在英国各地开展徒步行走活动，每年有30万人参加和组织独自行走，除此之外，英国徒步协会还与国内的医疗机构共同发起了一项“健康徒步”的项目，旨在号召英国民众积极徒步，保护身体健康（The Ramblers Association，2016）。

五、国家步道资金投入

E-paths的资金投入主要依赖欧洲徒步协会基金会，由欧洲徒步协会于2004年9月27日在德国成立。基金会主要为欧洲徒步协会提供支持，例如建造和维护越过欧洲各国边界的E-paths，保护村庄、环境、欧洲文化遗产。

基金会资产来源包括欧洲徒步协会成员的捐款以及来自不同组织、协会和其他第三方的馈赠或补贴。基金会由基金会论坛（The Foundation Forum）和基金会委员会（The Foundation Council）组成。基金会论坛由至少捐赠3000欧元的个人或组织组成。基金会委员会有5名成员，他们由欧洲徒步协会主席团任命，来自至少捐赠6000欧元的团体。如果捐赠金额高于3000欧元，也可以进行较短的分期捐赠。这些捐赠者被提名在欧洲徒步协会基金会论坛的列表中。作为基金会论坛成员的组织、协会和其他第三方都很支持欧洲徒步协会的工作，而且他们的名字将被记录在荣誉榜上。对基金会的资金贡献不设最低限制，欧洲徒步协会欢迎任何人为其做任何的贡献。在一些国家，可以从计税基数上扣除费用当作基金会的赞助。基金会的监管机构是斯图加特政府。财政年度结束后6个月内，基金会将向监管机构提交年度财务报表、资产负债表及有关基金会目标的报告，同时附有基础理事会成员名单（European Ramblers' Association，2012a）。

六、国家步道准入与许可

（一）E-paths的准入

欧洲徒步路段要想加入E-paths体系首先必须穿越至少3个欧洲国家。其次，由当地的协会组织向欧洲徒步协会的主席团详细阐述步道的现状与特点，以便主席团考虑是否同意将该路段加入到E-paths体系中。再次，该路段的相关信息须记录在欧洲徒步协会大会的年度报告中。最后，由欧洲徒步协会大会宣布其可以作为E-paths体系的一部分。如果现有E-paths中的某路段需要进行更改，当地的协会组织也需要向主席团进行报告，如果需要较大更改时，还需要向大会进行报告。E-paths由当地会员协会进行维护。

（二）欧洲领先品质步道

在欧洲，越来越多的人喜欢在节假日和休闲时间里系紧他们的鞋带，通过双脚发现各种各样的自然美。为确保步道的质量，需建立一个考虑徒步者需求的评估系统，"欧洲领先品质步道（Leading Quality Trails，简称LQT）"标准体系就提供了一种步道路线审核标准，保证了步道具有高品质的徒步体验吸引力，并为提高整个欧洲步道质量提供了一个透明的标准体系。

"欧洲领先品质步道"系统要捕捉在类似规模下不同景观、基础设施和路线特性的复杂性。考虑到欧洲不同地区的景观和徒步路线的多样性和独特性，标准系统已具有最大的灵活性，使用了许多国家多年的实践经验和已使用的质量标准来规划和升级步道。"欧洲领先品质步道"不仅是一个奖项，还是一种路线基础设施优化的方法。该标准可以作为一个清单，来帮助那些想要建立自己步道网络的国家，而对已有路线网络的国家则可以进一步加强徒步旅游的体验。"欧洲领先品质步道"的标识被使用在国家和国际步道上，并且只能用于完整的路径。欧洲徒步协会为"欧洲领先品质步道"树立了一个欧洲标准，为徒步旅游业带来多种用途，包括为徒步者提供概览和选择，充分考虑生态与自然保护，在质量认证过程中各利益相关方须参与进来，例如从徒步团队、野生动物保护区和旅游行业中选取在该地区受过培训和有能力的步道专家，以及营销徒步区域等内容。

1．审核过程

由确定待审核区域开始到检验合格，步道审核通常分为六大步骤，表3-21显示了审核的整个过程。

表3–21　步道审核过程

步骤	具体内容
1	确定一个待审核的区域，由旅游机构、国家公园管理者、步行团体等联系欧洲徒步协会开始进行质量认证程序
2	欧洲徒步协会为该地区的陪审员提供为期两天的欧洲范围内的统一课程
3	由训练有素的工作人员收集必要的数据，并对其进行初步质量评估，分析强度和弱点，并发现升级的可能性
4	当这条路线符合“品质路线”标准时，可向欧洲徒步协会申请认证
5	路线上收集的数据交由欧洲徒步协会进行独立评估和分析，合格的欧洲徒步协会人员会在本地区进行现场检查
6	如果检查结果合格，这条路线将得到“领先品质步道”的认证，为期3年。3年过后，必须再次检验路线的质量。质量标识可用于印刷品和互联网来推广徒步路线

资料引自欧洲徒步协会官网，2016.

2．路线选择标准

徒步路线主要研究三个层面上的内容，包括4公里路段（约为1小时步行的距离）、每日徒步路段、路线总长度。这种多维评价可以保证路线具有吸引力，并提供徒步旅行多样化的可能性。每4公里路段将用以下23条标准进行评估判断，至少达到表3–22所列23条标准中的11条才能认证通过。整条步道和所有每日徒步路段必须满足所有的核心标准（European Ramblers’ Association，2012b）。

表3–22　路线选择标准

编码	路面形式	具体情况	限定
1	自然步道	自然，非工程的步道，无须人工设防，易于行走	至少1000米，双计数超过2000米
2	强化步道	路面无人工密封	没有限定
3	不平坦但尚可的步道	粗糙松散的石头/巨石覆盖，路径严重侵蚀	最多300米
4	密封路面	沥青碎石路面、混凝土路面、铺过的路面的步道	最多500米
5	路径	步道宽度小于1米	总共至少500米，双计数超过1500米
5.1	自然路径	非工程路径	
5.2	安全保护路径	必须加强安全的路径	

（续）

编码	路面形式	具体情况	限定
6	在繁忙的道路上	包括不安全的十字路口	最多50米
7	在繁忙的道路旁	与路边有一个车道的距离	最多300米
编码	路径选择系统/游客引导	具体情况	限定
8	标识	国家标识系统的认可，只要他们遵从欧洲徒步协会道路标识的基本原则（捷克共和国，2004）	完整的，没有缺口，正确校准没有错误
9	指向路标	细节包括目的地、方向、距离或时间，以及编号或步道识别标识	至少2个
10	连接成网络	与其他步道一体化	至少2个
编码	自然/景观	具体情况	限定
11	多样化	截然不同的景观形态	至少3种
12	自然宁静	没有机器或交通的噪音	至少连续1000米
13	迷人的自然景观	特殊生境或geotopes、令人印象深的森林、海岸地貌、岩层、园艺领域等	至少1种（多的话要双倍）
14	自然水域	例如：自然源泉、溪流、河流、湖泊、沼泽等	至少1种（多的话要双倍）
15	重点自然美景	如峰顶、峡谷、沟壑、岩石、洞穴、瀑布、自然遗产等	至少1种（多的话要双倍）
16	令人印象深的全景	连续的自由景观（至少3年保证），45°开口和2000米能见度	至少1种（多的话要双倍）
17	令人愉快的都市景观	老城区，有代表性的建筑和广场，乡村景象等	至少1种（多的话要双倍）
编码	自然/景观	具体情况	限定
18	当地旅游景点	本地和/或所在区域重要性的文化和历史遗址	至少2种
19	国家景点	城堡、修道院、国家古迹等	至少1种（多的话要双倍）
编码	文化	具体情况	限定
20	集中发展环境	集中建成区、工业园区、水处理厂	最多300米
21	服务供应	美食或购物餐饮规定从中午开放，每周至少5天	至少1个
22	公共或私人交通接入点	正常服务，每2小时至少有一个连接点	至少1个
23	休息地方	例如：长凳、野餐桌、服务区、木屋等	至少2个

资料引自欧洲徒步协会官网，2012.

3. 可持续发展

自然保护 申请人要确定徒步路线符合所有环保法规，尤其是在敏感的区域，如自然保护区、群落生境等。

维护 申请人要保证在认证证书的试用期间，步道表面和设备得到维护。正在进行的定期检查和护理，必须被记录并发送到欧洲徒步协会。

有效期 认证期从证书的移交开始，有效期为3年。

合作 所有受影响的利益团体是步道区域质量认定工作的一部分，申请人必须从一开始进行参与。利益团体可能包括森林服务部门、国家公园和野生动物服务部门、旅游团体、登山组织、徒步俱乐部、土地所有者、地方当局和社区。

实例五 英国西南海岸步道

西南海岸步道位于英国西南侧的海岸，是英国15条国家步道之一，总长1014公里，是英国已经建设完成的国家步道中最长的且设有路标的长程步道。西南海岸步道的起点位于萨默塞特（英语Somerset）的迈恩黑德（Minehead）。在迈恩黑德西部有一座西南海岸步道纪念碑，是一座双手举着地图的青铜雕塑，标志着西南海岸步道的起点从这里开始。终点位于普尔港（Poole Harbour）（图3–27）。西南海岸步道曾连续两次被《漫步者行走》杂志读者评为"英国最佳行走步道"，并定期在世界最佳步道的榜单上上榜（Southwest Coast Path，2016）。

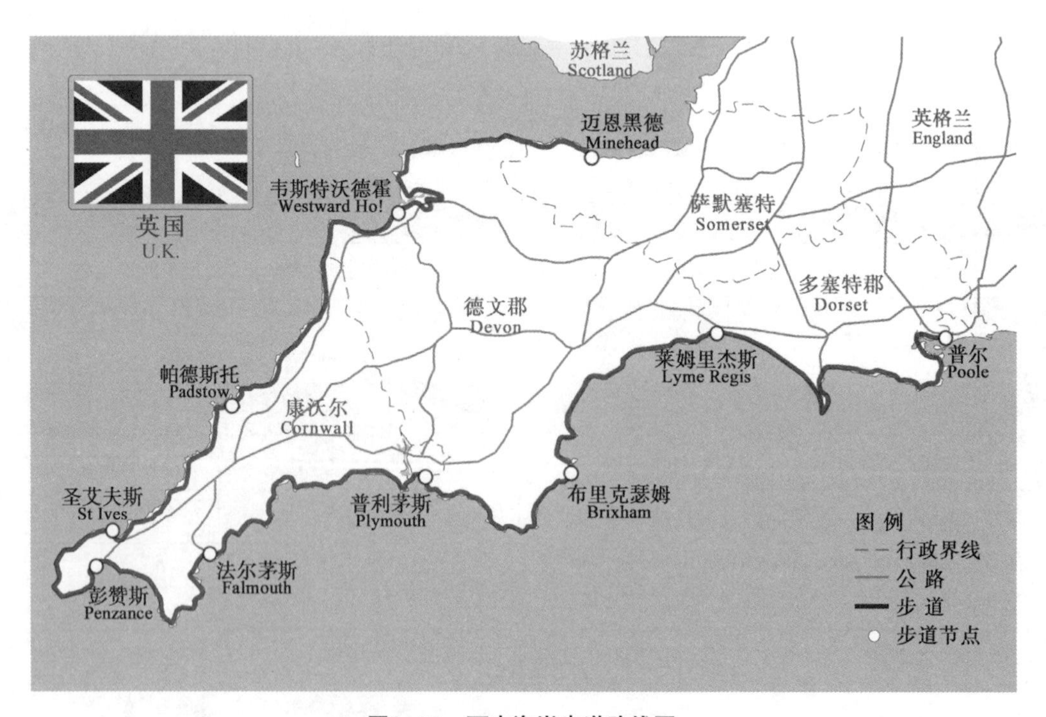

图3–27 西南海岸步道路线图

一、步道历史

西南海岸步道最初因海岸警卫队在西南半岛搜查走私而创建。警卫队必须检查每一个水湾，所以在悬崖顶部行走是很好的办法，因此留下了现在的神奇步道。步道也被渔民利用来寻找鱼类和检查海洋滩涂的使用情况。现在可以在步道沿途很多地方看到海岸警卫队当年留下的旧石阶和墙壁，一系列由海岸警卫队建立的小屋至今仍然矗立。如今西南海岸步道已经不再是海岸警卫队的防御系统，而变成供徒步者使用的休闲资源。

英格兰修订的《乡村和路权法案（2000年）》以法律的形式，要求将私人及国民信托所有的各段历史路径向公众开放。西南海岸步道成为英国现有15条国家步道之一，由英国首相指定，由英格兰自然署管理，并由步道所经地区的政府和国家公园当局运营，整条步道由西南海岸步道团队维护。步道沿着埃克斯穆尔（Exmoor）海岸线向西行进，穿越北德文（North Devon）海岸进入康沃尔（Cornwall），再穿过塔玛河河口进入德文（Devon）南部海岸后，继续沿着多塞特（Dorset）海岸线行走，最终结束在普尔港（Poole Harbour）。步道分期建设，最后一段位于萨默塞特郡和北德文，于1978年建成开放（National Trails，2016）。西南海岸步道共由9段步道组成，表3–23分别为这9段路线的起始点位置及长度。

表3–23 西南海岸步道分段情况

编码	起始	名称	长度（公里）
1	迈恩黑德（Minehead）到韦斯特沃德霍（Westward Ho!）	埃克斯穆尔和德文北部海岸路径（Exmoor and the North Devon Coast Path）	140.01
2	韦斯特沃德霍到帕德斯托（Padstow）	康沃尔北部海岸路径（The North Cornwall Coast Path）	127.14
3	帕德斯托到圣艾夫斯（St Ives）	康沃尔中部海岸路径（The Mid Cornwall Coast Path）	106.22
4	圣艾夫斯到彭赞斯（Penzance）	陆地尽头海岸路径（The Lands End Trail Coast Path）	65.98
5	彭赞斯到法尔茅斯（Falmouth）	利泽德海岸路径（The Lizard Coast Path）	98.17
6	法尔茅斯到普利茅斯（Plymouth）	康沃尔南部海岸路径（The South Cornwall Coast Path）	123.92
7	普利茅斯到布里克瑟姆（Brixham）	德文南部海岸路径（The South Devon Coast Path）	120.70
8	布里克瑟姆到莱姆里杰斯（Lyme Regis）	德文东部沿海路径和侏罗纪海岸路径（东部）[East Devon Coast Path & Jurassic Coast Path（East）]	93.34
9	莱姆里杰斯到普尔（Poole）	多塞特海岸路径和侏罗纪海岸路径（西部）[Dorset Coastal Path and Jurassic Coast Path（West）]	138.40
总计			1013.89

资料引自西南海岸步道网（Southwest Coast Path），2016.

二、景观与体验

（一）经过特殊保护地

西南海岸步道穿越许多有着特殊地位的景观区域。步道穿过1处国家公园，即埃克斯穆尔国家公园（Exmoor National Park），2处世界文化遗产保护地，即侏罗纪海岸（Jurassic Coast）世界文化遗产保护地以及康沃尔和西德文矿区景观（Cornwall and West Devon Mining Landscape）世界文化遗产保护地。

埃克斯穆尔国家公园 位于英格兰西南的索美塞特郡西部和德文郡南部，1954年被指定为国家公园。公园总面积为692.8平方公里，其中71%属萨默塞特郡，29%属德文郡。埃克斯穆尔国家公园主要为丘陵地区，有少量的分散人口生活在公园内的小村庄中，曾是皇家森林狩猎场。埃克斯穆尔国家公园内的最高点为Dunkery Beacon，高519米，同时也是萨默塞特郡的最高点。公园内的一些地区由于拥有当地独特的动植物已被申报为重要科学地点，公园本身也是户外徒步探险的理想场所。徒步者可穿过橡树林、翻滚的河流和有石楠花覆盖的荒地，欣赏奇观美景。

侏罗纪海岸世界文化遗产保护地 侏罗纪海岸位于英国南部英吉利海峡，从东德文埃克斯茅斯奥科姆岩石群一直延伸到东多塞特斯沃尼奇老哈里巨石，总长153公里。侏罗纪海岸是英国最壮观的海岸线，也是世界上最奇妙的自然景观之一，还是世界上唯一能够集中展现地球近两亿年历史的地方。2001年这段海岸线被联合国教科文组织列入世界自然遗产名单，被称为“侏罗纪海岸”。侏罗纪海岸由三叠纪、侏罗纪和白垩纪的悬崖组成，跨越中生代时期，记载了1.8亿年的地理史。该地区有很多独一无二的地理特性，徒步者在这里能看到天然拱门杜德尔门（Durdle Door）（图3-28）、拉尔沃思湾的石灰岩和波特兰岛等不同的地形构造，在海岸边的沙滩和悬崖以及海蚀柱和石拱门上，寻找残留的史前历史痕迹，包括许多史前动植物留下的化石，甚至还有恐龙的脚印。

康沃尔和西德文矿区景观世界文化遗产保护地 位于英格兰西南的康沃尔郡和德文郡，2006年被评为世界文化遗产。由于18世纪到19世纪早期铜矿和锡矿开采的迅速发展，康沃尔郡和西德文郡的景观发生了很大的变化。矿区遗址体现了康沃尔郡和西德文郡对于英国其他地区工业革命做出的巨大贡献，以及该地区对全球采矿业产生的深远影响。康沃尔郡和西德文郡是采矿技术迅速传播的中心地带。19世纪60年代，该地区的采矿业逐渐衰落，于是大量矿工迁

图3-28 侏罗纪海岸杜德尔门（Randallinho 摄）

移到其他具有康沃尔传统的矿区生活和工作，比如南非、澳大利亚、中美洲和南美洲，在那里仍然保留着康沃尔式的动力车间。

（二）多彩的四季景观

一年之中的春天和夏天是徒步西南海岸步道的最好季节，但秋天和冬天的风景也很有特色。

春天，徒步者可以见证动物的回迁以及植物的复苏。在康沃尔的大西洋海岸线，海面常出现灰海豹，徒步者能在高高的悬崖上看到姥鲨（一种不伤人的鲨鱼）。岩石海岬和海中岛屿是海雀、三趾鸥、海燕筑巢的地方。春天清新的天气非常适合散步，偶尔的阵雨更能提升景观。

夏天，徒步者可以体验植物的繁茂。在夏末，步道经过的北海岸大部分变成紫色和黄色，并且花香四溢。利泽德东部步道经过像花毯一般的野花地，这里生长着英国15种最稀有的植物，如紫色的石楠花和黄色的金雀花，堪称植物学家的天堂。

秋天，徒步者可以观赏动物的迁徙和植物颜色的变化。每年秋季，海岬是最壮观的景点，能看到候鸟迁徙飞往南方。植物的叶子开始变成红色和金色，季相变化美不胜收（图3–29）。

冬天，徒步者可以感受自然的壮美。冬季最好择天出行，因为冬季有着最短的白昼和更不稳定的天气。寒冷的冬季，徒步者在安全距离看风暴中海浪拍打悬崖，望着远处灯塔和充满历史感雄伟的城堡在风浪中矗立。这也是阖家前来放松和度过圣诞节、新年假期的完美方式。

图3–29 秋季西南海岸步道景观（Nomadimages 摄）

（三）丰富的历史与文化

英国西南海岸孕育了丰富的历史与文化财富，尤其渔业文化、矿业文化，底蕴深厚、历史悠久。当徒步者行走在紧邻海岸线的步道上时，能够感受到靠捕鱼生活而形成的悠久渔业文化，整个西南海岸步道所经地区的海盗和走私历史很著名，尤其是士兵、农民、渔民、走私者和海盗在海岸共同生活、斗争的历史。当徒步者走在康沃尔地区的步道时，能够亲身体会到康沃尔锡和铜的探勘挖掘历经200年的历史变迁。锡矿和铜矿开采业曾经在这里扮演了重要的角色，在很多地区仍然可以看到残留的矿产遗迹。地表深处的矿井、动力车间、铸造厂、卫星城、小农场、港口和海湾，以及各种辅助性的产业都体现了层出不穷的创造力，正是这些创造力使该地区在19世纪早期生产了全世界2/3的铜。

（四）海拔起伏大

步道经过海滩、悬崖、丘陵、山谷、河口等地形地貌，并随着地势而上升或下降，是一条极具挑战性的步道，已计算出的总攀升高度为35031米，几乎是珠峰高度的4倍。许多徒步者大约需要用7～8周的时间才能走完这条步道。在2004年，由6支皇家海军陆战队（Royal Marines）组成的“跑团”团队，按顺序轮流跑2个小时的节段，用时6天跑完了全程。2012年，一个跑步者跑完全程用时16天9小时57分钟。截至2015年6月，记录被Mark Berry刷新，他跑完全程用时仅11天8小时15分钟。徒步者可充分体验“跑步道”的极限挑战。

三、徒步道路

英国西南海岸穿过许多不同的地形地貌，因此拥有复杂的步道路面，例如在悬崖边草地上的小径（图3-30）、山坡上的土路、天然细软的沙滩路（图3-31）、碎石滩路、修整过的柏油路、城镇上宽阔的马路等，一些特殊的海岸道路需要时刻关注潮汐变化，因为退潮时才能看到道路然后通过。英国西南海岸步道多利用现有的自然条件和已有的道路，较少建设新的徒步道路。

图3-30　悬崖边草地上的小径（Randallinho　摄）

图3-31　天然细软沙滩路（Acceleratorhams　摄）

四、沿步道服务设施

沿步道有完善的服务设施　在1999年和2000年的一项调查中发现，英国西南海岸步道当时有2473个指示牌和路标，还有302座桥梁、921道栅栏、26719个台阶，但统计数据会因为山泥倾泻使路线改道而发生变化。

露营地　海岸步道附近有大量官方的露营地，徒步者可在此露营，但徒步者没有权力在步道旁随地进行宿营，必须取得当地土地所有者的同意。

行李转运　行李转运公司是覆盖整个西南海岸步道的行李运送专家，多家公司在假日会提供自助服务和指导。

信号服务　海岸移动电话信号的覆盖较为零散，许多山谷没有信号，但在海岬、城镇和村庄一般有信号覆盖。许多住宿供应商在酒吧和咖啡馆提供WiFi，在大多数地方移动信号提供移动宽带服务。

不同路牌代表不同的使用者　英国西南海岸步道沿线设有路标且十分容易辨认，整个步道遵循英国国家步道的规定，不同的使用者拥有不同的合法使用权。徒步者会在步道和道路连接处看到不同的标识符号，这些符号用于表示路径可以通过车辆、马、自行车或徒步者。英国西南海岸步道按照英国国家步道的标识系统来进行管理，小橡果是国家步道的标志，它被使用在路径的路标和指路牌上，用来指引旅行者。标识标牌采用的是彩色的箭头或是英语单词“footpath”（步道）、“bridleway”（马道）或“byway”（小道），用来表明路径的正确使用方式。整个英国西南海岸步道允许带宠物徒步，但徒步者要对宠物的行动负责，以避免干扰沿路家畜、野生动物和其他徒步者。

五、步道周边服务体系

英国西南海岸步道沿线有许多沿海城镇和度假区，尤其是旅游火爆的夏季，如果想住在那里，需要提早进行预订，因为这些地方很容易满员。

食宿服务　德文郡和多塞特郡不仅有独特的高品质住宿和时尚精品酒店，还有较偏远的农庄和酒店。城镇里有良好的服务系统，包括住宿、餐饮、邮寄服务。徒步者在城镇里能吃到新鲜的海鲜大餐以及多种美食。像港口帕德斯托、福伊（Fowey）、圣艾夫斯，因隐藏着许多除了在伦敦才有的美食而著名，是美食爱好者的天堂（Dorset，2016）。

外部交通　西南海岸步道途经15个较大的城市，这些城市作为交通枢纽，公共交通方便且种类较多。这些城市多与英国的最重要交通枢纽——伦敦有交通连接，国外的徒步者多先乘坐飞机达到伦敦，再经其他交通方式进入西南海岸步道。乘坐火车时由西南海岸步道起点——迈恩黑德的公共交通通常来自汤顿（Taunton）。如果有充足的时间，乘坐西萨默塞特蒸汽火车到达迈恩黑德，花费一个多小时的时间穿越匡托克丘陵，号称“杰出自然美景区”的迷人景色，修复的蒸汽火车和途中10个穿越时空的车站，可让徒步者体验到20世纪到达迈恩黑德的难忘经历（Walking Holidays，2016）。莱姆里杰斯到达伦敦的火车时间为2.5小时左右，交通十分便利，方便徒步者进入和离开步道。普尔有到伦敦的直达列车，只需要大约2个小时的时间，方便徒步者进入和离开步道。彭赞斯是康沃尔的交通枢纽，有许多公共交通通往附近的地点，例如长途大巴，是康沃尔郡途中的大本营和集散地。

游憩服务　普利茅斯是英国西南海岸最大的城市，拥有便利的公路、铁路、航空和海上交通，人口大约25万。市区中心拥有许多现代化商场和大型购物中心，皇家剧院上演众多剧目，艺术画廊、影院、水族馆也是大众休闲娱乐的首选场所。大面积天然的海域、港湾提供了如潜水、冲浪、滑板等休闲运动。除了绵延的海滩，普利茅斯周边也有许多环境优美的乡村。徒步者可以在此进行休憩、游玩、度假。

在托基（Torquay）海滨度假胜地，徒步者可进行刺激的海上帆船和冲浪活动，光着脚丫踩在沙滩上奔跑，或悠闲地点上一杯饮料静静地享受静谧的时光，还可参观英国重要的石器时代遗址、宏伟的托基主题馆（Torquay Pavilion）、美丽的托基海港、托瑞艾比花园、托基海洋生活中心等。

六、步道运行管理

整个西南海岸步道由英格兰自然署管理，推广和运营由西南海岸步道协会进行协调，维护和改进由地方议会和国家信托公司实施。步道大部分资金来自英格兰自然署，公路主管部门和国家信托对步道的维护也有很大贡献。

西南海岸步道协会（South West Coast Path Association）为注册的慈善机构，成立于1973年，由一群鼓励发展和完善步道的热衷者组成，旨在保护步道使用者的权益。该协会自成立以来，致力于步道方案的修改，并筹集相当大的资金来改善步道。协会的服务包括提供住宿指南和颁发走完步道全程的证书。西南海岸步道协会与西南海岸步道团队、英格兰自然署、地方当局等进行密切合作。

西南海岸步道协会是由受托人管理、志愿者领导的组织。受托人将所有业务委托给步道委员会，委员会成员大多是地区代表或负责当地的一些代表，他们都是志愿者。他们定期行走这条步道，调查和报告步道的状态，并确保协会的资金使用在了步道最需要的地方。

成员　西南海岸步道协会拥有一个5000多名专注西南海岸步道的爱好者会员基地，有少数几个成员从1973年协会成立之初就在支持协会。协会也有一些海外成员，希望能够在海外良好地开展工作。

商业支持者　西南海岸步道协会主要业务支持者是“西南水务”（South West Water）企业，该企业自2014年以来一直帮助南西海岸步道协会实现提升和保护步道的目标。还有一些其他的商业支持者，如蟾蜍花园别墅，酒店包括Thurlestone, Mullion Cove, South Sands, Yarn Market等。除了长期支持西南海岸步道发展的“西南水务”外，步道协会还拥有一系列的本地支持企业，通过商业会员计划，协会为企业提供广告宣传，企业为协会提供多种支持。西南海岸步道的徒步者为当地企业持续贡献约4.36亿欧元，等效于支持9771个全职工作岗位。

志愿者　西南海岸步道协会有一个核心小组，由有一定社会地位的志愿者组成，如地区代表和地方代表，这些志愿者在协会的工作中至关重要，他们总是默默奉献，受人尊重。

实例六　大意大利步道

意大利的长程步道有大意大利步道（意大利语Sentiero Italia）和法兰克步道（Via Francigena）意大利段。

大意大利步道穿越整个意大利（图3-32），长达6166公里，由368段组成，是意大利最长的步道。步道起始于意大利东北部港口城市里雅斯特（Trieste），沿阿尔卑斯山脉

（Alpine）、亚平宁山脉（Apennine）到达意大利南部，穿过西西里岛（Sicily）和撒丁岛（Sardinia），最后止于撒丁岛的加鲁拉（Gallura），穿过了意大利20个大区中的18个，由北向南经过3个气候区，途经意大利顶级旅游资源，如五渔村国家公园（Cinque Terre National Park）、阿马尔菲海岸（Costiera Amalfitana）等，是意大利最有代表性的长程步道。

法兰克步道全长2018公里，起始于英国的坎特伯雷（Canterbury），穿越法国、瑞士，到达意大利的罗马（Rome），在意大利境内的长度大约为1000公里。

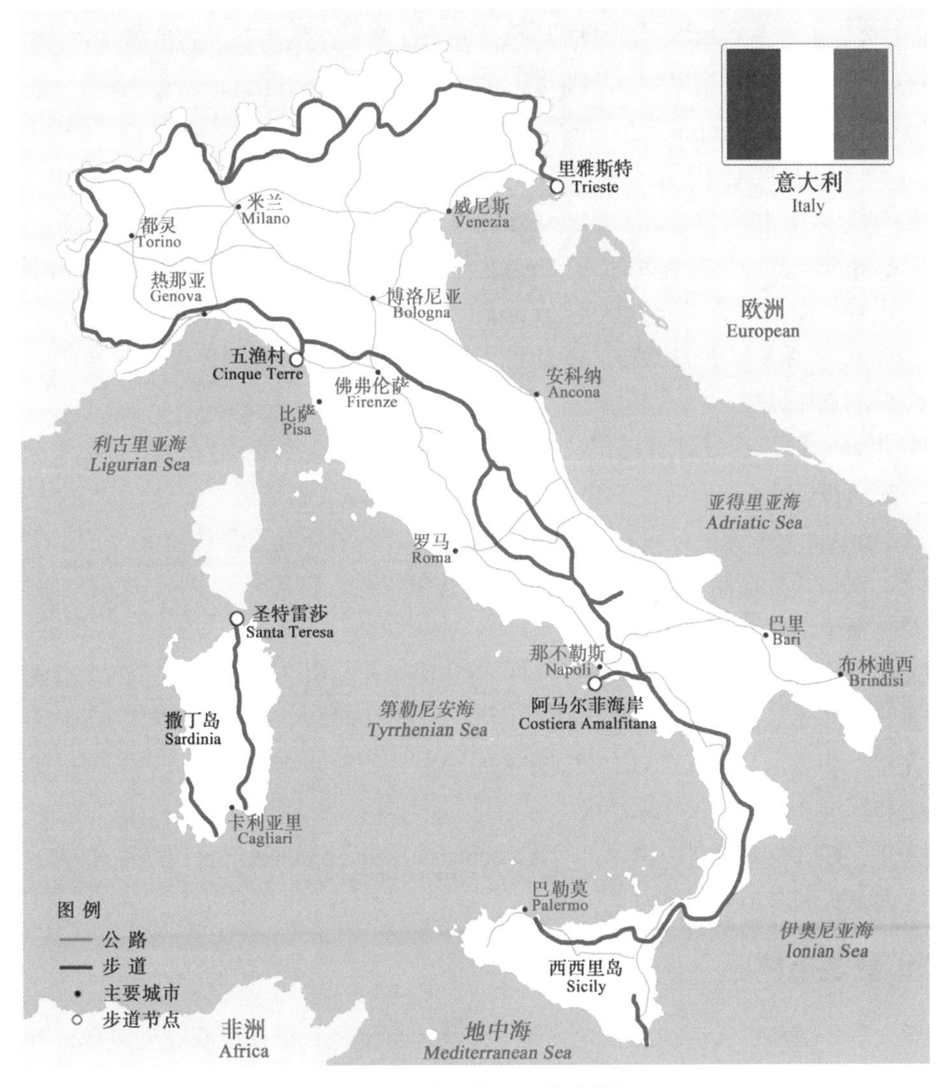

图3-32 大意大利步道路线图

一、步道历史

意大利分布有很多条步道，其中长度超过100公里的步道约有20条，这些步道大多分布在意大利北部的阿尔卑斯山、多洛米蒂山等山区，山谷间纵横分布的短步道更是数不胜

数。意大利境内有5条步道与欧洲其他国家相连，是欧洲E体系步道的组成部分。

19世纪70年代，一批都灵（Torino）登山爱好者首次传播了长程步道的概念，希望在皮埃蒙特区（Piedmont）的阿尔卑斯山段建设一条长步道——阿尔卑斯山步道（Grande Traversata delle Alpi，简称GTA），这些登山爱好者及其他志愿者组成了GTA协会（Associazione GTA），开始夜以继日地建设庇护所、设置标识牌、吸引公共资金，建成了长达1000公里的步道。1981—1989年，GTA协会出版了《徒步旅行指南》，1982年建立了一个正规旅行社来宣传该步道，徒步活动受到极大追捧，形成热潮，步道的每个小段每天都有300多名徒步者，几年后，徒步者的热情开始回落，GTA协会的志愿者也逐渐缩减。

1983年，意大利阿尔卑斯山俱乐部（Club Alpino Italiano，简称CAI）、意大利徒步联盟（Federazione Italiana Escursionismo）及利古里亚就业研究中心（Centro Studi Unioncamere Liguri）共同建成利古里亚山步道（Alta Via dei Monti Liguri），长440公里。

1985年，意大利阿尔卑斯山俱乐部组织建设了托斯卡纳亚平宁山脉步道（Grande Escursione Appenninica，简称GEA），GEA北起利古里亚（Ligurian）的Due Santi教堂，沿亚平宁山山脊，南到翁布里亚大区（Umbria）的Trabaria火山，长约370公里。沿步道重走了曾经侵略者、商人留下的道路，以及香客、牧羊人踩踏形成的小道，途经两个国家公园，众多湖泊点缀其中。

1983年，一群徒步爱好者提出建设一条意大利最长、跨度最大的大意大利步道。之后，这一想法被CAI采纳，CAI于1990年正式提出“大意大利步道”项目，CAI中央徒步委员会（Commissione Centrale per l’Escursionismo）开始着手建设步道，设计了步道统一的标识系统，规划了步道路线，并纳入了已有的几条步道，包括阿尔卑斯山步道、利古里亚山步道及托斯卡纳亚平宁山脉步道。

1995年，在CAI的组织下，大意大利步道建成，长6166公里，标志着该步道成为意大利第一条长程步道，也是意大利最具代表性的步道。同年，一群徒步者用近8个月的时间首次走完整条步道。1996年CAI中央徒步委员会制定了徒步者在大意大利步道徒步必须遵守的原则和标准。

1999年，CAI和国家高山俱乐部（Associazione Nazionale Alpini，简称ANA）共同组织了一次大意大利步道徒步活动。

二、景观与体验

大意大利步道跨度大、线路长，穿越了多种地形地貌，沿途景观类型多样，有延绵起伏的高山、气势磅礴的冰川、闻名世界的海岸、别有天地的溶洞，步道经过了许多著名的景区，有广袤静谧的国家森林公园、蕴含古罗马气息的建筑、独具特色的中世纪村庄。步道经过最具有代表性的景观有多洛米蒂山脉（Dolomites）、利古里亚阿尔卑斯山自然公园（Parco Naturale Regionale delle Alpi Liguri）、五渔村国家公园、阿马尔菲海岸等。

多洛米蒂山脉　多洛米蒂山脉是意大利阿尔卑斯山北部的一部分，地质地貌奇特多样、山势险峻，天气变化无常，昼夜温差较大，海拔较高处常年被冰雪覆盖，该区步道是

图3-33　三峰山

大意大利步道最难走、最危险的地段，吸引了许多喜欢探险的登山爱好者。抵达海拔3000米的三峰山（Tre Cime di Lavaredo）欣赏无与伦比的自然风光（图3-33），是许多登山爱好者的目标。

利古里亚阿尔卑斯山自然公园　公园位于凡提米利亚（Ventimiglia）和圣雷莫地区（Sanremo），步道穿越区域森林植被茂盛，特别是片卡瓦洛保护区（Zona di Pian Cavallo），分布着广袤的落叶松林、苏格兰松林、山毛榉林，徒步者行走在林海中，呼吸清新的空气、聆听鸟儿婉转的歌喉，偶尔见到敏捷的小松鼠穿梭林间，有种回归大自然的感觉。

五渔村国家公园　五渔村是位于利古里亚海岸悬崖边上的5个中世纪村庄，村庄间由小道相连，全长约10公里。其中，连接马纳罗拉村（Riomaggiore）和里奥马焦雷村（Manarola）的步道最短，仅有1公里，步行也最轻松，也许是这条路无论长度还是舒适度都最适合情侣漫步，因此被冠名为“爱之路”，步道两侧景致令人叹为观止，一边是炫目深邃的蓝色地中海，另一边则是向过客诉说历史的古怪岩石。其余步道则比较有难度，在步道上可以看到陡峭山坡上的建筑、削坡平整形成的耕地、紧邻悬崖的火车，让徒步者感叹人与自然相互斗争、相互妥协的生存关系。

阿马尔菲海岸　海岸位于意大利南部的萨莱诺市（Salerno），是萨莱诺海湾（Salerno Gulf）南部的海岸段。此路段分布有很多溪谷，形成独特的微气候，孕育了许多美丽的植物群落。绵延到山谷的步道，两侧是耸立的峭壁，溪流在峭壁处形成小瀑布，步道通往悬崖边上古老的城堡，从这里可以将小镇和海滩尽收眼底，让徒步者流连忘返。

三、徒步道路

（一）步道路面自然

大意大利步道在建设过程中尽可能利用了原有的山间小道、骡马行走留下的小道，尽量不开辟新道路，以降低对环境的影响，新建的步道只对路面上的植被进行简单清理，路面基本保持着原有的自然风貌，未加以硬化（图3-34）。

图3-34　步道路面

（二）步道规范使用

大意大利步道一般有徒步、自行车骑行、骑马三种使用方式，在狭窄的徒步步道上骑自行车或骑马，不仅存在安全隐患，也会损坏徒步步道。对此，1997年CAI和ANA召开的会议上，通过了关于使用山地自行车的决议，规定不可以在徒步步道上骑自行车，自行车骑行者可以在自行车步道上骑行，并首先接受安全及环保教育。

此外，特伦托自治省出台了自行车骑行的相关法规（Capo I.，1993），规定在步道至少宽于自行车的车长、平均坡度小于20°的情况下才可以骑自行车，骑行者必须获得机构的授权，无授权则不予通过。

（三）步道类型多样

由于大意大利步道由很多路段构成，各路段分布在不同地区，各有特点，有的以休闲观光为主，有的以自然教育为主，有的则以挑战体力为主。根据不同路段特点，可将步道划分为以下几种类型。

旅游步道　大意大利步道穿过了很多著名景区、旅游点，穿越这些区域的步道属于旅游步道，这类步道可供自行车或骡马通行，以旅游观光为主，具有休闲性。

阿尔卑斯山步道　该步道穿越了人迹罕至的阿尔卑斯山区，步道在此段有扶手绳、护栏等固定装置，要求徒步者对该地区地形有深入了解，具备基本的登山技能。

攀岩步道　穿越悬崖、山体边缘或暗礁的路段，装有铁索或梯子，属于铁索或攀岩步道，该类步道难度最大，极易发生安全事故。

历史步道　以参观和了解地方历史文化为目的路段，具有教育意义。

主题步道　以自然、冰川、历史、宗教、地质等为主题开展环境教育的路段，主题步道有固定的教育点，一般分布在公园、保护区等环境良好的区域。

远足步道　以徒步为主题的路段，是最主要和最流行的步道类型。

（四）步道难度等级差异

大意大利步道沿用了CAI组织对步道难易程度的划分标准，步道难度等级可以划分为T、E、EE、EEA四级（Club Alpino Italiano，2010）。

T：以旅游或历史教育为主题的路段，具有休闲性，没有难度。

E：以远足为主的路段，难度较小，无经验徒步者也可使用。

EE：分布在中高山地区的路段，局部有扶手绳、护栏等固定装置，有一定难度，适用于有经验的徒步者。

EEA：一般为攀岩步道，难度较大且有一定危险性，适用于登山专家。

四、沿步道服务设施

标识牌　大意大利步道沿线布置了样式统一的标识牌。标识牌标注步道缩写、步道方向、步道编号、沿途景点等信息，放置在步道的起点、终点及交叉路口等节点（图3–35），非节点处每隔一定距离做简单标注，如在木桩、树干或石头上标记红白相间的标识（图3–36）。步道入口处放置展板，展板展示的信息有步道分布地图及道路基础设施介绍、行走所需时间、步道周边环境描述、相关历史典故等。

图3–35 标识牌

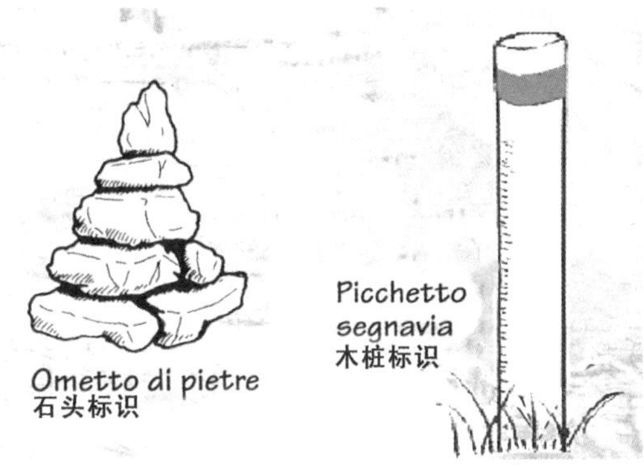

图3–36 简单标识

庇护所 是徒步者的主要住宿方式，有的庇护所是简单的石砌小屋（图3–37），有的则是工程复杂、建筑材料考究的房屋，容纳人数从几个人到上百人不等。庇护所经过授权可以开展商业活动，如出售食物饮品和旅游纪念品等（Capo I.，1993），有直升机向庇护所运输食物及用品。可以从网上查询庇护所信息，例如表3–24为托斯卡纳区卡拉拉庇护所的网上信息。

图3–37 庇护所

表3–24 庇护所信息

庇护所	Carrara	级别	A
海拔	1320m	位置	卡拉拉村 坎普一山
建设时期	1957年，1985年改建	床位	36
照明	YES 电网	供水	YES
卫生服务	热水淋浴	厨房	NO
开放时间	永久开放	联系电话	0585.841972

资料引自托斯卡纳区网（caitoscana.it），2016.

图3-38 露营地

露营地 露营地设置在步道附近较平坦的地方（图3-38），或者对地面稍做平整，用标识牌标记，为徒步者提供临时过夜的场所。

救助站 救助站分布在步道沿线，为徒步者提供避难场所，并由全国高山救援队实施救援，救援队训练有素的野外专家每年可营救成千上万被困的徒步者。

地图 CAI组织向徒步者提供大意大利步道的地图，比例尺为1：10000，最小1：25000，地图包含整条步道的信息，能够清晰地反映出步道路线及周边资源、景点、公路、露营地、庇护所等分布，确保徒步者在标识牌模糊的情况下不会迷路。

定位 除了提供纸质版的地图以外，CAI也提供步道的GPS定位及计算机储存数据，意大利徒步旅行网（Rete Escursionistica Italiana）空间数据监测部负责从各方面搜集、更新步道的信息。

五、步道周边服务体系

大意大利步道沿线分布有很多城镇、村庄、旅游景点，步道与公路也有许多交叉点，有的路段甚至是沿公路而行，徒步者进入或离开步道比较方便。这些城镇、乡村、景区也为徒步者提供了住宿、食物用品补给、娱乐等服务，并满足徒步者与外界取得联系的需求，步道在GEA段沿途会经过很多小宾馆（road-side hotels），徒步者甚至不需要在庇护所留宿。

（一）食宿

五渔村 大意大利步道途经五渔村，徒步者在此可选择家庭式住宿，体验地道的风土人情。这里依山傍海，风景优美，且没有嘈杂，非常宁静。五渔村的美食简单地道，许多野菜经过简单烹饪美味可口，独特配方的酱料非常有名，徒步者也可品尝村民自己酿造的美酒。

奥内路口（Croce d'Aune） 是意大利阿尔卑斯山的一个山口，海拔1000米左右，此处有一个小宾馆，有下山的公路，小宾馆共有8间客房，并提供食物饮品。从大意大利步道到此处非常方便，徒步者可以在此留宿休息、补充食物，也可以离开步道。

普拉基亚村（Pracchia） 位于托斯卡纳区的皮斯托亚省，大意大利步道的GEA段穿过该村庄，徒步者可在村里的农家乐吃饭、留宿，村庄附近还有一个福斯坦书店，可购买到步道的地图。

Magdalenablick公寓 位于布里克森小镇，在多洛米蒂山脚下，在此留宿的大多为步道徒步者或攀登多洛米蒂山的游客，公寓附近有餐厅和超市。

（二）交通

阿马尔菲小镇（Amalfi） 大意大利步道通向阿马尔菲小镇，徒步者可以由此登上步道。阿马尔菲小镇的交通非常便利，有渡轮从阿马尔菲小镇往返索伦托小镇（Sorrento）、萨莱诺市（Salerno）和那不勒斯市（Naples），也可从萨莱诺市乘坐大巴到阿马尔菲小镇，此外，小镇100公里以内有2处飞机场，萨莱诺阿马尔菲机场和那不勒斯机场。

布里克森小镇（Brixen） 从布里克森小镇向东进山便可登上大意大利步道的多洛米蒂山脉段，小镇建有火车站，徒步者可先到达威尼斯，由威尼斯坐火车4个小时便可到达布里克森。

六、步道运行管理

（一）组织管理

1．管理机构

大意大利步道的管理机构为CAI，CAI在1863年成立并获得维护归属于不同地区的庇护所、远足步道及登山步道的权力，政府根据旅游部的估算每年予以CAI财政支持。1985年12月第776号法规（Il Presidente Della Repubblica，1985），进一步规定CAI具有规划、建设和维护步道的资格，并加大政府财政支持力度。

CAI中央徒步委员会负责制定指导标准、提供技术支持，支持偏远地区步道工程实施，并负责步道的管理及维护、志愿者的协调与培训、处理好CAI与当地政府的关系以获得专项基金等。CAI地方组织配合中央徒步委员会开展工作，负责管辖区志愿者的组织协调、步道日常维护、教育宣传工作、材料工具的准备、寻找合作机构等。

2．行政管理

行政管理工作最重要的是获取步道建设和维护的权力，大意大利步道穿越了不同地区，涉及许多区域的省级政府，要以当地相关法律为依据，处理建设步道涉及的各种问题。

步道建设权力 获得步道建设权力，首先需要获取公共道路的地籍证明，之后根据省级、地方法律规定向政府部门请求授予建设步道的权力，并向自治区、山地社区、公民私有区申请步道标识标记、庇护所利用等权利，获得这些权利之后便可开始建设步道，建设过程中对植被的任何干扰措施都要向林业部门申请，如割灌、修剪等。如果在公园、自然保护区、特殊保护区或重要社区建设步道，必须经过政府机构的特殊批准，获得对步道建设及管理的授权，并向步道涉及的相关部门递交步道的地籍登记卡。

步道维护权力 由于步道建设工作已经获得授权，步道维护工作无须再次申请，可以直接开展，但如果涉及割灌、修枝或其他土地干扰措施，应与林业部门、山地社区、公园管理者等签订协议。步道维护期间，若穿越步道会发生危险或遇其他原因必须关闭步道时，要向市长请示关闭步道，并在步道起点和终点张贴禁入公告（Club Alpino Italiano，2010）。

（二）运行管理

1．步道管理

编号 为了便于步道地籍登记及网络管理，依据步道所在区域对步道的各个路段进行编号。区域是以省市或地形地貌划分的，每段步道的编号都是唯一的。

登记 大意大利步道在建设过程中纳入了一些现有的步道，为使步道归类入档，需要对步道进行统一登记，登记信息包括步道的编号名称、标识点及消费点、步道难度等级及辅助设备的位置、步道上的资源等。

志愿者工作 志愿者在步道建设维护中发挥了重要作用，参与的工作包括标识牌的制作安装、步道路基的清理维护、修建排水沟、设置和维护固定装置、步道定期检查等。志愿者有时会在环境恶劣的条件下工作，如密林中、岩石峭壁边缘等，工作中可能发生中暑、摔伤、坠落等意外。对此，CAI中央徒步委员会（Club Alpino Italiano，2012）建立了步道报警和通信系统，为志愿者配备无线通信设备，保证志愿者在发生紧急情况时可以与管理者取得联系。同时为志愿者配置基本的医疗用品，如绷带、止血带、生理盐水等。

2．步道维护

定期对步道进行彻底的检查修复，确保步道完整、设施完好，保证徒步者的人身安全，维护工作包括以下两个方面：

维护步道形态 维护步道形态以保障步道畅通。结合森林管理者的建议，对影响徒步的树木和灌草进行简单清理，避免彻底清除，将清理工作对土地的干扰降到最小。对于分布在易发生水土流失、泥石流等灾害地区的步道，设置排水沟，并在其下游垒鹅卵石巩固，确保洪水排进山谷，避免步道因水土流失被破坏。

维护步道设备 对缺失、倾倒、字迹模糊的标识牌进行修复或者更换，以免徒步者迷失方向。步道的扶手绳、铁索等设备在长期使用过程中，会因为雨雪、霜冻、自然灾害等因素出现老化、损坏现象，特别是登山设备、木质设备，因此要由专业人员定期进行检查，及时维修或更换（Club Alpino Italiano，2010）。

实例七　瑞典国王步道

瑞典共有400条纵横交错的国家步道，绵延千里，其中长度大于400公里的长程步道共14条（Traildino，2016）。大部分步道穿越人烟稀少的低地，并沿途设有旅馆、山站和木屋等住宿设施和补给点。其中，最受徒步者欢迎的是位于瑞典北部的国王步道（瑞典语Kungsleden）。存世百年的国王步道是瑞典最著名的长程步道，被《国家地理》杂志列为“世界上最好的长程步道之一”，夏季可徒步，冬季可滑雪。国王步道贯穿斯堪的纳维亚半岛，北起阿比斯库（Abisko）国家公园，南至滑雪度假村赫马万（Hemavan），全长约441公里（图3-39）。

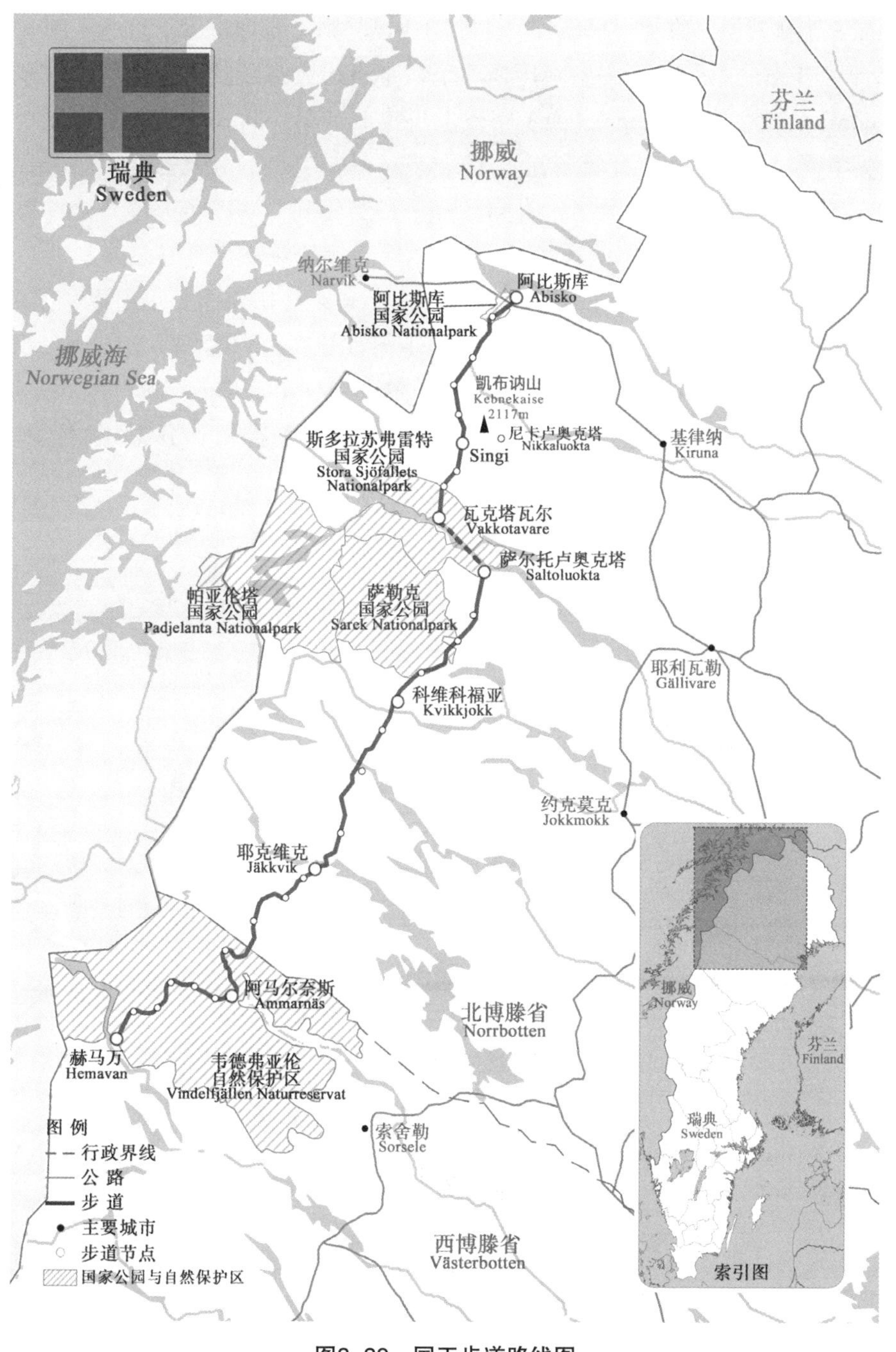

图3-39 国王步道路线图

一、步道历史

国王步道由瑞典旅游协会（Svenska Turistföreningen，简称STF）创建并负责维护。1885年，STF于乌普萨拉（Uppsala）成立。19世纪末，STF创建一条穿越拉普兰（Lapland）极地的国家步道想法开始萌芽。1900年，STF首次提出建设国王步道的倡议，当时所提出的徒步路线是如今国王步道的阿比斯库至科维科福亚（Kvikkjokk）路段。1902年，基律纳（Kiruna）至挪威纳尔维克（Narvik）铁路的建设为国王步道提供了可进入的有利条件。

1907年，步道的第一部分——阿比斯库至科维科福亚路段建成，全长181公里，同时在Abiskojaure至凯布讷（Kebnekaise）路段上也建成了第一间木屋。除了建设木屋之外，STF还购买了渡过阿比斯库至瓦克塔瓦尔（Vakkotavare）湖泊路段的划艇。开始之初，国王步道既没有做标记也没有取名字，直到1926—1927年间，国王步道才开始首次被标记，1928年，在没有任何正式声明下“国王步道”这个名字第一次出现在公众视野。1941年，科维科福亚至耶克维克（Jäkkvik）路段建设完成，50年代初期国王步道延长至阿马尔奈斯（Ammarnäs），共延长182公里，此时国王步道累计长度达379公里。1975年，随着韦德弗亚伦自然保护区（Vindelfjällen Naturreservat）的建成，国王步道穿过其内部并延长78公里至赫马万。至此，国王步道全部路段建设完成，全长441公里，分为6个部分28个路段（表3-25），大部分路段既可夏季徒步又可冬季滑雪。

表3-25　国王步道分段情况

部分	路段	长度（公里）	徒步路段	滑雪路段
阿比斯库— Singi Abisko–Singi （74公里）	阿比斯库山站—阿比斯库木屋 Abisko Fjällstation–Abiskojaure Fjällstuga	14	√	√
	阿比斯库木屋—阿勒斯湖木屋 Abiskojaure Fjällstuga–Alesjaure Fjällstuga	22	√	√
	阿勒斯湖木屋— Tjäktja木屋 Alesjaure Fjällstuga–Tjäktja Fjällstuga	13	√	√
	Tjäktja 木屋— Sälka木屋 Tjäktja Fjällstuga–Sälka Fjällstuga	13	√	√
	Sälka木屋— Singi木屋 Sälka Fjällstuga–Singi Fjällstuga	12	√	√
Singi—瓦克塔瓦尔 Singi –Vakkotavare （39公里）	Singi木屋— Kaitumjaure木屋 Singi Fjällstuga–Kaitumjaure Fjällstuga	13	√	√
	Kaitumjaure木屋— Teusajaure木屋 Kaitumjaure Fjällstuga–Teusajaure Fjällstuga	9	√	√
	Teusajaure木屋—瓦克塔瓦尔木屋 Teusajaure Fjällstuga–Vakkotavare Fjällstuga	17	√	√

（续）

部分	路段	长度（公里）	徒步路段	滑雪路段
萨尔托卢奥克塔—科维科福亚 Saltoluokta-Kvikkjokk（68公里）	萨尔托卢奥克塔山站— Sitojaure木屋 Saltoluokta Fjällstation-Sitojaure Fjällstuga	22	√	√
	Sitojaure木屋— Aktse木屋 Sitojaure Fjällstuga-Aktse Fjällstuga	9	√	√
	Aktse木屋— Pårte木屋 Aktse Fjällstuga-Pårte Fjällstuga	20	√	√
	Pårte木屋—科维科福亚山站 Pårte Fjällstuga-Kvikkjokk Fjällstation	17	√	√
科维科福亚—耶克维克 Kvikkjokk-Jäkkvik（99公里）	科维科福亚山站— Tsielekjåkk木屋 Kvikkjokk Fjällstation-Tsielekjåkk	15	√	√
	Tsielekjåkk —韦斯特菲耶尔 Tsielekjåkk-Västerfjäll	20	√	√
	韦斯特菲耶尔-Vuonatjviken（Västerfjäll-Vuonatjviken）	34	√	×
	Vuonatjviken —耶克维克 Vuonatjviken-Jäkkvik	30	×	×
耶克维克—阿马尔奈斯 Jäkkvik-Ammarnäs（83公里）	耶克维克—派列凯瑟木屋 Jäkkvik-Pieljekaisestugan	8	√	×
	派列凯瑟木屋—阿道夫斯特伦 Pieljekaisestugan- Adolfsträm	14	√	×
	阿道夫斯特伦— Sjnjultje Adolfsträm-Sjnjultje	15	√	×
	Sjnjultje — Rävfallstugan木屋	25	√	×
	Rävfallstugan木屋—阿马尔奈斯 Rävfallstugan-Ammarnäs Wärdshuset	21	√	√
阿马尔奈斯—赫马万 Ammarnäs-Hemavan（78公里）	阿马尔奈斯— Aigert木屋 Ammarnäs Wärdshuset-Aigert Fjällstuga	8	√	√
	Aigert木屋— Serve木屋 Aigert Fjällstuga-Serve Fjällstuga	19	√	√
	Serve木屋—泰恩舍木屋 Serve Fjällstuga-Tärnasjä Fjällstuga	14	√	√
	泰恩舍木屋-Syter木屋 Tärnasjä Fjällstuga-Syter Fjällstuga	14	√	√
	Syter木屋— Viterskalet木屋 Syter Fjällstuga-Viterskalet Fjällstuga	12	√	√
	Viterskalet木屋—赫马万度假村 Viterskalet Fjällstuga-Hemavans Kursgärd	11	√	√
合计		441		

资料引自高原徒步网（Übersicht，2016）.

国王步道无论是夏季还是冬季都吸引着全世界众多慕名而来的徒步者。徒步者在瑞典公共土地上开展户外活动，必须了解并遵循当地的公共土地准入权（Allemansrätten）。在“不打扰，不破坏”的前提下，除允许徒步者在公共区域开展徒步、骑行、骑马、采摘、游泳等户外活动外，还允许徒步者穿过私人领地、获得许可后在农场主视线以外的地方野营露宿（Naturvårdsverket，2016）。公共准入权由瑞典环境保护署（Naturvårdsverket）制定并发布，旨在保护本国自然环境的同时保证民众户外活动的权利。

二、景观与体验

（一）步道沿途的地形地貌与植被类型

国王步道是瑞典最有名的长程步道，全长约441公里，贯穿斯堪的纳维亚半岛，其北端深入瑞典浩瀚的北极地带，由北向南依次穿越高山、高原、河谷以及平原，沿途经过大型冰川、桦树林、苔原、湖泊等，丰富的地形地貌与植被类型造就了国王步道沿途的美丽景致。值得一提的是，国王步道不仅横贯极地拉普兰还途经了瑞典最高峰——凯布讷山，吸引了世界各地的徒步者前来赏景、徒步、滑雪、攀援，也使得阿比斯库至凯布讷路段颇负盛名。

横跨瑞典极地拉普兰　国王步道深入北极圈，横跨极地拉普兰[①]。拉普兰号称“欧洲最后一块原始保留区”，也被认为是圣诞老人的故乡。拉普兰特殊的地理位置和极地气候条件，使徒步者不仅可以欣赏到天然、粗犷、壮美的自然景观，还可以领略到北极光的奇异天象，感受极昼极夜。而拉普兰的土著人——萨米人（又称拉普人）也依然保留着本民族原来的生活习惯和文化传统，散发着神秘的魅力，吸引着徒步者前往和逗留。拉普兰独特的极地风光和土著民族风情，使它成为国王步道沿途上最具神秘色彩的地区。

途经瑞典最高峰　国王步道Singi向东延伸至尼卡卢奥克塔路段，途经海拔2117米的瑞典最高峰——凯布讷山。徒步者沿步道可以欣赏到凯布讷山的南高峰Sydtoppen和北高峰Nordtoppen的自然景象。Sydtoppen和Nordtoppen虽属同一山脉，但是自然景观却大不相同，其中，南峰Sydtoppen是瑞典的最高点，海拔2117米，是一座冰层厚度约40米的小型冰山，常年积雪。而海拔2097米的北峰Nordtoppen，却常年无积雪。自然景观迥异的南北峰也成为了国王步道徒步者攀援、欣赏美景的至高点（Corax，Soderkisen，2012）。

（二）步道沿途的景观

整条步道穿越3个瑞典国家公园及1个自然保护区：阿比斯库国家公园（Abisko Nationalpark）、斯多拉苏弗雷特国家公园（Stora Sjofallets Nationalpark）和萨勒克国家公园（Sarek Nationalpark）以及韦德弗亚伦自然保护区（Vindelfjllen Naturreservat）。

阿比斯库国家公园（Abisko Nationalpark）　是国王步道的北部起点，位于拉普兰地

---

① 拉普兰：拉普兰位于挪威、瑞典、芬兰北部和俄罗斯西北部在北极圈附近的地区，3/4处在北极圈内。

区，占地77平方公里，以自然之美著称。位于园内的步道既是一条徒步步道，又是一条滑雪步道。夏季，徒步者们穿过桦树林，沿着峡湾、峡谷和瀑布开展徒步旅行。冬季，徒步者们可以在阿比斯库滑雪、捕鱼、坐狗拉雪橇，还可以与土著萨米人一起围火吃鹿肉。阿比斯库国家公园建有阿比斯库高原山站，位于拉普兰地区的最北部——北极圈以北250公里。阿比斯库高原山站开放于20世纪，是STF规模最大、历史最悠久的山站，可供徒步者过夜。除此之外，阿比斯库国家公园还设有世界上观赏极光最佳地点之一的极光天空站。在这里，徒步者们可以在奇幻的北极光下享受北欧晚餐。由于其敏感的地质，阿比斯库国家公园不允许徒步者在野外随意露营，而允许在阿比斯库高原山站、阿比斯库木屋和距离山站7公里处的指定地点露营。

斯多拉苏弗雷特国家公园（Stora Sjfallets/Stour Muorkke Nationalpark） 斯多拉苏弗雷特国家公园又被萨米人称为Stour Muorkke国家公园，因Stour Muorkkegårttje瀑布而得名，地处北极圈以北20公里，位于瑞典北部的北博滕省（Norrbotten），地跨耶利瓦勒市（Gällivare）和约克莫克市（Jokkmokk）。斯多拉苏弗雷特国家公园占地1278平方公里，是瑞典第三大国家公园。该公园作为拉普兰人居住区的一部分被联合国教科文组织列为世界文化遗产，同时也是欧盟“Natura 2000”[①]保护区域网络的重要组成部分。斯多拉苏弗雷特国家公园拥有丰富多样的自然景观，国王步道从其北部穿过，徒步者可以在公园内欣赏到波光粼粼的阿卡（Áhkkájávrre）水库、壮观的Stour Muorkkegårttje瀑布、美丽的Dievssávágge峡谷、雄伟的Ähkká断层块及其冰川，除此之外，公园中种类丰富的动植物也是该公园吸引徒步者的主要因素之一。

萨勒克国家公园（Sarek Nationalpark） 位于瑞典北部的约克莫克市，地处北极圈以北，成立于1909—1910年，是欧洲最古老的国家公园之一（图3-40）。公园占地1977平方公里，毗邻斯多拉苏弗雷特国家公园和帕亚伦塔国家公园（Padjelanta Nationalpark）。公园内群山林立、峰峦雄伟，国王步道的萨尔托卢奥克塔（Saltoluokta）至科维科福亚路段从公园的东部穿过，徒步者在此可以欣赏到6座海拔超过2000米的高峰，200座海拔超过1800米的山峰和近100座冰川的壮观景象。值得一提的是海拔超过2000米的高峰在瑞典全国共13座，而萨勒克国家公园拥有的数量就已约占全国总数的一半，且瑞典第二高峰也位于其中。公园内并不设置木屋，徒步者可

图3-40　萨勒克国家公园（Pete Rosén，Rosénmedia　摄）

① Natura 2000是欧洲联盟境内的自然保护区网络，旨在保护欧洲濒临及珍贵物种和栖息地。

以通过步道通往建在公园外围的Pårte、Aktse和锡图湖（Sitojaure）木屋。

韦德弗亚伦自然保护区（Vindelfjällen Naturreservat） 保护区地跨瑞典西博滕省（Västerbotten）的索舍勒（Sorsele）和斯图吕曼（Storuman），占地面积约5628平方公里，是瑞典最大的自然保护区，也是欧洲最大的自然保护区之一。国王步道从自然保护区中部穿过，徒步者可以欣赏到著名的阿尔卑斯山脉，同时保护区还拥有丰富的景观类型与生物种类，徒步者可以观赏到东部平原的北欧原始针叶林、西部的高山苔原和白桦林以及一些濒临灭绝的动物。

三、徒步道路

国王步道的主要道路由自然小径、木栈道、桥梁、水路、废弃的铁路共同构成，其中阿比斯库至Abiskojaure的路段是沿着过去废弃的铁路线建设而成的。国王步道中，除了日久形成的自然小径之外，为了方便徒步者在沼泽、岩石、草地等路段的行走，设置了木栈道（图3-41）。除此之外，国王步道道路网络还包括跨越河谷溪流的桥梁以及由STF负责提供可穿越水域的划艇和船只。

图3-41　木栈道

四、沿步道服务设施

（一）沿途住宿

国王步道沿途住宿主要包括由STF负责运营和维护的山站、木屋以及庇护所，类型各异、不同规格的住宿设施为徒步者提供了多样的选择。各类型的住宿设施之间最长间隔20公里。国王步道沿途共设有STF高原山站4所、STF山间木屋16所、庇护所14所、县辖木屋3所、小屋2所、私人住宅1所，其中配有床位的住宿设施共24所，约占61.5%，供应补给的共15所，约占38.5%，配有桑拿设施的共12所，约占30.8%（表3-26）。

表3-26　国王步道沿途的住宿设施情况表

名称	类型	地区	床位	供给品	桑拿
阿比斯库 Abisko	STF高原山站	拉普兰北部地区 Northern Lapland	300	√	√
凯布讷 Kebnekaise	STF高原山站	拉普兰北部地区 Northern Lapland	218	√	√

（续）

名称	类型	地区	床位	供给品	桑拿
Kvikkjokk	STF高原山站	拉普兰人居住区 Laponia	60	√	×
萨尔托卢奥克塔 Saltoluokta	STF高原山站	拉普兰人居住区 Laponia	100	√	√
Aigert	STF 山间木屋	韦德弗亚伦地区 Vindelfj ällen	30	√	√
Serve	STF 山间木屋	韦德弗亚伦地区 Vindelfj ällen	30	√	×
Syter	STF 山间木屋	韦德弗亚伦地区 Vindelfj ällen	28	√	×
泰恩舍Tärnasjö	STF 山间木屋	韦德弗亚伦地区 Vindelfj ällen	20	√	√
Viterskalet	STF 山间木屋	韦德弗亚伦地区 Vindelfj ällen	24	√	×
Kaitumjaure	STF 山间木屋	拉普兰北部地区 Northern Lapland	30	√	√
Singi	STF 山间木屋	拉普兰北部地区 Northern Lapland	46	×	×
Sälka	STF 山间木屋	拉普兰北部地区 Northern Lapland	54	√	√
Tj äktja	STF 山间木屋	拉普兰北部地区 Northern Lapland	22	×	×
阿勒斯湖Alesjaure	STF 山间木屋	拉普兰北部地区 Northern Lapland	82	√	√
Aktse	STF 山间木屋	拉普兰人居住区 Laponia	34	√	×
Pärte	STF 山间木屋	拉普兰人居住区 Laponia	26	×	×
锡图湖Sitojaure	STF 山间木屋	拉普兰人居住区 Laponia	22	×	×
Teusajaure	STF 山间木屋	拉普兰人居住区 Laponia	30	×	√
Abiskojaure	STF山间木屋	拉普兰北部地区 Northern Lapland	53	√	√
瓦克塔瓦尔Vakkotavare	STF 山间木屋	拉普兰人居住区 Laponia	16	√	×
Badasj äkkå	庇护所	Arjeplogsfj ällen	0	×	×

（续）

名称	类型	地区	床位	供给品	桑拿
Sjnjultje	庇护所	Arjeplogsfjällen	0	×	×
Juovvatjåhkka	庇护所	韦德弗亚伦地区 Vindelfjällen	0	×	×
Syterskalet	庇护所	韦德弗亚伦地区 Vindelfjällen	0	×	×
Vuomatjåhkka	庇护所	韦德弗亚伦地区 Vindelfjällen	0	×	×
Kuoperjåkka	庇护所	拉普兰北部地区 Northern Lapland	0	×	×
Rádunjárga	庇护所	拉普兰北部地区 Northern Lapland	0	×	×
Tjäktjapasset	庇护所	拉普兰北部地区 Northern Lapland	0	×	×
Autsutjvagge	庇护所	拉普兰人居住 Laponia	0	×	×
莱陶勒湖Laitaure	庇护所	拉普兰人居住区 Laponia	0	×	×
Rittak	庇护所	拉普兰人居住 Laponia	0	×	×
Svine	庇护所	拉普兰人居住区 Laponia	0	×	×
Teusajaure Hut	庇护所	拉普兰人居住区 Laponia	0	×	×
Tsielekjåkk	庇护所	拉普兰人居住区 Laponia	2	×	×
派列凯瑟Pieljekaise	县辖小屋	Arjeplogsfjällen	4	×	×
Old Tärnasjö	县辖小屋	韦德弗亚伦地区 Vindelfjällen	6	×	×
Rävfallet	县辖小屋	韦德弗亚伦地区 Vindelfjällen	18	×	√
Tjäurakåtan	小屋	Arjeplogsfjällen	0	×	×
Livamkåtan	小屋	拉普兰北部地区 Northern Lapland	0	×	×
Vuonatjviken	私人住宅	Arjeplogsfjällen	38	×	√

资料引自瑞典高原网（Brisland，2016）.

图3-42 STF山间木屋（Cody Duncan 摄）

STF高原山站（STF Fjllstation） 是一种规模较大的住宿设施类型，为徒步者提供较高水平的服务，其中包括为徒步者提供补给品、餐饮、桑拿和床单租赁等服务。STF高原山站冬季营业时间为2月末至5月初，夏季营业时间为6月末至9月中旬，也有一些高原山站全年营业。无论是营业还是歇业期间，STF高原山站都设有专门的紧急救援电话亭以备徒步者的不时之需。

STF山间木屋（STF Fjllstuga） 国王步道沿途设置了16所坐落于大自然中的STF山间木屋（图3-42）并配有专职的服务人员。木屋没有通电和自来水，所以徒步者需亲自做一些打水、砍柴等简单的体力劳动，虽然木屋设施比较简单，但是却很舒适。木屋提供几种大小不等的房间，房间内部配有采暖火炉和上下铺，并提供羽绒被和枕头，还有许多木屋配有燃木桑拿和商店。自炊式的木屋还向STF会员提供厨房，使来自世界各地的徒步者可以在此烹饪食物。STF山间木屋的冬夏营业时间与STF高原山站大致相同，但不同区域中木屋的开放时间也不完全一样，具体情况徒步者可从瑞典旅游协会等相关网站上获悉（Svenska Turistföreningen，2016）。

庇护所（Shelter） 国王步道沿途的庇护所全年开放，但不提供任何服务，只限徒步者歇脚或紧急情况避难所用，有些庇护所配备了救援电话并在地图上进行了相应的标记。除非徒步者有迫切需要，庇护所内是不允许徒步者过夜的。

其他住宿类型（Others） 除了STF高原山站、STF山间木屋以及庇护所之外，国王步道沿途还设有其他类型的住宿设施，如县辖木屋、小屋和私人住宅。县辖木屋由当地县管理机构负责维护和管理，除位于韦德弗亚伦的Rävfallet木屋提供桑拿外，其他县辖木屋一律不提供补给、桑拿、餐饮等服务，但是可供徒步者过夜，部分县辖木屋是开放的而部分是锁闭的，徒步者需要从指定的地点租借钥匙才能使用。小屋是一种结构简单的旧式建筑形式，有些小屋年久失修并逐渐退出使用，而有些小屋修复后则被当作庇护所使用。私人住宅不属于任何组织机构，其提供的设施与服务没有统一标准，视住宅具体情况而定（Brisland，2016）。

（二）标识标牌

国王步道地处瑞典北部，不只在夏季作为徒步步道受到欢迎，在冬季作为滑雪步道也同样深受追捧，步道沿途设置标识标牌为徒步者和滑雪者提示步道方向、距离及服务设施等信息。其中标牌上的数字代表当前位置距离下个目的地的公里数，带有烟囱的房子代表可过夜的山间木屋，而只有一扇窗户的房子代表庇护所。除此之外，标牌中的刀叉、电话等标识分别代表可供餐饮及求救电话，值得注意的是，标牌中出现的“徒步者”标识表明此条步道是徒步步道，而如果是“滑雪者”则代表此步道冬季可作为滑雪步道（图3-43）。对于冬季的滑雪步道，沿途采用顶部带有红叉的木杆或者金属杆进行标记，标牌间隔40米，以便在恶劣的天气中依然可见（图3-44）。

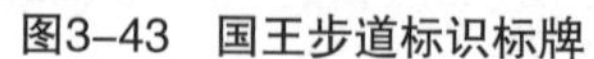
图3-43　国王步道标识标牌

图3-44　国王步道滑雪路段标记

国王步道的大部分路段既是徒步步道又是滑雪步道，既设有夏季标记又设有冬季标记。对于冬季滑雪的步道而言，大部分路段为徒步者们提供了优良的滑雪条件，特别是阿比斯库至凯布讷山和瓦克塔瓦尔路段是滑雪爱好者开展滑雪活动的重要路段，不但相对安全而且标记清晰。滑雪步道沿途设有红叉标记，其中Teusajaure小屋至瓦克塔瓦尔小屋之间的路段冬季采用可移动的临时标记。

五、步道周边服务体系

国王步道的外部交通比较便利，徒步者可以通过选择巴士、火车、飞机、划艇等不同的交通方式到达国王步道沿途站点（表3-27）。

表3-27　国王步道外部交通汇总表

沿途站点	外部交通点	交通方式
阿比斯库　Abisko	哥德堡（Göteborg）、斯德哥尔摩（Stockholm）、纳尔维克（Narvik）	火车、巴士
	基律纳（Kiruna）、纳尔维克	巴士、飞机
萨尔托卢奥克塔　Saltoluokta	耶利瓦勒（Gällivare）	巴士
尼卡卢奥克塔　Nikkaluokta	基律纳	巴士、出租车
科维科福亚　Kvikkjokk	约克莫克（Jokkmokk）	巴士
阿马尔奈斯　Ammarnäs	索舍勒（Sorsele）	公交车
赫马万　Hemavan	全国各地	自驾、巴士等

资料引自Cody Duncan. Hiking the（Northern）Kungsleden Trail from Nikkaluokta to Abisko in Autumn, Sweden，2014.

阿比斯库站点 在瑞典南部哥德堡、首都斯德哥尔摩和挪威的纳尔维克开设有直达阿比斯库的火车和季节巴士，在基律纳和挪威的纳尔维克开设有通往阿比斯库的巴士和定期航班。

萨尔托卢奥克塔站点 开通至中转站耶利瓦勒的火车和航班，之后可换乘巴士到达Kebnats和叙奥尔瓦。

尼卡卢奥克塔站点 开通从基律纳开往尼卡卢奥克塔的巴士，这些巴士只在STF山间木屋开放的时候运营，且全年都有出租车服务。

科维科福亚站点 开通从约克莫克开往科维科福亚的巴士。

阿马尔奈斯站点 开通从索舍勒开往阿马尔奈斯公交车。

赫马万站点 可达性强，从于默奥（Umeå）或者挪威的穆村（Mo i Rana）乘坐巴士即可到达，但需注意的是有些巴士只限于夏季运营。此外，距离国王步道最近的赫马万泰纳比（Tärnaby）机场设有开通至斯德哥尔摩的往返航班，每天1班次，每周发6班，航程约为2.5小时。

六、步道运行管理

国王步道是由瑞典旅游协会（Svenska Turistföreningen，简称STF）创建、标记、运营并维护的，沿途大部分的住宿设施也由STF负责运营管理，该协会也因创建了国王步道而享誉国内外。

STF是瑞典最大的非营利性志愿者组织，该协会经营了320多家旅馆和酒店，10个STF高原山站，拥有超过25万名来自世界各地的会员。该协会旨在让国民和世界“了解瑞典”，从而达到“发展瑞典旅游，传播国民知识”的目的。STF以自然资源与文化遗产为基础发展瑞典旅游，致力于瑞典境内基础设施的建设、公共土地准入权的维护、旅游的可持续发展以及步道的建设与运营（Svenska Turistföreningen，2016）。STF的运营费用来源于会员会费、民众捐款以及“我爱国王步道”活动筹集的资金。

“我爱国王步道”（I love Kungsleden）活动是由STF发起的一项筹集资金的活动，旨在帮助STF进行国王步道及其住宿设施的维护与更新。国王步道全长441公里，以25瑞典克朗/米（折合人民币为19.4元/米）的价格向公众募捐集资。每人捐赠的数量不限，捐赠者既可以自己的名义捐赠，也可以作为礼物送与他人并以其名义捐赠。捐赠完成后，捐赠者将会收到电子的捐赠证书，并在此活动网页的数码电子步道上呈现捐赠者的姓名以及其他相关信息。截至2016年10月8日，共计有5730名捐赠者捐赠步道121968米，约占步道全长的27%，共计约305万瑞典克朗（折合人民币约235.8万元）。捐赠的款额全部用于翻新住宿房屋，粉刷天花板和墙壁，打磨和油漆地板，更换门窗，新置厨房、床垫、桌椅等（STF，2016）。

STF在国王步道的建设、运营和维护上起到了至关重要的作用，同时也为民众开展徒步活动、发展瑞典旅游、保护瑞典自然资源与文化遗产创造了有利条件，STF不仅为瑞典本国公民提供了便捷的服务也为世界各地了解瑞典搭建了桥梁。

实例八　匈牙利国家蓝色步道

匈牙利有近1.3万公里的远足步道（匈牙利语Turistaút），其中3条为长程步道，分别为国家蓝色步道（Országos Kéktúra，简称OKT）、南多瑙河蓝色步道（Dél-Dunántúli Kéktúra，简称DDK）和大平原蓝色步道（Alföldi Kéktúra，简称AK），表3-28分别是这3条步道的起点、终点、长度和位置信息。这3条步道沿匈牙利的边界形成环线（图3-45）。国家蓝色步道是其中发展最早、最为著名、徒步人数最多的一条。

表3-28　匈牙利长程步道

名称	起点	终点	长度（公里）	地理位置
国家蓝色步道	Írott-kö	霍洛哈佐村 Hollóháza	1128	匈牙利西部
南多瑙河蓝色步道	Írott-kö	塞克萨德 Szekszárd	550	匈牙利西南部
大平原蓝色步道	塞克萨德 Szekszárd	沙托劳尔尧乌伊海伊 Sátoraljaújhely	800	匈牙利东部

资料引自匈牙利自然之友协会官网.

图3-45　匈牙利长程步道路线图

国家蓝色步道于1938年建成，由西向东北贯穿整个匈牙利，是匈牙利及全欧洲的第一条长程步道。起点位于奥地利与匈牙利边界的Írott-kő山的顶峰，海拔884米，终点位于匈牙利与斯洛伐克边界的霍洛哈佐村。1995年国家蓝色步道从克塞洛（Kőszeg）到沙托劳尔尧乌伊海伊的路段被纳入欧洲长程步道体系——E4。

一、步道历史

步道萌芽阶段 20世纪30年代初，地理学家Gábor Strömpl先生在《先锋徒步者》杂志上倡议将徒步道路标准化，并提出建设长程步道的想法。匈牙利旅游协会（Magyar Turista Szövetség）采纳了这一建议，着手策划长程步道的路线，并设计建设了步道沿途的标识系统，此标识系统一直沿用至今。

1938年，匈牙利旅游联盟（Magyar Turista Egyesület）会长Cholnoky Jenő博士推动长程步道建设（Béla Horváth，2004），完成了许迈格（Sümeg）与大米利奇山（Nagy-Milic）顶峰之间首条连续长程步道，名为圣·伊斯特万（Szent István）步道，长910公里。

步道发展阶段 第二次世界大战后，步道的起点和终点被重新划分，从陶波尔曹（Tapolca）到Tolvaj-hegyig terjedő共852公里，分成25段。20世纪70年代，国家蓝色步道延伸到Írott-kő山脚下的韦莱姆村（Velem）。

1953年，火车头体育俱乐部（Lokomotív Sportkör）出版了国家蓝色步道的第一本徒步宣传册；3年后出版了第二本宣传册，册子里有手绘的步道路线图。1964年，国家教育图书公司（Állami Könyvterjesztő Vállalat）发行了首本步道徒步指导书——《国家蓝色步道线路》。

1961年，由于火车头体育俱乐部已无力管理国家蓝色步道，步道的组织和管理权移交到了匈牙利自然之友协会（Magyar Természetbarát Szövetség，简称MTSZ）。

步道成熟阶段 20世纪80年代初，著名导演兼编剧Rockenbauer Pál带领一支小的电影制作团队，历时76天走完了国家蓝色步道，并制作成一部名为“在匈牙利的一百五十万步”的电视连续剧。电视剧的播出，引发了民众对国家蓝色步道的追捧热潮。这部电视剧对提高国家蓝色步道的知名度具有里程碑意义。

1992年，国家蓝色步道进一步延伸到Írott-kő山的顶峰。Írott-kő山位于匈牙利与奥地利的边界，站在Írott-kő山顶便可欣赏奥地利境内的阿尔卑斯山脉（Magyar Természetbarát Szövetség，2016）。2011年夏天举办了国家蓝色步道50周年徒步之旅，以纪念匈牙利自然之友协会1961年接手国家蓝色步道的组织和管理权。国家蓝色步道共分为27段，其中第24段又分为a、b两段，b段穿越阿格泰列克国家公园。国家蓝色步道选择村镇作为每段的节点。表3-29列出了国家蓝色步道的路段信息。

表3-29 国家蓝色步道分段情况

阶段	起点	终点	距离（公里）
1	Írott-kő	沙尔堡 Sárvár	69.5
2	沙尔堡 Sárvár	许迈格 Sümeg	72.3

（续）

阶段	起点	终点	距离（公里）
3	许迈格　Sümeg	凯斯特海伊　Keszthely	43.8
4	凯斯特海伊　Keszthely	陶波尔曹　Tapolca	27.0
5	陶波尔曹　Tapolca	鲍道乔尼特尔代米茨 Badacsonytördemic	16.7
6	鲍道乔尼特尔代米茨 Badacsonytördemic	大瓦若尼　Nagyvázsony	45.4
7	大瓦若尼　Nagyvázsony	瓦罗什勒德　Városlöd	24.1
8	瓦罗什勒德　Városlöd	齐尔茨　Zirc	41.0
9	齐尔茨　Zirc	博道伊克　Bodajk	58.9
10	博道伊克　Bodajk	萨尔利盖特　Szárliget	49.7
11	萨尔利盖特　Szárliget	多罗格　Dorog	65.1
12	多罗格　Dorog	皮利什乔包　Piliscsaba	18.6
13	皮利什乔包　Piliscsaba	Hűvösvölgy	20.9
14	Hűvösvö lgy	Rozália téglagyár	14.2
15	Rozália téglagyár	皮利什森特凯赖斯特　Dobogókö	22.2
16	皮利什森特凯赖斯特 Dobogókö	维谢格拉德　Visegrád	24.2
17	大毛罗什　Nagymaros	诺格拉德州　Nógrád	38.7
18	诺格拉德州　Nógrád	拜奇凯　Becske	60.2
19	拜奇凯　Becske	马特劳韦赖贝伊　Mátraverebély	69.6
20	马特劳韦赖贝伊 Mátraverebély	珍珠河　Mátraháza	27.6
21	珍珠河　Mátraháza	希罗克　Sirok	21.6
22	希罗克　Sirok	绍尔沃什克　Szarvaskö	19.9
23	绍尔沃什克　Szarvaskö	普特诺克　Putnok	57.3
24a	普特诺克　Putnok	阿格泰列克　Aggtelek	31.1
24b	阿格泰列克　Aggtelek	博德瓦西洛什　Bódvaszilas	31.4
25	博德瓦西洛什 Bódvaszilas	博尔多格克瓦劳尔尧 Boldogköváralja	62.7
26	博尔多格克瓦劳尔尧 Boldogköváralja	沙托劳尔尧乌伊海伊　Sátoraljaújhely	51.6
27	沙托劳尔尧乌伊海伊 Sátoraljaújhely	霍洛哈佐　Hollóháza	42.9
总长			1128.2

二、景观与体验

建设国家蓝色步道的宗旨是让徒步者在远足的同时，领略匈牙利的自然景观和人文景观，了解匈牙利的历史和文化。步道途经山地、平原、丘陵等地形地貌。由西向东走完全程，总攀升高度逾3万米。沿步道平均8公里左右会途经一个小镇，穿越10个自然保护区。

徒步者走在国家蓝色步道上可以欣赏到巴拉顿湖（Balaton）、多瑙河湾（Duna）、奥格泰莱克喀斯特岩洞（Az Aggteleki–karszt és a Szlovák–karszt barlangjai）、陶波尔曹盆地的死火山等自然景观，以及霍尔洛克古村落（Hollókő）、许迈格城堡、七领袖泉（A Hét–forrás）等人文景观（Magyar Természetbarát Szövetség, 2009）。若遇到节庆日还可免费品尝鹅肝酱、土豆炖牛肉等匈牙利特色美食，给予徒步者十分良好的徒步体验。另外，步道行进至约一半的路程经过首都布达佩斯。

（一）自然景观

奥格泰莱克喀斯特岩洞 沿国家蓝色步道进入奥格泰莱克国家公园时，可参观奥格泰莱克喀斯特岩洞。该岩洞于1995年入选世界自然遗产（联合国教育、科学及文化组织，2011）。整个洞群位于斯洛伐克南部和匈牙利北部交界处，横跨喀尔巴阡山脉南部的丘陵地带。洞内形状、大小、颜色各异的钟乳石与石笋，变化多端的岩层结构以及排列在有限空间内的712个洞穴，为徒步者描绘出一幅温带喀斯特的神奇景观。

巴拉顿高地国家公园 国家蓝色步道的第四段与第五段途经位于匈牙利中西部的巴拉顿高地国家公园，公园内有匈牙利境内的第一大湖泊——巴拉顿湖（图3–46）。巴拉顿高地国家公园1979年被列入“国际重要湿地”名录，这里共栖息着230种鸟类，徒步者可以在公园内看到既丰富多彩又充满祥和气氛的鸟类世界。爬上巴拉顿高地连绵起伏的山丘可直到大瓦若尼，沿途美景旖旎，风光无限。

（二）人文景观

霍洛克古村落 国家蓝色步道途经霍洛克古村落，徒步者在此可感受到匈牙利的传统文化。霍洛克古村落于1987年入选世界文化遗产，位于匈牙利东北部诺哥拉德省，是世界上最早被列为世界文化遗产的村庄，也是匈牙利面积最大、保留最完整的历史遗迹。该村落主要建立于17～18世纪，向徒步者生动地展示了20世纪农业革命前乡村生活的图景。

图3–46　巴拉顿湖

许迈格城堡 许迈格城堡位于国家蓝色步道第二段的终点处，坐落在城堡山上，距离巴拉顿湖32公里，是一组不规则的石头建筑，也是匈牙利保存最完好的中世纪建筑。目前，城堡外墙仅剩一些残垣断壁，徒步者沿曲折的林间小路攀登这些城墙，登上山顶，可将小镇的美景尽收眼底。

七领袖泉 在国家蓝色步道的第一段便可领略到位于科塞格深山里的“七领袖泉”风采。“七领袖泉”始建于1896年，被古树环抱。泉里的7个出口分别代表匈牙利的7位领袖：Álmos，Előd，Ond，Kond，Tas，Huba和Töhötöm，因此被命名为“七领袖泉”，以缅怀这7位领袖为匈牙利开疆扩土做出的卓越贡献。七领袖泉的泉水干净清澈，水温常年维持在10摄氏度左右。徒步者在此，可缅怀杰出领袖，谨记历史。

三、徒步道路

（一）步道线路

连接不同的山脉 匈牙利境内平原较多，其80%的国土海拔高度不足200米，因此为使步道沿途景观富于变化，国家蓝色步道在线路选择上尽可能选择经过或远观各类山体。如沿途经过了匈牙利西端的科塞格山，较为陡峭的城堡山、鲍尔鲍奇山（Barbacs）等。

穿越典型微气候 由于受地中海气候及大陆性气候的影响，匈牙利西部与东北部的气候差别比较明显，东北部夏季多雨、高温，冬季干燥、寒冷；西部冬季比东北部地区暖和。步道由西向东北穿越了匈牙利典型的两种微气候。

平衡保护与利用 步道尽可能穿过由西向东北方向上的各种特色景观，考虑到特色景观的保护与利用，步道经过的各自然保护区都避开核心区，同时倡导“无痕徒步”，以保护自然景观。

借助发达的交通 匈牙利的交通系统非常发达，选择小镇作为补给点，不仅可临时休整还可随时离开。如多罗格小镇，是匈牙利埃斯泰尔戈姆州的一个小镇，距离首都布达佩斯38公里。有10、117、111号公路，布达佩斯—埃斯泰尔戈姆郊区铁路线，工作日每20～30分钟有一趟800路、7700A路公交直达布达佩斯Árpád híd地铁站。

图3–47 步道路面示意图（Dorci és Zoo 摄）

（二）步道路面

国家蓝色步道路面主要是利用现有路面进行改造。尽可能减少人为干扰，以略做平整的土路为主，涉水路段建设有简易小木桥（图3–47）。平坦的荒野路段，步道多为行人走出来的小径。较难行走的丛林路段，就地取材，利用周围的树木做成木阶，既便于攀爬，又可避免水土流失，同时与周围的景象相融合。近村镇路段多为利于骑行的柏油路。

四、沿步道服务设施

露营地 在一些较大的城镇或景点周边，沿国家蓝色步道设有露营地，徒步者可在此搭建帐篷。根据匈牙利的森林法，民众有权在除自然保护区和私人领地外的森林里徒步和过夜，但不能对森林造成任何破坏，否则将承担相应责任。由于匈牙利的夏季特别干燥，在春秋季之间，森林及其周边200米的范围内会设置禁火牌。

庇护所及临时休息地 国家蓝色步道沿途设有一些风格各异、建造较为简单的庇护所，供徒步者住宿。沿步道庇护所的数量较少，多为木结构，与周围的景致相一致。庇护所上会标有使用说明、注意事项及下一段道路指示标识。沿步道设有临时休息的小厅子和桌椅，以供徒步者短暂休息。这些临时休息设施或临湖、或依林、或于开阔地带，多为木制，经久耐用且无损于周围环境，并与自然景观相协调。

标识 国家蓝色步道由彩绘标记。条纹标识牌的尺寸为15厘米×10厘米，其他标识牌的尺寸为10厘米×10厘米。标识用了蓝、红、绿和黄4种颜色，并分别用字母K、P、Z、S表示。其中蓝色表示长度超过500公里的路段，红色表示跨多省市的路段，黄色表示只在省内的短途路段，绿色表示只在某个地区的更短的路段。所有的步道都做了双向标示。在分岔路绘制有很多的标识（表3–30），以指示不同路径，如果是明确的路线标识就会少一些。所有的路线在地图上都被标记为红色。

表3–30 不同的标识及其含义

名称	标识	书写	含义
条纹		K、P、Z、S	这些主要的标识在匈牙利的所有山或地区都有
十字形		K+、P+、Z+、S+	在已有主路标的路段，有其他可能的平行的路线可以到达你的目的地
正方形		K□、P□、Z□、S□	主要出现在主路上，表示附近有民居、旅馆或公共交通停靠点
三角形		KΔ、PΔ、ZΔ、SΔ	去山峰或其他好的俯瞰点

（续）

名称	标识	书写	含义
圆形		KO、PO、ZO、SO	永久的、人造的泉水
欧米伽		KΩ、PΩ、ZΩ、SΩ	去往洞穴或峡谷
环线		KC、PC、ZC、SC	起点和终点一样，可在主路上参观更多的景点
废墟		KL、PL、ZL、SL	去往城堡的废墟、寺院、或其他建筑景点

标牌　沿步道设有标牌，标牌上为徒步者提供了最近的露营地、庇护所、景点、盖章地等信息，也会指示某些限制进入的地段，以及附近有野生动物出没的警示信息。如图3–48所示，标牌中部设有印章标识，表明该处为盖章地，下方标有步道标识的铁盒内即放有印章，供徒步者盖章记录。这些标牌大都用木头做成，或直接涂在沿途的树木、石头上，自然又环保（图3–49）。

图3–48　盖章标牌示例（Péter István Pápics　摄）

图3–49　标牌示例（Péter István Pápics　摄）

五、步道周边服务体系

（一）食宿设施

国家蓝色步道沿途几乎每一个村庄都有付费住宿点，需提前进行网上预定。步道沿途经过的较大的城镇，尤其是较为著名的徒步小镇，有条件较好的酒店、饭店提供食宿，当然花费也较高（Szállásinfo，2016）。如果在网上订不到房间但又必须住一晚时，可以寻找有“Zimmer Frei”标识的房屋或向当地的商店、俱乐部寻求帮助。如在沙托劳尔尧乌伊海伊小镇，可选择较为安静优美的阳光小屋（Napsugár Vendégház-Zemplén）酒店，也可选择处于闹市的König酒店，这两家酒店都可在网上预订。阳光小屋酒店提供自炊式公寓，每间公寓都配备独立的、设备齐全的厨房，酒店还设有乒乓球和儿童游乐场的公共区域。在酒店400米的范围有商店和酒吧，也可以在距酒店1公里的湖里钓鱼。König酒店内的餐厅提供国际美食，免费的健身中心和付费的桑拿房，酒店距火车站1.3公里，距普伦休闲公园3公里。

（二）城镇游赏

国家蓝色步道每段的节点设置在城镇，穿越的较为著名的城镇有许迈格、陶波尔曹、凯斯特海伊及维谢格拉德。

许迈格　匈牙利西部的小镇，距离巴拉顿湖20公里，由维斯普雷姆州负责管辖。有著名的中世纪建筑许迈格城堡，城堡每年夏季都会举办武士表演赛，吸引来自各地的徒步者。

陶波尔曹　匈牙利西部的小镇，距离巴拉顿湖13公里，由维斯普雷姆州负责管辖。有水磨（Mill Pond）、湖洞（The Lake Cave）等著名的景点，附近长约4公里的陶瓦斯（Tavas Cavern）地貌特征极为罕见，泛舟其间别有一番情趣。

凯斯特海伊　匈牙利佐洛州的一座城市，坐落于巴拉顿湖西岸，为巴拉顿湖畔最大的城市，也是这一地区的文化、教育和经济中心。由于地理位置优越、交通方便，使其成为完美的度假胜地。凯斯特海伊北部被茂密的森林和起伏的小山环绕，东南部为广阔的平原和静谧的湖泊，再加上拥有760多年的历史，不仅自然风光无限，而且文化底蕴深厚，对于国内外徒步者极具吸引力。

维谢格拉德　匈牙利佩斯州的一个城镇，位于该国北部多瑙河右岸，坐落在多瑙河湾的心脏地带，自古就是兵家必争的要塞之地。五层楼高的所罗门塔是维谢格拉德的著名景点，是维谢格拉德防御工事的一部分，是皇室宅邸所在，是中欧最大、保存最完好的罗马式建筑之一。徒步到此可探秘匈牙利皇室生活，可登上云堡的最高处俯瞰多瑙河和维谢格拉德小镇的风貌。

（三）外部交通

得益于匈牙利发达的交通系统，几乎每一个城镇之间都有柏油公路连通。步道沿途经过的一些小镇、城市都有通往外面的火车、汽车等交通工具。这些信息都可以在徒步指导书里查阅到。国家蓝色步道上有19个村镇有直通首都布达佩斯的火车，如许迈格、陶波尔曹等。步道周边大部分城镇可乘坐长途大巴直达布达佩斯，一些较大的城镇可乘坐公交车直达布达佩斯。相同距离坐火车和坐汽车的票价一样。

六、步道运行管理

（一）步道管理

MTSZ是一个非营利组织，成立于1873年，旨在通过徒步、骑行等形式呼吁保护自然环境和生物多样性，促进人与自然和谐共处。协会设有1名主席、1名副主席、1名名誉会长、7名董事会成员。设有6个委员会，即步行委员会（Gyalogos）、远足委员会（Turistaút Szakbizottság）、攀岩和登山委员会（Hegymászó és magashegyi túra）、水之旅委员会（Vízitúra）、骑行委员会（Kerékpáros）、探洞委员会（Barlangász）。有近250个成员组织，其中有1个国家级组织、3个区域组织、22个地方组织，共拥有1.2万名认证会员。

MTSZ的主要职责包括，现有步道的维护，开展各类与运动相关的培训活动，徒步、骑行等相关图书的出版，联合保护局组织活动等。MTSZ开展的活动旨在倡导徒步者尊重自然、保护自然，如“魔法森林家庭日”，该活动为期两天，提倡徒步者以家庭为单位在森林中徒步，感受大自然之美，在森林学校中鉴赏森林中的动植物，树立爱护自然的理念。

匈牙利徒步道路的管理主要由MTSZ协会主导，各地方的自然之友协会、匈牙利旅游协会、保护局、志愿者组织协助。每个MTSZ的成员组织都有其明确的责任。定期组织志愿者培训活动，明确道路、庇护所、临时休息小厅桌椅的检查、修复工作的时限及标准，标识标牌每2～3年检查、修复一次（Molnár András József，2014a），每5～7年彻底更换一次（Molnár András József，2014b）。

徒步者在露营期间应遵守以下规则：不在自然保护区内搭建帐篷；收集并带走所有垃圾；只在安全的地方用火；不砍伐任何树木生火，只用已经干枯了的树枝；宿营期间不损坏任何植物；不使用任何化学制品，以防止破坏环境。

由于森林防火季、狩猎季、土地所有者变更等原因，步道的路线也会临时发生变化，线路的变化信息会在MTSZ官网上及时发布。徒步者也可以下载国家蓝色步道APP，了解徒步途中步道线路等信息。

（二）许可及验证完成

步道的所有路段均免费向公众开放，不需要支付任何费用，也不需要获得许可。沿步道共设有148个关卡，每一个关卡都有其对应的印章名，徒步者需在其纪念本对应的位置盖满148个章才算走完全程。每一个走完全程的徒步者都有资格向MTSZ申请步道荣誉勋章，MTSZ免费向会员授予荣誉勋章。当然，整条路线及其中的任何路段都可以为了乐趣独立完成，不需要任何的验证。

实例九　欧洲GR10步道

欧洲远程步道体系中的欧洲GR10步道，全程位于法国境内（图3-50）。GR10连接了大西洋与地中海，长约903公里，步道部分路段每年会有所改变，是法国景色最好的长程步道之一。大部分全程穿越者都选择从西向东行走，从大西洋岸边的昂达伊（法语Hendaye）开始，到达地中海的滨海巴尼于尔（Banyuls-sur-Mer）。与邻国西班牙那一侧的GR11步道不同，GR10沿线的山脚下坐落着许多村庄，徒步者既可以观赏步道沿途粗犷的自然景观，又可欣赏优美的田园风光。

图3-50　GR10步道路线图

一、步道历史

GR10步道已经存在了50多年，走向沿着比利牛斯山（Pyrénées），大致与法国和西班牙的边境线平行。GR10建立于1963年，坐落于Aspe山谷与Ossau山谷之间，是这一地区的第一条步道（Fédération francaise de la randonnée，2016b）。1968年，GR10的两端分别延伸到西部的昂达伊以及东部的彼埃尔圣马丁（La Pierre Saint-Martin）。20世纪90年代中期，步道的建设开始与地方政府合作。

对于体能较好的人，穿越整条GR10需要大约52天。部分路段有很多上坡及下坡，累积总攀升高度约为4.9万米（Paul Lucia，2002）。从6月中旬到9月中旬，每天大约有10人从昂达伊出发，1～2人从巴尼于尔出发。大部分徒步者只是穿越GR10的某一段落，完整走完全程的人数非常之少。

二、景观与体验

GR10最佳的徒步时间为春末夏初或夏末秋初（图3-51）。步道西段是满眼绿色，中段充满了岩石，东段则是灌丛。在盛夏时节，虽然沿途有些滑雪站的升降梯会对徒步者开放使用，以避免徒步者上下攀爬，但是炎热仍是徒步者需要面对的问题。秋季，山地暴风雨变得非常频繁，徒步环境变得十分恶劣。冬季由于下雪，导致GR10的很多路段无法通行。

图3-51　GR10沿途景观

穿越在迷雾之中　从昂达伊出发，在最初的几天里蜿蜒的步道会穿过绿色的牧场，半木质结构的乡村别墅呈现出深绿色或鲜红色，小野马到处奔跑。因为总在下雨，所以气候潮湿，但是徒步者并不因此感觉寒冷，反而大部分时间感觉穿行在迷雾之中，别有情趣。

体验西部的最高峰　在圣让-皮耶德波尔（St-Jean-Pied-de-Port）之后，山峰越来越高，峡谷也越来越深。在到达科特雷特（Cauterets）之前没有其他的小镇，需要花费12天。通常缺水是个大问题，徒步者很难背上足够的水上路，因此携带水质净化剂就十分必要。之后徒步者就会到达GR10步道西段的最高峰。徒步者常常像是走在云端之上，俯视一切。Hourquette d'Arre是步道西部的最高点，海拔约2465米，总是皑皑被白雪覆盖，直到来年的6月中旬或是6月底冰雪才会消融。在这段路末端的北部有一条非常陡峭的斜坡，在稍早的时节，徒步者需要穿钉鞋，并携带冰斧以助通行。

感受惊人的高差　从西到东的900多公里，行走52天，每天行走6～8小时，徒步者在史诗般的GR10步道上穿越了比利牛斯山。但如果仔细观察统计数据，会发现由于惊人的高差，徒步者平均每天的攀爬总高度大约有1000米，每天仅能行走17公里。每小时仅徒步2公里！而且徒步者在步道两端的时候爬行较少，这就意味着在中部的时候徒步者相当于在爬英国海拔1343米的最高山峰。例如徒步者在第一天行走之后，一般累计完成的徒步距离约20.5公里，上升高度累计1004米，下降高度累计924米，需要用时6小时15分钟（图3-52）。

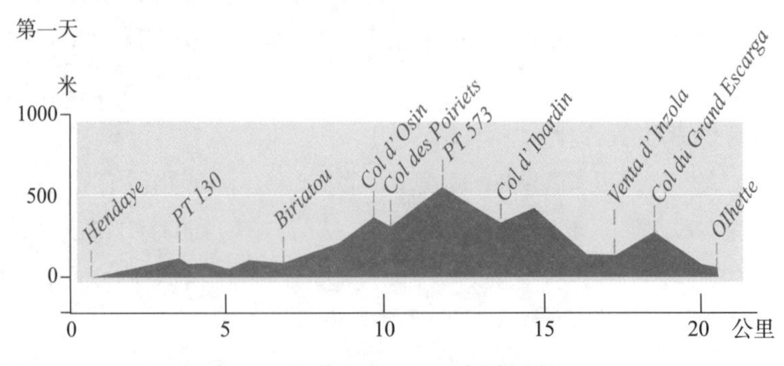

图3-52　徒步者第一天行走攀升海拔图

充满历史感的路段 GR10在埃特索村（Etsaut）附近有一段路是在陡峭悬崖上开凿的。这段路修建于18世纪，当年是为了方便运送树干以制作法国军舰的桅杆而建设。由于这种艰难路段会为徒步者设置扶手，所以徒步者并不会感到过分害怕。

体验更荒野的自然 在穿过Hourquette d'Arre之后，徒步者便开始在GR10的荒野区域里穿行。可以看到秃鹰与兀鹫在头顶不停地盘旋，那意味着在不远处有一只濒临死亡的羊。听到土拨鼠的口哨警示着它们的邻居。更有趣的是比利牛斯臆羚在岩石上跳来跳去展示着自己独特的技能。虽然每一天的徒步过程都很艰辛，但是徒步者能体验到更加荒野的自然环境。步道沿线的比利牛斯山国家公园（Parc National des Pyrénées），拥有优美壮阔的山地景观，徒步者可以看到在没有围栏和篱笆的公园里，所有动物都自在徜徉。

欣赏壮美的冰川 如果说GR10是法国的一条经典的徒步之路，那么大维格尼（Grand Vignemale）山峰便是它的典范。首先它有宏伟的冰川，此外从3295米的山顶到山底是法国的一座著名山谷，拥有优美的景观。徒步者需要5天到达吕-圣-索瓦尔（Luz-St-Sauveur），穿过有硫磺味道的温泉前部，穿过松林走出山谷，伴随着一条3公里长的小瀑布，到达艾斯帕尼（d'Espagne）。这时山谷豁然开阔，出现了一片生动的绿色牧场。从那里通过曲折的小路到达高贝（Lac de Gaube），它是法国浪漫主义作家最喜欢的目的地之一。在山谷深处，草地被岩石堆以及白雪代替，从此处爬上山顶，就可以俯视大维格尼冰川，冰川的大部分区域并未受到破坏，冰川边缘的山脉及山坡有许多分支，将冰川挡住，成为一片翠绿的山谷，简直是户外运动者的天堂。

三、徒步道路

GR10穿越了城镇、村庄、山地、草地、海岸，因此路面差别很大。靠近城镇的道路一般以现有的市政道路为基础，宽敞平坦，通过在道路两旁设置引导标识指引徒步者前行。村庄和山区的道路一般都比较狭窄，为了尽可能降低对环境产生的干扰，路面宽度通常仅供一人行走，且路面一般为沙土材质，保留原始自然的路面。小路依山就势、穿越森林、路过湖泊，充满野趣（图3-53）。

图3-53 GR10步道路面

四、沿步道服务设施

（一）住宿类型

GR10穿越了很多村庄与小镇，因此沿线的住宿类型非常丰富，徒步者甚至可以不用背上帐篷就可以在GR10上开展徒步活动。住宿设施主要包括：

露营地（Campsite） GR10步道沿线的露营地主要指汽车营地（Paul Lucia，2002），在GR10沿线著名的度假地或城镇上会有非常多的露营地，例如在GR10西端的昂达伊和地中海旁的小城滨海巴尼于尔有众多的露营地可供徒步者选择。营地里的设施比较完善，除营位外，还包括食宿设施及盥洗设施等服务，通常可以在营地里呆上好几天。出于资源保护的考虑，GR10大部分区域不允许徒步者在野外野营。

避难所（Refuge） GR10上分布着许多避难所（图3-54），一般位于GR10沿线位置较高的地方。虽然被称为避难所，但是其实相当于二星级的宾馆。这些避难所通常由运动俱乐部所有，有固定员工进行管理与维护。有些避难所的规模较大，可提供若干房间，每个房间有数量不等的床位，大部分避难所会向徒步者提供三餐服务，只是这些服务都需要徒步者付费，十分便利。但是对于长程徒步者来讲，在徒步旺季时避难所必须提前预订，否则将会看到避难所内挤满了短程徒步者。另外，避难所附近一般可以进行露营。

图3-54 避难所（来源：Pyrenean Way-GR10）

小木屋（Cabin/Hut） 小木屋通常没有人员为徒步者服务，一般由牧羊人使用，特殊情况下牲畜也会使用（Paul Lucia，2002）。每个小木屋的设施条件差别非常大，条件好的小木屋可能会比较舒适，有火炉、床褥以及可以喝的净水，但是这类的小木屋在夏季时总是挤满了徒步者。

乡村民宿（Gîte） GR10会穿越比利牛斯山脚下的村庄，沿途会有许多村民为徒步者提供乡村度假别墅或乡村民宿。乡村民宿的条件一般都比较好，有温暖的床和舒适的淋浴可供徒步者使用，徒步者可以在民宿中洗去一天的疲劳。例如徒步者结束第一天的行走到达Olhette之后，就可以入住民宿，但是如果需要在民宿中用餐的话，必须要提前预订。

（二）补给服务

饮水点 因为GR10穿越了很多村庄与城镇，因此补水并不是很大的问题。如果在山区或荒野地区，徒步者需要携带净水剂以过滤水源。如果在城镇中，镇上会有为徒步者提供的简易饮水点，饮水点一般联通城镇的饮用水管，较为简陋（图3-55）。徒步者可以在此取水饮用，补充身体所需水分。

图3-55 GR10饮水点（来源：Pyrenean Way-GR10）

食物补给 虽然GR10穿过了一些村庄，但是这些村庄的村民自己也需要开车到很远的超市去购买日常用品，因此补给是徒步过程中的一个难题。而且步道沿线的商店很多只是在夏季营业，9月通常因为休假而关闭。有些乡村民宿和避难所可以解决食物补给的问题，另外有些村庄会有些小面包店，供徒步者购买食物（Paul Lucia，2002）。

（三）指示标识

GR10的道路标识采用的是欧洲远足步道统一的指示标识（图3–56）。标识通常画着两条纹路，上面一条是白色条纹，下面有一条红色条纹，代表头上的白云及脚下的土地（Fédération francaise de la randonnée，2009）。有些标识会标注当前位置与上一个位置及下一个位置的距离和预计用时，有些标识比较简单，只是标明了前进的方向。GR10的指示标识在所有的区域地图上都可以看到，包括一些米其林路线图。城镇和村庄附近的路线经常会有所变动，因此徒步者需要携带最新版的地图及指南，以防迷失方向。

图3–56 GR10路标（来源：维基百科）

五、步道周边服务体系

由于欧洲人口众多，因此GR10周边的小镇众多，以小镇为依托，为徒步者提供着多样化的食宿及休闲服务设施。类型多样的旅游小镇带给徒步者舒适的放松与享受，而沿线的各类国家公园、景点及自然保护区则为徒步者了解自然、欣赏美景提供机会。

（一）补给服务

GR10步道沿线拥有许多较为知名的旅游小镇和温泉小镇，小镇上的餐饮设施和住宿设施类型丰富多样。住宿设施多为酒店和青年旅舍，条件较步道沿线的乡村民宿、避难所、小木屋和露营地会好得多。餐饮设施多有各类饭店、餐厅，徒步者进行食物补给也十分便利。

住宿设施 GR10周边多数的住宿设施为酒店（hotel）和青年旅舍（hostel）。各类知名小镇上设有各种服务设施和住宿条件较好的酒店，徒步者可以住在酒店里，只是需要支付比较高昂的费用。GR10沿线还分布着一些青年旅舍，这些青年旅舍大多住着志同道合的徒步者，因此很受欢迎，很多国际徒步者都住在青年旅舍中。如果想在青年旅舍住宿，一定要提前预订床位，尤其是在徒步的旺季。

餐饮设施 一般小镇上会有多种类型的餐馆、饭店可供徒步者选择，但在徒步旺季，

徒步者需要提前预订自己心仪的餐厅，保证不必等待太久。在各类的餐厅和咖啡店中，徒步者可以品尝到当地特有的美食，享受舒适的服务。

（二）游憩服务

旅游小镇　GR10步道会穿越一些比较知名的小镇，这些小镇往往是旅游胜地或疗养胜地（图3–57），例如著名的温泉小镇科特雷特（Cauterets），该地的温泉水中的主要成分为硫和硅酸钠，用于治疗呼吸器官的疾病、风湿病、皮肤病等。小镇在1843年就已经开始营业。小镇多样化的酒店、旅馆和餐厅，使得徒步者可以享受到舒适的服务，一解徒步过程的劳累。

图3–57　旅游小镇（班勇　摄）

国家公园　除了疗养胜地外，GR10步道沿线还有众多知名景区，其中比利牛斯山国家公园最负盛名。公园位于法国与西班牙边界，创建于1967年，是世界自然遗产。公园一直致力于生物多样性保护、山地景观保护以及野生动植物研究，拥有70种特有动物。公园内的步道指示标识十分明显，并且标注了徒步所需时长，山地木屋可以为徒步者提供简单的餐饮，晚上也可以提供床位。此外公园还可以开展多种多样的户外活动，包括徒步、滑雪、爬山及野生动植物观察。

自然保护区　奈瓦（Néouvielle）国家级自然保护区也坐落于GR10沿线，位于比利牛斯山国家公园的东侧。保护区面积约2313公顷，拥有多种多样的植物及动物，大约有370种动物，570多种藻类。保护区内的森林大部分是山松（mountain pine），另外还有低矮的灌木杜鹃和草地。在保护区的核心地带，山松的生存海拔创造了欧洲纪录，在海拔2600米的地方都可以看到。保护区的植物种类十分丰富，包括1250种维管植物，其中很多植物的生存高度都是欧洲之最，例如毛地黄（foxglove）生长在1800米的山上。多样的植物使得该区域拥有众多标志性的动物物种，如高山土拨鼠（alpine marmot）、石南花公鸡（heather cock）、红交嘴雀（red crossbill）、金雕（golden eagle）、兀鹫（griffon）、埃及秃鹰（egyptian vulture）等。丰富的水资源造就了丰富的生物多样性，保护区内拥有571种藻类以及全法国2/3的泥炭藻，同时还有生活在海拔2400米的蟾蜍。

（三）交通服务

徒步者要想到达GR10步道，通常可以采取飞机、火车和长途大巴的形式到达步道周边的较大城市，再从城市通过公共交通到达步道沿线的小城镇或村庄。由于GR10步道大多从村庄穿过，因此可以从这些城镇或村庄直接走上步道。

飞机　大多数国外的徒步者会先选择乘坐飞机飞到GR10西端起点昂达伊附近的比阿

里茨（Biarritz）以及东端起点佩皮尼昂（Perpignan），然后通过火车从比阿里茨和佩皮尼昂到达昂达伊以及滨海巴尼于尔，再走上步道。

火车 法国国内的徒步者可以通过高铁TGV火车便捷地到达GR10沿线的各个城市，如昂达伊、波城（Pau）、洛尔德斯（Lourdes）、图卢兹（Toulouse）、滨海巴尼于尔等城市。除了TGV，徒步者也可以采取坐过夜慢车的方式到达这些城市，夜车通常6~7小时，可以在火车上睡一觉，第二天一早到达目的地，就可以马上开始徒步行走。

长途大巴 与飞机和火车相比，长途大巴是最为经济实惠的方式，可以到达GR10步道沿线的较大城镇。例如徒步者通过长途大巴到达昂达伊之后，徒步者就可以开始GR10的徒步之旅了。GR10的起点位于昂达伊海滨的赌场旁，沿着海边的西托尼尔（Citronniers）路直走再左转，跟随着GR10步道沿途的标识穿越一条又一条的小路，到达奥列特（Olhette）之后，徒步者就完成了第一天的徒步行走。

六、步道运行管理

GR的注册商标持有人为法国远足联盟（Fédération francaise de la randonnée），因此GR10的管理机构即为法国远足联盟，这个联盟同时也是欧洲远足步道体系的管理者。法国远足联盟主要由以下机构组成：

（一）督导委员会

法国远足联盟每一任的任期为4年，由大会选出28名成员，代表所属协会组成督导委员会。督导委员会的作用是提供指导，制定并实现协会的发展项目。这也保证了部门和区域委员会的行动凝聚力（Fédération francaise de la randonnée，2015）。

（二）国家技术团队

部门和区域委员会 法国远足联盟的步道遍布法国本土及海外，它拥有约120个部门和地区委员会，职责是对当地的步道进行管理。

地方社团或俱乐部 在法国远足联盟的管理下，部门和地区委员会联合了当地约3400个社团或远足俱乐部，以及 2 万名志愿者，维护步道的路面、管理步道的服务设施，为徒步者进行服务。

参 考 文 献

韩亚弟. 走遍全球：德国［M］. 中国旅游出版社，2011.

联合国教育、科学及文化组织. 世界遗产大全［M］. 陈培，等译. 合肥：安徽科学技术出版社，2011.

王晓卿. 简析《格林童话》中的现实场景——森林作为德国浪漫主义文学重要元素的运用［J］. 文教资料，2010（8）：19–21.

徐克帅，朱海森．英国的国家步道系统及其规划管理标准［J］．规划师，2008，24（11）：85-89.

BBC England Branch. Pennine Way: 'Backbone of England' reaches 50 [EB/OL]. 2015 [2016-4-10]. http://www.bbc.com/news/uk-england-32202681.

Béla Horváth. National Blue Trail [EB/OL]. (2004-08) [2016-08-02] http://www.kektura.click. hu /frame002.htm.

Brisland K. Facilities [EB/OL]. [2016-08-16]. http: //www.lillsjon.net

Capo I. Legge Provinciale Sui Rifugi e Sui Sentieri Alpini Legge provinciale 15 marzo 1993 [J].1993 n.8.

Club Alpino Italiano. L'attivita' Dei Volontari Sui Sentieri Rischi e indicazioni operative di sicurezza [R]. CAI.2012.

Club Alpino Italiano. Sentieri Pianificazione Segnaletica e Manutenzione [R].CAI.2010.

Cody Duncan. Hiking the (Northern) Kungsleden Trail from Nikkaluokta to Abisko in autumn, Sweden [EB/OL]. [2014]. http://www.codyduncan.com/travel/hiking-swedens-kungsleden-trail-in-autumn.

Corax, Soderkisen. Kebnekaise [EB/OL]. 2012 [2016.09.07]. http://www.summitpost.org/kebnekaise/151165.

Cortes Generales Congreso. Boletín Oficial de las Cortes Generales Congreso de los Diputados IX Legislatura Serie D: General 16 de Marzo de 2010 [R]. BOCG, 2010.

Dalama M G. L'île de la Réunion et le tourisme: d'une île de la désunion à la Réunion des Hauts et Bas [J]. L'Espace géographique, 2005, 34(4): 342-349.

Deutscher Wanderverband, Zukunftsmarkt Wandern. Erste Ergebnisse der Grundlagenuntersuchung Freizeit-und Urlaubsmarkt Wandern [R]. Kassel. 2010.

Deutscher Wanderverband. Qualitätsweg Wanderbares Deutschland [R]. DW. 2015.

Deutsches Wanderinstitut e.V.. Premium-Wanderregion Kriterien. [R]. DWEV.2016

Dorset.West Bay [EB/OL]. [2016-9-18]. http://www.explorethesouthwestcoastpath.co.uk

Etcheverria O. Le chemin rural, nouvelle vitrine des campagnes? [J]. Strates. Matériaux pour la recherche en sciences sociales, 1997 (9).

European Ramblers' Association. Constitution of the European Ramblers' Association [R]. 2014

European Ramblers' Association. Constitution of the Foundation of the European Ramblers Association [R]. 2012a

European Ramblers' Association. Leading quality trails [R]. 2012b.

European Ramblers' Association. Principes generaux pour baliser les sentiers de randonnee pedestre [R]. 2013

European Ramblers' Association. Start of the European Ramblers Association [EB/OL]. [2016-04-23]. http://www.era-ewv-ferp.com/era/history/.

Facilities. Kalle Brisland [EB/OL]. [2016-08-25]. http://www.lillsjon.net/ ~ v108e/fjelds/about.php.

Fédération Francaise de la Randonnée. Charte technique et graphique [R]. FFR, 2009.

Fédération Francaise de la Randonnée. Le GR®10:le plus transversal [EB/OL]. [2016-11-02]b.http://www.ffrandonnee.fr/_257/gr-10.aspx.

Fédération Francaise de la Randonnée. Les GR® des itinéraires qui évoluent [EB/OL]. [2016-09-19]a. http://www.ffrandonnee.fr/.

Fédération Francaise de la Randonnée. Rapport D'activité 2015 [R]. FFR, 2015.

Hiking trails [EB/OL]. [2016-08-15]. http://www.visitsweden.com/sweden/Things-to-do/Adventure--Sports/Hiking.

Il Presidente Della Repubblica. Nuove disposizioni sul Club alpino italiano Legge 24 dicembre 1985 [J]. 1985 N°776–G.U.30/12/85 n°305

Jefatura del Estado. Ley 21/2015, de 20 de julio, por la que se modifica la Ley 43/2003, de 21 de noviembre, de Montes [J]. BOE, 2015(173):60234–60272.

Jefatura del Estado. Ley 22/1988, de 28 de julio, de Costas [J]. BOE, 1988(181):23386–23401.

Magyar Természetbarát Szövetség. [EB/OL]. [2016–08–02] http://termeszetjaro. hu/ .

Magyar Természetbarát Szövetség. Országos Kéktúra Útvonalvázlat és igazoló füzet [M]. MTSZ, 2009.

Ministerio de Agricultura, Alimentacion y Medio Ambiente. Caminos Naturales. El Programa. Inversiones [EB/OL]. [2016–07–04]. http://www.magrama.gob.es/es/desarrollo–rural/temas/caminos–naturales/programa/default.aspx.

Ministerio de Agricultura, Alimentacion y Medio Ambiente. Estudio de la situación de los Caminos Aturales e Itinerarios No Motorizados en España [R]. MAGRAMA, 2014a.

Ministerio de Agricultura, Alimentacion y Medio Ambiente. Impacto económico y social del Programa de Caminos Naturales [R]. MAGRAMA, 2014b.

Ministerio de Agricultura, Alimentacion y Medio Ambiente. Sistema de indicadores sobre Caminos Naturales e Itinerarios No Motorizados [R]. MAGRAMA, 2014c.

Ministerio de la Presidencia. Real Decreto 752/2010, de 4 de junio, por el que se aprueba el primer programa de desarrollo rural sostenible para el período 2010–2014 en aplicación de la Ley 45/2007, de 13 de diciembre, para el desarrollo sostenible del medio rural [J]. BOE, 2010(142):49441–49828.

Ministerio de Medio Ambiente. Ley 3/1995, de 23 marzo, de Vías Pecuarias [J]. BOE, 1995(176):26791–26817.

Ministerio de Medio Ambiente. Real Decreto Legislativo 1/2001, de 20 de julio, por el que se aprueba el Texto Refundido de la Ley de Aguas [J]. BOE, 2001 (176):26791–26817.

Molnár András József. Turista útvonalak útjelző táblarendszere [R]. Forgács Péter, Malárik Attila, Németh Csaba. MTSZ Turistaút Szakbizottsága.2014b.

Molnár András József. Útjelzések terepi értékelése [R]. Biki Endre Gábor , Magyar Veronika , Oláh Tamás . MTSZ Turistaút Szakbizottsága.2014a.

National Trails. Trail information [EB/OL]. [2016–7–20]. http://www.nationaltrail.co.uk/south–west–coast–path/information

Natural England. The best trails in England and Wales [R].Natural England, Natural Resources Wales, 2013d.

Natural England. Coastal Access Completion by 2020–provisional Timings and Stretches [R]. NE, 2016–10–28.

Natural England. Coastal Access–Natural England's approved scheme [R]. NE, 2013c. NE446 ISBN:978–1–78367–003–1

Natural England. National quality standards [R]. NE, 2013b.

Natural England. The new deal—Management of National Trails in England from April 2013 [R]. NE, 2013a.

Naturvårdsverket. Right of public access–a unique opportunity [R]. Naturvårdsverket, 2016.

Paul Lucia.The GR10 Trail [M]. Milnthorpe: CICERONE Press, 2002: 29–31.

Secretaria General de Agricultura y Alimentación. Proyecto de Real Decreto por el que se Regula la Red Nacional de Caminos Naturales. 2016.

Southwest Coast Path. The Path [EB/OL]. [2016–6–18].http://www.southwestcoastpath.org.uk

Stephenson T. Wanted–A Long Green Trail [N]. the Daily Herald, 1935–6–22.

STF. I Love Kungsleden [EB/OL]. [2016-10-08]. http://www.ilovekungsleden.se.

Svenska Turistföreningen. Staying at an STF mountain cabin [EB/OL]. [2016-08-31]https://www.swedishtouristassociation.com/staying-at-an-stf-mountain-cabin.

Szállásinfo. [EB/OL]. [2016-08-07]. http://www.szallasinfo.hu.

The Parliament of United Kingdom. Marine and Coastal Access Act 2009 [J]. PUK, 2009.

The Parliament of United Kingdom. Countryside and Rights of Way Act 2000 [J]. PUK, 2000.

The Parliament of United Kingdom. National Parks and Access to the Countryside Act 1949 [J]. PUK, 1949.

The Parliament of United Kingdom. Natural Environment and Rural Communities Act 2006 [J]. PUK, 2006.

The Parliament of United Kingdom. Wildlife and Countryside Act 1981 [J]. PUK, 1981.

The Ramblers Association. Our mission [EB/OL]. [2016-08-02]. http://www.ramblers.org.uk/about-us/what-we-do/our-mission.aspx.

Traildino. Rate your trails [EB/OL]. [2016-04-23]. http://www.traildino.com/trace/continents-Europe.

Traildino. Sweden [EB/OL]. [2016-08-15] http://www.traildino.com/trace/continents-Europe/countries-Sweden#Trails.

Übersicht [EB/OL]. [2016-08-24]. http://www.fjaellwanderung.de/wege/kungsleden/uebersicht.html.

Walking Holidays.South West Coast Path [EB/OL]. [2016-9-10]. http://encounterwalkingholidays.com/south-west-coast-path-coastal-walking-sw-map.

Wandern im Steigerwald. Wandern. [EB/OL]. [2016-07-16]. http://www.wandern-im-steigerwald.de/index.php/interessantes-zum-thema/das-wandern.

Wandern. Wanderwege in Deutschland. [EB/OL]. [2016-08-01]. http://www.wandern.de/wanderwege/deutschland/index.html.

第四章

亚洲与大洋洲国家步道

第一节　日本国家步道

日本是一个热爱徒步的国家，拥有发达的步道系统。自1970年始建第一条长距离自然步道（日语，長距離自然步道）以来，至今已经逐渐形成了以自然公园为依托的长距离自然步道体系，该体系由东海自然步道、九州自然步道、中国自然步道、四国自然步道、首都圈自然步道、东北自然步道、中部北陆自然步道、近畿自然步道、北海道自然步道、东北太平洋岸自然步道10条长距离自然步道构成（图4–1）。长距离自然步道由环境省（環境省）组织建设，各个都道府县负责运营、管理和维护。日本的长距离自然步道网络四通八达，遍布全国，徒步者沿途不仅可以欣赏到浩瀚的大海、林立的火山群、葱郁的森林等自然景观，还可以感受到浓郁的日本文化。虽然长距离自然步道没有明确被冠以“国家”二字，但其网络体系之庞大、受众群体之广泛，已完全具备国家步道的特征。

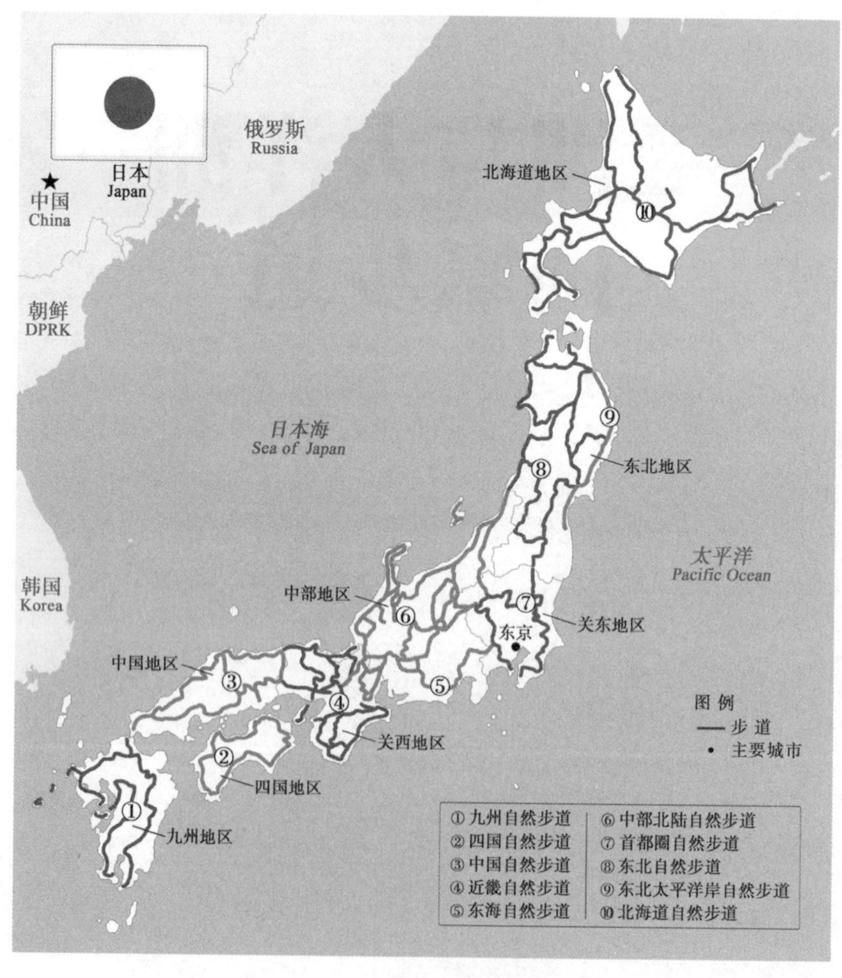

图4–1　日本长距离自然步道路线图

一、国家步道发展历程

20世纪60年代，日本经济飞速发展，自然环境每况愈下，解决环境恶化问题成为日本政府的重要任务。出于提高民众自然保护意识和增强民众健康水平两方面的考虑，日本环境省与各都道府县合作，开始修建、整理、规划各地的步道系统，称之为“长距离自然步道”。自1970年日本创建第一条长距离自然步道以来，日本长距离自然步道体系的发展已跨越了近半个世纪。

（一）萌芽阶段（20世纪60年代）

20世纪60年代，日本经济快速化和社会城市化对人们的生活方式产生了巨大影响，同时也使人们的生活方式发生了巨大改变。此时，日本政府为了提高国民的健康水平并有效保护日本优美的自然景观，开展了一系列鼓励民众亲近自然的活动和举措。作为主要活动场所的自然公园深受日本民众追捧，徒步作为亲近自然的生活方式也逐渐在日本兴起。60年代末，依托自然公园建设步道的想法也随即萌芽。

（二）初建阶段（1970—1977年）

1970年，环境省联合各都道府县着手建设东海自然步道。1974年，东海自然步道全线竣工，建设历时4年，累计长度1697公里。东海自然步道的建成标志着日本拥有了第一条长距离自然步道，同时也成为日本长距离自然步道体系建设的开端。1989年，由八王子市和箕面市旅游机构和协会牵头，联合其他市共同成立了东海自然步道联络协会（東海自然步道連絡協会），标志着东海自然步道在指导系统和组织管理方面更加成熟和完善。

东海自然步道的建设受到了日本国家政府的高度重视，成为了日本长距离自然步道建设的典范，之后日本其他各地区也开始纷纷规划建设长距离自然步道。1980年，历时5年的九州自然步道建设完成，总长度2932公里，在九州岛上蜿蜒伸展。日本长距离自然步道建设开始逐步朝着体系化、规模化、规范化的方向发展。

（三）迅速发展阶段（1977—2003年）

1977—2003年的20多年间，日本的长距离自然步道进入了迅速发展阶段。本州岛的中国地区、关东地区、东北地区、中部地区以及关西地区分别建立了中国自然步道、首都圈自然步道、东北自然步道、中部北陆自然步道和近畿自然步道，四国岛建立了四国自然步道。直至2003年，日本全境已建设了8条长距离自然步道。除北海道岛之外，其他三岛内均已修建了步道，长度累计达2.2万公里，穿越日本大部分国土。日本长距离自然步道建设节奏快、步伐紧、规模大，极大地丰富了日本长距离自然步道体系。

（四）完善阶段（2003年至今）

21世纪，日本长距离自然步道得到进一步完善。2003年，北海道自然步道开始建设，并于2010年竣工，长度达4600公里，是日本最长的自然步道。北海道自然步道的建成标志着日本的长距离自然步道已将日本四岛全部串联起来，深入至日本境内各个角落。

2013年，最后一条长距离自然步道——东北太平洋岸自然步道也在日本太平洋沿岸正式启动建设，并于2015年全线贯通，全长700公里，沿日本东北海岸线南北纵向延伸。东北太平洋岸自然步道建成后，日本全境的长距离自然步道累计长度已达到2.7万公里，这也意味着长距离自然步道体系更加完善。

二、国家步道体系

（一）体系概况

日本长距离自然步道体系由10条步道构成（表4-1）：东海自然步道、九州自然步道、中国自然步道、四国自然步道、首都圈自然步道、东北自然步道、中部北陆自然步道、近畿自然步道、北海道自然步道和东北太平洋岸自然步道，穿越了除冲绳县以外所有的都道府县，利用人数约4800万。

表4-1　日本长距离步道信息

序号	步道名称	始建年份	完成年份	跨越区域	长度（公里）	使用者人数（万人）
1	东海自然步道	1970	1974	中部地区1都2府8县	1697	619
2	九州自然步道	1975	1980	九州地区7县	2932	749
3	中国自然步道	1977	1982	中国地区5县	2303	263
4	四国自然步道	1981	1989	四国地区4县	1647	338
5	首都圈自然步道	1982	1988	关东地区1都6县	1800	675
6	东北自然步道	1990	1996	东北地区6县	4374	1146
7	中部北陆自然步道	1995	2001	中部地区8县	4085	647
8	近畿自然步道	1997	2003	关西地区2府7县	3296	342
9	北海道自然步道	2003	2010	北海道地区	4600	—
10	东北太平洋岸自然步道	2013	2015	东北地区4县	700	—
总计					27434	4779

资料引自環境省，2016.

（二）日本步道的分类

目前，关于日本步道的分类大致存在两种观点。

1．环境省对步道的分类

根据《自然公园设施具体建设指南》（自然公園等施設技術指針），将自然公园内的步道分为探胜步道和登山道两种（環境省，2015）。

探胜步道 是供游客进行自然观察的步道，要求徒步者保护公园的自然环境以确保高品质的自然体验，但不需要徒步者具备充足的经验和良好的技能。

登山道 是指徒步者沿着山脉或者自然海岸徒步的步道，使得徒步者能够与自然深度接触，旨在提高民众保护自然环境并合理利用自然的环保意识。

2．台湾学者对步道的分类

日本北海道大学大学院博士生李彦樑（2009）在《日本登山环境与步道系统优化推动经验与实务》一文中将日本步道分为登山步道和长距离步道。

登山步道 主要以短程的道路为主，多位于国立、国定公园和自然公园内。细分为登山道、探胜步道、自然观察路和园路四种类型。登山道选择海拔2500米的高峰进行攀登，难度较高。探胜步道起伏较平缓，路段设置较短，徒步者通常半天就可以往返。自然观察路是由园路或探胜步道转变而成或是延伸而来，沿途设置解说设施及指示牌，且轮椅也能够利用。园路是指自然公园外围的通行道路，景色优美，所以常被自然公园作为其内部设施予以修整，用来作为投宿客人散步的场所。

长距离步道 主要将短程路段串联起来，距离长、跨度大，为徒步者提供了更多的徒步选择，使徒步者能够欣赏到多样的自然和人文景观。例如，首都圈自然步道围绕东京都而建，以东京八王子为起点，穿过高尾山、奥多摩、秩父等地，共144条步道，起讫点都设置了巴士和火车，可达性很高，徒步者可用较短时间往返。

以上对日本环境省和台湾学者对步道分类进行了概述，本文的“长距离自然步道”，是以穿越国立、国定和县立自然公园为主，将公园内的探胜步道和登山道串联而形成的一种供日本大众开展徒步活动的步道。

三、国家步道特点

（一）从公园中穿园而过

穿越日本典型的景观 国立公园和国定公园依托日本丰富多样的自然植被而建，景观类型多样。长距离自然步道穿园而过，为徒步者展示了日本优美的自然风景和典型民族风情。例如，东海自然步道自西向东穿越明治富士箱根伊豆国立公园、高尾国定公园等，途经享誉全球的富士山，还可欣赏到美丽的日本樱花。九州自然步道在穿过九州岛熊本县时，途经世界上最著名的阿苏山活火山（图4-2），火山口内多温泉瀑布，风光绮丽。徒步者除观赏独特的火山景观外，还可体验当地传统的温泉，感受日式休闲的乐趣。

图4-2　阿苏山中岳第一火山口

充分利用公园设施　日本的长距离自然步道以国定、国立以及都道府县自然公园为依托，步道作为自然公园内的服务设施，可以利用公园现有的木道、石阶、园路、厕所等其他相关设施。长距离自然步道作为自然公园内的一部分，其管理及运营遵照公园内部的管理机制进行，既利于公园统一管理，又节省了管理成本。长距离自然步道也是日本民众亲近自然的一种方式。步道建设更加注重自然性，在步道规划过程中力求对自然环境的影响最小化。注重串联公园内已有的登山道和探胜步道，尽量避免开发新道路、建设新设施。在建设东北太平洋岸自然步道时，环境省出台的《东北太平洋岸自然步道计划基本概要》（東北太平洋岸自然歩道基本計画）中明确表明步道建设要尽可能利用现有的道路、标识（图4-3）等设施（環境省，2012）。

图4-3　自然公园内的标识图

（二）步道主题多样，受众群体广泛

长距离自然步道在日本境内绵延伸展，系统庞大、主题多样、受众广泛。庞大的长距离自然步道以低难度的道路为主，不要求徒步者具备充足的经验和良好的技能，主要服务大众，任何年龄的徒步者都可参与到徒步活动中来。步道网络串联了日本众多典型、著名的景观，既有以欣赏日本绝佳美景为主的道路，也有以开展人文活动为主的路段。

以途经高山、峡谷、森林、草原、湿地、瀑布、竹林等自然景观为主的路段，不仅向徒步者展示了大自然的绚丽多姿，同时也为开展科普宣教提供了素材，深受自然爱好者和青少年的喜爱。步道沿途的寺庙、神社使步道富有浓厚的宗教色彩，因此得到了前来敬拜的徒步者的青睐，其中四国自然步道以穿过四国灵场而颇负盛名，宗教文化极其浓厚，吸引着全国各地前来探访的徒步者。除此之外，步道还连接了众多历史文化古迹，不仅展现了日本的历史文化同时也迎合了各个年龄段的徒步者的口味。多样的主题吸引了不同的徒步者，受众群体之广也使得长距离自然步道更具国家代表性。

（三）串联46个都道府县，呈网状发展

日本共设有47个都道府县，长距离自然步道网络覆盖除冲绳县以外的46个都道府县，长度约2.7万公里，遍布日本四大岛屿，其中本州岛分布7条，北海道、四国、九州岛各1条。长距离自然步道串联自然公园内现有的登山步道和探胜步道，步道纵横交错、相互连接，呈网状发展。从分布特征来看，单条长距离自然步道在局部地区自成体系、呈现网状发展。多条长距离自然步道之间也彼此串联、相互延伸，形成贯穿全国的自然步道网络体系。例如，近畿自然步道蜿蜒曲折、相互交错，呈网状分布在关西地区的2府7县。同时近畿自然步道与中国自然步道、东海自然步道以及中部北陆自然步道等彼此连通，构成贯穿于整个本州岛境内。

（四）步道连通程度有别

各长距离自然步道线路的连通性存在差异。位于中部地区的东海步道、九州地区的九州步道，以及四国地区的四国步道3条线路全程贯通。中国地区的中国步道、关西地区的近畿步道、关东地区的首都圈步道及中部地区的中部北陆步道4条线路基本完成贯通，仅在少数地区有所间断，如近畿自然步道仅在鸟取县和岛根县小部分地区没有完成贯通。东北地区的东北步道和东北太平洋岸步道，以及北海道地区的北海道步道3条线路贯通性较差，大部分地区没有实现步道贯通，多呈“毛毛虫”状态。

依据日本长距离自然步道概况分析，步道贯通程度有差别主要与建设时间和资金投入充足与否有关。东海、九州及四国3条自然步道建设较早，均建于20世纪80年代，且环境省提供的建设和维护资金相对比较充足，因而全线贯通。东北自然步道和东北太平洋海岸自然步道建于2003年和2013年，历时较短，或资金投入不足，连通性较差。

四、国家步道法律法规

（一）相关法律

日本尚未针对步道制定专门性的法律法规，由于长距离自然步道是以自然公园内部的步道为主体，连接部分园外路线而成，因此步道的建设与维护多依据《自然环境保护法》（自然環境保全法）和《自然公园法》（自然公園法）中与步道相关的内容。《自然环境保护法》第4条规定，对自然公园、自然环境保护区等地区，5年进行一次地形、地质、野生动植物等方面的自然环境保护基本调查，鼓励民众在不破坏自然环境的前提下，积极进行徒步、自然教育等活动（環境省，2014）。《自然公园法》对自然公园的工作内容做出明确

规定，对具有代表性的自然风景资源进行严格保护、合理利用和限制开发，为人们提供欣赏、徒步活动和亲近自然的机会以及修建步道、国民休假村、休息场所、温泉等亲近自然的利用设施（環境省，2010）。

（二）相关规定

依据《自然公园法》第2条和第5条规定，日本环境省出台了《自然公园设施具体建议指南》（自然環境局自然環境整備担当参事官室，2015）。该指南对步道制定了相关的技术准则，明确了步道的分类、适用范围和技术指南等内容。此外，各个自然公园还分别制订了适合本公园的管理计划，步道、休息场所等各种自然公园利用设施的建设与维护，都要以管理计划为基准，以此推动自然公园的保护与合理利用。

五、国家步道组织管理

长距离自然步道遍布全国，每条步道均会跨越多个都道府县，步道内部土地权属关系构成较为复杂，牵涉多方利益。为理顺各方关系，日本长距离自然步道的管理由环境省和地方政府部门主导，相关协会支持与协助（许浩，2013），从而提高步道管理效率，降低步道管理成本。

因土地权属不同，日本长距离自然步道组织管理具体分为以下三个类型：①步道穿越自然公园的区域，由环境省自然环境局国立公园课国立公园利用推进室负责；②步道穿越自然公园以外的且属于地方政府的区域，由各地的自然环境课具体负责；③穿越私人土地区域，政府通过向土地所有者出资购买或者提供政策支持，引导土地所有者与非营利性组织合作，共同负责该路段的管理，管理过程受环境省和地方政府监督，三者之间相互协作，在政策讨论和应急方案等方面保持步道相关的信息共享。

六、国家步道运营管理

长距离自然步道由都道府县的自然环境课和相关社会组织、志愿者协会共同负责管理运营，环境省自然环境局监管并予以支持，协会给以协助。日常运营管理工作主要包括以下几个方面：步道路面设施的建设与维护、标识标牌的设置、指导手册的编制、步道相关信息的发布与更新、与步道各路段管理部门的信息共享。例如，九州自然步道穿越九州地区福冈、宫崎等7县，由地方政府的自然环境课管理运营，步道协会和旅游协会予以辅助。但东海自然步道例外，其日常的运营和维护由东海自然步道联络协会负责。

另外，志愿者组织也是步道运营管理的主要力量。日本步道志愿者人数众多，可以承担一定的维护、修缮和清洁工作。日本长距离自然步道遍布全国，所及范围广阔，管理工作难以面面俱到。徒步者在徒步的过程中，若发现存在危险和破损的路段，可将这些信息搜集整理并及时通知相关管理部门，管理人员会及时作出反应，对受损和危险地段进行维护和修缮，以此来保证步道正常运营，确保徒步者的安全。

七、国家步道资金投入

日本的长距离自然步道由日本环境省负责建设，其建设资金主要来源于国家政府部门。步道建设完成后，位于自然公园内的步道，运营、维护和管理由环境省下设的各个地方环境自然课负责，管理资金主要依靠中央和地方政府的拨款和补助。位于公园外部的步道，由各个地方政府负责，维护经费由地方政府补助、相关协会的会费以及民间捐款组成。由于步道系统庞大，必然需要一笔数字不小的维护费用。无论位于公园内部还是外部的步道，其维护费用仍以政府补助为主。面对这一浩大工程，政府补助略显捉襟见肘，资金不足导致设施维护不到位，步道难免存在一定的安全隐患。

八、国家步道准入与许可

（一）国家步道体系准入机制

日本环境省负责长距离自然步道的规划选线、建设和管理。具体流程如下（图4–4）：环境省主导建设规划，随后向中央环境审议会提出步道建设申请，得到批准答复后，与步道穿越的地方政府、非营利组织、相关专家和民间土地所有者开展协商，各方达成共识后，着手建设步道。

以东北太平洋岸自然步道为例介绍长距离自然步道整个准入流程（表4–2）。

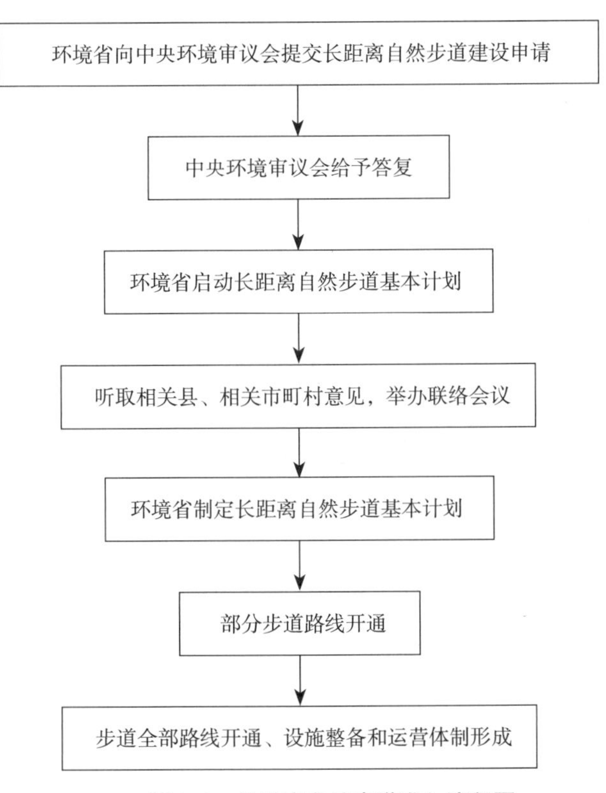

图4–4 长距离自然步道准入流程图

表4-2 东北太平洋岸自然步道准入流程

时间	准入流程
2011年8月4日	环境大臣向中央环境审议会进行“关于三陆地区自然公园等利用重建的想法”咨询
2012年3月9日	中央环境审议会给予环境省答复
2012年5月7日	环境省接受上述答复，制定了“基于三陆重建国立公园为核心的绿色复兴蓝图”，具体措施之一就是深化南北连接交流（修建东北海岸步道）
2012年5月	环境省开始启动“东北太平洋岸自然步道基本计划”
2012年10月至12月	环境省听取相关县、相关市町村的意见 举办相关县以及绿色重建关系县联络会议（10月） 对相关的市町村进行个别说明（10～11月）
2012年12月21日	环境省制定“东北太平洋岸自然步道基本计划”
2013年上半年	部分步道路线开通
2015年	步道全部路线开通，之后，设施和运营体制等随即形成并投入使用

资料引自环境省编制的《东北太平洋岸自然步道计划基本概要》.

（二）步道沿线服务及设施的许可

位于公园内部的长距离自然步道作为公园设施的一部分。徒步者需提出申请获得公园许可方能进入。日本自然公园大多向民众免费开放，步道也免费向徒步者开放。部分长距离自然步道会组织徒步认证活动。例如，四国自然步道举办了徒步认证活动，走完四国自然步道全程的徒步者，会得到公园颁发的徒步完成纪念证，以此来增强徒步者的成就感。

第二节 澳大利亚国家步道

澳大利亚的长程步道系统十分发达，总长度超过1.4万公里。数量庞大的长程步道构成了澳大利亚的国家步道网络。这些步道短的近百公里，长的上千公里，最长可达5000多公里。步道穿越的景观类型以自然景观为主，步道用途主要为徒步、骑行和骑马（Ramsay et al.，2002；Hardiman et al.，2015）。

在澳大利亚，各州、各地区长程步道的建设与管理不尽相同。为反映澳大利亚长程步道的总体发展水平，现以长度在400公里以上、建设较早、影响力较大的8条步道为主要对象（图4-5），对澳大利亚国家步道的发展历程、步道特点及组织运营方式等进行介绍。表4-3列出了8条主要长程步道的基本信息。

图4–5 澳大利亚主要长程步道路线图

表4–3 澳大利亚主要长程步道基本信息

序号	名称	长度（公里）	开放时间（年）	起点	终点
1	二百周年纪念国家步道 Bicentennial National Trail	5330	1988	海利斯费德（维多利亚州） Healesville, VIC	库克敦（昆士兰州） Cooktown, QLD
2	黑森步道 Heysen Trail	1200	1993	帕拉吃纳峡谷（南澳大利亚州） Parachilna Gorge, SA	杰维斯海角（南澳大利亚州） Cape Jervis, SA
3	比布蒙步道 Bibbulmun Track	1000	1979	卡拉蒙达（西澳大利亚州） Kalamunda, WA	奥尔巴尼（西澳大利亚州） Albany, WA

（续）

序号	名称	长度（公里）	开放时间（年）	起点	终点
4	蒙达比地步道 Munda Biddi Trail	1000	1990s	蒙达林（西澳大利亚州）Mundaring, WA	奥尔巴尼（西澳大利亚州）Albany, WA
5	墨森步道 Mawson Trail	890	—	阿德莱德（南澳大利亚州）Adelaide, SA	布林曼（南澳大利亚州）Blinman, SA
6	澳大利亚阿尔卑斯步道 Australian Alps Walking Track	683	1970s	瓦尔哈拉（维多利亚州）Walhalla, VIC	塔哇（堪培拉领地）Tharwa, ACT
7	塔斯马尼亚步道 Tasmanian Trail	480	1988	德文波特（塔斯马尼亚州）Devonport, TAS	多佛（塔斯马尼亚州）Dover, TAS
8	休姆和霍维尔步道 Hume & Hovell Walking Track	440	1824	亚斯（新南威尔士州）Yass, NSW	阿尔伯里（新南威尔士州）Albury, NSW

一、国家步道发展历程

澳大利亚长程步道的发展历史可追溯到19世纪初期。1824年10月，汉密尔顿·休姆（Hamilton Hume）与威廉姆斯·霍维尔（William Hovell）等人受布里斯班（Brisbane）政府的委派，去调查乔治湖（George Lake）至韦斯特波特（Westernport）一带的土地质量，为英国在澳大利亚的下一步殖民计划做准备。汉密尔顿·休姆与威廉姆斯·霍维尔等人沿大分水岭的西部边缘行进，穿越平原地区，两个月后他们到达阿尔伯里（Albury），并在1825年1月安全返回乔治湖。在为期16周的时间里，汉密尔顿·休姆与威廉姆斯·霍维尔发现了澳大利亚东南内陆最为肥沃的土地，同时也勾勒出休姆和霍维尔步道（Hume & Hovell Walking Track）的最初线路（Lennon，2007）。

20世纪后半叶，澳大利亚长程步道进入快速发展时期。70年代，澳大利亚阿尔卑斯步道（Australian Alps Walking Track）和比布蒙步道（Bibbulmun Track）等被先后建立起来。八九十年代，相继涌现出二百周年纪念国家步道（Bicentennial National Trail）、塔斯马尼亚步道（Tasmanian Trail）和蒙达比地步道（Munda Biddi Trail）等多条长程步道。其中，1988年建立的二百周年纪念国家步道是澳大利亚唯一一条被冠以“国家”称谓的长程步道。该步道地域跨度巨大，同时穿越多个州和地区，成为澳大利亚国家步道的最佳代表（Landsberg et al.，2001）。

进入21世纪以来，澳大利亚长程步道的数量仍在不断增加，诸如大南海岸步道（Great South Coast Walk）等长程步道正在筹划之中。

二、国家步道特点

（一）具有明显的荒野性

澳大利亚的长程步道常穿越高山、峡谷、森林、草原等荒野地带，有的地区甚至在方圆几十到上百公里的范围内都没有人烟。如澳大利亚阿尔卑斯步道，其前后共穿越雷泽/维京（Razor/Viking）、考博拉斯（Cobberas）、派勒特（Pilot）、杰岗格尔（Jagungal）和宾博（Bimber）5个荒野地区，这些地区甚至连步道的标记都没有，有的仅仅是一条经踩踏形成的荒野小径（John，2009）。

得益于这种荒野性，当行走在步道上时，能欣赏到大洋洲大陆最丰富、最原始的自然美景。例如，当徒步者行走在二百周年纪念国家步道上时，自北向南，徒步者依次可以欣赏到澳大利亚东北部茂密的热带雨林，崎岖蜿蜒的大分水岭（Great Divide）、达令河谷（The Darling River），以及东部内陆地区广阔的草原、高山草甸，甚至是雪原。当徒步者行走在比布蒙步道上时，可以欣赏到澳大利亚西南地区最为壮丽的景观，包括蒙纳德诺克地区（Monnardock Region）、库克山（Mount Cook）、墨累河谷（Murray Valley）、红桉森林（Eucalyptus forest）、南部海岸风光，以及澳大利亚特色的野生动植物，如袋鼠、班克木等，在南海岸甚至还可以看到海豹、海豚和鲸鱼（Baker et al.，2010）。当徒步者穿越在黑森步道上时，可以看到南澳大利亚州最为震撼的自然景观，包括幽深的松树林、大片的灌木丛、崎岖不平的山谷，以及绵延不绝的海岸。

（二）穿越国家公园、森林和自然保护区

国家公园、森林、自然保护区往往是自然环境优美、自然资源保护完好的区域，澳大利亚的长程步道多穿越以上区域，为徒步者展现澳大利亚最为壮丽的自然风景。

二百周年纪念国家步道自南向北依次经过雪松湾国家公园（Cedar Bay National Park）、秃岩山国家公园（Bald Rock National Park）、盖伊福克斯国家公园（Guy Fawkes National Park）、巴林顿高原国家公园（Barrington Tops National Parks）、蓝山国家公园（Blue Mountain National Park）、纳玛吉国家公园（Namadgi National Park）、哥斯高国家公园（Kosciuszko National Park）、阿尔卑斯国家公园（Alpine National Park）等10多个国家公园（Landsberg et al.，2001）。

休姆和霍维尔步道从北向南依次经过维贾斯珀保护区（Wee Jasper Reserves）、巴鲁克州属森林（Buccleuch State Forest）、哥斯高国家公园、巴戈州属森林（Bago State Forest）、曼努斯州属森林（Mannus State Forest）、孟德鲁州属森林（Munderoo State Forest）和沃姆格玛州属森林（Woomargama State Forest）等（Stone，2012）。

澳大利亚阿尔卑斯步道主要穿越国家公园，其中包括阿尔卑斯国家公园、哥斯高国家公园、波波山国家公园（Baw Baw National Park）、纳玛吉国家公园、布林达贝拉国家公园（Brindabella National Park）等（John，2009）。

比布蒙步道的路线则几乎全部在国家公园、森林区和保护区内，仅有个别路段通过农田。步道沿途经过红柳桉森林（Jarrah forest）、考里木森林（Karri forest）、金峡谷树木公园（Golden Valley Tree Park）、诺斯克里夫森林公园（Northcliffe Forest Park）、西岬洞国家公园（West Cape Howe National Park）等（Randall et.al.，2008；Baker et.al.，2010）。

蒙达比地步道在长达900多公里的路线上，几乎全部为丛林穿越，努嘎土著语“Mudda Diddi”本身就是“在森林里穿越”的意思。步道沿途经过西澳大利亚地区最为典型的森林景观，如美叶桉林（Marri forest）、红柳桉林、考里木林等，并经过惠灵顿国家公园（Wellington National Park）等（Ramsay et.al.，2002）。

（三）广泛依托已有道路

澳大利亚长程步道广泛依托已有道路，在步道规划过程中，注重串联各种类型的已有道路，尽量避免开发新道路。被依托的道路有森林小道、很少使用的乡村道路、山脊上的荒野小道、国家公园或森林中的防火道、农场路径、未经修筑的或未使用的预备公路等。同时，长程步道一般避免使用交通主干道或沥青路面。

随着长程步道穿越区域的改变，其依托的道路也会随之改变。例如，二百周年纪念国家步道在山地丘陵地带主要依托崎岖山路，在山前平原则广泛依托土石路、农场路径和乡村道路，在森林和灌木丛中主要依托林中小道、防火道等，到广袤的荒原地区则主要依托自然踩踏形成的荒野小径。

（四）路程分段，难度分级

穿越长程步道耗时较长，少则几天，多则数月，甚至一年。因此，为了使徒步者的穿越体验更加安全合理，在设计步道线路时，一般会将整条步道划分为若干路段，每段自几十到几百公里不等，一般为一天到一周的步行距离，但在荒野性很强或者是可骑马通过的地区，路段的长度往往更长。

例如，休姆和霍维尔步道全长440公里，共划分22段，每段长10～30公里，约是徒步者1～2天的行程。塔斯马尼亚步道全长480公里，被划分为3段，每段长100多公里，是徒步者3～5天的行程。比布蒙步道全长1000公里，被划分为9段，每段长度也在100公里左右。二百周年纪念国家步道有所不同，步道总长5330公里，却仅仅被划分为12段，每段长达400～500公里，徒步者往往需要花费近一个月的时间才能走完其中一段。

因长程步道所穿越的地形复杂、景观多样，包括山峰、峡谷、河道、森林、草原等，所以每段路程的难度也各不相同。为保障徒步者的安全，同时使出发前的准备工作更有针对性，澳大利亚长程步道在进行路段划分的同时，也对每个路段的难度进行分级，一般包括“易”、“中”、“难”等，并对路段中存在的潜在危险进行特别说明。

（五）完善的导向系统

1. 指导手册

因长程步道路途遥远、耗时较长，且时常穿越荒野地区，为保证徒步者的通行安全，澳大利亚长程步道大多都会配置有十分详细的指导手册。指导手册一般与步道分段相对应，即每段步道均有一本指导手册，内容包括路线图、联系人清单、露营地、水源地等信息。为了保证实时有效，指导手册会不断地更新土地所有者的信息、路线的变化等。

例如，二百周年纪念国家步道的指导手册共12本，与该步道的12条路段相对应。每本手册主要包含以下内容：详细的路线图；食品供给站、服务场所等；最佳的露营地点，以及替代性露营地等；水源信息，如水源的位置、水质情况等；所经区域的联系人清单，因步道会穿越私有土地、国家公园、自然保护区，以及其他需要获得批准才能穿越的地区，步道手册会将这些土地的相关联系人清单列出，徒步者在穿越以上地区前，需要与相关人联系；所需许可证的相关介绍，介绍需要办理哪些许可证，及其办理方法。

图4-6　二百周年纪念国家步道Logo

2. 步道标记

步道标记主要包括步道Logo和指示牌。为了将步道从自然环境中区分开来，同时帮助徒步者确定自己是否处在正确的路线上，澳大利亚长程步道会设置专属的Logo。步道Logo一般位于步道旁边的树或者柱子上，色彩以红、黄、白等识别度较大的颜色为主，风格简洁，却能表现出步道本身的特色。

图4-7　比布蒙步道Logo

例如，二百周年纪念国家步道的步道Logo是黄红分明的三角形标志，中间绘制有手写体的“Bicentennial”，代表该步道是为了纪念澳大利亚开发200周年而建立。文字下边是骑马者、徒步者和骑行者，说明该步道对于以上三种人群开放（图4-6）。比布蒙步道的步道Logo为亮黄色，中间绘制的彩虹蛇的形象来自于原住民族的神话故事，体现了西澳大利亚地区的文化特色（图4-7）。休姆和霍维尔步道的步道Logo是白色的四方形，上面绘有2个带着草帽结伴而行的“小家伙”，体现了该步道丛林行走的个中趣味（图4-8）。

图4-8　休姆和霍维尔步道Logo

步道指示牌一般设置在步道的分叉路口，为徒步者指明方向。其风格也十分简洁朴素，制作上就地取材，多以木质材料为主。

值得说明的是，步道标记常作为指导手册的补充说明，其本身并不十分精确，仅仅依靠步道标记，徒步者很难完成对整个步道的穿越。指导手册内的内容才是徒步者需要参考的可靠信息。

3. 补充性地图

虽然指导手册已能满足导航路径的需求，但一些徒步者仍然习惯于以地图作为参考，这些被拿来作为参考的地图被称为补充性地图。补充性地图的比例尺依照所穿越地区的地形复杂程度而定。通常情况下，1∶100000比例尺的地图能提供较多的细节，而且覆盖面积大，被徒步者广泛使用。例如，二百周年纪念国家步道的背包常将1∶100000比例尺的地图描述为他们的“安全网”，用其寻找方向，探索路径，并参观远离步道的城镇。但在更短的距离内，1∶25000的地图则会提供更多的细节。而对于一般性的徒步者而言，比例尺约为1∶50000的地图往往成为首选。

三、国家步道法律法规

对于长程步道的建设和管理，澳大利亚联邦层面上尚未出台统一的法律法规。但是在州政府层面上，则出台了一些针对徒步活动或步道本身的相关法律或规定。如维多利亚州政府于2007年出台的《步道分级和改升提案（Walking Trails Classification & Improvement Project）》中指出：“在步道建设和分级过程中，不仅需要考虑步道沿线的景观和穿越地形，还要考虑步道所穿越区域的气候状况，并将气候因子纳入步道的评级体系中。”并指出“在步道分级的过程中，需要获取多种可靠的官方信息，如地形、易达性等，并积极采纳步道利益相关者的意见和建议”（DSEVIC，2007）。

维多利亚州政府于2010年出台的《步道骑行安全法规（Trail Riding-Ride Safe, Ride Legal）》规定：“澳大利亚民众有在荒野区域内骑行的权利，但在骑行的过程中应该首先做好相关的安全保障，在骑行途中，其组织或个人有保护周边自然景观和生态环境的义务。”并规定:“在进入非公开区域之前，任何开展骑行活动的组织或个人应事前获得许可”（DSEVIC，2009）。

塔斯马尼亚州政府出台的《步道分级系统提案（PWS Policy and Procedures-Walking Track Classification System）》对步道的难度等级进行了说明和界定，并规定在步道周边建立的防护栅栏要能满足安全防护的要求，同时也不能破坏步道沿线的自然风景（DPIPWE，2014）。

四、国家步道组织管理

澳大利亚长程步道的管理部门主要分为两大类，即政府部门和社会组织。其中，政府部门主要有公园和野生动物管理局（Department of Parks and Wildlife），环境、水和自然资源管理局（Department of Environment, Water and Natural Resources）和第一产业管理局土地署（Department of Primary Industries–Lands）。相关的社会组织则主要为非盈利的步道协会和公司，如二百周年纪念国家步道公司（The Bicentennial National Trail Ltd）等。

在本节所涉及的8条长程步道中，由公园和野生动物管理局主管或共管的步道有4条，分别是澳大利亚阿尔卑斯步道、比布蒙地步道、蒙达比地步道和塔斯马尼亚步道。由环境、水和自然资源管理局主管或共管的长程步道有2条，分别是墨森步道和黑森步道。由第一产业管理局土地署主管或共管的长程步道有1条，为休姆和霍维尔步道。由社会组织主管的长程步道有1条，为二百周年纪念国家步道。

五、国家步道运营管理

澳大利亚长程步道的运营工作以步道协会或联盟等社会组织为主，相关的政府部门对其提供政策支持和协助。如二百周年纪念国家步道的运营方是二百周年纪念国家步道公司，但在步道的建设和维护过程中，则得到澳大利亚二百周年纪念国家管理局（The Australian Bicentennial Authority）的资助。塔斯马尼亚步道主要由塔斯马尼亚步道协会（Tasmania Trail Association）负责运营，但在步道规划和建设过程中，则分别得到了塔斯马尼亚州的林业主管部门以及公园和野生动物管理局的大力支持。

负责步道运营的步道协会或联盟一般实行会员制，普通人可通过捐款、赞助、缴纳会费等方式成为协会的会员。然后，在协会会员之间进行选举，产生董事会，来负责步道运营的日常事务。董事会实行任期制，每届董事会的任期2～5年。值得注意的是，这些社会团体多属于非盈利性组织，协会会员和董事会成员均无薪水，来自政府和社会的赞助以及会员会费等资金最终都将反馈到步道的建设和维护当中。

除了步道协会和相关政府部门，志愿者群体也是参与步道运营的重要力量。广大的志愿者群体常与协会会员一起执行步道运营的具体工作，例如步道沿线垃圾清理、标识标牌维修与更换等。

六、国家步道资金投入

澳大利亚长程步道的资金投入主要有三种形式，即政府出资、组织集资和个人/团体赞助。政府出资的部门主要包括步道所在地区的州政府、林业部门、公园和野生动物管理局等。组织集资的形式主要为会员集资和售卖步道相关产品，如指导手册、地图、户外设备、专属纪念品等。个人/团体赞助主要包括公司赞助、户外运动制造商赞助、个人捐款等。

大多数长程步道的投入机制同时含有以上三种形式，其中，政府出资主要集中在步道建设时期，步道建成后，资金来源以组织集资和个人/团体赞助为主。例如，在二百周年纪念国家步道的建设过程中，先后得到了澳大利亚联邦二百周年纪念管理局共计30万美元的捐款。步道建成后，则主要通过征收会员会费、售卖指导手册和步道书籍等获取资金，以用于步道的维护和建设。

七、国家步道准入与许可

澳大利亚长程步道的主要进入方式为步行、骑自行车或骑马，通常不允许机动车进入。每条步道的进入方式会在步道标记和指导手册中标明。多数步道允许以上三种进入方式，为多用途步道，如二百周年纪念国家步道、塔斯马尼亚步道、比布蒙步道等。还有些步道主要为自行车骑行爱好者建立，比如墨森步道等，此类步道往往不允许骑马进入。

所有的澳大利亚长程步道均对徒步者免费开放，但当徒步者穿越步道上的私有土地和保护区等特殊区域时，则需要提前办理登记或许可。其中，当徒步者进入步道路线上的私有土地时，需要事先与土地所有者进行联系，取得许可后才能进入。联系方式会在步道指导手册中列出。当徒步者选择在保护区内露营时，要事先与保护区的土地管理部门联系，以获得许可。联系方式会在步道指导手册中列出。

除此之外，不同步道还会对徒步者的进入方式做出不同的规定。如二百周年纪念国家步道规定徒步者在穿越步道前必须申请徒步者代码（BNT Trekking Code），并填写保护区露营备案。在步道上开展商业活动，则需要经营者事先到步道管理部门办理经营许可证。

实例十　日本东海自然步道

东海自然步道（日语，東海自然歩道）全长1697.2公里，是日本第一条长距离自然步道，始建于1970年（環境省，2016）。步道以东京的明治高尾国定公园（明治の森高尾国定公園）为起点，大阪的明治箕面国定公园（明治の森箕面国定公園）为终点，跨越东京都、大阪府、京都府、神奈川县、山梨县、静冈县、爱知县、岐阜县、三重县、滋贺县、奈良县等地区（图4–9）。东海自然步道贯穿具有丰富的森林自然资源和珍贵的历史遗迹地区，途经高山、峡谷、湿地、草原、森林、瀑布、雪山、温泉、神社、寺庙、古战场等地带（Traildino，2016）。徒步者可欣赏到日本丰富优美的自然景观和历史人文景观，了解日本文化，体验当地传统生活。

一、步道历史

萌芽阶段　20世纪60年代，日本经济飞速发展，环境问题日趋恶化，成为日本政府需要解决的重要问题。日本政府于1959年开始在全国各地举办以“亲近自然”为主题的自然公园大会，鼓励民众走进自然，亲近自然，以此来提升民众保护自然的意识。虽然这项措施没有彻底解决日本面临的环境问题，但是随着政府相关工作的宣传与推动，民众亲近自然的意识得到提升，徒步作为亲近自然的一种方式在日本逐渐兴起。1969年，为了丰富民众的徒步体验，进一步增强民众健康水平，提高自然保护意识，日本厚生省提出了在本州岛东南部建设“东海自然人行道”的构想。1970年在厚生省的组织下，东海自然步道正式开始建设。

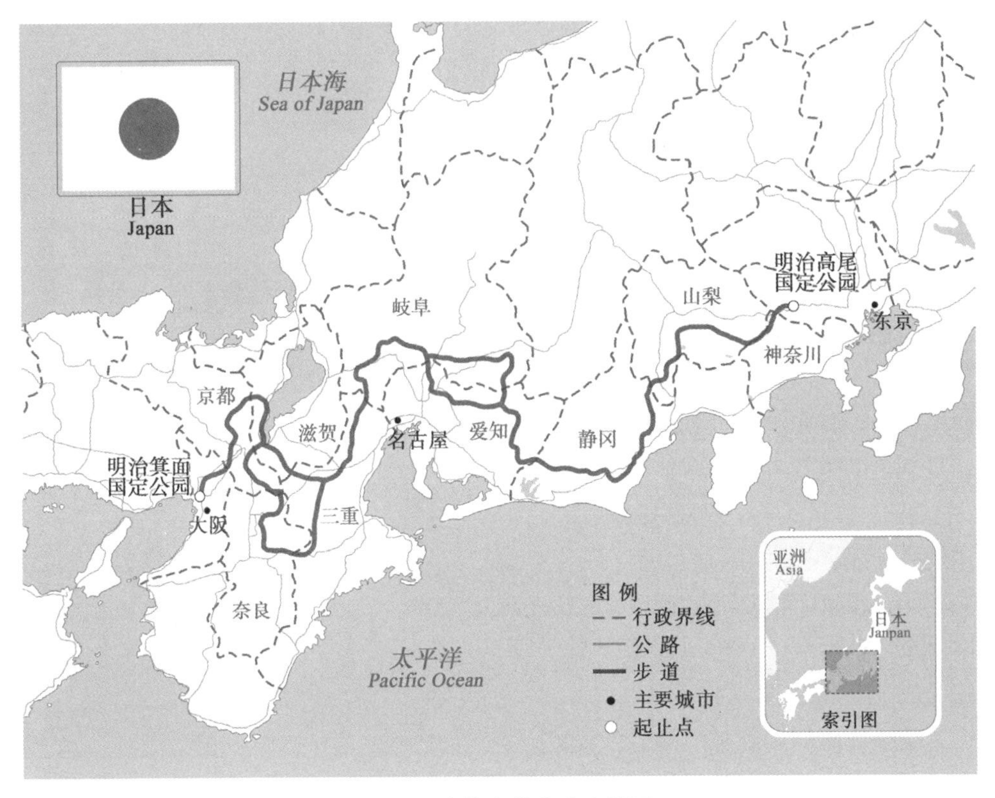

图4–9 东海自然步道路线图

建设阶段 1971年，为了更好地解决日益恶化的环境问题，日本政府设立环境省由总理大臣直接领导，对环境问题进行直接干预，逐步确立起以环境省为核心的日本环境行政体系（马盟雨等，2015）。依据《自然公园法》，日本的自然公园事务由环境大臣监督管理、自然环境局负责具体实施。环境省制订了自然公园的保护和利用计划，在保护的基础上对自然公园进行一定程度的利用。在此背景下，作为自然公园利用的重要部分，东海自然步道的建设依法交由环境省继续推进，并于1974年竣工。

完善阶段 1976年，东海自然步道管理机构与步道穿越地区的八王子市和箕面市相关旅游机构和协会签订共同发展盟约，并在八王子市区通过举办东海自然步道展的形式，以促进东海自然步道在民间的推广。1977年，八王子市和箕面市旅游相关部门以盟友的身份组成40多人的小组对东海自然步道进行调研，进一步推进东海自然步道的建设完善和宣传推广。

1986年，在八王子旅游协会成立30周年纪念会上，箕面市观光协会会长提倡举办东海自然步道峰会。经过两年的筹备，八王子市事务局长和箕面市事务局次长等领导于1988年对峰会的举办进行了讨论，并对参与的相关组织和机构进行了委托，同时开始筹划成立步道管理委员会的相关工作。1989年，在八王子市和箕面市旅游机构和协会的推动下成立东海自然步道联络协会，并完成协会管理章程的制定。东海自然步道联络协会（東海自然歩道連絡協会）的成立，标志着东海自然步道成为日本首条线路成熟、指导系统和组织管理完善的长距离自然步道。

二、景观与体验

（一）自然景观

漫山红叶 东海自然步道沿线森林资源丰富，尤以秋天红叶最为吸引徒步者。明治高尾国定公园和水泽红叶谷分布着众多优质的红叶树种，每年秋季，漫山红叶，优美异常。徒步者如果选择在秋天经过高尾山国定公园，就能够观赏到满目殷红的壮观景象。

湖光山色 东海自然步道途经优美静谧的富士五湖和日本规模最大的原始森林。其中，精进湖宁静平和，是著名的垂钓胜地。本栖湖作为日本第二大湖，与富士山交相辉映，景色秀丽，作为日本的象征印在一千元日币上。徒步者在此段线路内由东向西可从红叶台（紅葉台）远眺富士雪山（图4-10），之后沿树海路线体验原始森林、湖光山色，最后进入本栖湖，观赏山湖一色的壮观景色。

图4-10 远眺富士山（Attila Jandi 摄）

高山峡谷 龙王山（竜王山）是东海自然步道上的一个重要节点，位于大阪府境内，其中以海拔510米的茨木山最为美丽，在山顶展望台上可将大阪市区一览无余。徒步者沿龙王山向东进入摄津峡自然公园。摄津峡呈“V”字形，谷深水清，长达4公里，有夫妻岩、八叠岩等奇岩，是大阪第一景区。在此段线路上，徒步者春季赏樱花，夏季玩清流，秋季枫叶满山，冬季休闲温泉，一年四季均可赏玩，是不可多得的休闲胜地。

（二）人文景观

古寺神社 步道沿线分布着众多的古寺、神社，其中以清水寺和石上神宫最具代表性。清水寺位于东海自然步道滋贺县的京阪本线上，是步道沿途最为著名的人文景观之一。该寺始建于公元778年，是京都最古老的寺院，相传由玄奘在日本的第一个弟子慈恩大师创建。通过东海自然步道，徒步者可以到达清水寺，体验寺内绿树环抱、清静幽雅的环境，观赏春季樱花烂漫，秋季红枫飒爽。清水寺的茶艺名列京都之首，通过开展相应茶艺活动，徒步者可以学习茶艺并体验当地茶艺文化。

石上神宫 位于东海步道奈良县境内，该地区开始于弥生文化时代（约公元前300—公元300年）历史悠久。东海步道充分利用周边优秀的文化遗产设立古道史迹徒步路段，该路段途经长谷寺、金屋石佛、玄宝庵、景行天皇陵、长岳寺和石上神宫。徒步者可在该路段了解并体验典型日本传统文化。

古城遗址和古村落 八王子城是日本交通要塞，古时有桑都之美称，是日本历史上重要的军事据点。徒步者在此可了解到日本15世纪的社会状况及历史发展。古村落位于西湖里根场，以茅葺屋为主，重现百年前日本田园景象，徒步者可观赏到难得一见的日本乡土之美，还可在此体验当地传统工艺制作，此地也是富士山的最佳摄影点。

三、徒步道路

选线 东海自然步道选线时遵守优先穿越国立公园和国定公园的原则，最大限度地选取各地区具有代表性的景观资源。步道横跨1都2府8县，即东京都、大阪府、京都府、神奈川县、山梨县、静冈县、爱知县、岐阜县、三重县、滋贺县、奈良县（表4–4）。根据地理位置、资源类型和难易程度等因素，将步道划分成94条长度不同的路段，每段都具有不同的特色和难度。徒步者可以根据自身条件和需求选择不同的路段，甚至选择通径行走，挑战自身极限。

表4–4 东海自然步道线路分布

区域	所穿越自然公园	长度（公里）	分段数
东京都	明治高尾国定公园（明治の森高尾国定公園）	6.2	1
神奈川县	丹沢大山国定公园（丹沢大山国定公園） 富士箱根伊豆国立公园（富士箱根伊豆国立公園）	127.5	10
山梨县	富士箱根伊豆国立公园（富士箱根伊豆国立公園）	115	8
静冈县	富士箱根伊豆国立公园（富士箱根伊豆国立公園） 天龙奥三河国定公园（天竜奥三河国定公園）	318	12
爱知县	天龙奥三河国定公园（天竜奥三河国定公園） 爱知高原国定公园（愛知高原国定公園） 飞弹木曾川国定公园（飛騨木曽川国定公園）	211	5
岐阜县	飞弹木曾川国定公园（飛騨木曽川国定公園） 揖斐关原养老国定公园（揖斐関ヶ原養老国定公園）	332.3	14
三重县	铃鹿国定公园（鈴鹿国定公園） 室生赤目青山国定公园（室生赤目青山国定公園） 伊势志摩国立公园（伊勢志摩国立公園）	179	26
滋贺县	铃鹿国定公园（鈴鹿国定公園） 琵琶湖国定公园（琵琶湖国定公園）	88	7
奈良县	室生赤目青山国定公园（室生赤目青山国定公園） 大和青垣国定公园（大和青垣国定公園）	79.9	6
京都府	笠置山自然公园（笠置山自然公園）	201.3	2
大阪府	明治箕面国定公园（明治の森箕面国定公園）	39	3
总计		1697.2	94

资料引自东海自然步道官网（tokai–walk.jp）.

按自然景观或人文景观的不同类型，分路段设置主题。自然景观的如富士展望路段以远眺富士山为主，该路段将富士山周边优质景观进行串联，且步道沿途经过富士五湖以及周边极具日本特色的温泉和旅行村，如奥山温泉、富士休假村。人文景观的谷汲巡礼路段以参拜祈福为主，谷汲山沿途分布着横藏寺、庙法寺、华严寺等著名佛教寺庙。

图4–11　林中小道（Hiro　摄）

徒步道路　东海自然步道以土路（图4–11）、石阶为主，最大限度地利用原有路面，不做更多处理，同时就地取材，如利用周围的树木做成木阶，便于攀爬，避免水土流失，以及在湿地峡谷地区构建简易小木桥。东海自然步道联络协会依据步道各徒步路段的距离长短、坡度缓急及攀升高度差的不同，将步道进行等级划分。

四、沿步道服务设施

露营地、庇护休憩点　东海自然步道分段较多，每段平均约20公里。步道各路段的起点和终点附近，交通网络四通八达，徒步者可以实现便捷的公共交通换乘。徒步者在步道上进行一定长度的徒步活动到达某一节点以后，既可以选择短程从该节点结束徒步，并通过乘坐公共交通离开，也可以选择继续沿步道进行徒步活动。由于步道沿途民宿众多，住宿便捷，在步道上进行露营的徒步者较少，因此步道沿途设立的露营地和庇护所比较少。

图4–12　东海自然步道标牌（来源：东海自然步道官网）

东海自然步道休憩点设施简单，多为木质的简易长凳，以露天的形式设置在步道沿途，为徒步者提供休憩。庇护所是由木板搭建的简易小木屋，设置在步道路段较长且距民宿较远的荒野区域，为长途徒步者提供简单的庇护。

标识标牌　步道内有标识标牌，用以指示附近的景点名称及距离、所处方位及庇护所位置（图4–12）。同时步道具有完整的指导手册，手册包含各路段的详细信息，如乘车方式及车程、出入口位置、山地与平地长度、徒步全程所需时间等信息，徒步者可根据指导手册进行徒步活动。

五、步道周边服务体系

民宿、温泉 日本是世界上屈指可数的“温泉王国”，温泉度假村遍布全国，且温泉旅馆独具日式传统文化和建筑特色。东海自然步道周边分布着大量的民宿和温泉。这些民宿和温泉设施不仅给徒步者提供了休憩、补给、住宿、休闲的好去处，也为东海自然步道增添了极具日本特色的文化气息，同时给当地民众提供了一定程度的收入，还满足了徒步者体验日本传统温泉和日式建筑的需求。

徒步者大多选择具有日本当地特色的民宿进行休憩，且这些民宿大多都提供温泉服务。徒步者可以通过电话或者网络进行预约，其中具有代表性的有：位于山梨县境内树海路段的根场民宿和精进湖民宿、三重县朝明溪谷宫妻峡路段的汤山温泉、大阪府忍顶寺箕面路段的箕面温泉等。步道周边住宿类型多样，分布着一定数量的旅馆和酒店，可满足徒步者不同的住宿需求。

交通换乘 东海自然步道周边公共交通体系完善，铁路、公路呈网状分布，徒步者能够便捷地到达附近的城市和村庄（表4–5）。步道每个小段入口几乎都有相应的公共汽车和火车能够直接到达。步道全程分为94段，每段的平均长度约20公里，基本可以实现当天返回，因此徒步者可根据自身需要选择一天、几天或几十天的徒步线路。

表4–5 步道周边公共交通概况

序号	铁路	公路	序号	铁路	公路
1	JR中央本线	名神高速	5	JR樱井线	国道157
2	樽见铁道线	中央自动车道	6	湖西线	名阪国道
3	关西本线	国道413	7	信楽高原铁道	富士五湖道
4	近铁大阪线	国道152			

例如，在东海自然步道河口湖路段，徒步者可通过乘坐火车或汽车的方式到达河口湖站、富士吉田站，之后换乘前往浅间神社的巴士。徒步者由浅间神社进入步道，进行河口湖路段的徒步活动，到达红叶台后既可选择继续在步道上进行徒步活动，也可以选择在此处离开，乘坐巴士前往胜山民宿村等附近村落或者前往河口湖站乘坐火车、汽车前往其他目的地（图4–13）。徒步者在东海自然步道进行的徒步活动，进出入步道具有较强的自主选择性。不仅可以选择多样交通方式便捷地进出步道，也可以根据自身需要决定徒步路程的长短。

图4-13　东海自然步道河口湖路段展示图（来源：东海自然步道官网）

六、步道运行管理

图4-14　东海自然步道Logo
（来源：东海自然步道官网）

步道运行　环境省在东海自然步道建设中起主导作用，自然环境局国立公园利用推进室负责步道建设的具体事务。东海自然步道建设完成后，交由东海自然联络协会负责步道日常运行管理（图4-14），步道所穿越地区的旅游等协会机构进行相应的协助。东海自然步道运行管理的法律法规，主要依据日本《自然公园法》和所穿过的都、道、府、县有关条例。在资金筹措方面主要由国家或都、道、府、县政府解决，小部分通过自筹、捐款等方式解决（袁晖，2002）。

协会章程　东海自然步道联络协会旨在加深东海自然步道相关团体间的合作，通过教育活动、休闲旅游展示沿途地区文化，从而促进当地社区的发展。

协会的会员组成：①正式会员，为步道所通过都府县徒步和旅游协会。②特别会员，为步道所通过都府县的相关政府部门。③赞助会员，为对步道运行和管理有贡献的个人、法人及团体。协会的职责主要包括：沿步道服务设施的设置和维护、标识标牌布设、网站运行、信息发布、步道相关团体间的信息交流、向徒步者提供步道信息、普及徒步旅游观念以及步道的宣传推广等工作。同时东海自然步道联络协会与明治箕面国定公园合作，制定了“东海自然步道完步认证纪念证”，徒步者完成东海自然步道的徒步即可免费申请，通过这项活动增强徒步者的成就感（图4-15）。

东海自然步道联络协会设立管理委员会，委员从全体会员中选举产生，任期2年。委员会管理成员由会长1名，副会长若干名，理事若干名，监事2名组成。个人及团体可通过特别会员的形式加入到步道的运行和管理中（图4-16）。

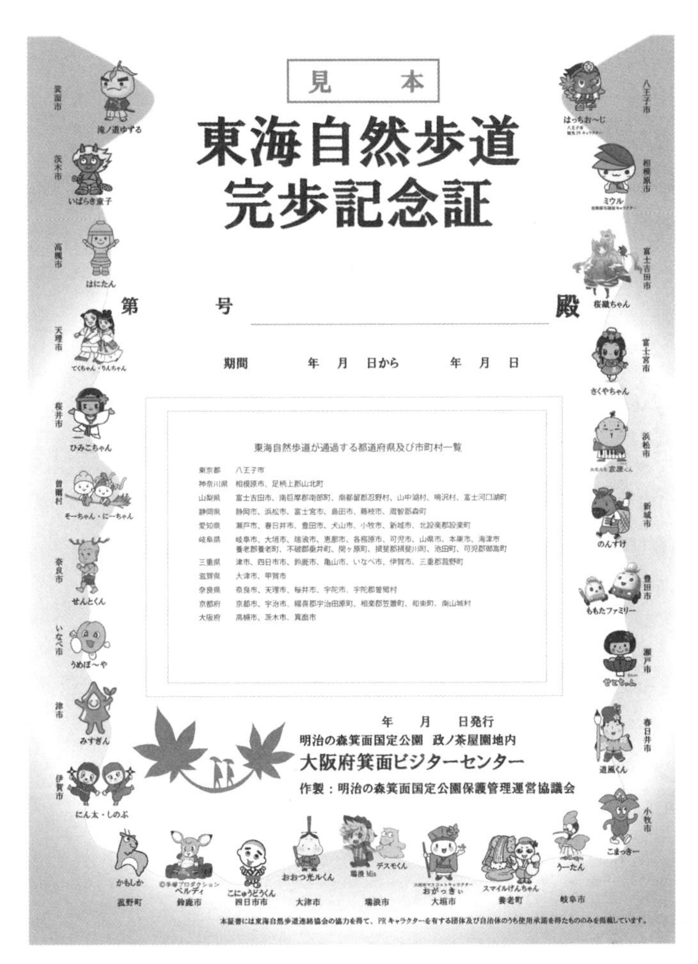

見　本

東海自然歩道
完歩記念証

第　　号　　殿

期間　　年　月　日から　　年　月　日

東海自然歩道が通過する都道府県及び市町村一覧

東京都	八王子市
神奈川県	相模原市、足柄上郡山北町
山梨県	富士吉田市、南巨摩郡南部町、南都留郡忍野村、山中湖村、鳴沢村、富士河口湖町
静岡県	静岡市、浜松市、富士宮市、島田市、藤枝市、周智郡森町
愛知県	瀬戸市、春日井市、豊田市、犬山市、小牧市、新城市、北設楽郡設楽町
岐阜県	岐阜市、大垣市、瑞浪市、恵那市、各務原市、可児市、山県市、本巣市、海津市 養老郡養老町、不破郡垂井町、関ヶ原町、揖斐郡揖斐川町、池田町、可児郡御嵩町
三重県	津市、四日市市、鈴鹿市、亀山市、いなべ市、伊賀市、三重郡菰野町
滋賀県	大津市、甲賀市
奈良県	奈良市、天理市、桜井市、宇陀市、宇陀郡曽爾村
京都府	京都市、宇治市、綴喜郡宇治田原町、相楽郡笠置町、和束町、南山城村
大阪府	高槻市、茨木市、箕面市

年　月　日発行
明治の森箕面国定公園　政ノ茶屋園地内
大阪府箕面ビジターセンター
作製：明治の森箕面国定公園保護管理運営協議会

本証書には東海自然歩道連絡協会の協力を得て、PRキャラクターを有する団体及び自治体のうち使用承諾を得たもののみを掲載しています。

图4-15　东海自然步道完步纪念证（来源：大阪市政府网）

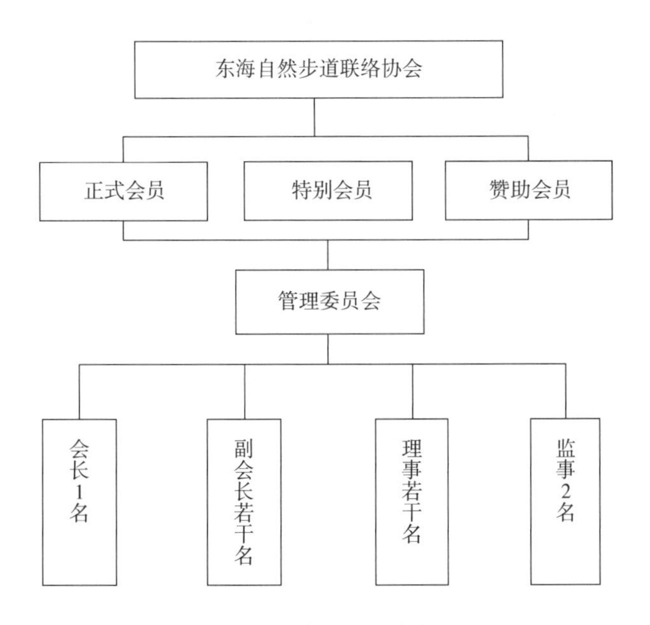

图4-16　东海自然步道联络协会组织流程图

东海自然步道联络协会管理委员会，对东海自然步道的运营管理做出了重要贡献，为徒步者提供了便捷的各项服务。同时，管理委员会完整的选举和管理制度也为日本其他的长距离自然步道的管理提供了宝贵的经验。

实例十一　黎巴嫩山地步道

黎巴嫩山地步道（英语Lebanon Mountain Trail，简称LMT）是中东地区第一条长程步道（Schiller，2009）。该步道位于黎巴嫩中部山区，北起安德凯特（Andqet），南至马尔亚永（Marjaayoun），全长470公里，几乎纵贯整个黎巴嫩（图4-17），是对黎巴嫩山区自然风光和历史文化的整体展示（LMTA，2015）。LMT的设计者希望通过步道建设，使更多的人走进黎巴嫩的乡村地区，从而带动乡村经济的发展，并通过开展多种类型的生态教育，提高沿线民众的环保意识（Riebe，2011）。

图4-17　LMT步道路线图

一、步道历史

2001年，美国技术解决方案供应商ECODIT公司总裁——约瑟夫·卡拉姆（Joseph Karam）和他的同窗卡里姆·吉赛（Karim El-Jisr）被黎巴嫩生态旅游业的快速发展所感染，他们设想在黎巴嫩的拜特龙（Batroun）地区开发一种全新的生态旅游产品。受美国阿巴拉契亚步道（Appalachian Trail）的启发，2002年夏天，他们计划在黎巴嫩山区建立一条与之类似的徒步道路——LMT，并开始着手相关规划。

2005年，LMT迎来了重要的发展时机。时年，美国国际开发署（US Agency for International Development）提出了促进黎巴嫩乡村地区经济发展的提案，并试图通过发展旅游来带动乡村经济。因此，ECODIT公司向美国国际开发署提交了LMT的建设计划。该计划很快就得到认可，美国国际开发署向ECODIT公司提供了330万美元，用以支持LMT的建设。

2006—2008年，以ECODIT公司为主，在相关社会团体及政府部门的协助下，开展了LMT的建设，于2008年建设完成（Haddad et al.，2015；LMTA，2015）。

二、景观与体验

（一）LMT沿线景观

作为一条山地步道，LMT跨越的高度自海拔670～2011米，步道沿线以山地景观为主，同时拥有山川、森林、河流、湖泊等丰富多彩的自然景观。与此同时，作为黎巴嫩乡村历史文化的重要展示，LMT共穿越75座城镇和村庄，步道沿线拥有教堂、修道院、神庙等多种历史文化遗迹。

LMT共包含27条子路段，每条子路段的景观亮点各有不同。自北向南，编号由小到大，步道的景观亮点呈一定的变化规律。步道北部，编号0～5，以自然景观为主，如森林、山峰、河流等。步道中部，编号6～16，逐渐出现教堂、修道院、神庙等历史人文景观，形成自然与人文景观兼具的局面。步道南部，编号17～26，人文景观逐渐减少，自然景观又重新占据主体（表4-6）。

表4-6　LMT各子路段景观亮点统计

路段编号	长度（公里）	景观亮点
0	17	山峰、森林
1	18.5	杜松林、冷杉林、山泉、蝴蝶与鸟类博物馆
2	23	杜松林、雪松林、冷杉林、河流、深谷、山泉。库尔内特·萨乌达山（Qornet es Saouda，黎巴嫩最高峰，海拔3088米）
3	9.3	Jehannem山谷、橡树林、杜松林和土耳其松林

（续）

路段编号	长度（公里）	景观亮点
4	14.7	杜松林、独特的岩层、果园
5	18	柏树林、橡树林、Horsh Ehden自然保护区、山泉、历史古镇
6	10.4	埃登（黎巴嫩的古村庄）、科扎雅（Qozhaiya）圣谷（世界遗产地）、修道院、橡树林
7	13.7	山脉、古老的雪松林、古修道院、教堂
8	19.3	巴卡普拉（Bqaa Kafra，黎巴嫩海拔最高的村庄）、哈利勒·纪伯伦（Khalil Gibran）博物馆、雪松林
9	19.7	马尔拉巴（Mar Laba）教堂、塔努恩（Tannourine）雪松自然保护区、果园
10	17.2	巴塔拉（Baatara）天坑、大石头水库、Saydet Zwiela废墟、迈尔吉里马（Marj Rima）平原、Tim Rtiba山
11	20	Afqa高原，Afqa洞穴、山泉、果园等
12	18.2	长距离的山崖、果园、牧场
13	12.5	保存完好的罗马神庙
14	21.3	松林、桑宁山（Sannine Mountain）、Notre Dame des Éclaireurs教堂
15	17.5	山谷、赛义夫·达拉夫洞穴（Seif el Dawleh Cave）、Saydet EL Khalleh教堂和罗马废墟
16	14.7	松林、拉马丁山谷（Lamartine Vally）、山泉、El Mtain广场、Mchika古桥、罗马古桥、第二次世界大战时期的战壕
17	18	拉马丁山谷、巴林（Bmahrai）广场、山泉、松林
18	22	埃尔蒙山（Hermon Mountain）、雪松林
19	14	雪松林、山谷
20	12.3	山泉、松林
21	16	山泉、山谷
22	15	独特地貌、卡拉欧湖（lake Qaraoun）、橡树林、古树
23	15.3	卡拉欧湖大坝、贝卡（Bekaa）谷地、埃尔蒙山
24	8.7	拉柴亚（Rachaiya）古镇
25	24.5	橡树林、纳比（Nabi She’et）神庙、艾因廷塔（Ain Tinta）洞穴
26	16	埃尔蒙山、松林

资料引自黎巴嫩山地步道协会（LMTA）官网（Lebanon trail. org）.

（二）支线步道和主题步道的沿线景观

为充分展现LMT步道沿线的乡村风光和历史文化，在LMT途中，分出一条支线步道——艾何嵋杰支线步道（Ehmej Side Trail，EST）和一条主题步道——巴斯金塔文学步道（Baskinta Literary Trail，BLT）。

EST 是LMT在经过艾何嵋杰（Ehmej）地区时分出来一条支线步道，目的在于让更多的徒步者走进艾何嵋杰的乡村地区，在领略优美风光的同时带动地方经济发展。EST长约150公里，穿越El Ouata、El Azer、El Aqoura等多个村庄，沿途景观具有明显的乡村特色，主要有山峰、森林、岩洞、山泉、果园、乡村教堂等。

BLT 是LMT在经过巴斯金塔（Baskinta）地区时分出来的一条以文学为主题的步道，目的在于展示黎巴嫩乡村地区的历史文化渊源，增添步道的文学魅力。步道长24公里，共串联22处黎巴嫩文学家的住所或遗迹，如知名作家米凯奈美（Mikhail Naimy）的塑像、住所和坟墓，罗马时期的铭文，知名小说家和记者阿敏·马卢夫（Amin Maalouf）的住所，古代阿勒颇酋长国的创始人赛义夫·达拉夫（Sayf el Dawla）生活过的洞穴等。行走在文学主题步道上，可以深刻感受黎巴嫩乡村地区的历史文化。

三、徒步道路

LMT位于黎巴嫩中部山区，其经过的区域主要是人烟稀少的乡野地带。步道依托的道路以山间道路和乡村小道为主，很少利用机动车道。这些道路一般较为狭窄，宽度多在一两米左右，多个人很难并排通行。

LMT步道路面类型多样，并随着步道穿越区域主体景观的变化而变化。在步道的北部，以纯自然路面为主，包括山脊上的荒野小径，森林或灌木丛中自然踩踏形成的小路，果园里的农用小道，以及自然保护区内的防火道路等。在步道的中部，大多数的步道路面仍旧保持自然风貌，如山间小径、林中道路等。但当步道进入人数较多的乡村地区时，开始出现少量的硬质路面，如在巴斯金塔地区，碎石路和石砖路也成为重要的路面类型。在步道南部，步道又转变为自然路面。

四、沿步道服务设施

步道标记 LMT上的步道标记并不十分完善。其中，5 ~ 17路段、20 ~ 22路段设置有步道标记，其他路段还未设置标记。标记的制作方式也十分简单，即用白色、黄色或紫色的油漆直接绘制在树皮或石头上，在一些没有树木和石头的路段则缺乏标记。

地图 LMT步道地图共20册，构成整条步道的地图集。这些地图是徒步者在穿越LMT时的重要依据，其比例尺一般为1∶25000。徒步者可以在步道沿线的旅馆或者LMT管理办公室购买地图。

沿途食宿 在每段步道的开始或结尾处，一般都会有露营地、酒店或小型私人宾馆等食宿设施。通过这些设施，徒步者可以在开启行程前进行必要的准备，也可以在完成每段行程后进行短暂的休整。值得说明的是，这些设施都是收费的，其价格分为不同档次，徒步者需要登记并交纳一定的费用才能入住。

五、步道周边服务体系

周边城镇 LMT沿途共穿越75座黎巴嫩中部山区的城镇和村庄，在徒步者半天到一天的行程内，可途经至少一座村镇。步道沿线的村镇以普通山村为主，如El Aaqoura、Kfar Bnine和Bqaa Safrine等山村，也有少量较大的城镇，如巴斯金塔和艾何嵋杰等。为数众多的村镇为徒步者提供了多种多样的生活服务，包括住宿、露营、餐饮和邮寄等。当徒步者旅途劳顿时，可以很快地进入步道沿线的某座村镇进行休息和就餐。此外，类型丰富的山村也为徒步者增添了许多徒步乐趣和文化体验。

服务提升 为不断提高服务质量，从而更好地发挥LMT对黎巴嫩乡村地区的经济带动作用，步道管理者和服务者会开展一系列的服务提升活动。如在步道所经过的村庄建立一些必要的住宿设施，对当地的导游队伍进行能力培训，以及增加对步道沿线历史文化遗迹的介绍等。例如，在巴斯金塔文学步道沿线，通过设立不同类别的解说牌，对作家米凯奈美（Mikhail Naimy）以及古代阿勒颇酋长国的创始人赛义夫·达拉夫（Sayf el Dawla）等的历史事迹进行说明，通过这种形式向徒步者展示黎巴嫩地区的历史文化，加深LMT对该地区文化内涵的承载。

六、步道运行管理

（一）步道管理

黎巴嫩山地步道协会（Lebanon Mountain Trail Association，LMTA）是LMT的主要管理机构。协会成立于2007年10月31日，主要任务包括开发、维护和保护LMT；在LMT两侧建立辅助步道；保护步道附近的自然、文化、建筑遗产和地标；促进步道所在地区的经济发展。

LMTA实行会员制，个人需要申请并交纳年费后才能获取会员资格，同时享受相关福利，如免费参加协会活动等。LMTA通过成立董事会来主管协会事务，其成员通过选举产生，每届董事会的任期为2年。除LMTA外，志愿者团体也是管理和维护步道的重要力量，主要包括徒步者、地方俱乐部、学校、非政府组织等。

（二）资金来源

LMT建设之初得到了相关国际组织的大力支持。ECODIT公司起草了步道建设规划，并负责了步道建设，美国国际开发署则给予了资金支持（Haddad et al.，2015）。

LMT建成后，步道的支持和管理工作则主要由LMTA负责。在LMTA内部，LMTA的会员会费、销售步道产品所得将用于步道的管理和建设。此外，当地居民因步道而获取的经济利益，如充当导游或开办旅馆的营收等，其中的一部分也会通过LMTA反馈到步道建设中。在LMTA外部，步道支持主要有三种形式，即直接捐款、步道认养和活动支持。其中，步道认养是LMTA推出的重要项目，个人或者组织可以选择LMT中的任意一段或几段，申请对其进行为期不少于2年的认养。认养工作主要包括设置步道标记（图4–18）；清除步道上的杂草和垃圾；在步道被毁坏时重修步道等。活动支持的形式主要包括购买步道相关产品、雇佣当地导游、加入相关的志愿者组织和对外宣传步道等。

图4–18 设置步道标记（来源：LMTA官网）

（三）活动开展

鉴于LMT的建设目的在于带动乡村经济的发展，所以该步道并不做访问限制。并且，为不断提升步道的吸引力和访问数量，LMTA还会组织许多有意义的活动，主要包括步道行走、生态教育等。

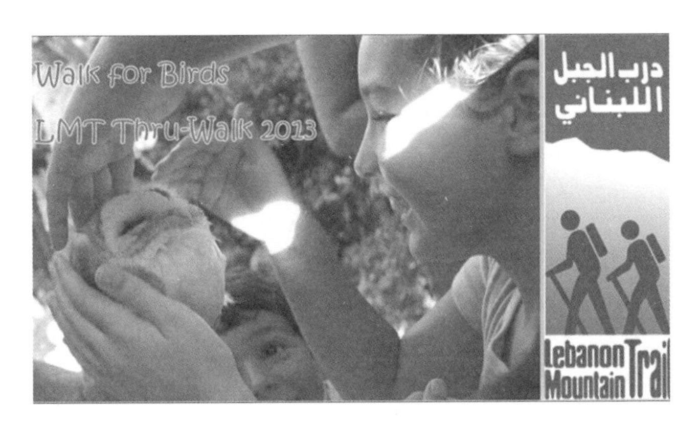

图4–19 步道穿越（来源：LMTA官网）

步道行走 LMTA每年会固定组织2次步道行走，分别为“步道穿越（Thru Walk）”（图4–19）和“秋日徒步（Fall Trek）”（图4–20）。其中“步道穿越”是在4月份开展，目的是让广大徒步者感受步道沿线的盎然春色，而“秋日徒步”是在10份开展，目的是让徒步者感受步道周边的绚丽秋景。这种集体性的步道行走，不仅增进了徒步者之间的交流，同时也使广大徒步者感受到黎巴嫩山区美景的季相变化。

图4–20 秋日徒步（来源：LMTA官网）

图4-21　LMT-WAT水资源研究项目（来源：LMTA官网）

生态教育　LMTA开展了一项名为“LMT-WAT”的水资源研究项目（图4-21），旨在对步道沿线的山泉情况开展调查，并进行水资源保护的宣传教育。具体工作内容包括调查LMT沿线的主要山泉，记录山泉的位置、水流的季节变化等，并建立档案；调查LMT步道附近居民所掌握的水资源知识；加强水资源保护教育；促进水资源利益相关者之间的沟通；向徒步者普及山泉的历史文化知识；组织水资源保护活动。

除LMT-WAT之外，LMTA还组织了其他与步道相关的生态教育活动，主要包括：开发一系列提升文明徒步的活动；在学校内推广“步道进课堂（Trail to Every Classroom）”项目，通过出版物、媒体、动画、游戏等向人们传播步道文化；以步道相关话题作为硕士、博士的论文题目。

实例十二　新西兰蒂阿拉罗阿步道

新西兰的步道系统由长程步道（新西兰以Trail命名）和短程步道（新西兰以Track命名）两种类型组成。新西兰南北狭长，受到国家形状的限制，仅有一条长程步道，即蒂阿拉罗阿步道（Te Araroa）。该步道由蒂阿拉罗阿基金会（Te Araroa Trust）组织建设并运营管理。短程步道由新西兰保护部[①]（Department of Conservation）组织建设、运营管理，代表为新西兰九大步道（Slater et al.，2014）。

蒂阿拉罗阿一词来源于毛利语，意为“长路”（The long pathway）（Chapple，2011）。2011年12月3日，新西兰总督杰瑞·马特帕拉伊爵士（Sir Jerry Mateparae）宣布蒂阿拉罗阿步道正式全程开放。蒂阿拉罗阿步道北端起点位于新西兰北岛西北端，塔斯曼海（Tasman Sea）和太平洋（Pacific Ocean）交汇处，毛利人的圣地，雷因格海角（Cape Reinga），南端终点位于新西兰南岛的港口城市布拉夫（Bluff），全长3000公里，贯穿新西兰全境，步道中有1/3的路段与国家公园、森林公园内的短程步道重合。徒步走完步道全程需要3～6个月（图4-22）。

① 新西兰保护部的主要职责为新西兰自然保护地的保护与管理。

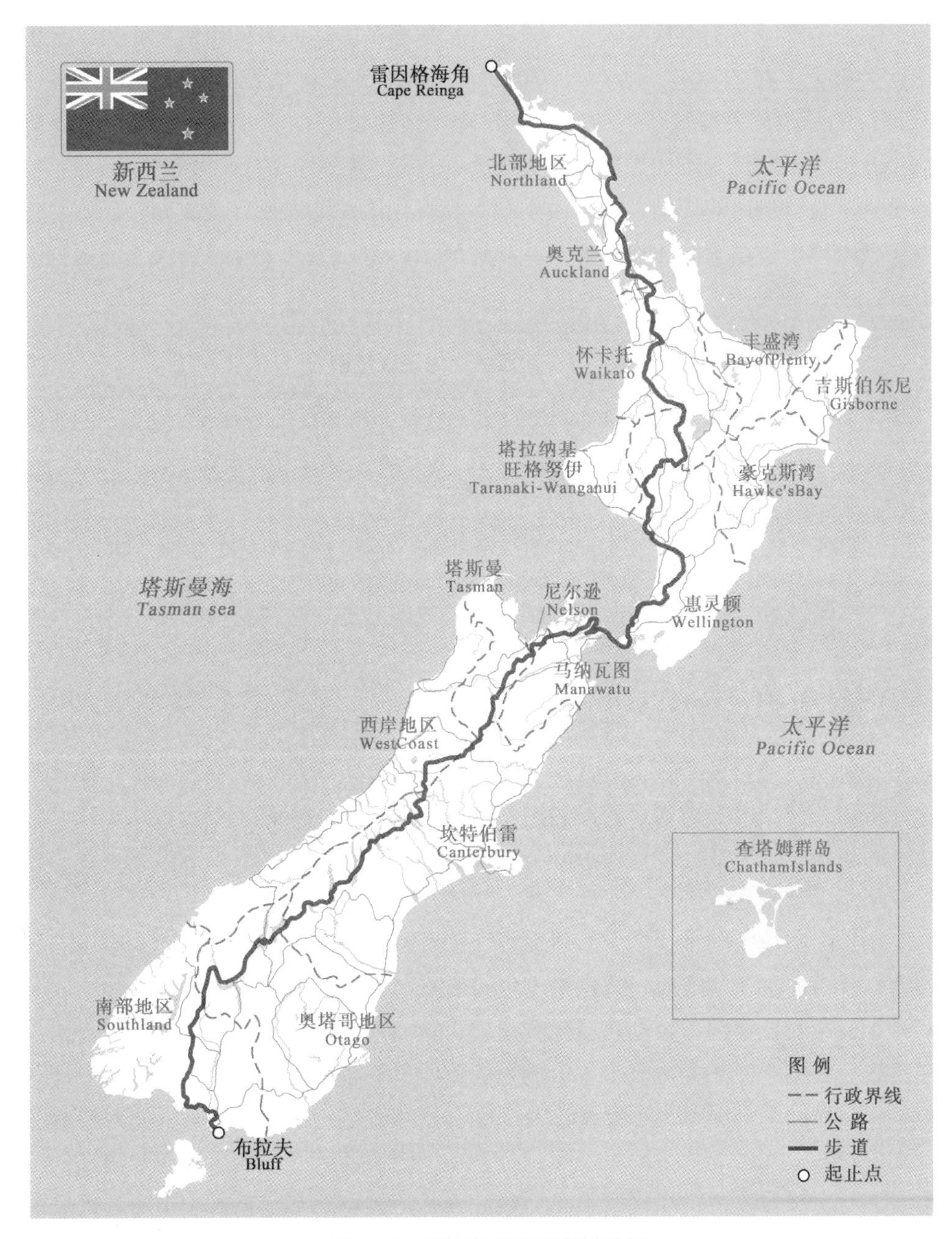

图4-22 蒂阿拉罗阿步道路线图

一、步道历史

（一）梦想萌发

1975年，新西兰步道委员会（New Zealand Walkways Commission）成立，该组织成立的目的之一是要建设类似于英国国家步道——奔宁步道的长距离风景小径（scenic trail），即新西兰国家步道。自提出这一设想，新西兰步道委员会连同其他组织和个人，为实现梦想做出巨大努力。在1983年、1984年两年间，新西兰北部区塔拉纳基人（Taranaki）Rex Hendry进行的长距离荒野徒步，为新西兰长程步道建设探索了可能的路线。但直至1987年，这一设想仍未取得实质性进展。该委员会并入新西兰保护部后，1995年新西兰保护部再次提出建设长程步道的计划，但是由于缺少经费，这一计划最终被放弃。新西兰保护部转而专注于短程步道系统的建设和运营，并建成了以新西兰九大步道为代表的短程步道系统（表4–7）。

表4–7　新西兰九大短程步道

南岛（6）	亚伯塔斯曼海滨步道（Abel Tasman Coast Track）、希菲步道（Heaphy Track）、路特本步道（Routeburn Track）、凯普乐步道（Kepler Track）、米尔福德步道（Milford Track）、斯图尔特岛——拉奇乌拉步道（Rakiura Track）
北岛（3）	怀卡里莫阿纳湖步道（Lake Waikaremoana Track）、汤加里罗北环行步道（Tongariro Northern Track）、旺格努伊之旅步道（Whanganui Journey）

（二）建设初期

1994年，新西兰记者杰夫·查普尔（Geoff Chapple）在报纸上发表文章，提议建设新西兰长程步道，并按照毛利语将其命名为蒂阿拉罗阿步道。杰夫·查普尔认为建设蒂阿拉罗阿步道的想法“爱国且可行”（patriotic，but also practical）。随后由杰夫·查普尔领导的蒂阿拉罗阿基金会成立。

1995年，蒂阿拉罗阿步道的第一段凯里凯里（Kerikeri）——怀唐伊（Waitangi）先于规划建成，并由前总理詹姆斯·博尔格（Jim Bolger）宣布对外开放。

1997年，蒂阿拉罗阿基金会在与地方议会、新西兰保护部协商后，划定了新西兰北岛的步道路线。1998年，杰夫·查普尔沿规划的路线进行了荒野徒步，证实了这一规划的可行性。蒂阿拉罗阿基金会对规划路线涉及的土地所有者进行了意愿调查，向政府相关部门提交了文件资料。2002年，蒂阿拉罗阿基金会在广泛协商后，规划了新西兰南岛的步道路线，杰夫·查普尔对步道路线进行了实地验证，蒂阿拉罗阿基金会对步道所经区域的土地所有者进行了意向调查。

2002年，蒂阿拉罗阿基金会与新西兰保护部签署了备忘录，新西兰保护部同意协助蒂阿拉罗阿基金会持续探索、建设新西兰最大山脉南阿尔卑斯山（Southern Alps）东侧的步道路线。同年，步道途经区域中超过20个地方议会开始与蒂阿拉罗阿基金会合作。

2003年，《蒂阿拉罗阿——新西兰步道》（Te Araroa—The New Zealand Trail）一书出版，南部地区（Southland）、奥塔哥（Otago）、坎特伯雷（Canterbury）等8个地方的蒂阿拉罗阿基金会确定了志愿者参与制度。

在1994—2003年的10年间，尽管步道并未正式对外开放，有些路段仍需要徒步者自行获得通行许可，但徒步者已经开始频繁使用该步道。

（三）快速发展

2006年，蒂阿拉罗阿步道系统下有固定路线的步道已经超过400公里，其中超过80%的长度适于一般徒步者行走，15%的步道已形成回路，地方政府开始将蒂阿拉罗阿步道纳入区域规划和区域徒步线路中。到2008年，已开放、适于通行的步道占该步道总长的90%。

2011年12月3日，新西兰总督杰瑞·马特帕拉伊宣布蒂阿拉罗阿步道正式开放运营。与此同时《蒂阿拉罗阿——新西兰长途步道徒步指南》（Te Araroa：A walking guide to New Zealand's long trail）对外发布。

二、景观与体验

（一）自然景观

蒂阿拉罗阿步道沿新西兰的自然边界线延伸，起点和终点均为海洋，跨越了新西兰的主要山脉、河流、湖泊和谷地（Coop，2016）。行走于蒂阿拉罗阿步道之上，徒步者会经过遍布海豹和企鹅的沙滩、生机勃勃的亚热带丛林、活火山、白雪覆盖的高山和碧绿的冰川湖泊。

1．海岸

蒂阿拉罗阿步道穿过的具有代表性的海岸包括90英里海滩（Ninety Mile Beach）、图图卡卡海岸（Tutukaka Coast）等。

90英里海滩　与雷因格海角相连，在88公里的徒步道路上，一侧是波涛汹涌的塔斯曼海，一侧是一望无际的奥普里森林（Aupouri Forest），脚下是连绵不尽的沙滩。退潮时贝类俯拾皆是，运气好时，还能在徒步中遇见晒太阳的海豹。

图图卡卡海岸　是一片由狭长岬角包围着的白色海滩，在这里徒步者可以欣赏到壮观的基岩海岸，并可欣赏到普尔骑士群岛海洋保护区（Poor Knights Islands Marine Reserve）的美丽风景。

2．水域

蒂阿拉罗阿步道穿过的长距离水域包括库克海峡（Cook Strait）、瓦卡蒂普湖（Lake Wakatipu）等。

库克海峡　连接了新西兰南北二岛，徒步者自南岛北端的希普湾（Ship Cove）登上渡轮，折而向南，经夏洛特王后湾（Queen Charlotte Sound）、托里海峡（Tory Channel）

转向东，随后到达北岛。本段步道经过鲁阿卡卡（Ruakaka）、卡阿托角（Katoa）、蒂皮湾（Tipi Bay）等多个风景区，徒步者可以欣赏到壮观的峡湾风光。

瓦卡蒂普湖 位于新西兰南岛奥塔哥地区，是新西兰的第三大湖泊。徒步者可以选择乘坐气垫船或蒸汽船完成本段步道，并可以感受神奇的驻波现象。瓦卡蒂普湖湖面每隔25分钟就上升或下降10厘米，毛利人传说有名为默特乌（Matau）的水怪在湖底，水怪心脏一起一伏从而造成了湖面起落。

3．火山

新西兰地处印度洋板块和太平洋板块消亡边界处，两个板块相互挤压，形成了新西兰高耸的山脉和火山链。蒂阿拉罗阿步道多沿山脉延伸，与太平洋板块边缘的火山链高度重合，穿越了大量典型的火山地貌。

例如在《指环王》拍摄地汤加里罗国家公园（Tongariro National Park），徒步者会经过汤加里罗（Mount Tongariro）、瑙鲁赫伊（Mount Ngauruhoe）和鲁阿佩胡（Mount Ruapehu）三座处于活跃期的火山，体验惊险又刺激的活火山边上行走。同时，徒步者还会经过多个火山湖，如翡翠湖（Emerald Lakes）、蓝湖（Blue Lake）、上塔玛湖（Upper Tama Lake）、下塔玛湖（Lower Tama Lake）等，沿途还会看到冷泉、火山锥、岩溶流和冰川谷等典型火山地貌。

4．植被

由于与大陆地区长期分离，新西兰形成了独特的地域植被分布。漫步于蒂阿拉罗阿步道之上，可以获得与徒步于其他步道之上截然不同的体验。例如，比例高达75%的特有种子植物；虽处温带，但是却具有热带雨林特征的茂密丛林；丰富的雌雄一体植物以及多年生植物等。

（二）文化体验

蒂阿拉罗阿步道在新西兰拥有高度的公众认同感。对于热爱这片土地，热爱长白云之乡[①]的新西兰人来讲，从雷因格海角到布拉夫港的蒂阿拉罗阿步道，不仅仅是新西兰壮丽自然景观的代表，同时也是新西兰文化、历史和国家的代表。新西兰人认为在这条步道上花费数周时间徒步甚至完成步道全程，是感受新西兰最好的方式。

由于蒂阿拉罗阿步道将徒步者带到新西兰偏远的乡村地区、带到毛利部落所在的区域，帮助人们能够更加深入地了解新西兰毛利文化，是新西兰历史、文化的展示载体。

① 毛利语中，新西兰地名为Aotearoa，意为长白云之乡。

雷因格海角　步道北端起点雷因格海角，是毛利人心中的圣地（图4–23）。雷因格海角最北端树龄已超800年的圣诞树（拉丁名*Metrosideros excelsa*，毛利语Pohutukawa），毛利人代代相传，已故毛利人的灵魂从这颗树上跳跃到大海中，返回到他们祖先的家园哈外基（Hawaiki）。

图4–23　蒂阿拉罗阿步道北端起点雷因格海角

（Harris Shiffman　摄）

旺格努伊河　需要乘独木舟或皮划艇通过的旺格努伊河（Whanganui River）段步道，也是19世纪40年代欧洲传教士进入新西兰内地的路线。徜徉于旺格努伊河之上，可以看到毛利人沿河流修建的多处要塞，可参观河边传统的毛利人村庄Tieke Kainga并留宿。

Tainui部落　在建设和运营过程中，毛利部落也对蒂阿拉罗阿步道高度关注。毛利人认为蒂阿拉罗阿步道有超越自然的价值（mana value），因此对步道建设予以大力支持。例如步道穿越怀卡托（Waikato）时，当地毛利人部落Tainui甚至允许步道经过他们的神山和圣水。

三、徒步道路

蒂阿拉罗阿步道在建设过程中，大量利用沿途现有机动车道和水路。南岛步道多沿南阿尔卑斯山脉分布，所经区域人烟稀少，因此步道路面较为自然，仅有约250公里的路程借用机动车道，为硬化路面，约占南岛步道全长的17%。北岛步道除穿越中部火山和高原部分路面较为自然外，其余部分多穿行于平原和丘陵间，该区域人口较密集，公路网络发达。步道中约有680公里的路段为硬化路面，约占北岛步道全程的40%。

蒂阿拉罗阿步道约有330公里的路段为水路，需要乘坐橡皮艇、气垫船、独木舟等水上交通工具通过。水路部分穿越的区域包括库克海峡（Cook Strait），长约120公里；旺格努伊河，长约118公里；瓦卡蒂普湖（Lake Wakatipu），长约40公里。

四、沿步道服务设施

住宿　蒂阿拉罗阿步道及其周边，有露营地、小木屋、村镇居民点三种住宿形式可供徒步者选择。其中，露营地仅提供饮用水、厕所和带顶棚的厨房，小木屋为徒步者提供床位、冷水沐浴、饮用水、厕所、厨房等设施，部分远离村镇的小木屋还设有直升机。例如塔拉鲁阿段步道（Tararua ranges），该路段以4～5个小时徒步距离为标准，设置了6个小木屋供徒步者住宿和补充装备，并在Te Matawai小木屋设置直升机停机坪，搭载不能完成全程的徒步者离开步道。此外，小木屋和居民点住宿需交纳相关费

图4-24 蒂阿拉罗阿步道沿途的小木屋（Amilevin 摄）

图4-25 蒂阿拉罗阿步道上的标识牌
（Mohd Zaki Shamsudin 摄）

用，国家公园、自然保护区等公共土地段的小木屋和露营地，需要在新西兰保护部官网上提前预订（图4-24）。

标识标牌 由于蒂阿拉罗阿步道大量沿用现有短程步道，因此步道沿途的标识标牌并没有统一设计样式，大多沿用原有标识，仅在新建步道区域设置与新西兰保护部短程步道一致的黄绿色标识牌（图4-25）。标识牌提供步道长度、小木屋及露营地分布、到达主要景点距离、厕所分布等信息。在有详细信息的标识牌之间，蒂阿拉罗阿基金会为求简洁明了，利用不同颜色的三角色块标识步道方向。

卫生设施 蒂阿拉罗阿步道沿线有简易厕所，但步道全程无垃圾桶，徒步者需要将所有垃圾携带出步道，回到城镇后处理。

五、步道周边服务体系

步道信息获取 蒂阿拉罗阿组织在步道官网上，分路段详细介绍了步道情况，包括步道所在区域地形地貌、气候特征、步道长度、徒步难度、徒步时间、小木屋及露营地位置等，并给出完成该路段的分段徒步建议，同时为游客免费提供大比例尺地图、谷歌路线以及步道GPS定位等信息，并发售步道徒步指南。

以塔拉鲁阿段步道为例，该路段全长45公里，区域天气多变，山路陡峻。蒂阿拉罗阿组织官网提醒徒步者做好应对极端条件准备，并以路线图和路书两种形式，告知徒步者步道路线、转向、需要攀登的山峰以及各个小木屋的位置等。

周边城镇 蒂阿拉罗阿步道途经13个城市，步道沿线乡镇、村庄、零散居民点等逾百个，平均每隔18公里即可看见一处居民点。其中包括惠灵顿（Wellington）、汉密尔顿（Hamilton）、北帕麦斯顿（Palmerston North）等大城市，也包括旺格努伊、亨特利（Paekakariki）等承载着新西兰历史和文化的特色城镇。徒步过程中，徒步者与外部交通接驳、邮寄、通讯、住宿、食物补给等需求，均可通过这些城镇满足。例如徒步者在经过汤加里罗国家公园（Tongariro National Park）后，可以在小城陶马鲁努伊（Taumarunui）

补给食物和装备，也可以在此离开步道，此地有火车通过，距离最近的机场约1小时车程，距离奥克兰、惠灵顿也仅4小时车程。

六、步道运行管理

（一）组织管理

在新西兰境内，短程步道主要分布在各国家公园、自然保护区内，由自然保护地主管部门新西兰保护部负责组织和管理工作，例如亚伯塔斯曼国家公园（Abel Tasman National Park）内的亚伯塔斯曼海滨步道，全长60公里，新西兰保护部在步道沿途的4个小木屋派驻管理员进行步道及徒步者管理。

蒂阿拉罗阿步道的建设由民间组织蒂阿拉罗阿基金会负责，并得到了新西兰保护部以及各地方议会的大力支持。包括与土地所有者沟通，与地方政府协商，申请政府资金援助，规划步道路线并付诸实施，均由蒂阿拉罗阿基金会负责。在步道建成开放后，蒂阿拉罗阿基金会负责步道的管理和运营，以及步道建设过程中标识牌的设立，露营地及小木屋的布设等具体的建设工作，也包括步道运营期间徒步者管理、志愿者协调等工作。

蒂阿拉罗阿基金会由全国机构和下属的8个地方机构组成，包括北岛的奥克兰（Auckland）、怀卡托、旺格努伊、马纳瓦图（Manawatu）和惠灵顿5个地方组织，以及南岛的坎特伯雷（Canterbury）、奥塔哥（Otago）、南部地区（Southland）3个地方组织。

（二）准入机制

徒步者在踏上蒂阿拉罗阿步道前，需要在步道官网上登记徒步者个人信息、徒步人数、预计徒步的线路等相关信息。每年10月1日到次年4月30日，新西兰徒步旺季，徒步者在使用国家公园、自然保护区等自然保护地的热门步道之前，需要在新西兰保护部官网注册，预定小木屋或露营地住宿。据不完全统计，蒂阿拉罗阿步道开放后，每年约有100人走完步道全程，约3000名徒步者在此进行长距离徒步，约有3.5万名徒步者以一日徒步的形式使用步道。

（三）资金来源

蒂阿拉罗阿基金会成立了步道建设基金会，向社会组织、个人筹款，并向政府相关部门申请资金援助，筹集步道建设和运营的资金。

步道的发起者杰夫·查普尔在探索北岛步道路线过程中，通过接受电台访问的形式，宣传蒂阿拉罗阿步道，从而获得了更多的社会资助，使得后来探索南岛步道路线的计划能够顺利实施。

在蒂阿拉罗阿步道上徒步，徒步者不需要向蒂阿拉罗阿基金会支付任何费用，但是蒂阿拉罗阿基金会建议徒步者捐助步道维护费用，建议走完全程的徒步者捐助500新西兰元，建议完成北岛或南岛全程的徒步者捐助250新西兰元，建议短途徒步者进行小金额的捐助。

此外，蒂阿拉罗阿基金会还就单段步道建设向社会募集资金。

1999年蒂阿拉罗阿基金会获得了新西兰“千禧年项目”（Millennium Grant）资助。2002年，基督城（Christchurch）市长盖瑞·摩尔（Garry Moore）领导的新西兰市长特别工作组将蒂阿拉罗阿步道纳入“优先计划”（Priority Project）资助范围内。在2007—2010年的4年间，新西兰保护部共投入380万新西兰元用于推进蒂阿拉罗阿步道公共土地路段的建设，从而使得步道在2011年全部建成并开放。

参 考 文 献

李彦樑. 日本登山环境与步道系统优化推动经验与实务［EB/OL］.［2016-08-16］. http://www.alpineclub. org. tw/front/bin/ptdetail. phtml?Part=cw-06

马盟雨，李雄. 日本国家公园建设发展与运营体制概况研究［J］. 中国园林，2015（2）：32-35.

许浩. 日本国立公园发展体系与特点［J］. 世界林业研究，2013，26（6）：69-74.

袁晖. 浅谈日本的自然公园［J］. 四川林勘设计，2002，4：42-50.

東海自然步道連絡協会. 東海自然步道［EB/OL］.［2016-09-15］. http://www. tokai-walk. jp/.

環境省. 東北太平洋岸自然步道基本計画［R］. 環境省，2012.

環境省. 自然大好きクラブ 長距離自然步道を步こう！[EB/OL]. [2016-09-12]. http://www.env.go.jp/nature/nats/shizenhodo/index.html.

環境省. 自然公園等施設技術指針［R］. 環境省，2015：147-150.

環境省. 自然公園法［R］. 環境省，2010.

環境省. 自然環境保全法［R］. 環境省，2014.

Baker J, Jenkins T. The Bibbulmun Track: Its history, its beauty, its walkers[M]. J. Baker, 2010.

Chapple G. Te Araroa: A walking guide to New Zealand's long trail [M]. Penguin Random House New Zealand Limited. 2011.

Coop G J. 100 Days: Walking Te Araroa [M]. Bluelake publications. 2016.

Corbett, David, Whitelock D. Along the Heysen Trail: A practical guide to the Mount Magnificent to the Mount Lofty section of the Heysen Trail, South Australia[M]. University of Adelaide, 1980.

Department of Primary Industries, Parks, Water & Environment, TAS.PWS policy and procedures walking track classification system[M]. Hobart: DPIPWE, 2014.

Department of Sustainability and Environment, VIC. walking trails classification & improvement project[M]. Melbourne: DSEVIC, 2007.

Department of Sustainability and Environment, VIC. Trail riding-ride safe, ride legal[M]. Melbourne: DSEVIC, 2009.

Haddad N F, Morpeth N D, Yan H L. Planning for sustainable tourism development in a context of regional instability: The case of the Lebanon[J]. Planning for Tourism: Towards a Sustainable Future, 2015: 186.

Hardiman N, Burgin S. Long-distance walking tracks: offering regional tourism in the slow lane[J]. 2015.

Hughes M, Smith A. 2009-10 MundaBiddi Trail user survey results, A report for the MundaBiddi Trail Foundation and Department of Environment and Conservation for submission to Lotterywest[J]. 2011.

John C. Australian Alps Walking Track[M].4th ed.Melbourne: John Chapman, 2009.

Landsberg J, Logan B, Shorthouse D. Horse riding in urban conservation areas: reviewing scientific evidence to guide management[J]. Ecological Management & Restoration, 2001, 2 (1): 36–46.

Lennon J. Tracking through the cultural landscape[J]. Historic Environment, 2007, 20(1): 8.

LMTA. Lebanon Mountain Trail Society[J/OL]. Beirut:LMTA, 2015.

Ramsay J, Truscott M C. Tracking through Australian forests[J]. Historic Environment, 2002, 16(2): 32.

Randall M, Newsome D. Assessment, evaluation and a comparison of planned and unplanned walk trails in coastal south–western Australia[J]. Conservation Science Western Australia, 2008, 7(1): 19–34.

Riebe M. Climate change and tourism in Lebanon[J]. Heinrich–Böll–Stiftung–Middle East Office, 2011.

Schiller N. A trail of promise[J]. Saudi Aramco World, 2009, 60(6).

Slater L, Bennett S, et al. Lonely planet hiking & tramping in New Zealand [M]. Lonely Planet. 2014.

Stone D. Walks, tracks and trails of New South Wales[M]. CSIRO PUBLISHING, 2012.

Traildino.Tokai Nature Trail [EB/OL]. [2016–09–18]. http://www.traildino.com/ trace/ continents –Asia/ countries–Japan/trails–Tokai_Nature_Trail.

第五章

国外国家步道政策管理分析

第一节 国家步道法律法规

1949年英国颁布的《国家公园和乡村访问法案（1949年）》不仅建立了著名的英国国家公园和杰出自然美景区，还建立了国家步道的前身长距离步道。该法案的出台让英国走在了世界国家步道建设的前沿，先于美国4年建立起世界上第一条国家步道。尽管英国法案颁布在前，但美国自1968年颁布《国家步道体系法案》以来，一直是唯一通过制定专门性法律文件建立国家步道体系的国家，直到西班牙在2016年颁布《规范国家自然小径网皇家法律草案》。健全的法律保障有效地促进了国家步道体系在美国和英国的发展壮大和有序建设，也正在成为西班牙国家步道体系规范发展的有力保障。

一、健全法律保障体系，规范建设

（一）专门性法案保障步道建设

1. 专门法案贯彻始终，国家步道有序发展

美国《国家步道体系法案》明确提出建立美国国家步道体系，定义了体系成员类型，并认为国家风景步道和国家史迹步道应该穿越具有美国典型自然和历史文化特征的区域或遗址，在理论层面极大地提升了美国国家步道成为国家级精品的可能，赋予美国国家步道比其他国家的国家步道更加深刻和丰富的内涵，奠定了美国在世界国家步道建设领域的领头羊地位。从该法案的早期版本可以看出，美国国家步道体系发展至今，无论成员类型还是成员数量都是一个不断壮大完善的过程。国家步道家族成员不仅包括像阿帕拉契亚和太平洋山脊国家风景步道那样的长程步道，还包括位于城市周边、长度有限，服务于市民的国家休闲步道。有资料显示，美国相关部门正在酝酿在国家步道体系中添加新的步道类型，希望可以进一步丰富完善国家步道体系的功能和内涵。法案提出的诸如利用古道、古线路、废弃铁路转步道等理念，引领了周边国家的国家步道建设。加拿大受此启发，在规划本国步道的时候大量使用废弃或暂时废弃的铁路，成为该国步道建设的一大特色。

在建立国家步道体系，推出国家步道概念的同时，《国家步道体系法案》还涉及解答国家步道建设中所有可能存在的疑问和困难，包括建立形式、责任部门、土地权属、路权、管理体制、资金拨付以及志愿者等方面的问题，基本清除了国家步道发展的所有障碍。国家步道线路提案、可行性研究报告、总体规划的编写要求也包含在法案中，这些规划或报告由内政部公园局或农业部林务局主导编制，报呈国会批准，体现了联邦政府对国家步道规划设计的重视。步道穿越土地的权属问题几乎是所有国家在建设国家步道时都会遇到的难题。法案规定内政部公园局或农业部林务局应考虑其管辖范围内可能成为国家步道的线路，并向国会进行提案，表达国家步道应该优先穿越国家公园和国家森林等联邦部

门管辖土地的建设原则，目的是减少向私人购置土地用于步道建设，降低发生土地权属纠纷的可能，保障步道线路的连贯和长期稳定。

2．步道法案从无到有，国家步道规范转型

西班牙自然小径体系脱胎于西班牙绿道。经过近20年的发展，西班牙国家步道建设成就斐然，已经拥有密集的自然小径网，这些小径包括依法回收利用废弃铁路、畜牧业路径、河道、海岸等公共道路或新建的步道。由于发展速度过快，步道类型复杂，又缺乏必要的规范，部分自然小径在品质方面差强人意。进入21世纪以来，西班牙政府一直致力于通过法律规范步道发展，先后于2003年和2015年用若干法律条款简单规范步道发展，然而这种做法并不能彻底解决西班牙自然小径快速发展背后的隐患。西班牙政府认识到必须出台专门性立法，提升自然小径的地位，明确小径的责任部门，制定小径发展的规范，才能够彻底改变自然小径无序化发展的现状。2016年，西班牙颁布《规范国家自然小径网皇家法令草案》，正式建立西班牙国家自然小径网，从法律上认可自然小径的国家级地位，明确西班牙国家步道的责任部门和创建程序，确定了步道的资金来源，表明了未来为西班牙民众建设更多高品质自然小径的决心。该法案的颁布是西班牙自然小径网建设的转折点。至此，西班牙成为继美国之后第二个通过制定专门性法律文件保障步道发展的国家，西班牙国家步道建设进入了继往开来的新时期。

（二）系列法案解决土地、部门、体系准入三大问题

在欧洲，英国一直走在国家步道相关立法的前沿，目标明确地发展具有鲜明英国自然和文化烙印的长程步道体系。早在1949年《国家公园和乡村访问法案（1949年）》中，就有关于英国国家步道的前身“长距离步道”建设的相关条款，这可能是世界上第一次在国家最高等级法律文件中出现与国家步道相关内容，领先美国20年。该法案是英国人民争取徒步权利斗争的里程碑，并且是英国建立国家步道体系的法律基石。在该法案的后续修订版本中，英国议会点名英格兰自然署，赋予其代表英国政府发展国家步道的权力和责任，逐渐形成了以英格兰自然署为核心的英国国家步道发展与监管体制。在《国家公园和乡村访问法案》颁布之后，英国议会陆续出台系列法案，推动英国的徒步合法化进程。2009年后，英国基本实现了公共访问权利在英格兰和威尔士的全覆盖，彻底打破了私人土地和公共访问之间的壁垒，为英国国家步道的进一步发展夯实法律基础，促进了英格兰海岸步道的诞生，促使英国国家步道在长度上实现翻倍增长。

虽然英国并没有像美国和西班牙那样出台专门性的法律文件全面规范和保障国家步道发展，但是通过出台系列法案，明确了允许徒步进入的区域、国家步道发展责任主体、步道创建批准形式，解决了决定国家步道发展方向的土地、部门、体系准入三个关键问题，从根源上避免了步道体系无序发展。形成了英格兰自然署和威尔士自然资源署代表英国政府，使用法案赋予的权力，以向首相提交线路提案报告（规划）的形式建立英国国家步道的发展模式，从法律和行政操作两个层面保障步道发展，促进了英国国家步道家族的不断壮大。

（三）地方性法规，推动步道区域内发展

大意大利步道和加拿大大步道分别是意大利和加拿大最为杰出的长程步道，具有贯通版图、跨度极大、穿越的地方行政区域较多等特点。与美国、英国和西班牙通过制定法律文件或条款将步道建设提升到国家行为高度的做法不同，意大利和加拿大并没有在国家层面出台与长程步道有关的专门性法律，也没有建立明确的国家步道体系，仅有部分地方政府出台区域性法案，规范境内步道建设和管理，协调步道建设和地方利益。意大利的特伦托自治省出台了与步道庇护所、露营地、步道标识标牌、步道投资奖励相关的多个法规。巴西利亚卡塔地区出台了与步道设计、规划及管理相关的地方性标准。艾米莉亚—罗马涅除了颁布有关步道维护、修复、安全和信息公开相关的指南性文件，还通过制定协议推动该区域内GR体系步道的信息更新与步道维护工作。在加拿大，新斯科舍省是步道立法的排头兵，早在1989年就制定了《步道法案》，并在同年出台配套规定，从法律和行政操作层面约束了本省步道的建设。近几年，加拿大大步道的建设如火如荼，步道拟穿越加拿大所有的省级行政区。2016年6月，《安大略步道法案》应运而生，对该省范围内的步道建设起到了规范和推动的作用。

地方性法律法规的制定有效地避免了步道建设和地方利益的冲突，并为步道在不同区域之间的协调发展起到了积极作用。然而这些地方法律法规仍然无法完全消除国家层面法律缺失带来的隐患。由于缺乏统一的建设标准和标识系统，加拿大大步道的使用者与机动车之间时常发生误解，降低了步道使用者的安全性，也在一定程度上削弱了步道的吸引力。

（四）缺乏专门立法，依赖有限法律条款

法国、德国、澳大利亚、日本等国家并没有出台专门性法律法规明确建立国家步道体系，也没有在法案中出现有关国家步道或长程步道的直接内容。由协会发起步道建设的法国和德国，通过法律顾问，利用现有法律中的有关条款，为步道建设提供必要的法律支持。法国环境法中的“徒步道路”一节为步道建设和维护提供了法理依据。德国宪法、联邦自然保护法、联邦森林法允许在开放的乡村、未利用土地和森林中开展休闲活动。德国萨克森—安哈尔特州森林法允许发展森林小径服务于森林开发和保护。德国徒步协会使用这些法律条文，在德国建立起发达的步道网络。

日本的《自然公园法》规范了公园内部步道的类型和修建细节，为依托自然公园的日本长距离自然步道体系提供了有力保障。然而，由于缺少全面的法律保障，自然公园以外的日本长距离自然步道都不同程度地面临着因土地权属导致的不连续问题。而同样缺乏国家层面系统性法理支持的德国和法国等国家的步道体系，往往具有扩张速度过快，体系准入门槛较低，建设标准不明晰等缺憾。与之形成鲜明对比的是美国和英国国家步道体系，这两个国家步道体系因为法律保障完善，得以体系完整、体制顺畅、保障有力、特色鲜明、成为能够代表国家形象的国家品牌。

二、严审规划，确保步道建设合理

美国《国家步道体系法案》和英国的《国家公园与乡村访问法案（1949年）》都有关于步道规划的内容。根据法案规定，美国和英国国家步道的建立都需要经过多次规划编制和严格的规划审批程序。美国《国家步道体系法案》规定与美国国家风景步道和国家史迹步道建立相关的规划性文件，包括可行性研究报告、环境影响评价和总体规划。这些规划需要得到国会或内政部的批准。在英国，国家步道的建立除了需要制定总体规划外还需要分路段编制步道线路报告。报告的制定是一个深入社区和社区居民、土地所有者以及使用者反复沟通协商的过程，同时还需要通过听证、公示、会议等手段在全社会广泛征求意见，并最终得到首相批准。高等级行政审批保障了规划文件具有较高的宏观视角，广泛的意见征求保证了步道线路的合理性。这些严格审批的规划文件是美国和英国国家步道精品化建设的坚实基础。

从各国国家步道发展情况来看，有没有关于步道建设的立法，法律生效的范围是否覆盖步道穿越的所有国土，法律约束的内容是否全面，是否解决了土地、责任部门、体系准入制度等关键性问题，是国家步道体系规范、有序、高品质发展的关键。如果一个国家能够通过立法，将国家步道建设从部门行为或社会团体行为提升到国家行为的高度，建立步道发展的国家制度，则步道管理得力，体制顺畅、规划合理、资金来源稳定，更容易实现体系化、规范化发展，打造出代表本国自然和文化特征的精品线路。

第二节　国家步道管理体制

各国国家步道的管理体制大体可分为国家主导与国家推动、部门主导和协会主导三种类型。其中美国和英国的步道管理具有较为明显的国家主导特征。西班牙也在自然小径网络化发展的过程中，形成了中央政府推动、地方政府或组织发起建设的管理制度。日本依靠单一的政府部门建立了日本长距离自然步道体系，是部门主导步道建设的一种形式。而法国和德国则是协会主导步道建设的典范，虽然没有政府的直接参与，同样建设出四通八达的徒步道路网络。由于国家步道具有跨度较大的特征，沿途必然穿越不同部门管理、不同权属类型、不同社区管辖的土地。无论采用了哪种管理体制，形成良好的多部门合作模式以及顺畅的区域协作氛围都是步道管理者解决土地、路权问题，顺利完成步道建设和运营管理工作的必经之路。

一、管理体制多样

（一）国家主导与国家推动

美国、英国和西班牙旗帜鲜明地建立国家步道体系，通过法案或法律条款将国家政府

部门或政府部门旗下非政府部门组织指定为国家步道管理者或推动者。美国内政部公园局和农业部林务局是法案规定的国家步道主管部门。英国国家步道的主管部门是环境、食品和农村事务部，法案指定该部门之下的英格兰自然署代表英国政府担负起发展和管理国家步道的责任。西班牙农业、食品和环境部是2016年颁布的《西班牙自然小径法案草案》指定的国家步道管理部门。

统一规划、顶层设计 同样是政府机构主导步道体系建设，美国和英国采取的是统一规划、顶层设计、政府主导、国家拨款、地方参与的自上而下管理模式，而西班牙采取的则是国家推动步道相关事务的总体发展，地方发起建设，政府部门批准、国家拨款的地方创建管理模式。无论采用哪种模式，美国、英国和西班牙都成功建立了具有本国特色的国家步道体系。美、英体制模式的优势在于中央政府能够为国家步道的发展制定更具全局眼光的蓝图，步道线路布局更合理，更能够体现这两个本国的自然与人文特色。20世纪30年代，美国民间就开始推动太平洋山脊步道的建设，然而直到被指定成为国家风景步道的24年后，这条构思良久的步道才在国家法案和联邦政府的努力下真正贯通，得以横跨三州州域，连通加拿大和墨西哥，成为美国最为著名的“三重冠”徒步线路之一。在英国，与令民众骄傲自豪的奔宁步道和英格兰海岸步道相比，那些为了落实规划线路在经年累月的谈判与协商中耗费的巨资则显得微不足道。

国家推动，地方创建 不同于美国和英国国家步道建设的慢速与低效，国家推动、地方创建的西班牙模式拥有令人惊叹的建设效率。仅2011—2015年间，国家自然小径的长度就达到了120%的惊人增长。但是这种管理模式也存在缺点，地方发起建设的步道难以保证线路在全国范围内的合理布局，民众也难以感受到步道建设的重要意义和严肃性，因而自然小径的建设并没有带给西班牙民众类似英国那样近乎狂热的国家步道热潮，西班牙也尚未再度建设出像朝圣之路那样经典的步道线路。

（二）部门主导创建

日本长距离自然步道是国家单一部门主导创建的典型案例，其发展、规划和建设主要由日本环境省推动，属于环境省的部门行为。日本环境省针对每条自然步道制定规划，规划通过中央环境审议会批准，在征得各地方政府及相关组织机构的同意之后，开始着手步道建设。因为是环境省主导建设，长距离自然步道在线路规划时优先穿越国立公园、国定公园以及其他自然公园，具有较为鲜明的“自然”属性。自然步道的长度大多十分可观，最长超过4600公里，最短的也不少于700公里。超长的跨度让自然步道更具吸引力，也为步道建设带来困难。受部门管辖权力的限制，在各类公园范围以外的步道线路布设经常会遇到阻碍。尽管地方政府通过税收和政策优惠等手段促进私人土地在步道建设方面的利用，步道的贯通仍然十分艰难。除东海、九州、四国三条长距离自然步道以外，其他7条步道都在不同程度上存在线路断续问题，皆因长距离步道在部门合作、区域协作方面要求较高。从这个角度来看，一个能够超越跨部门割裂和地域限制的协调机制在国家步道建设中显得尤为重要。

（三）协会主导，民众参与

协会主导发展 法国和德国是以协会为主导开展全国性长程步道体系建设的代表。法国远足联盟是获得政府支持、具有官方背景的全国性步道组织。德国徒步协会包括58个区域性分支组织和3000多个地方性组织，是德国步道体系建设的有力推动者。从地图上可以看出法国和德国的步道体系呈网络状发展，四通八达、类型多样，由法国远足联盟发起的GR步道体系甚至突破国境，蔓延至荷兰、比利时和西班牙等周边国家，成为跨国步道体系。以协会为主的步道发展体制能够充分利用来自社会多方面的资金，团结一切可以团结的爱好者和志愿者，以极高的效率发展出发达的步道体系网络。

虽然协会在国家步道建设方面兴趣浓厚、技术过硬，拥有巨大的能动性，但是也存在着盲目发展，缺乏全局眼光的弊端。早些年间，德国民众急于通过步道重返森林，在协会的带领下开始步道建设，如今已经建成超过20万公里的步道体系网络。这些步道中虽然不乏葡萄酒小径和哈茨女巫小径这样精致的小品，短小精悍，巧妙有趣，却较少太平洋山脊步道或奔宁步道这样的恢弘巨制，行走其上的每一天都让徒步者热血沸腾，甚至热泪盈眶。德国徒步协会近来也觉察到了德国现有类型多样、风貌参差、长短不一的步道已经难以满足民众对于高品质徒步体验的需求，高品质步道的概念登上德国步道建设舞台。协会主导的步道体系开始了品质化、规范化、自然化、长程化发展的转变。

民众参与推动 徒步爱好者和志愿者在以协会或社会组织为主导的国家步道建设中起到了巨大的作用，他们对徒步饱含热忱，富有浪漫的想象力。在协会成立之前，爱好者和志愿者是步道建设的推动者、号召者、规划者、实施者。当协会成立、组织完善之后，爱好者和志愿者成为了步道建设的资助者、实践者、维护者和推广者。新西兰蒂阿拉罗阿步道的缔造者杰夫·查普尔曾经是一位记者，是用毛利语给步道命名的人，他通过建立步道组织，将民间像他一样对步道和国家饱含深情的爱好者和志愿者联合起来，让穿越新西兰版图的蒂阿拉罗阿步道成为现实，完成了后来并入新西兰保护部的新西兰步道委员都未能实现的梦想。澳大利亚二百年国家纪念步道建成之前，志愿者丹·西蒙（Dan Seymour）就率先进行了通途穿越，用来自民间的热情和智慧为这条穿越世界级荒野净土步道的诞生铺平了道路。此外，在澳大利亚，还有很多步道诞生于爱好者的行走，他们在这片土地上进行着探索，用GPS仪器记录自己的脚步，并致力于线路推广，希望有更多的人通过步道领略国家美景。这些爱好者和志愿者是协会主导国家步道建设的骨干力量。

二、多部门合作

（一）部门类型及合作形式

1. 部门类型

在国家步道发展建设阶段，政府部门间的合作主要关注步道穿越土地的权属问题。

《国家公园和乡村访问法案（1949年）》的第51章规定英国用于创建国家步道的线路报告必须广泛征求多方意见，必须咨询步道途经的国家公园管理局、国家联合规划局、县议会以及县民政局等多个相关部门。同时，作为路权的一种形式，英国国家步道的建设同样需要得到各地方交通管理部门的大力支持。美国国家步道被作为国家级项目进行发展，牵涉到联邦和州两级政府，涉及联邦土地管理局、州土地管理部门、国家公园局、美国林务局、美国鱼类与野生动物管理局以及美国陆军工程兵团等具有联邦所属土地或州属土地管理权的部门。因为美国国家步道实际上是一种路权，所以联邦高速公路管理局及地方交通部门也是国家公园局和美国林务局必须咨询的部门。此外，法案还以点名的形式要求住房和城市发展局局长、运输部长、州际贸易委员会主席在各自负责的领域考虑国家步道的发展和建设。正是这些不同层级、不同领域机构和部门的共同努力，才成就了世界上规模最大、体系最完善的美国国家步道。

2．合作形式

合作备忘录与咨询委员会　为了推动国家项目的顺利开展，美国等以国家为主导开展步道体系建设的国家，以签署部门合作备忘录的形式，从机制上统一各部门思想，提升各部门对步道体系建设的重视程度，解决个别部门积极性不足的问题。2009年，内政部、土地管理局、国家公园局、美国鱼类与野生动物管理局、美国林务局、美国陆军工程兵团、运输部联邦公路管理局就国家步道体系发展签署谅解备忘录，各部门在备忘录中表达了对美国国家步道体系建设的支持与赞同。步道咨询委员会是美国《国家步道体系法案》规定的另一种跨部门合作形式。主要由步道穿越州代表、步道穿越土地的所有者及所有组织代表组成，协助步道主管们解决土地问题。

咨询、征求意见　召开会议征求各部门意见也是统一思想、促进合作的有效途径。英国在步道建设时就经常通过咨询和征求意见的方式开展部门合作。用于布设线路的分路段报告，在接受首相审批之前会反复的在政府网站上进行公示，并召开征求意见的会议，以确保报告得到各部门，尤其是具有步道穿越沿途土地管辖权部门的首肯。

尽管步道委员会等方式已经被证明能够有效协助国家步道主管部门解决步道在非私人所有土地上的布设问题，然而美国的大陆分水岭国家风景步道仍然因为无法彻底解决私人土地所有者拒绝线路穿越的问题，导致该步道建设一度中断。对于国家步道的建设者来说，每一条步道的诞生都是心血凝聚，每个国家步道体系的形成都任重道远。

（二）协会分支机构合作形式

以协会为主导的国家步道发展与管理主要通过全国性协会的分支机构得以实现。德国徒步协会是德国步道修建、维护和管理的全国性民间组织，共由58个区域性组织和3000多个地方性组织构成，成员大约有60万名。这些协会分支机构及其成员是德国国家步道发展与建设的主力军。法国远足联盟是法国步道体系修建和维护的官方协会，它包括1个督导委员会，116个区域委员会和部门，以及3430个附属协会。督导委员会是远足联盟授权且代表联盟协调步道事务的最权威部门，委员会成员来自联盟成员代表，统领联盟日常工作。为了确保协会的正常运转，联盟制定了工作指导守则，主要内容有徒步定义、徒步建议、管理条例和活动规则。同时，法国远足联盟取得了政府部门的支持，通过形成合作伙伴关系，得到来自林业、旅游、农业等部门的支持。

三、跨区域协作

想要成功完成国家步道的发展与建设工作，离不开步道沿途社区的参与和支持，英国在跨区域协作中的作为尤为突出。英格兰自然署派出若干工作小组，深入社区，就国家步道线路的细节与社区居民、土地所有者和使用者以及其他利益群体进行反复的磋商，并就拟定线路在社区进行公示、听证，反复征求意见。这种做法一方面协调了国家步道建设和社区利益，另一方面也是有效的宣传方式，让国家步道建设与各区域社区和居民紧密相连，扩大了国家步道在行政毛细血管末端的宣传和推广，为英国国家步道体系的成功打下了坚实的群众基础，是国家步道跨区域协作的优秀案例。

管理体制并不是决定国家步道成败的唯一要素，相反，无论是哪种管理体制，都成功建立了具有本国风格的国家步道体系或具有国家步道意义的步行路径网络。国家步道的建设如果由国家主导，虽然容易出现耗时过长的缺憾，但是这种管理体制因为拥有国家层面的号召力、更具权威性的资源调配能力，有效的部门合作和区域协作机制，而更容易建设出符合国家和民众利益的精品线路。协会主导的步行路径网络因为得到了协会分支机构、爱好者和志愿者的积极响应，步道线路发展迅速，但是的确难以像美国和英国国家步道体系那样精品频出。

目前加拿大大步道的建设如火如荼，该步道综合利用了以上两种管理体制。原名横穿加拿大步道的加拿大大步道，由政府注资的公司负责建设与推广，堪称“准国家项目”。该公司设立横穿加拿大组织，代表步道接受政府资金，在各省及地区设立分支机构，积极组织各区域分支机构开展各自境内的步道建设和对接，并致力于加拿大大步道的推广和宣传。加拿大联邦政府以备忘录的形式号召各部门积极配合步道建设，还通过资金配套的手段，号召民众向步道进行捐赠。加拿大遗产部、公园局、旅游局等联邦政府部门也纷纷积极响应号召，注资步道建设。作为加拿大最大的志愿者项目和长达2.4万公里的国家标志，加拿大大步道的建设取得了前所未有的成功，是国家主导、协会实施、志愿者参与，全民共建的典范。

第三节　国家步道运营管理

一、国家监管，协会运营，志愿者参与

国家步道具有跨度较长的特点，且运营维护是一个事务繁多庞杂，需要长期、持续进

行的工作，即便国家力量在步道发展建设阶段占据主要地位，也很难在维护阶段继续亲力亲为地管理。美国、英国在步道建成之后都不约而同地将步道后续运营管理、维护发展的权力移交给非政府机构。与之形成对比的是将运营管理权利移交给地方政府或部门的日本长距离自然步道体系。需要强调的是，在实际的运营过程中，志愿者承担了大部分具体工作，做出了巨大的贡献。

（一）国家监管，权力下放

签署备忘录移交运营管理权利 原则上，美国的每条国家步道均由内政部或农业部进行统一管理。《国家步道体系法案》认为国家公园局、美国林务局、其他与步道穿越土地管辖权相关的机构和部门可以与步道沿途协会等机构签订谅解备忘录，将步道运营阶段的管理和发展权力移交给这些组织和机构。例如，在1993年，国家公园局、美国林务局和土地管理局就与太平洋山脊步道协会签署了谅解备忘录，使后者成为了联邦政府管理和运营太平洋山脊步道的主要合作伙伴。明确的权利移交为步道协会后续工作的开展打通了脉络，使步道协会、志愿者团体和个人成为内政部和农业部等步道管理机构的代表，使得视域控制、土地购置等工作能够顺利开展。例如，阿帕拉契亚步道保护管理委员会是阿帕拉契亚步道的实际管理者，现有超过4万名会员，总资产达1700万美元，管理超过10万公顷的土地。为阿帕拉契亚步道的贯通和沿途景观的维护立下汗马功劳。

建立地方合作伙伴关系 在运营管理阶段，英格兰自然署仍然是英国中央政府的代表。由于人力物力的限制，英格兰自然署无法完全依赖国家资金和自身力量实现国家步道的运营和维护。英国国家步道的管理权被移交给地方合作伙伴，英格兰自然署通过制定《国家质量标准》对步道地方合作伙伴的工作进行监管。地方合作伙伴来自步道途经社区的代表、徒步爱好者和志愿者，是国家步道实际上的运营管理者。英国中央政府、英格兰自然署和地方合作伙伴三方之间以报告的形式，相互沟通国家资金的使用及国家质量标准的落实情况。国家监管，地方组织管理的做法使国家步道的高品质在运营阶段得以延续，充分调动步道沿途社区的力量，并为地方带来更多工作岗位。同时，来自社会的人力、物力和资金还能够有效缓解中央政府在步道运营方面的财政压力。

（二）地方政府、部门主持运营

日本长距离自然步道的运营管理主要分为两种情况，即国立公园、国定公园以及其他公园范围内的自然步道由该公园所在都道府县的公园管理部门负责管理，公园范围以外的步道由各都道府县的自然环境课管理与维护。和美国、英国不同的是日本长距离自然步道缺乏国家或部门权力移交程序和有效监管，因而公园范围外步道线路断续的问题仍然难以在运营维护阶段得到有效缓解。

（三）志愿者广泛参与

志愿者是步道运营维护不可忽视的力量来源。美国国家步道体系的发展很大程度上依赖志愿者的支持。这些志愿者联合起来，建立步道俱乐部等志愿者团体，有组织有计划地开展步道维护工作，在一定程度上是步道管理机构在民间的代表和延伸。

阿帕拉契亚步道保护管理委员会代表美国政府管理阿帕拉契亚步道，协会包括诸多志愿者俱乐部。这些志愿者俱乐部分布在步道沿途，持续地为步道的贯通和自然风貌保持做出贡献。2015年，超过6000名志愿者在31个山野俱乐部的带领下贡献了21万小时的步道维护工时。同样是2015年，据太平洋山脊步道协会统计，志愿者在该年为该条步道贡献了96481小时、价值超过200万美元的步道维护服务，维护了超过全长60%、长达2300公里的步道路段，重建了38公里的步道。除了这些被协会统计在内的志愿者以外，还有无数立志为步道事业贡献力量的人们，长期居住在步道沿途，为徒步者免费提供食品邮寄，步车转换以及免费饮用水补给等服务。这些志愿者被徒步者们亲切地称为“步道天使”，以表达徒步者发自内心的感激和敬佩。

美国国会代表联邦政府在《国家步道体系法案》表达了国家对志愿者无私奉献的感激：“国会承认志愿者、个人、非营利性组织对步道发展及维护做出的宝贵贡献。此外，法案进一步鼓励和支持志愿者公民酌情参与步道的规划、发展、维护和管理。”

二、协会运营，志愿者支持

（一）协会负责运营

法国、德国、意大利等国家延续建设阶段的管理体制，协会在运营管理阶段同样起到了举足轻重的作用。法国远足联盟在运营管理阶段的职责包括编写步道标识标牌准则，评定步道难度等级，以及开展步道保护和使用活动。远足联盟从事的步道管理工作得到了政府部门的大力支持，全国林业厅、国家旅游部、国家后勤保障部、生态与可持续发展部等政府部门参与了标识标牌标准的编写。这表明法国远足联盟在步道体系规划和管理方面的成就得到了官方认可，符合法国国家和民众的利益。德国徒步协会在运营维护阶段除督促各分支机构积极开展步道标识和日常维护外，还觉察到民众对于步道品质需求的增长。通过制定标准，从步道宽度、步道周边环境的自然程度、步道的蜿蜒程度、非硬化程度等方面对现有步道进行品质提升。

（二）志愿者大力支持

志愿者及地方力量是欧洲步道发展的重要支撑，每条步道的创立都能看到志愿者及地方力量的影子。例如负责管理国家蓝色步道的匈牙利自然之友协会定期会组织志愿者培训活动。法国远足联盟的步道维护工作一般都由志愿者进行，志愿者先后完成了6.5万公里长途步道和11.5万公里短途步道，共18万公里步道的认证和维护工作。

第四节　国家步道资金投入

一、国家步道资金需求

（一）需要较大资金投入

以英国为代表的国家步道建设堪称投入巨大。除英格兰海岸步道建设资金高达4000万英镑以外，其他步道的建设也动辄上千万英镑。西班牙自然小径网络的建设也花费巨大，在2009—2011年3年间，西班牙政府拨付给地方建设者的资金高达9200万欧元，约合人民币6.8亿元。

国家步道建设成功之后仍然需要大量且持续的资金保证其畅通和安全。美国阿帕拉契亚国家风景步道在2015年的维护资金超过800万美元。即便是更依赖志愿者开展维护的太平洋山脊步道，每年仍需要近300万美元的维护资金投入。

（二）建设阶段用于土地和规划

建设阶段的资金需求一般来自土地或土地权益的购买。此外，美国国家步道的建立需要编制可行性研究报告、环境影响评价报告、总体规划等文件，并且线路的合理性也会经过反复求证，这些程序的完成同样需要国家资金的投入。英国国家步道的建设资金主要用于解决步道线路的合理性和合法性问题，并不涉及任何土地权属购买方面的花费。英国国家步道的线路需要经过总体规划、分路段规划以确定步道线路具体走向。在此期间需要在步道线路途经社区进行反复多次的意见征求与听证，并与步道穿越区域的土地所有者进行反复沟通和谈判。由于长程步道的跨度较大，沿途穿越的社区和土地所有者众多，确定线路合理性和合法性的过程可能会长达数年甚至十数年，期间的花费也极其巨大。

（三）运营阶段用于高品质的维护

英国国家步道的运营管理费用主要用于维护步道的国家级品质。通过“非正式管理技术”维护步道的畅通、维持沿途景观现状，保证步道风貌自然、保证步道周边社区和企业能够从步道中得到利益，保证步道信息的及时公开和更新等。美国国家步道的管理运营阶段的资金需求主要存在于向私人购买土地以实现步道公有化目标，步道推广、出版、网站建设，维护步道畅通和风貌自然等方面。

二、国家步道资金来源

（一）政府专项拨款保障步道品质

政府专项拨款支持国家步道建设和维护在国家主导步道建设的国家是常见的做法。专项拨款具有资金稳定、来源明确、使用情况便于追踪等优势，英国利用国家拨款维护国家步道的高品质地位。

建设阶段 美国、英国、西班牙等将国家步道建设通过立法提升到国家行为层面，在建设阶段主要以国家专项拨款的形式满足步道建设资金需求。专项拨款一方面使这些国家的中央政府能够把控步道风格和走向，同时稳定的资金也加快了步道建设的速度。美国法案对部分国家步道建设阶段用于土地购置的费用进行了限定，联邦政府将会依据这个限额进行专项资金的拨付，支持步道建设。在加拿大，政府通过具有政府背景的公司向加拿大大步道注资，有效地加快了步道建设的进程。

维护阶段 政府拨款是英国国家步道在运营维护阶段的重要资金来源。在线路建成之后，至少1/3的维护费需由英国政府委托英格兰自然署予以拨付。尽管政府拨款很大程度上保证了英国国家步道的品质和地位，但是运营与维护阶段的资金缺口时常存在，需要社会资金予以补充，一些国家步道由于缺少稳定的资金来源而难以保持持续贯通。

（二）其他项目资金是有效补充

美国《国家步道体系法案》认为国家步道建设可以利用政府其他资金。由《土地和水资源保护及储备法案》建立的土地和水资源保护及储备基金就是这样一种可以用于步道建设的其他项目资金。美国单条步道协会的工作内容就包括每年向国会争取来自该专项资金的财政支持。然而太平洋山脊国家风景步道的维护资金2015年仅有约17%来自政府，其中只有85万美元来自土地和水资源保护基金。其他项目专项资金诚然是美国国家步道建设和维护资金的有效补充，但此类资金的数额往往难以让步道维护者满意。

（三）基金会是步道协会资金的主要来源

由于多数欧洲步道由全国性的协会或俱乐部组织进行管理，因此这些组织主要的资金来源无法依赖国家或政府拨款，基金会的捐赠就成为步道建设与维护资金的主要来源。除此之外，协会会员缴费、个人的捐款与地方企业的支持也是步道维护的资金来源。

（四）社会募集资金重要却不够稳定

社会募集资金是国家步道建设和维护费用的重要补充。加拿大大步道的建设很大一部分来自社会捐款，其发起的“建一米步道”活动，不仅扩大了国家步道资金来源，还成为有效的宣传手段，扩大了加拿大大步道在民间的影响力。美国国家步道在维护阶段极大地依赖非政府筹款。可以说，非政府筹款是美国国家步道运营维护费用的主要资金来源。太平洋山脊步道管理协会在2015年的总收入中，有83%来自非政府筹款，筹款的来源包括个人、协会会员、企业、公益组织等。

国家步道是否能从社会募集到足够的维护费用与步道的社会影响力大小有极大地关系，因而对于那些知名度不高、使用者较少的国家步道来说，社会筹集资金显然没有政府拨款更能满足步道维护需求。

三、国家步道资金回馈

（一）步道带动地方经济发展

英国政府认为国家步道在开通的前几年就能够弥补国家在步道建设方面的资金投入。威尔士的一条地方性步道，在投入使用的第一年获得了超过总投资1300万英镑的直接收益，更不用说具有更大影响力的英国国家步道。

（二）特许经营反哺步道维护

为了保护资源，保障徒步者的感受，步道沿途视域范围内的经营活动应该受到适当限制。特许经营或许是限制步道沿途经营活动的有效手段。美国国家步道在穿越国家公园时，徒步者可以享受国家公园内的特许经营设施和服务，是国家步道“低配”设施的有效补充。同时，由特许经营项目获得的收益也可以反哺步道运营和维护，为徒步者提供更好的休闲游憩体验。

不可否认的是，国家步道作为国家品牌，同时作为低损耗的休闲游憩、欣赏国家美景的方式，除了带动区域经济发展，其所带来的国家形象、民族凝聚力、资源保护等方面的隐形收益更是无法用具体的数字来衡量，那将是一个国家的无价财富，传世珍宝。

第六章

国外国家步道规划建设分析

第一节　步道选线

一、线路

（一）优先穿越荒野、自然区域

远离人类活动较为频繁区域　几乎所有国家规划长程步道的初衷都是希望以低消耗的步行方式，引导徒步者对荒野和自然资源保留较为完好的区域进行有序探索。“荒郊僻野”往往是国家公园、自然保护区、荒野保护区等保护地所在的区域，也是国家步道优先选择穿越的区域。

美国联邦政府在《国家步道体系法案》政策陈述部分表明应该“……在常常位于荒郊僻野的全国风景区和史迹旅游线路沿线建立步道。”迄今为止，美国的30条国家步道共穿越了24个国家公园、80多个国家森林，以及这些国家公园和国家森林内的诸多荒野区。英国国家步道大多分布在英国人口密度较低的区域，深入北部荒原和英国广袤的乡村区域。澳大利亚的二百年纪念国家步道穿越了18个国家公园、50个州属森林，穿越的一些区域拥有堪称世界上保留最为完好的荒野资源。瑞典的国王步道穿越了欧洲现存最大的荒野区域，包括3个国家公园和1个自然保护区，深入浩瀚的北极地带，途经桦树林、开阔的苔原、大型冰川等人迹罕至区域，原始荒芜、神秘美丽。欧洲远程路径中的E1穿过至少10个国家公园，跨过1个海峡，路过许多湖泊和山脉，还穿过一些荒野保护区和自然保护区。国家步道的建设给徒步者打开了通往这些荒野、自然区域的大门，同时也约束了人们的脚步，保护了这些区域原真的生态和优美的景观。

与机动交通保持一定距离　由于国家步道优先选择穿越景观优美的荒野和自然区域，出于对徒步者荒野体验、自我挑战以及对生态环境和资源保护的权衡考量，国家步道与沿途机动交通接驳的便利性和频率将会视周边生态和环境情况受到不同程度的限制。美国太平洋山脊国家步道与外部交通的衔接距离间隔在80～144公里之间。在步道南端靠近城市群的900公里路段上，几乎每隔32公里就能经过一个路口，徒步者可以方便地进行步、车转换，进出步道。此后，步道进入了森林和荒野资源保留较好的山区。受条件限制，同时步道规划人员也有意降低步道与机动交通的接驳频率，部分路段上，徒步者甚至需要行走近144公里才能到达下一个可以通往允许机动车通行道路的路口。

（二）线路布设体现具有国家意义的文化特色

串联或靠近文化遗址　国家步道线路优先考虑穿越或靠近特色村镇、古村落和文化历史遗迹。美国《国家步道体系法案》认为，国家步道应该在历史方面体现国家意义，必须在美国广泛的文化形式方面具有深远影响。美国国家步道体系从“最广泛历史意义”的角度，以19条国家史迹步道巧妙勾勒了这个国家的历史文化脉络。此外，一些欧洲国家也致力于以步道来展示国家文化。法国GR10步道从历史悠久的古村落穿过，徒步者行走其上能够在旅途中欣赏到历史悠久的法国乡村建筑。行走在德国的葡萄酒文化主题步道之上，远眺连绵不绝的葡萄田园，虽未酌饮却已微醺。走上国家蓝色步道，不仅可以完成贯穿匈牙利的自然之旅，还途经具有浓厚东欧人文气息的霍洛克古村落、许迈格城堡，并且能够品味到鹅肝酱和土豆炖牛肉等匈牙利传统美食，是一场自然与人文交融，肠胃和精神共鸣的梦幻旅程。串联或靠近文化地点或遗址使得国家步道具有更加浓厚的历史与文化吸引力，也为沿途村镇提供了展示地方文化的机会，而这些地方文化正是国家文化这棵大树上的繁茂枝叶。

利用古道、古线路 古道和古线路既包含文化特性，又具有天然的线性特征，在国家步道线路规划中具有较高的优先利用级别。美国的泪水之路国家史迹步道规划在印第安民族的迁徙线路上，国家步道将泪水之路具象化成为一条徒步道路，是无言的线性纪念碑，带给徒步者历史和自然的双重震撼。

（三）保证沿途兴奋点的频率

为公众提供形式更加多样、空间更加广阔的休闲游憩方式是美国国家步道的主要功能。为了保证国家步道的持续存在，美国国家步道的规划人员认为国家步道沿途必须拥有足够多的“兴奋点”，以持续地吸引游客完成长距离徒步。德国徒步协会制定的《德国高品质长程步道质量认证标准》规定，在高品质长程步道认证的时候，步道需要平均每2公里至少有一处景观变化，这种变化在认证时是加分项。这些“兴奋点”或“景观变化”可以是一个小瀑布、小喷泉或一个海拔足够环顾四野的山峰，此外还可以从以下三个方面获得徒步旅程的景观和体验变化。

广阔的景观视野 一般情况下，山体中上部相比山谷可以为徒步者带来更广阔的视野，更加适合布设国家步道线路。美国太平洋山脊国家风景步道大部分线路布设在山体上部约2/3处，视野开阔，为徒步者带来了震撼的景观感受。有的时候，为了避免为徒步者带来不必要的攀登，避免危险地形，或避免严重的积雪情况，步道可能不得不调整至山体2/3以下的位置。

保持起伏变化 海拔高度的攀升和降低能够带给徒步者垂直方向的景观变化。太平洋山脊国家风景步道贯穿北美最高的落基山脉，线路上下起落频繁，全线高程变化达12.8万米，相当于从珠峰北坡大本营登顶往返将近18次，具有相当高的挑战性，被称为美国三重冠徒步线路之一。英国西南海岸步道连续两次被评为“英国最佳行走步道”，总攀升高度为35031米，几乎是珠峰高度的4倍，带给徒步者丰富的感受和巨大的挑战。

局部创建环线 局部创建环线是合理利用步道周边景点或具有文化价值地点的有效手段。具体方法是将步道主线布设在山体中上部，通过步道支线设计额外的环形线路，通往山顶、或其他对徒步者具有吸引力的地点（USDA Forest Service，1982）。黎巴嫩山地步道在其线路之上利用周边景观和乡村文化资源布设了辅助线路和文化主题支线，极大地丰富了徒步者的徒步感受。“美国步道”组织认为，在开展步道规划的时候，所有支线的起点和终点都应该在国家步道或另一条道路上，形成环线以避免步道死循环的出现（Kremmling Field Office，2016）。

二、特征点

特征点是步道沿途具有特殊意义的地点，或是能够影响步道走向的地点。一般来说，特征点多位于步道的起点和终点、土地产权的边界、十字路口、排水道口、道路拐点等位置。特征点按照性质可以分为积极的特征点和消极的特征点两种类型。

积极的特征点　位于步道管理者希望徒步者进行访问的地点，包括能够眺望全景的景观高点、历史遗迹、瀑布、裸露的岩石、湖泊、河流和其他自然、历史特征地。如果一条步道不包括以上特征点，则该条步道很容易因为无法拥有持续的、足够多的使用者，而变得难以为继。

消极的特征点　是步道规划人员出于对资源的保护和徒步者安全的考虑，希望步道在线路规划的时候能够避免经过的地点，例如低洼潮湿的区域、地势平坦的区域、陡峭的斜坡或悬崖、环境敏感区域、容易受到损耗的历史遗址、土壤不稳定区域等地点和区域。

第二节　步道建设

一、步道宽度

（一）新建步道路段宽度

等肩宽的步道　以美国国家步道为代表的长程步道宽度大多为等肩宽，约60厘米宽的土路，甚至有些路段因为植物的生长而被荒草淹没，徒步者不得不依靠标识标牌或GPS辨认线路位置。农业部林务局（1982）在《位置、设计、标识和设施标准》（Criteria For Location, Design, Signing, And User Facilities）中指出，一般情况下，步道宽度应在45～60厘米之间，不能小于45厘米。除非有额外的安全方面的考虑，步道宽度尽量不大于60厘米。在沿悬崖或危险区域布设步道时，步道宽度需要翻倍至1.2米宽，以保障徒步者安全。《德国高品质步道质量认证标准》认为，宽度小于1米的步道能够更好地与环境和景观融合，带给徒步者更加自然的徒步体验，是高品质长程步道认证过程中的加分项。德国的另外一个长程步道标准《高等级步道质量认证标准》也规定，在高等级步道的认证过程中，步道越宽，线路越直，得分越低。对于长程步道来说，控制步道宽度，保持步道蜿蜒已经成为各国国家步道规划人员的共识。

没有明确规定宽度的步道　英国国家步道并没有官方规定的步道宽度。徒步者通过地图上的线路确定步道位置，在此基础上确定线路两侧一定范围的步道辐射区域，在此区域内徒步者拥有步行通过的权利。此外，瑞典国王步道某些路段在冬季被冰雪覆盖，仅靠插在雪中的标识标牌辨别线路方向，也是另一种形式的无宽度步道。

（二）利用现有道路的路段宽度

利用现有道路的步道路段在宽度上不受限制，视现有道路宽度而定。值得强调的是，多数情况下，将现有柏油马路或其他硬化路面纳入国家步道并不是国家步道规划的首选，是规划人员在综合衡量了建设成本、徒步者的安全和便利性之后作出的优化选择。

二、步道路面

国家步道的路面较为多样。在利用现有道路的部分，路面可以保持柏油或水泥现状。对于任何新建的国家步道，世界各国的规划者都抱有同样的理念，尽量保持简朴风格，建设与环境和风景融合的步道路面，减少步道建设对生态的影响。

土路和砾石路　土路或就地取材的砾石路是美国国家步道和英国国家步道最常见的路面形式（图6–1）。多数情况下，移除树根等障碍物的土路是美国国家步道的首选路面，在需要重视排水区域的路段，就地取材的砾石路面也是一个很好的选择。这两种路面能够较好地与周边环境和景观相融合，并且不会对生态造成巨大影响。

木栈道　木栈道并不是国家步道或具有国家步道性质的长程步道的首选路面，一般仅铺设于过于不平整或长年处于泥泞状态而无法正常踩踏的路面之上（图6–2）。瑞典的国王步道就因为穿越沼泽和有尖锐岩石裸露的区域而在局部路段使用了木栈道作为路面。

图6–1　土路（Daceallen　摄）

图6–2　木栈道（Ryszard　摄）

小型桥梁 就地取材的木头和竹子搭建的简易小桥是国家步道在跨越季节性河流或溪流之时的首选。混凝土或者仿木材料虽然与天然的木材和竹子相比具有更好的防腐效果，但是与自然环境的融合程度较低，且对生态具破坏性，在目前世界各国的国家步道或具有国家步道性质的长程步道建设中已经难以见到。

三、步道建设与安全

（一）步道建设与生态安全

1. 优化设计避免水土流失

频繁而缓和地改变步道方向 国家步道的规划者应该考虑步道建设对排水、土壤侵蚀和沉积的影响，并且还要考虑排水对于步道路面的影响。步道路面的设计在垂直方向应该保持上升和下降交替出现，要避免路面每个上升部分或下降部分的长度过长或坡度过于陡峭，后者容易由于水流冲刷造成水土流失。步道路面应该设计成中间高两边低的形态，这样可以保证路面的雨水尽快排出步道。当步道位于岩石之上的时候，要设计排水口便于排水，避免岩石被淹没而无法踩踏。

图6-3 美国国家步道“之”字形线路
（来源：美国步道组织官网）

曲线设计，避免平地 步道路面应该垂直于山坡，而不是顺着山坡，这样能够降低路面积水，避免水土流失。如果步道必须顺着山坡布设，那么步道应该设计为蜿蜒的曲线，即“之”字形（图6-3），避免雨水对路面形成冲击，同时降低攀爬难度，增加徒步乐趣（Kremmling Field Office，2016）。需要强调的是，这种设计应该是基于现有地形的合理利用，尽量避免地形改造。

使用挡土墙 就地取材的木质或石头垒砌的挡土墙可以有效缓解水土流失，同时还可以充当游客攀爬的阶梯，增加徒步乐趣（图6-4）。

图6-4 挡土墙（Wilsiver 摄）

10%～70%坡度的山坡是最佳步道位置 通常情况下，一条小路的最佳位置是坡度10%～70%。在平地或坡度小于10%的山坡上经常出现排水问题，而位于70%以上坡度山坡上的步道则需要进行大量开挖，建造较大的挡土墙，对山坡留下额外创痕，影响景观效果且增加建设成本。如图6-5所示，坡度在10%～70%的山坡一般位于山体的中下部或中上部，符合本章第一节第一部分中将步道设置在山体2/3处以增强徒步者景观视野的要求。

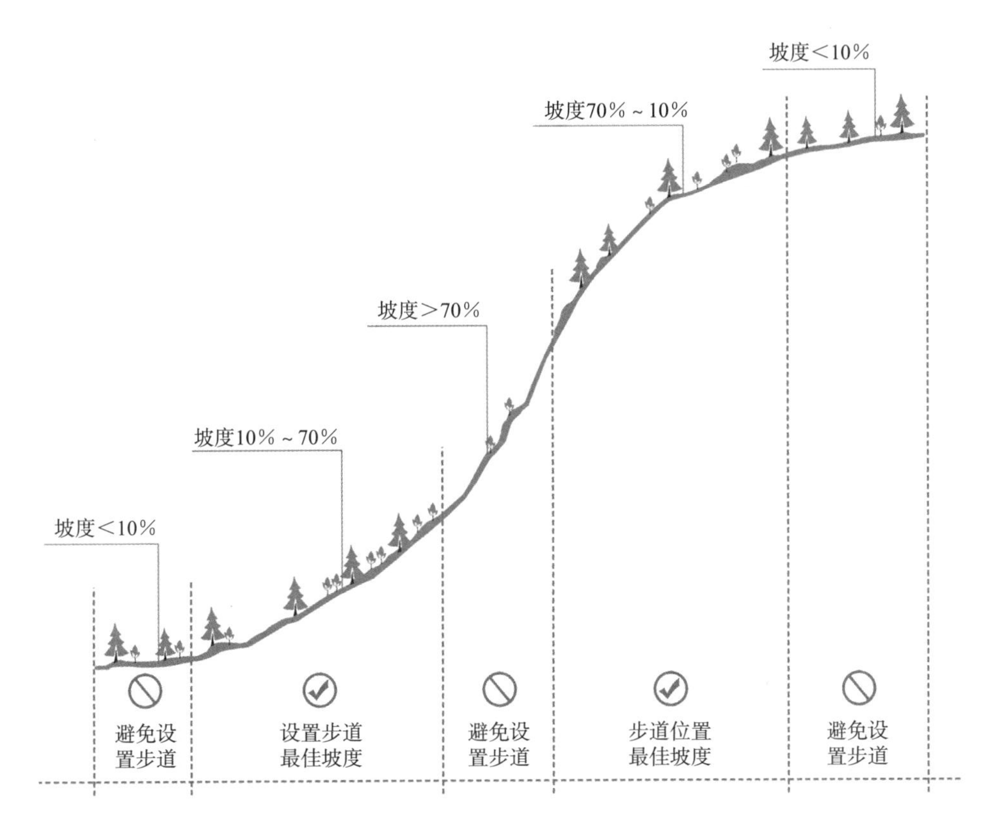

图6-5 步道位置与山体坡度关系图

（来源《太平洋山脊国家风景步道位置、设计、标识和设施标准》，农业部林务局，1982）

路面坡度的“一半原则” 步道路面坡度不能超过其所在山坡断面横坡坡度的一半。如果超过了，从山坡上流下的水很容易顺着垂直于山坡的步道路面迅速流走，在雨天成为人造瀑布（Kremmling Field Office，2016）。

路面坡度的“10%方针” 步道的平均路面坡度应该保持在10%左右（Kremmling Field Office，2016）。在步道的某些部分，路面坡度可能会大于10%，但是总体不应该超过这个数。

2．降低步道对环境的影响

步道建设避开山脊，降低噪音影响 研究表明，山脊通常是野生动物的主要交通走廊。同时噪音也更容易从山脊传向山谷等广阔区域。为了隔离噪音，保护野生动物，国家步道的线路避免建设在山脊（Kremmling Field Office，2016）。

利用天然植被掩藏步道踪迹，降低噪音和雨水侵蚀　步道建设可能对周边植被和土壤类型造成改变，也会对周边景观带来视觉上的冲击（Kremmling Field Office，2016）。步道规划人员应该尽可能降低这种改变和冲击。通常情况下，步道的设置应该靠近斜坡或悬崖，这样可以使步道与环境保持更高的融合度。密集的植被可以遮蔽步道，降低噪音传播并降低雨水对步道土壤的冲蚀。

（二）步道建设与徒步者安全

避免急转弯和盘山路　盘山路在建设上困难较大，工期较长、成本较高、需要定期维护，并且在转弯处需要特别关注徒步者的安全问题。使用曲线设计在大多数情况下能够替代盘山路的建设，使攀爬更加容易，建设更加简单，并且能够维护和利用天然的地形特征，例如露出地面的岩石，作为线路改变方向的标识。

精心设计十字路口　在步道与机动车交通衔接的路口，要特别注意视野的开阔，防止植物或山体遮挡视线造成徒步者与车辆的碰撞。

避开不稳定地质环境　国家步道的建设要避免穿越地质环境不稳定的区域、泥石流易发区域及排水不良区域。定期巡查山区和地质不稳定地区的步道，及时发现塌方及落石路段，启用临时线路。

第三节　沿步道服务设施

对于国家步道或其他长程步道，徒步者数天甚至数星期都不离开步道是常见的情况。因此在规划国家步道的时候，通常沿步道布设简易的露营地或庇护所以方便徒步者休整。

一、露营地

无设施露营地　无设施露营地一般设置在荒野和自然资源保留较为完好的区域。通常采用非常简单的设计。多数是一块地势较为平整的林间空地，没有任何设施和庇护，不能够使用明火进行加热和烹煮食物，仅供徒步者扎驻自带帐篷短暂休整。《太平洋山脊国家风景步道总体规划》在其附件的第三部分，要求该步道沿途的无设施露营地在布设时靠近水源，以便满足徒步者饮水需求（USDA Forest Service，1982）。需要强调的是，露营地应该与饮用水源地保持合理距离，防止徒步者对饮用水源造成污染。

可以使用营火的露营地　部分营地可以使用营火（图6–6）。能否使用营火取决于露营地所在区域是否能够在当前的时段允许野外用火，该信息可以从营地周边的标识标牌上获得。部分露营地的用火需要获得用火许可。为了保证用火安全，并将露营活动对环境的影响控制在最低的程度，营火盘被很多徒步者所推崇。营火燃烧之后的灰烬需要徒步者打包带走或深埋，以降低对环境的影响。

有设施露营地　在穿越乡村或靠近城镇的步道沿途，可以布设具备简易盥洗设备的露营地。一般来说生态厕所是首选设施，在条件允许的情况下，个别较为“奢华”的露营地还可能配备抽水马桶。此外，投币式淋浴设施也是受徒步者欢迎的露营地设施之一，但是想要享受更加舒适的服务，例如购物和其他休闲娱乐，就需要徒步者走下国家步道，跋涉至人口更加密集的区域自行解决。国家步道沿途的服务设施只满足徒步者最为基本、原始的需求。例如，太平洋山脊步道沿途布设有一些有设施的营地，徒步者通过连接线走下步道，进入位于步道附近的营地，或由此进入步道。这种营地包括小型超市，投币式淋浴以及房车营地等设施，是徒步者休养生息的好地方。

图6–6 阿帕拉契亚步道上的营火圈

二、庇护所

庇护所通常是一面露空、三面围砌、有顶的简陋建筑，通常是木质结构，也在少部分地区由石头所砌（如大烟山国家公园内），布设在所穿越特定区域的步道两侧，例如极端天气出现较为频繁或因为其他原因不适宜露营的区域。庇护所的内部一般由木板或石块进行简易功能区分，顶部倾斜，有可以悬挂物品的横梁，墙上有挂钩。许多庇护所附近有简陋的山中厕所（Privy），依靠自然分解，并无冲水系统，附近多有平坦地面可以搭建帐篷，且有自然水源（小溪、河流等）。庇护所虽然简陋，却是徒步者的“兵家必争之地”。忽略掉蟑螂和老鼠等“原住民”的骚扰，在庇护所内休整显然比驻扎在野地里的帐篷更加舒适和安全。阿帕拉契亚步道保护管理委员会规定一般情况下庇护所容纳人数不得超过15人，目前AT沿途庇护所之间的平均距离为13公里，相隔最近的庇护所距离为8公里，较远的为24公里。如果有公路、补给站或是其他住宿设施，两处庇护所之间也可能相隔48公里。

三、标识标牌

标识标牌是国家步道沿途重要且十分必需的设施，为徒步者指引前行方向。欧洲远程跨国步道多使用各国当地的路标，只需在路标上增加其专属Logo即可。瑞典国王步道的冬季滑雪步道，沿途则采用顶部带有红叉的木杆或者金属杆进行标记。美国的太平洋山脊步道沿途标识分为三类，一类为太平洋山脊步道的Logo，上面通常没有任何距离和指示信息，只是帮助徒步者确认自己走在太平洋山脊步道上；第二类标识上写有步道的名称和步道编号，提供目的地的方向和距离；第三类标识为荒野区标识，这类标牌往往为木质，和周围环境融为一体，并不标明目的地和方向。

第四节　步道周边服务体系

步道周边的服务设施根据步道的位置和所穿越的国家有所不同，但基本的服务设施主要包括交通接驳设施、食宿补给设施及休闲服务设施。

一、交通接驳设施

穿梭班车　交通接驳是徒步者走上步道需要最先考虑的问题。由于美国地广人稀，因此有些步道会提供穿梭班车（shuttles）为徒步者服务。例如阿帕拉契亚国家风景步道的穿梭班车就将步道与最近的机场、汽车站或火车站相连接，把徒步者运送到步道入口或运回到各个乘车点。同时穿梭班车的提供也帮助徒步者减少自驾，节能环保。欧洲人口众多，很多步道会直接穿越人口密集的城镇或村庄，徒步者可以很顺利地走上步道，不需要穿梭班车的引导。一般而言，大多数的欧洲徒步者会选择乘坐飞机或火车到达步道起点附近的交通枢纽城市，再换乘长途大巴到达他们想要徒步的位置，十分方便。例如大意大利步道通向阿马尔菲小镇，徒步者可以由此登上步道。徒步者可通过渡轮、大巴或飞机的方式从周边的萨莱诺市和那不勒斯市到达小镇，再走上步道。亚太地区的步道大多也会经过较大的城镇或村庄，徒步者可以通过便捷的公共交通到达步道。例如新西兰的蒂阿拉罗阿步道途经13个城市，步道沿线乡镇、村庄、零散居民点等逾百个，平均每隔18公里即可看见一处居民点，徒步者与外部交通接驳均可以通过这些城镇得到满足。

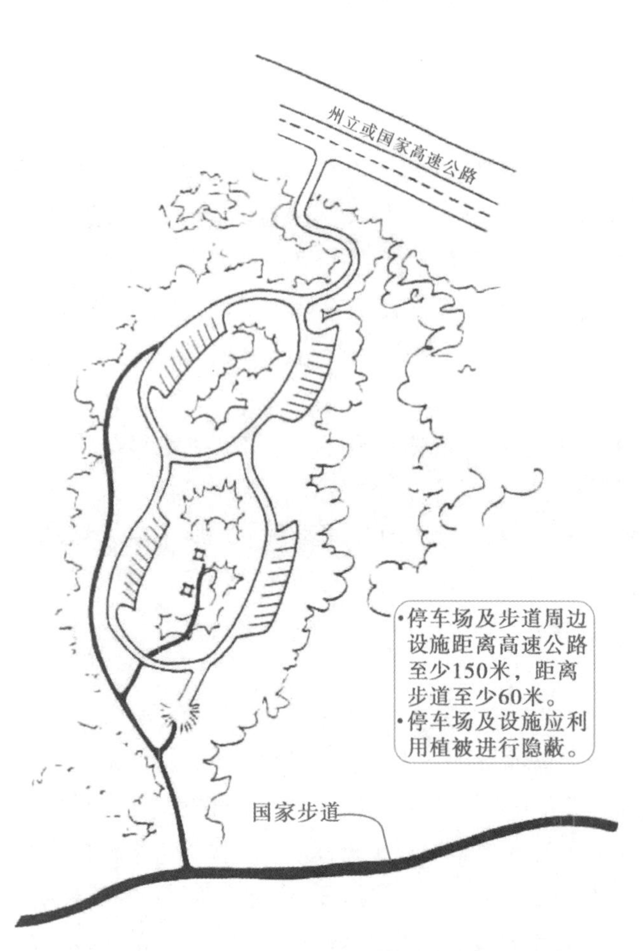

图6-7　国家步道与高速公路和停车场距离关系图
（来源《太平洋山脊国家风景步道位置、设计、标识和设施标准》，农业部林务局，1982）

停车场　大多数欧美国家步道周边都会分布着数量不等的停车场，在步道官网的交互地图及步道指南书中都可以找到这些停车场的位置。美国林务局规定，停车场、步道周边设施与高速公路至少相距150米，并且距离步道主路至少60米（图6-7）。停车场周边设施应用植被进行掩盖（USDA Forest Service,

1982）。徒步者需要提前确定停车场是否可以过夜停车或需要许可证。有些停车场是免费的，如果要将车辆停放在商业停车场，需提前申请，并要注意商业停车场的关闭时间。欧洲各国步道周边的停车场一般依托地方城镇或村庄，徒步者可以在步道的节点停车。

二、食宿补给设施

食品商店 长距离的徒步要求徒步者定期补给食品与水，当步道穿越村庄和居民点时，徒步者可根据需要补充自己的食物存货。在欧美小型的村庄和居民点中，最常见的商店莫过于面包店了，由于居住人口较少，这些地方往往没有大型超市，可供徒步者选择的食物也十分有限。如果步道在大型城镇或度假区旁穿越，徒步者就可以走下步道，在餐馆或饭店里改善生活，一扫过去几日徒步的疲惫。

住宿设施 步道周边的住宿设施类型多样，包括小旅馆、家庭民宿、酒店、露营地、青年旅舍等。住户较少的居民点和村庄一般提供小旅馆、家庭民宿或小木屋等设施，稍大的城镇会有酒店、宾馆或露营地。由于价格低廉，徒步者多选择小旅馆或民宿、青年旅舍等，较少投宿酒店及宾馆。徒步者需要提前对自己的徒步行程进行周密的计划，提前预订旅馆、民宿或青年旅舍，这些住宿设施在徒步旺季时通常人满为患。

步道魔法或步道天使 步道魔法或步道天使是随着步道的发展而衍生出的一种互帮互助的步道文化，在美国这种文化被称为“步道魔法”（Trail Magic）或“步道天使”（Trail Angel）。步道魔法或步道天使（图6-8）其实是由地方居民和志愿者义务为徒步者提供的一些支持服务，包括为徒步者提供由步道到周边小镇的交通换乘方式、提供冰镇苏打水、简单的床位或淋浴等。徒步者非常认可这些友善行为，认为这些行为对步道的体验有着非凡的积极影响。

图6-8 步道天使的家（张诺娅 摄）

邮寄服务 对于在美国的徒步者来讲，邮寄补给品是维持其长距离行走的生命线，大多数徒步者需要在8天之内进行补给，获取新的食物、营养品、装备、指南书、地图和其他物品。最主要的补给方式就是邮寄，徒步者需要在出发之前计算好自己的徒步行程，将未来所需物品打包成补给盒子分批、分时邮寄到行程的节点。盒子可以是补给人在家中提前准备好、由补给人寄出，或是徒步者在沿线自己寄送，也可以是由其他人为徒步者准备和投递。对于欧洲及亚太地区的徒步者，大多可以免除邮寄的烦恼，因为欧洲和亚太地区的步道基本上每天都会穿过小村庄，因此徒步者不需携带太多的物品就可以轻装上阵。

三、休闲服务设施

特色小镇 由于大部分步道依托山脉而建，因此很多步道沿线或周边都有众多的社区，可以为徒步者提供多样化的住宿和美食体验。例如，美国的亚利桑那步道沿线就有很多古老的矿产小镇，可供徒步者体验不同的小镇文化；法国的步道沿线会有众多知名的旅游小镇和温泉小镇，徒步者在步行疲惫时可以泡泡温泉或体验当地的特色美食，放松身心；日本的东海自然步道周边分布着大量的民宿和温泉，这些民宿和温泉设施不仅给徒步者提供了休憩、补给、住宿、休闲的好去处，也为东海自然步道增添了极具日本特色的文化气息。另外，小镇里还为徒步者提供良好的服务，包括住宿、餐饮、邮寄、行李转运等。

各类遗产地 国家步道通常会穿越自然和历史遗产地，例如自然保护区、国家公园、历史遗迹等，为徒步者带来多样化的景观体验，让徒步者与自然更为接近、更深刻地了解地方的历史。例如，英国西南海岸步道就穿越了世界文化遗产保护地侏罗纪海岸，侏罗纪海岸是英国最壮观的海岸线，是世界上最奇妙的自然景观之一，同时也是世界上唯一展现地球近两亿年历史的地方；日本的东海自然步道穿越了明治高尾国定公园，徒步者如果选择在秋天经过高尾国定公园，就能够观赏到满目殷红的壮观景象；瑞典国王步道穿越了阿比斯库国家公园，公园设有世界上观赏极光最佳地点之一的极光天空站，徒步者们可以在奇幻的北极光下享受独特的北欧晚餐。除了穿越各类自然及文化遗产地外，大多数步道沿线都会设置观景台，观景台通常是该区域范围内的最佳观景点，供徒步者在此远眺或拍照留念。观景台一般较为简单，采用当地的材质简单建设，与周边自然环境融合，不破坏景观。

度假区 国家步道很多都会毗邻度假区，为徒步者带来难得的放松与享受。度假区拥有完善的服务体系，能为徒步者提供舒适的服务。一般在徒步旺季，度假区的餐厅及旅馆都需要提前预订，否则会遇到一床难求的麻烦。例如英国西南海岸步道沿线有许多沿海度假区，度假区内有超高品质和独特的住宿以及时尚精品酒店，良好的服务系统，包括住宿、餐饮、邮寄服务，徒步者在城镇里能吃到新鲜的海鲜大餐以及多种美食。

参 考 文 献

Kremmling Field Office. Criteria for trail placement, control points, and layout [R] . Bureau of Land Management.2016

USDA Forest Service. Comprehensive management plan for The Pacific Crest, National Sceniv Trail criteria for location, design, signing, and USER user facilities [R] . Pacific Northwest Region Portland, Oregon. 1982.

第七章

我国国家森林步道发展路径探讨

第一节　我国自然与文化特征

一、自然特征

（一）幅员辽阔，气候差异显著

我国国土面积广大，从最东端的乌苏里江到最西端的帕米尔高原，经度跨越62°，从最南端的曾母暗沙，到最北端的黑龙江江心，纬度跨越49°（赵济等，1995）。全国大部分地区处于大陆性季风气候区，冬冷夏热、冬干夏雨。由于距海渐远、山脉阻隔以及地势抬升，降雨自东南沿海向西北内陆方向逐渐减少。从福建、浙江一带的2000毫米下降到新疆腹地的100毫米左右，跨越湿润、半湿润、半干旱、干旱4个湿度带（吴中伦，1997）。全国南北纬度跨度大，跨越了南亚热带、中亚热带、北亚热带、南温带、中温带、北温带6个温度带，南北年均气温差异达28℃，1月温差可达46℃。青藏高原独一无二的海拔高度，形成了与中纬度地带截然不同的高原气候区，常年无夏，气候温凉，降水东南丰富，西北稀少。

（二）山脉分割，成列分布

我国是一个多山的国家，山地占国土面积的1/3。山脉定向排列，形成了大地的骨架，控制着区域地貌形态和格局，将全国分割成高原、盆地、平原等不同地貌区。

尽管我国山脉多且分布广，但山脉的分布却有着鲜明的规律性。天山—阴山、昆仑山—秦岭、南岭三列山脉东西走向，武夷山、大兴安岭—太行山—雪峰山、贺兰山—六盘山—巫山三列山脉南北走向，形成明显的三横三纵格局，加之横断山脉、小兴安岭等其他走向的山脉，形成了我国整体的国土空间格局，是中国的脊梁。

山脉不仅分割了国土空间，同时也是各地形区之间的天然界线。昆仑山、祁连山、横断山脉完整勾勒出青藏高原的轮廓。在横断山以西，青藏高原海拔普遍在4000米以上，地高天寒，是藏族人民的天然牧场。跨过横断山脉，与青藏高原一山之隔的四川盆地，海拔仅500米左右，土地肥沃，气候温润，享有天府之国的美誉。秦岭是黄河、长江、淮河的分水岭，更是我国南北方界线。阴山勾勒出内蒙古高原的边缘，南岭尽管山体分布凌乱，但却是长江和珠江的分水岭，也是华中和华南的分界线。纵横的山脉将国土分割成东北、华北、华中、华南、内蒙古、西北、青藏7个自然大区（赵济等，1995），是我国自然区划的基础。

（三）植被多样，景观特色鲜明

巨大的气候差异和地形变化，影响了全国的植被和自然景观，从而形成了显著的地带性特征和区域特色鲜明的自然景观。

东北地区 地带性植被为针叶林、针阔混交林和草甸草原。山区森林广布，平原区肥沃的黑土地造就了连绵的农田。且东北地区具有广阔分布的冻土和沼泽，以及冬季冰雪覆盖的自然景观。

华北地区 地带性植被为落叶阔叶林带。本地区包含辽东山东丘陵、黄淮海平原、黄土高原等多个地形区，山地丘陵与平原高原镶嵌分布，形成了森林草原与农田错落的景观格局。由东向西随着降水减少，自然景观逐渐由针阔混交林、落叶阔叶林过渡到小叶疏林和灌丛草地。

华中地区 地带性植被为常绿阔叶林，包含秦巴山地、四川盆地、长江中下游平原、闽浙山地丘陵等多个地形区。区域景观组成因子多，破碎度高，差异大。山地、丘陵、平原等交错分布，森林、湿地、水田等景观分布广泛，并表现出高度的人为扰动。

华南地区 地带性植被为常绿阔叶林。本区域丘陵分布广泛，平原狭小、零散，景观破碎度高。河流水系高度发达，湖泊广布。热带性植被如常绿阔叶林、季雨林等终年苍翠，季相变化不明显。

内蒙古地区 地带性植被从东向西依次为草甸草原、典型草原和荒漠草原。本区域四周山脉围合，内部宽广坦荡，沙地广布，具有独特的温带高原草原景观。河流较短小，季节性变化显著。

西北地区 地带性植被为荒漠植被，大多由灌木组成，植被稀疏。荒漠草原、雪山冰川、绿洲沃野镶嵌分布。山地冰川发育，冰川下高山草甸、森林草甸、草原等景观垂直分异明显。盆地内旱生且叶片退化的小乔木、灌木、半灌木稀疏生长，沙地、沙漠广布。高山和荒漠之间，绿洲农田景观是西北地区的一道靓丽风景。

青藏地区 地带性植被为高原荒漠、草甸和草原。虽然处于低纬度地区，但本区域地势高峻，四周高山环抱、壁立千仞，气势雄伟挺拔。高原内部冰川、冻土广布，河谷深邃。

（四）自然保护地类型多样，面积广阔

我国历来重视自然资源的保护，自1956年建立第一个自然保护区——鼎湖山国家级自然保护区起，到2016年成立第一个国家公园——中国三江源国家公园止，搭建了由国家公园、自然保护区、森林公园、湿地公园、风景名胜区等组成的保护地系统，类型多样，面积广大。以自然保护区为例，截至2015年5月，各类、各级自然保护区面积共1.43亿公顷，占国土面积的14.8%，其中林业系统自然保护区面积1.25亿公顷，占自然保护区总面积的87%。

对待生态资源的方式和态度，我国各界经历了物尽其用到合理利用的变化，目前保护性利用自然保护地已经成为学术界和规划界的主流。可以使生态环境得到妥善保护，当地百姓从中获益，公众一睹壮丽的大好河山，是目前条件下妥善对待生态资源的最优途径。

二、文化特征

（一）敬畏自然——天人合一的世界观

“天人合一”最初由春秋战国时期的思想家老子提出。后被汉代儒家学者董仲舒发展为“天人合一”的哲学思想体系，最终成为中国传统文化的主流世界观。

古人“究天人之际，通古今之变”，在历史长河中，探究“天、地、人”的相互关系，得出“万物并育而不相害”、“天地之间，包于四海之内，天壤之情，阴阳之和，莫不有也”的结论。

在中国传统文化中，道家认为天地是有机统一的，其运行的机制便是“道”。人由天地而生，是天地万物的一部分，需要循“道”而行，遵守自然界的运行机制。儒家进一步发展了“天人合一”的思想，并将其延伸发展为人们的行为准则和社会运行准则。孔子在《论语・阳货》中论述：“天何言哉？四时行焉，百物生焉”，认为人只要按照自然规律做事，那么四时变化和万物生长发育就能够有序进行。人类社会只要遵循一定的规则，便能和谐共处，天下大同（徐春根，2008）。

千百年来，在“天人合一”世界观的指导下，尊重自然，敬畏天地，遵照自然规律做事，已经内化成为中国人的精神内核。人行走于自然之间，感受万物生息消长，体会天地大美，相时而动，实现人与人、人与自然的和谐，是中国人的一致追求。

（二）行走文化——千里之行的人生观

“读万卷书，行万里路”是中国读书人一直以来的人生立场，即使学有所成，也仍然将“处江湖之远”作为与“居庙堂之高”相对应、相平等的精神追求。在中国历史上涌现了一大批以行走于山水之间，踏遍大江南北作为人生目标的仁人志士，如郦道元、沈括、张衡等。

明朝的徐霞客在告别书斋后，放弃科举功名，以竹杖芒鞋踏遍普陀、天台、雁荡、九华、罗浮等名山，遍阅富春、滇池、郁江、闽江等胜水。“闻奇必探，见险必截”，不避艰险，行程九万里，一路记载所见所闻，汇成地理学、旅游学巨著《徐霞客游记》，是万千读书人的表率。

老子在《道德经》中谈及为人处世的态度时写道：“合抱之木，生于毫末，九层之台，起于累土，千里之行，始于足下”。荀子更在《劝学》中以行走直喻读书：“不积跬步，无以至千里”。将行走与读书、立业相并列，并以此为出发点，概括人生观，是千百年来国人对于脚下之路、人生之路的态度。

（三）物质遗存——尊重历史遗留的价值观

在我国广阔的国土中，古村落和古驿道犹如散落的珍珠和丝线，承载了过往的历史烟云，见证着一个行业、一个族群的兴衰和喜乐。与“天人合一”、“千里之行”的煌煌大道不同，古村落和古驿道是民间文化的见证。

古村落中渗透着民族的族群心理、思维方式、民间习俗。例如藏风聚气的古村落选址，从防御、生产、村民交流综合考虑的古村落格局，无不反映着古人的生活智慧。古驿道更是一条条文化的走廊，诸如古丝绸之路、茶马古道、秦岭古道、徽杭古道等，是千百年来各地人口、经济、文化往来的见证。

漫长的历史，不仅留下了星罗棋布的古村落和纵横交织的古驿道，也造就了国人尊重历史、珍视文化遗存的价值观。出于对历史的尊重，古村落和古驿道等承载着过往的物质遗存对于国人具有天然的吸引力。例如重走茶马古道，感受马帮文化，领略川西壮美的自然风光；重走秦岭子午栈道，感受难于上青天的蜀道，均极大地吸引着徒步爱好者和野外探险爱好者。

第二节　我国经济社会状况

一、人口集中与城市集群

从黑龙江黑河到云南腾冲之间的连线在人口学、地理学上被称为胡焕庸线（Hu Line），是我国经济社会的分割线。胡焕庸线以东，人口稠密，城市呈集群分布，经济发达。胡焕庸线以西，人口稀疏，城市稀少，多为经济欠发达区域。

胡焕庸线的形成有其深刻的自然因素。该线基本与400毫米等降水量线重合，以东为东南季风影响区域，地形相对平坦，利于气流深入，致使降水较多，水热组合良好，成为适宜居住区域，是我国传统农耕区；该线以西，由于深居大陆内部，远离海洋，且山脉阻隔，海拔抬升，造成降水稀少，大部分地区环境承载力低下，是不适合居住的地区，以牧业为主。

在此背景下，胡焕庸线以东，占国土面积43.7%的区域，聚集了全国94.4%的人口；以西，占国土面积56.3%的区域，人口仅占全国的5.6%（胡焕庸，1935）。胡焕庸线在中国人口地理分布的演变中表现出充分的稳定性，根据第六次全国人口普查数据，2010年胡焕庸线以东人口数占总人口的93.7%，以西人口占总人口的6.3%，相比1935年数据，变化很小。

与人口分布相对应，经济水平与城市分布也表现出在东部聚集的特征。胡焕庸线以东集聚了全国95.7%的GDP（钟茂初，2016），并云集了珠三角、长三角、京津唐等多个城市群。而胡焕庸线以西，GDP仅占全国水平的4.3%，除兰州、拉萨、乌鲁木齐等区域中心城市外，少有大型城市分布。

二、经济发展与需求转变

自改革开放以来，中国经济快速发展。根据中国社会科学院2016年发布的《经济蓝皮书夏季号：中国经济增长报告（2015—2016）》（李扬，2016），2015年中国人均GDP约为8016美元。按照世界银行标准，已跨入中等偏上收入国家行列。东部地区尤其是北京、上海、天津等省份，人均GDP已跨过1.5万美元，进入发达国家行列。

伴随经济发展，我国城市化速度明显加快。截至2015年，全国城市化水平已达56.1%，城镇常住人口7.7亿。广东、江苏、浙江等省份城市化率高至65%以上（赵展慧，2016），北京、上海等超大城市常住人口超过2000万。人口在城市地区大量聚集，快节奏、强压力、高度拥挤、环境恶化的城市生活，致使城市人群精神压力过大。

由于收入水平上升和生活环境改变，东部经济发达地区的民众需求已经发生转变，精神需求的比重上升。城市居民摆脱钢筋丛林的城市，以平民且方便的方式，回归田园、回归森林、回归山川的渴望日益强烈。回到自然的呼唤促使人们在节假日蜂拥走出城市。

三、资源与需求不匹配

我国西部地区疆域辽阔、山川纵横，景观资源优越。浩浩天山、巍巍昆仑、雄伟的横断山大峡谷等待人们的欣赏和探索。然而由于人口稀疏，经济欠发达，资源优势迟迟无法转化为发展动力。基于当前浮躁的社会心态，对自然资源的利用往往仅从眼前利益出发，一旦方式不当，将会对生态环境造成无法逆转的损害。

东部地区国土空间开发程度高，城市集群，人口集中的现状，既形成了人们的需求，也造成自然空间缺乏。人们不得不走出本区域寻找生态空间，寻找回归自然的途径。

将东部地区回归自然的需求与西部地区自然空间辽阔的优势相结合，打破胡焕庸线，东需西纾，满足人们对田园、对森林、对荒野、对大好河山的向往，加强东西部间交流，是解决需求和资源不匹配困局的最优途径。

第三节　国家森林步道建设意义

一、国家森林步道建设背景

（一）徒步需求强烈，徒步活动自发组织

随着我国人均可支配收入不断增加，人民物质生活极大丰富，可自由支配时间进一步增多，现代都市人走向自然，返璞归真的内在需求得到释放。有数据表明，在中国登山协会注册的户外运动俱乐部保持了每年翻一番的高速增长，到2006年年底，全国正规的户外俱乐部已经有700家，结构松散的户外爱好者团体就更多。户外旅行用品零售额以惊人的速度迅速增长，截至2014年，全国户外用品零售总额超过200亿元，是2007年的10倍，显示了我国户外旅行有着巨大的市场需求。

20世纪90年代后期，徒步运动在北京、广州、昆明、上海等大城市崭露头角，并逐渐

成为时尚。之后，在徒步爱好者的共同努力下，徒步运动在各地逐步兴起。徒步旅游市场需求巨大，每年全国举办的数万人规模的大型徒步大会不少于50次。驴友们寻找适合徒步的线路，自发召集并以个人小团体自助的形式进行徒步行走。形成了知名的国内十大主要徒步线路、长江三峡线路、四川稻城线路、西藏冈波仁齐线路等。

（二）徒步开始理性，徒步活动规范发展

全国各地的徒步爱好者和户外运动组织热烈地开展户外徒步活动，徒步游憩正在各地兴起。各级政府也开始认识到徒步的意义，并迎合民众意愿。为此，2009年国家登山协会制定并由国家体育总局批准颁布了《国家登山健身步道标准》，以规范国家登山健身步道系统建设的规划设计、施工、维护及管理等。步道修建完成后由国家体育总局验收并授牌认证。2009年12月底，第一条登山健身步道——宁海国家登山健身步道建成，建设总长度150公里，包括100公里的登山步道、50公里的山地自行车道。步道上有休息站、露营区、接待站、报警点等辅助设施，之后陆续建设了多条步道。2011年国务院颁布《全民健身计划（2011—2015年）》，提出大力开展户外运动、群众登山等全民健身活动。充分利用山水自然条件，建设健身步道、登山道等户外运动设施，推动了各地登山健身步道的建设，如山西的神池国家登山健身步道、雁门长城国家登山健身步道，内蒙古的大青山国家登山健身步道，湖南的大围山国家登山健身步道等。据不完全统计，截至2015年，共建成约20条步道。已经建成的登山健身步道长度多在30 ~ 50公里之间，一般不超过150公里。各地还自发建设了形式多样的其他步道，例如四川的青城山木栈道、湖北武汉江夏区由森林防火道改建的休闲步道、浙江宁波市江北区的北山山体游步道等，分布于全国15个省、自治区和直辖市。

2014年8月江苏苏州市规划了2773公里的健身步道。2010年，北京门头沟开始建设步道工程，到2015年底已经修建了309公里，期间，于2013年正式加入国际徒步联盟。2015年4月15日北京市旅游发展委员会发布《北京旅游休闲步道总体规划及试点方案研究》，规划在北京市16个区县内共建设3000公里长度的旅游休闲步道系统，覆盖全市（北京市旅游发展委员会，2014）。其中顺义五彩浅山国家登山健身步道一期，长度140公里，包括2条主线、10个环线；昌平国家登山健身步道启动区规划步道长度270公里，包括2条主线、7个环线。

面对民众对户外徒步的强劲需求，为了最大程度上展现国家山川美景和传统文化，展现全国林业生态建设成果，促进森林保护，丰富民众精神生活，拓展森林旅游空间，在对国内外步道体系考察、研究等工作的基础上，国家林业局于2016年1月启动了国家森林步道建设的前期工作。

二、国家森林步道建设意义

国家森林步道（National Forest Trails）指位于全国重要生态功能区，跨度长，具有自然与风景、历史与文化的国家代表性，跨越众多名山大川、典型植被类型或生态类型的一

系列线性通道网络。步道沿途景观独特，具有强烈的自然属性，森林与生态类型丰富，文化形式多样。

（一）塑造国家形象

国家森林步道大跨度跨越以森林为本底的名山大川。为民众提供走入森林、体验自然荒野、欣赏国家美景的线性长程通道。长距离的国家森林步道作为美丽中国山脉、林脉和文脉的具象化载体，如同长长的绿色项链，将散落在中华大地的森林公园、湿地公园、沙漠公园、自然保护区和风景名胜区等高品质的遗产地串联，具有强烈的国家代表性，展现大国风范，塑造国家形象。

（二）建设生态长城

国家森林步道是徒步者用脚步踏出的国家地标。森林是陆地生态系统的主体，森林步道系统整合散布在全国各地的国家森林美景与自然文化遗产，构建线性的生态大动脉，是国家基础设施建设的重要组成部分。

国家森林步道维护人与森林的和谐美好关系，拉近了这些具有国家代表性的景观和民众的距离，让人们有机会走入森林、荒野，欣赏自然之美，继而热爱自然、热爱荒野，保护森林与荒野资源，最大限度地为子孙后代留下原真的自然遗产、生态财富。为社会的可持续发展留出生态空间。

国家森林步道是生动的自然教育课堂。沿路而行，徒步者穿越森林公园、湿地公园、沙漠公园、自然保护区实验区、野生动植物园、树木园和林业观光园等一系列自然特征地，以及历史古道和古村落。在森林中，直观地领略自然生态与优美风光，自然而然地接收大自然传递的信息，看着叶色、闻着花香、听着鸟语、呼吸着新鲜的空气，拓展科学的森林认知，从森林中获取更多的生态、生产和生活智慧。将对大自然最美的体验存留在记忆中。亲历“用脚丈量自然，用眼欣赏自然，用心崇敬自然”的过程，将生态文化植根于心。

行走在漫长的步道上，历经几天、几十天甚至几个月的徒步长征，徒步者的意志常常受到极大的挑战，从徒步中不断获取精神鼓舞，“坚韧不拔，百折不挠”，践行着中国的长城众志、国家精神。

（三）落实森林惠民

国家森林步道建设是实现“健康中国”战略的具体举措，为民众提供亲近森林的通道，拓展森林旅游空间。徒步作为日常休闲的活动，简单易行，步道所穿越区域森林植被密集，生态环境优良，具有森林散发的植物精气和高浓度的负氧离子，空气清新，在森林中漫步，休闲、清肺、康体、养生、运动，可减轻现代城市人群的工作和生活压力，强健身心。

国家森林步道建设可促进城乡统筹发展。由国家森林步道拓展至周边村镇，步道所通向的遥远角落往往是经济发展滞后的贫穷地区，在这些大山区、大林区，森林、湿地、野生动植物资源富集。如全国832个贫困县中，有227处国家森林公园，占国家森林公园总数的近30%。432个贫困县分布有各级森林公园，占贫困县总数的52%（中国绿色时报，2015）。国家森林步道可带动这些边远乡村，通过提供独具地方特色的农林特产、乡村休闲服务，让老百姓致富，提升步道沿途地方的知名度，打造地方新名片，使徒步者、村民与地方各得所需。

（四）促进文化交流

国家森林步道是徒步者人际交流的重要场所。作为开展徒步活动的休闲空间，步道连接着不同地区、不同国家。来自不同国家、不同民族的徒步者，在同一条步道上相遇相识，在艰难的徒步中相互鼓励，结伴前行，分享徒步经验，成为朋友，借此建立友谊。

国家森林步道是文化交流的重要载体。借助国家一带一路发展机遇，将我国国家森林步道与中亚、东南亚乃至欧洲相连通，成为生态上联通世界的“一带一路”，为中国与世界的文化交流与互动提供新的形式。

三、国家森林步道建设可行性

（一）森林与林业建设成果提供资源基础

我国地域辽阔，是个多山的国家。众多绵延的山峦、多样的森林类型、美丽的自然景观，成为国家森林步道建设的资源基础。天山—阴山一线、昆仑山—秦岭一线、南岭—苗岭一线等，为国家森林步道的构建勾勒出大的框架。

几十年的林业建设成果，使我国森林资源从数量到质量都得到了极大提升，为林业的公共生态服务提供了良好的资源基础。国家森林步道是社会化服务的一种形式，其建设符合现代林业发展的趋势。以退耕还林、长防林等重点项目为龙头的林业生态建设工程和以天然林保护、公益林管护为基础的资源保护工作取得了显著成效，森林资源得到有效保护，森林覆盖面积逐年加大。2013年底，全国森林面积达到2.08亿公顷。2015年底，森林覆盖率为21.66%（国家林业局，2016）。

全国各类、各级森林旅游地数量已超过8500处。其中，各级森林公园3101处，各级林业系统自然保护区2189处，各级湿地公园979处（中国绿色时报，2015）。如此众多的“绿色宝库”是大地的生态精华，如珍珠般散落在全国各地。然而，这些“绿色宝库”却未能充分利用，有的甚至不为人知。接待游客量排名前30位的国家森林公园，接待了超过20%的全国森林公园游客量，而这30个国家森林公园只占全国各级森林公园总数不到1%。国家森林步道能够将这些森林旅游地串点成线，织线成网，可以引导、吸纳更多的旅游者前来游赏，将最精华的绿色宝库展现给民众，极大地提高森林等资源的利用率，发挥其独特价值。

（二）国有土地提供道路基础

建立国家森林步道首要考虑的是土地权属问题。我国的土地所有制实行的是社会主义公有制，即全民所有和劳动群众集体所有制性质，个人对土地没有所有权、只有使用权。农村和城市郊区的土地，除法律规定属于国家所有的以外，属于农民集体所有；以宅基地和自留地、自留山，属于农民集体所有。我国的自然遗产地，特别是国家级的自然遗产地大部分为国家所有。森林步道尽可能穿越国有土地，其次集体所有土地，使森林步道建设不因土地问题而受到制约。

（三）建设维护资金投入较低

建设国家森林步道以利用现有道路为主。森林步道的主体是山间小径、乡村小路、森林防火通道、古道，甚至人迹罕至之处脚步踩出的印痕。具有强烈的自然属性和悠久的历史文化，或生态文化属性。森林步道路面自然，无铺装，利用土路、砂石路、灌草路面、滑雪雪道路面、石滩，部分路段借用乡间公路，少修建或不修建道路。沿步道设施满足最基本的需要，利用已有设施或当地自然条件，少人工设置。保持步道自然原貌，极大地降低建设费用，使徒步者获得最佳感受。

森林步道日常维护以护林员和志愿者为主。可利用国有林场护林员等林业从业人员，以及有志于森林步道建设的志愿者力量。随着森林步道建设的深入推进，还可以在城镇周边号召喜欢巡山、走山的健康退休人员、社区热心大妈和高校大学生加入到维护者队伍中来，降低步道维护成本。

第四节　国家森林步道建设思考

国家森林步道建设是一项宏大的工程，要充分考虑到建设的长期性、挑战性和困难性。梳理步道从规划、建设、维护到管理的整个过程。下面一些情况值得我们思考。

一、以国家为主导

（一）国家全面推动，公众广泛参与

国家森林步道建设可以粗略地分为硬建设和软制度两大方面。硬建设涉及规划选线、建设和维护。软制度涉及法律法规、行政管理和运营管理。工作内容复杂，步道跨越的土地类型多样、遗产地类型多样。管理部门多，沟通协调难度大，需要的力度要大。为达到步道建设高标准、高品质、高效益的目标，采取自上而下的方法，由国家主导全面推动。在规划上，组织制定全国步道发展规划，指导各单条步道的总体规划，系统规范步道从选线、建设维护，到管理运营和推广的多项工作；在资金投入上，分别建设、维护和运营投

入，国家、地方、企业和个人几个方面共同筹措或募集；在运营上，分为步道沿线服务体系，步道周边特许经营；管理模式上，由主管部门指导，相关部门配合与协作，地方力量为建设主体，步道协会和志愿者为补充。由于政府资金和力量有限，大部分的国家步道需要依靠志愿者协会和民间团体进行管理与维护。可以说每一条国家步道的诞生都伴随着志愿者的无私奉献。希望志愿者尽其所能，全方位参与到步道的规划、发展、维护和运营管理之中。正是这些千千万万的志愿者，将成就发达的国家步道网络，他们也从修建和维护步道的劳动中，得到了快乐与满足。

（二）13条国家森林步道覆盖全国

在国家森林步道建设初期，设想沿全国著名山脉和重点森林区布设13条长程步道。

大兴安岭国家森林步道 沿大兴安岭山脉，北起漠河中俄国境线，南至大光顶子山。

北国林海国家森林步道 沿小兴安岭、张广才岭和长白山，南延至龙岗山和千山。

阴山国家森林步道 沿大马群山、桌子山、大青山、乌拉山、阴山、狼山，至贺兰山。

太行山国家森林步道 沿中条山、太行山（或太岳山）、五台山、恒山、太行山、西山、军都山、燕山、黑山、松岭、大青山、七老图山，至努鲁尔虎山。

中华龙脊国家森林步道 沿大别山、桐柏山、伏牛山、熊耳山、崤山、华山、秦岭、六盘山、屈吴山、乌鞘岭、龙岭、祁连山、北山、哈尔克里山、巴里坤山、天山，至阿尔泰山。

昆仑山国家森林步道 沿神农架、大巴山、九寨沟、青海南山、阿尔金山、昆仑山，至喀喇昆仑山。

东南国家森林步道 沿天目山、黄山、怀玉山、仙霞岭、武夷山、戴云山、鹫峰山、洞官山、雁荡山、括苍山，至会稽山。

武陵山国家森林步道 沿巫山至武陵山。

南方国家森林步道 沿九岭山、罗霄山脉、南岭、苗岭、乌蒙山、大娄山，至方斗山。

横断山国家森林步道 沿无量山、云岭、芒康山、沙鲁里山、大雪山、邛崃山，至岷山。

喜马拉雅国家森林步道 从西藏林芝至云南南部。

另外，还有沿海防护林国家森林步道和鸟类迁徙国家森林步道。

未来，随着步道建设的开展，逐步增加一些线路长度稍短的国家森林步道。

二、保持自然荒野性

改革开放30余年来，与我国的高速发展相伴随的是荒野的大面积、高速度的破坏与消失。在生态文明建设的今天，如果没有荒野，“美丽中国”就只有人造的美。换句话说，建设“美丽中国”是没有办法回避荒野的（王书明，张曦兮，2014）。荒野的美以及它给予我们的精神上的享受，不是城市能够提供的。荒野很可贵，因此在国家森林步道建设中，我们需要将荒野的概念由“残留的资源”转变为对国家户外休闲政策极为重要的资源加以利用。

（一）围绕徒步者的自然荒野体验，突显步道的自然性与生态性

国家森林步道建设要展现自然荒野，让人们感受荒野，认识荒野，留住荒野。通过有限度的建设，维持步道的自然风格，保留步道周边的自然风貌，保持生态系统的完整性和原真性。在线路选择上尽量利用现有的山野小路，以土路为主，风格自然。简单的建设可以降低建设成本，降低道路建设对生态环境的影响，保持道路和周边荒野景观的协调统一。在坡度大的区域，就地取材，用石块或木板搭建简易台阶或挡土墙，防止水土流失，还可以降低步道行走的难度。

（二）优先穿越各类自然遗产地，同时避开敏感区域

自然遗产地包括森林公园、湿地公园、沙漠公园自然保护区、风景名胜区、地质公园等。步道不得穿越自然遗产地的以下区域：森林公园的生态保育区、湿地公园的生态保育区、生态公益林的特殊保护地区和部分重点保护地区、自然保护区的季节性核心区与缓冲区、自然保护区的生物廊道、自然保护小区的重点保护区域和缓冲保护区域、风景名胜区的生态分区危机区、地质公园的地质遗迹景观保护区特级保护区，以及自然文化遗产地的遗产区等。步道线路尽量避开野生动物种群的迁徙通道，并与珍稀野生动物的栖息地、珍稀野生植物的生长地保持安全距离，以保护野生动植物。

（三）保持步道原始风貌

步道选线避开灾害多发地段，充分利用现有地形，步道建设与维护采取低影响措施，保护步道沿线的森林资源和生态环境。在荒野区域和自然区域尽可能依靠自然力来恢复步道沿途受损的植被。保持步道沿线景观原貌，体现自然性。不对步道周边进行景观改造，不新栽树木、灌草，不修建绿篱。避免因步道建设导致自然景观质量下降。对步道的维护，要保持路面及周围植被原貌。避免因过分热爱荒野而使其处于消失的危险之中。使步道为徒步者、山地骑行者和骑马爱好者提供挑战自我的机会，也在保证对自然环境造成较低影响的前提下，为更多人提供接近原始、荒芜和自然风光的机会。

三、自然与文化交融

（一）荒野气息与城镇景象并存

步道穿越的地域差别很大，有高山、峡谷、河流，森林、草地、沙漠。生态类型、景观类型各异。在东部人口稠密区，间或能够远眺喧闹的城市，在“胡焕庸线”以西的山峦，则穿梭于人迹罕至的崇山峻岭、自然荒野之中。在那里体会大卫·梭罗所描述的境

界，“徒步可以直面大自然的原始灵魂”。

（二）一线串古今

散落在各地的古道、古村落作为文化遗存，镶嵌在步道沿线。将这些璀璨的中华文化记忆，以活态博物馆的形式展现在徒步者眼前，并在使用中得到保护。让徒步成为一种朝圣之旅，在感受沿线优美风光之余，欣赏古建筑、古遗址之美。与古代哲人对话，留下美好记忆。融文化于自然之中，反映社会发展的历史轨迹。

四、步道低限度建设

（一）提供有限设施

对于长程步道的徒步者，数天甚至数星期都不离开步道是常有的事情。步道沿途服务设施的设立只满足徒步者最低限度的需要，满足基本生存需求。沿路布设简易的露营地、庇护所，设置信息明确的标识标牌系统，方便徒步者行走，确保步道的自然荒野性。

（二）进行有限建设

尽量利用已有道路，如林间防火道、山间小径等。穿越各类涉林自然遗产地，如森林公园、湿地公园、沙漠公园、生态公益林、自然保护区、地质公园、风景名胜区、自然/文化遗产地。国家森林步道的线路优先利用古道、废弃铁路等现有道路或线路原址，并保持以上道路及其沿线的原有风貌。追求森林健康生活，感受自然纯情，体验文化传统。

五、面向民众开放

（一）优先穿越国家所有的土地

步道选址要与当地政府部门、土地所有者、土地使用者和专家共同协商，明确线路走向，落实解决土地问题。国家森林步道优先穿越国有土地，步道主管部门与拟穿越土地的实际管理部门协商一致，确保步道得以贯通。如果需要穿越集体所有土地，与拟穿越土地的所有者或实际使用者协商一致，并签订协议。如果无法取得拟穿越土地所有者或实际使用者的同意，需要采用其他可能的线路。与土地所在行政区域政府部门协商确定线路控制点。

（二）步道面向普通百姓无偿开放

步道的无偿开放使每个人都具有同等的权利走上步道，感受中华山峦大地的壮美。步道之上完全保持非商业化。步道周边的一些村庄或小镇，可以发展成为步道的补给点，为徒步者走上或者走下步道提供必要的交通接驳或食宿等生活服务。其次，在没有村镇依托的地方，可以在步道周边设立简易的补给点，开展有限的服务设施建设。靠近城区的某些补给点，可以发展成为房车营地或度假区，在服务徒步者的同时，也为辐射区域的人们带来商机。国家森林步道系统的补给点，在食宿、娱乐设施的建设上需要获得一定的特许经营许可，以便规范建设，满足徒步者的需求，保持良好的休闲氛围。

六、连通世界

（一）构建亚洲跨国步道，连通亚洲各国

以英国、法国、德国、意大利为代表的诸多欧洲国家发展的长程步道体系，连通欧洲大陆诸多国家，称为欧洲远足跨国步道。由法国、比利时、荷兰和西班牙几国的一系列长程步道所组成的体系，被称作欧洲GR体系步道。欧洲远足跨国步道已经规划了12条跨越大多数欧洲国家的远程步道。

国家森林步道在建设的同时，借助国家“一带一路”战略，率先在亚洲区域内实现互联互通。假以时日，向西与中亚国家吉尔吉斯坦、哈萨克斯坦等，向北与蒙古、俄罗斯，向南与东南亚缅甸、泰国、马来西亚等国，实现连通，借助国家步道这个平台，实现亚洲人民的友好交往。

（二）跨越大洲，通向欧洲

在亚洲跨国步道规划和建设的同时，要创新发展，探索一条与欧洲跨国步道互联互通的道路。实现两大洲之间的无缝对接。由于地理跨度大、跨越国家多，亚欧跨洲大步道贯通存在相当大的难度。

（三）构建全球步道互联网，实现全球连通的步道人文交流

地质证据表明，阿帕拉契亚山脉、西欧的某些山脉和北非的阿特拉斯山脉是古代中央泛大陆的组成部分。大约在2.5亿年前，泛大陆解体，阿帕拉契亚山脉漂移至现在所在的位置。基于此项研究，人们试图用步道将若干亿万年前本为一体的地貌连接起来。加拿大人在步道规划方面发挥了充分的想象力，提出了连通美洲、欧洲和非洲的“国际阿帕拉契亚步道”（International Appalachian Trail）的设想。这个宏大设想是，在美国阿帕拉契亚步道的基础上，向南延伸到墨西哥湾，向北延伸至加拿大境内，贯穿北美。未来进一步蜿蜒至欧洲，最终到达非洲。

人文交流是世界各国国家步道建设的重要内容。意在徒步者中形成一个相互欣赏、相互激励、相互尊重的人文格局。国家步道、跨国步道和洲际步道是一条条“追梦人”之路，可促进全球步道人文交流。世界上很少有这样一个地方，能让来自不同背景、说着不同语言、有着不同财富积累和社会地位的人们成为并肩而行的朋友。每年吸引数以百万计徒步者的是步道上行走的人们，是步道的情怀。步道的象征性力量感召着全世界的“朝圣者”，一年又一年行走在这长征路上，为独特的“步道文化”注入活力。

参考文献

北京市旅游发展委员会．北京旅游休闲步道总体规划及试点方案研究［R］．北京市旅游发展委员会，2014.

国家林业局．林业发展“十三五”规划［R］．国家林业局，2016.

胡焕庸．中国人口之分布—附统计表与密度图［J］．地理学报，1935，2（2）：33-74.

李扬．经济蓝皮书夏季号：中国经济增长报告（2015—2016）［M］．北京：社会科学文献出版社，2016.

王书明，张曦兮．现代文明中的荒野—侯文蕙教授与环境史研究的国际化视野［J］．南京工业大学学报（社会科学版），2014，13（4）：57-63.

吴中伦．中国森林（第一卷：总论）［M］．北京：中国林业出版社，1997.

徐春根．论中国古代作为世界观的“天人合一”思想［J］．广西师范大学学报：哲学社会科学版，2008（10）：36-40.

赵济，陈永文，等．中国自然地理［M］．北京：高等教育出版社，1995.

赵展慧．我国城镇化率已达56.1%，城镇常住人口达7.7亿［N］．人民日报，2016-02-02.

中国绿色时报．2015年中国森林旅游节湖北武汉举办［N/OL］．中国绿色时报，2015-10-12.

钟茂初．如何表征区域生态承载力与生态环境质量—兼论以胡焕庸线生态承载力涵义重新划分东中西部［J］．中国地质大学学报（社会科学版），2016，1（1）：1-9.

附录一

美国国家步道体系法案

（2009年3月30日修订版，国际公法111–11）

（也见美国法典第16卷1241～1251款）

法　案

建立一个国家步道体系，以及其他目的。

由参议院和众议院组成的美利坚合众国国会颁布。

简短标题

第一款　本法案可引为“国家步道体系法”

政策陈述

第二款　【美国法典第16卷1241款】

（a）为了满足随人口扩张而日益增长的户外休闲游憩需求，促进国家户外开放空间和历史资源的保护、公众访问、旅行、享受和欣赏，首先应该在全国靠近城市的区域建立步道，其次在常常位于荒郊僻野的全国风景区和史迹旅游线路沿线建立步道。

（b）本法案的目的在于，制定国家休闲、风景和史迹步道体系，以便规定实现上述目标的途径。命名阿帕拉契亚步道和太平洋山脊步道作为这个体系的初始组成部分，按照其规定的方法和标准，为体系添加新的成员。

（c）国会承认志愿者、个人、非营利性组织对步道发展及维护做出的宝贵贡献。此外，法案进一步鼓励和支持志愿者公民酌情参与步道的规划、发展、维护和管理。

国家步道体系

第三款 【美国法典第16卷1242款】

（a）国家步道体系应该由以下部分组成：

（1）国家休闲步道，具体建立参见本法案第四款，将在城区或者合理地接近城市的区域内提供多种户外休闲方式。

（2）国家风景步道，具体建立参见本法案第五款，将是位于具有最大户外游憩潜力的区域，并且穿越具有国家代表性的风景、史迹、自然或文化素养区域的长程步道。国家风景步道的布设，可以跨越沙漠、沼泽、草原、高山、峡谷、河流、森林，以及能够展现国家地理区显著特征的地貌。

（3）国家史迹步道，具体建立参见本法案第五款，是尽可能地并且现实中又可行地遵循步道原址或具有国家历史意义的线路设置的长程步道。其设计应该是连续的，但是已经建立或发展起来的步道，以及与其相关的获取，在实地中可以是不连续的。国家史迹步道应该以识别、保护具有历史意义的线路及其历史遗迹和文物的公众使用、享有为目的。只有那些位于联邦所有土地并且符合本法案所建立的国家史迹步道标准，作为史迹步道的组成部分而被选定的土地和水域，才被列为国家史迹步道的联邦保护组成部分。相关负责部门有权认证由州政府、地方政府机构或牵涉的私人利益团体申请的其他土地作为史迹步道的保护部分。如果这些路段满足本法案制定的国家史迹步道标准以及由相关部门作出的有关这些标准的补充条款，基于州或者地方政府机构或相关私人利益团体提出的申请，相关部门可以认证这些其他类型的土地作为国家史迹步道的受保护路段，这些路段由这些机构或利益团体进行管理，并且无须联邦花销。

（4）连接和附属步道，具体建立参见本法案第六款，连接道和附属步道将为公众提供更多进入国家休闲步道、国家风景步道或者国家史迹步道的接入点，或将会在以上步道之间提供更多的连接。

内政部和农业部在与相关政府机构、公共和私营机构协商之后，应建立国家步道体系的统一标志。

（b）对于本款而言，术语“长程步道”意思是总长至少100英里的步道或步道路段，除此以外长度小于100英里的史迹步道可能被指定为长程步道。尽管理想的长程步道是连续的，但是对长程步道的研究表明，一条或多条步道路段，长度总计超过100英里是可行的。

国家休闲步道

第四款 【美国法典第16卷1243款】

（a）在联邦机构、州或其他对涉及其中的土地具有管辖权的政治分支机构的准许下，涉及土地行政管理的内政部长或农业部长可以建立和指定国家休闲步道，并且这些土地还需要满足以下条件：

（i）这些步道相当接近城市区域，并且，或者

（ii）这些步道符合本法案制定的标准及部长指定的附加标准。

（b）按照本条款规定，在公园、森林和其他由内政部长或者农业部长所管辖休闲区域内，或者在其他联邦管辖区域内，当不涉及联邦征地时，步道可以由相关的部长建立或指定为“国家休闲步道”，并且：

（i）在城市区域内或者相当接近城市区域的步道，在征得州、州的政治分支机构或其他适当的管理机构同意之下，相关部长可以指定其为“国家休闲步道”；

（ii）在州政府所拥有及管辖的公园、森林和其他休闲游憩区域内的步道，可以在征得

州政府同意之下，由相关部长指定为“国家休闲步道”；并且

（iii）在私有土地上的步道可以由相关部长在征得土地所有者书面同意之下，指定为“国家休闲步道”。

国家风景和国家史迹步道

第五款 【美国法典第16卷1244款】

（a）国家风景和国家史迹步道应该并且只能由国会法案授权并指定。现设立下列国家风景和国家史迹步道：

（1）阿帕拉契亚国家风景步道：该步道长约2000英里，基本沿着阿帕拉契亚山脉，从缅因州的卡塔丁山延伸至佐治亚州的斯普林格山。在切实可行的情况下，这条步道的路权应该包括《全国步道体系——设立阿帕拉契亚步道的建议（NST–AT–101–1967年5月）》文件附带的地图所描绘确定的步道线路，这份文件在国家公园局局长办公室存档，供公众查阅。在可行情况下，自本法案生效之日起，路权还应该包括步道所保护的土地，对于这一点联邦机构和州政府皆为缔约方。阿帕拉契亚步道作为一条步行道应该首先由内政部长组织管理，同时咨询农业部长。

（其他29条步道，略）

（b）内政部长，通过内政部的机构管理此步道，当涉及农业部管辖的土地的时候，农业部长参与管理。自国会授权之时或之后，应进行进一步的研究，以决定将其他步道定为国家风景步道或国家史迹步道的可行性和意愿。研究当中应该咨询管理这些拟议中的步道所穿越土地的其他联邦机构负责人，并且与感兴趣的州际、州和地方政府机构，公共和私人组织，以及有关的土地所有者和土地使用者展开合作。确立一条步道的可行性应基于一项评估，沿所研究线路能否自然发展为一条步道，并且要考虑经济上的可行性。将本款子条款（c）所罗列的研究，以及步道确立适宜性建议在3个完整的财政年度内完成并且提交国会，从子条款或本法案通过之日起算，以较迟的日期为准。将这些研究付印为文件，连同其他文件一并呈交众议院或参议院。

（1）该步道的提案线路（包括地图及说明）。

（2）与步道毗邻的区域，可用于观光、历史、自然、文化或者开发等目的。

（3）由相关部长作出判定的步道特点，以此指定提议的步道作为国家风景步道或国家史迹步道的价值。基于这些特点提案步道被指定成为国家风景或者是国家史迹步道；至于国家史迹步道，报告应该包括内政部国家公园局咨询委员会依据1935年的《历史遗迹法案》标准就国家重要历史意义所做的推荐的（40 Stat. 666; 16 U.S.C. 461）。

（4）目前的土地所有权状况，以及沿所指定的步道线路当前的土地使用情况和潜在的打算。

（5）若有的话，预估土地购置费或土地权益费用。

（6）步道建设和维护规划，以及因此产生的费用。

（7）拟定联邦管理机构（就国家风景步道来说，如果完全或基本上在国家森林范围内，则由农业部进行管理）。

（8）合理期望州或其政治分支机构，以及公共和私人组织可能参与购置必要的土地并由此参与管理的程度。

（9）所涉及土地的相关使用，包括：步道全程访客天数的预估，以及分段访客天数的预估；全年步道全线或者分段开放用于游憩的月份数目；土地轮换使用而产生的经济和社会利益；以及维护、监督和监管步道所产生的公民雇佣和支出的人工年预估。

（10）因开展公共户外游憩而对拟建步道、相关历史与建筑的特征和环境的预期影响，包括提出措施以确保其国家历史意义价值的评价和保护，并且

（11）一条步道必须满足以下三项标准，才有资格指定为国家史迹步道：

（i）一条步道或线路的建立必须以历史性使用为目的，并且其使用必须具有历史意义。有资格成为国家史迹步道的线路不必当前清晰可辨但是必须充分知晓这条步道的位置，以便允许对其公众休闲游憩和潜在历史利益进行评价。一条指定的步道应该总体上准确地遵循历史线路，但是必要时，可以有些许的偏离，以便在随后的发展中避开布线困难，或增加线路变化以便提供更多愉悦的游憩体验。这种偏离应在现场注明。对于后续发展为机动车线路，而不再可能以徒步旅行的方式进行使用的路段，可能会被指定和现场标记为连接到史迹步道的路段。

（ii）史迹步道必须在美国历史上任何一个广泛的方面具有国家意义，例如贸易和商业，探索，迁徙和定居，或者是军事活动。为了达到具有国家意义的要求，步道的历史性应用必须在美国文化形式的广泛性上具有深远的影响。步道本身在美国原住民历史中的重要意义也应该被包含其中。

（iii）步道必须在公共休闲游憩方面的使用或基于历史解读和鉴赏的历史趣味方面具有重要潜力。当在没有路的路段发展史迹步道，并且将历史遗迹与步道相关联时，这种潜力将会增大。与历史性鉴赏无关的游憩潜力对于在本类别下指定国家史迹步道的理由不充分。

（c）以下线路应该按照本条款的子条款（b）所概述的目标要求开展研究。

（具体步道，略）

（d）负责管理单条步道的部长，应当在任何国家风景或国家史迹步道加入本体系之后的1年内，对于阿帕拉契亚和太平洋山脊国家风景步道60天内为每一条步道建立一个咨询委员会，每个咨询委员会的期限是自建立之日起的10年，艾迪塔罗德国家史迹步道的咨询委员会有效期限是从建立之日起的20年。如果相关的部长因为缺少足够的公众支持而没能建立这样一个咨询委员会，该部门需要知会国会的相关委员会。相关的部长需要不时向该委员会就有关事宜，包括路权的选择、沿步道竖立和维护标识的标准，以及对步道的管理开展咨询。每一个咨询委员会的成员数目不超过35人，每个委员会成员的服务期限为2年，并且无须报酬。但是相关部长可以凭委员会主席开具的收据支付开销，以便委员会及其成员合理地开展工作，承担本条款的责任。各委员会成员须由相关部长任命如下：

（1）管理步道所穿越土地的各联邦政府部门或独立机构的负责人，或其代理人。

（2）被任命代表步道所穿越各州的成员，并且该任命需要该州州长推荐。

（3）按照部长意见，私人组织负责人推荐，任命代表这些私人组织，包括企业和个人土地所有者以及土地使用者的一个或多个成员，所任命的成员在步道方面具有既有的和公认的利益。阿帕拉契亚步道会议应该有足够多的成员以代表步道所穿越的郡的不同部分。

（4）部长将要指定一名委员会成员作为委员会主席，并以同样的任命方式填补空缺的职位。

（e）在立法指定国家风景步道建立之日起的2个完整财政年度内，除了大陆分水岭国家风景步道和北国国家风景步道以外，作为国家步道体系的一部分，在本子条款关于太平洋山脊步道和阿帕拉契亚步道生效的2个完整财年内，负有责任的部长，应该与受影响的联邦土地管理机构、受影响州的州长、依照本款子款（d）建立相关的咨询委员会，以及阿帕拉契亚步道会议就阿帕拉契亚步道进行充分协商之后，将步道收购、管理、发展和使用的总体规划，呈报给众议院内政和岛屿事务委员会以及参议院能源和自然资源委员会，包括但并不局限于以下项目：

（1）步道管理必须遵守的具体目标和措施，包括鉴别所有有意义的自然、历史、文化资源，以期加以保护（如果是国家史迹步道，则连同潜力大的历史遗址和路段），与其他实体签订的任何预见到的合作协议的细节，以及确认的步道承载力及其实施方案。

（2）收购或保护计划，在财政年度内所有的土地收购费用名目及次要利益，连同针对任何不会收购土地可预见的必要合作协议的详细说明。

（3）总体和特定地点的发展规划，包括预算。

（f）在立法指定国家史迹步道，或者是大陆分水岭国家风景步道或者是北国国家风景步道作为国家步道体系一部分之日起的2个完整财年内，相关负责部门应该与受影响的联邦土地管理机构、受影响的地方州政府，依照本款子款（d）建立的相关咨询委员会，进行充分协商之后，呈报给众议院内政和岛屿委员会以及参议院能源和自然资源委员会，关于收购，管理，发展和步道使用的总体规划，包括但不局限于以下条目：

（1）步道管理必须遵守的具体目标和措施，包括所有被保护的重要自然、历史文化资源的确认和鉴别，任何州和地方政府机构或者是私人利益之间预期的合作协议细节，并确定国家风景或国家史迹步道的承载能力，为之制订实施方案。

（2）相关部门建设步道标识的过程应该遵循本法案第七款子款（c）。

（3）对于任何具有较高历史价值的地点和路段的保护规划，并且；

（4）总体和特定地点的发展规划，包括预算。

（具体步道，略）

连接和附属步道

第六款 【美国法典第16卷1245款】

在内政部长或农业部长管理的公园、森林和其他游憩区内，连接步道或附属步道，可以由相关的部长，作为国家休闲、国家风景或者国家历史步道的组成部分，来建立、指定，并且树立标识。当不涉及联邦土地收购的时候，在取得州际、州或地方政府机构同意后，连接或附属步道可以穿越其所管辖的土地。或者，当相关部长认为必要或值得拥有，在征得土地所有者同意后，可以穿越私有土地。审批和指定非联邦土地上连接步道和附属步道的申请，应提交给相关部长。

管理与发展

第七款 【美国法典第16卷1246款】

（a）

（1）

（i）依据第五款子款（a），负责步道全面管理的部长应在步道的管理和经营过程中向其他涉及的州立及联邦的机构的负责人进行咨询。本法案的任何内容均不应被视为，在任何其他联邦管理土地的法律条文下，联邦机构之间转换任何经营责任。联邦土地是国家步道体系的组成部分。仅根据段落（ii），内政部长与农业部长之间可以转换经营责任。

（ii）依据第五款子款（a），肩负步道全面管理职责的部长，可依照含有部长们认为能更好地实现本法案目的的条款和条件的协议备忘录，将步道特定路段经营转给其他相关部长。当依据协议转移步道任何路段的管理职责时，任何路段的经营应该遵从根据协议部长所授权的法律、法规和规章制度，除协议另有明确规定外。

（2）根据第五款子款（a），相关的部长指定国家风景步道和国家史迹步道的路权，并在可用性适宜的地图上发布通告或在联邦纪事中加以描述，前提是步道路权的确定应进行充分考虑，将对周边土地所有者、土地使用者及其经营活动所产生的不利影响降到最低。为了确保土地效益的持续最大化，国家步道体系每一部分的开发与管理应与特定区域的已有的多用途规划保持一致或补充。对于在另一个联邦机构权限范围内的联邦土地上步道位置、宽度这类路权，必须由该机构的负责人与相关部长协商。出于步道目的，确定路权时，相关部门应获得州及地方政府、私立团体、土地所有者和相关土地使用者的建议与协助。

（b）在可用性适宜的地图上发布通告或在联邦纪事中加以描述后，负责国家风景步道或国家史迹步道管理的部长，在取得对涉及土地有管辖权的联邦机构负责人同意后，可以在以下情况下重新调整国家风景步道或国家史迹步道路权的路段：（i）出于继续保持建立步道的初衷，有必要改道，或者（ii）为了秉承多用途使用原则，完善土地管理项目，有必要改道，前提是对于步道路权的重大调整应当以国会法案的形式确立。

（c）国家风景步道和国家史迹步道上的设施包括营地、庇护所等公众所需设施。沿步道的设施建设不会对环境造成过多干扰的，由步道主管部门批准。应作出合理的努力，提供充足的进入步道的机会，在可行范围内尽量避免活动与步道建设初衷相背离。应禁止大众沿国家风景步道或国家史迹步道行驶机动车，并且本法案的任何内容均不应被理解为允许在国家公园体系、国家野生动物保护体系及国家荒野保护区等目前禁止机动车的自然及历史区域内，或者在其他联邦土地部长明令禁止步道上做如此使用。倘若根据步道主管部门的判断，使用机动车是应对紧急情况或确保步道周边的土地所有者或土地使用者可以合理地通向其所有的土地或林地的权利所必须，则步道主管部门可制定相关规定，允许使用机动车。此外，通过与土地所有者签订合作协议而纳入国家休闲步道、国家风景步道或国家史迹步道的私有土地，不应阻止土地所有者按照相关部长制定的规定在这些土地或周边土地偶尔使用机动车。如果国家史迹步道沿着现有公路、已获得路权或水路权，并且具有近乎人类非历史性开发特性，贴近历史线路的原来位置，那么可以对这样的步道路段加以标记，有助于重温历史线路，并且如果一条国家史迹步道与已有的公路平行，可以标记这条公路以纪念历史线路，不对自然界产生大的干扰，未改变步道的用途，并且在确定时管理规定许可，包括机动车行驶，将获得负责步道管理的部长的许可。内政部长和农业部长经与相关政府机构以及公共和私人组织磋商，采用适当的和独特的符号，分别对国家休闲步道、国家风景步道和国家史迹步道建立统一的标记系统。如果国家步道穿过联邦机构管理的土地，要在沿步道的合适地点竖立标记，并由管理步道的联邦机构按照相关部长建立的标准维护，而且这些标记需要由管理土地的联邦机构根据部长制定的规定进行维护。如果步道穿越非联邦所有土地，则依照签订的合作协议，相关部长指定合作机构竖立统一的标记，并且根据标准进行维护。相关部长还应为国家风景步道和国家史迹步道上的历史遗迹提供解说点，以尽可能低的成本向公众解说该步道的信息，尤其是步道穿越的该点所在州的这部分步道。在可行范围内，由州属机构按照步道主管部门与州属政府机构的合作协议对解说点进行维护。

（d）在由联邦机构管理的国家休闲步道、国家风景步道或国家史迹步道路权范围内，联邦机构负责人可以将土地用作步道，或通过签署合作协议、捐赠、以捐赠或拨付的资金购买、交换等方式获取土地或土地权益。

（e）如果国家风景步道或国家史迹步道上的土地不在联邦政府管辖的范围内，负责步道管理的部长 应鼓励州及地方政府参与：

（1）与土地所有者、私人团体及个人签署书面合作协议，保证步道的用地。

（2）获得纳入国家风景步道或国家史迹某段步道的土地或土地权益，前提是如果州及地方政府未能签署上述书面合作协议，或在公示步道路权选择之后未能获得相关土地或土地权益，负责步道管理的部长可以：（i）与土地所有者、州及地方政府、私人团体和个人就步道建设目的签订土地使用协议；（ii）根据子款（f）的规定，通过捐赠、以捐赠或拨付的资金购买、交换的方式来获取私人土地。此外进一步，在得到地方政府或政府企业的同意后，相关部长可以向其购买土地或土地权益。如果任何公共控制的方法都无法保证土地的使用目的，这些土地可以进行付费收购。如果管理该条步道的部长要永久性地改变步道路权或进行在土地上的所有称谓或利益的处置时，那么必须通知土地原始所有人、他的继承人或指定受益人，按照最新地址知会前任所有者，按照公开的市场价格他们有优先购买权。

（f）

（1）内政部可以行使交换权，在步道路权范围内可以接受任何非联邦财产所有权，并且作为交换，内政部可让与出让人内政部管辖权内的位于该州的任何联邦所有财产，这些财产由内政部来确定哪些适合交换或者有其他用途。这些财产必须被公平交换，如果不能被公平交换，则需要向让与人或内政部用现金补偿差价。农业部在行使交换权的时候，可以在权限范围内以国有林地进行交换。

（2）在为国家风景步道或国家史迹步道获取土地或土地权益时，相关的管理部门在获得土地所有者同意后，可以得到整片土地，即使这块土地有部分区域不属于步道。为了促进本法案的宗旨，可以将以此方式获取的步道范围外的土地，与步道路权范围内任何非联邦土地或权益进行交换，或根据相关部长确定的程序或规定进行处置，包括（i）关于让与该类土地或权益的让与规定，出价人所出的最高让与价不得少于公开的市场价值（ii）规定允许最新记录在册的所有者有权获得上述土地或权益，只要他们支付的金额与最高的出价相同。对于指定土地的交换或处置，相关部长可以在让与这些土地时制定可以促进本法案立法初衷的条款或契约。任何处置收到的款项应用于冲抵用于收购步道土地的拨款。

（g）根据法案本条款，只有在以下情形下，国家步道的相关部长可以启动征用程序获取土地或土地权益而无需征得土地所有者的同意：即在他的判断下，通过谈判而得到这块土地或相关权益所做的所有合理的努力都失败了，并且具有一条穿越该块土地的通道是合理、必需的。如果所有权和次要权益的平均值高于125英亩/英里时，不得启动征用程序。根据本法案，因联邦目的由土地或水资源保护基金所拨款项可以用于联邦部门获取土地或土地权益，并对其他来源的拨款没有偏见。对于国家史迹步道，以步道为目的联邦直接收购应仅限于那些有较高历史保护价值的道路或历史遗迹，这些道路或遗迹须有研究报告或总体规划。除确定的受保护的步道组成部分外，沿国家史迹步道或大陆分水岭国家风景步道没有土地或遗迹应遵循于交通运输法案第四款子款（f）的规定，除非在合适的历史遗迹标准下这类土地或遗迹被认为是有历史意义的，例如国家史迹名录。

（h）

（1）负责管理国家休闲步道、国家风景步道和国家史迹步道的部长，在联邦管辖范围内应规定步道的发展与维护，应与州政府合作并鼓励州政府来运行、发展及维护不属于联邦土地范围内的那部分步道。当被认为涉及公众利益时，相关部长可以与州政府或其政治分支机构、土地所有者、私人团体或个人签署书面合作协议，对于不管是不是属于联邦管辖范围内的步道的某部分进行共同运营、发展和维护。这些协议可以包括为步道提供有限的联邦财政支持，以鼓励步道的获取、保护、运营、发展和维护，并为参与这些活动的个人、私人团体或土地所有者提供公园志愿者或森林志愿者的身份（根据1969年的公园志愿者法案和1972年的森林志愿者法案），或者同时提供两种身份。相关的部长还应与受影响的州及其政治分支机构进行磋商以鼓励：

（i）这些组织所作出的适当的发展与实施措施以保护私人土地所有者，防止由于步道使用所导致的非法进入以及由步道使用所造成的不合理的个人债务或财产损失。

（ii）这些组织所作出的与本法案目的相一致的土地行为的发展与实施措施，以保护步道路权范围内或邻近的财产。在与州政府或其政治分支机构沟通咨询了前述内容后，部长可按照该子款的要求，在恰当的合作协议下为这些实体组织提供协助。

（2）内政部长在公共土地法律下转让任何土地时，可以在其认为贯彻本法案必要的程度下保留步道所需路权。

（i）相关部长与国家休闲步道、国家风景步道或国家史迹步道穿越土地的相对应的联邦土地管理机构负责人达成一致，并与州政府、地方政府和相关部门进行咨询后，可以发布管理规定，这些规定可不断进行修订，对于国家步道体系中步道的使用、保护、经营、发展和管理进行指导。为在联邦所辖土地上的步道及步道沿线保持较好的行为，以及为步道提供适当的管理和保护，内政部和农业部应该制定并发布他们认为必要的统一规定，一旦有人违反该规定将被认为有罪，处以最高500美元的罚款或者不超过6个月的监禁，或者同时处以罚款及监禁。负责国家步道体系中任何步道组成部分、任何路段的部长（根据本款子款（a）中（1）），可以视情况，与国家公园系统或国家森林系统相联合，实现自己对于这些部分的行政职责。

（j）在确定国家步道体系组成部分所允许的潜在的步道使用方式，包括但不限于：自行车骑行、越野滑雪、日间徒步、骑马、慢跑或类似的健身活动，步道骑行、过夜及远距离背包旅行、雪橇或雪上摩托、水上及水下活动。机动车辆可以在某些路段使用，包括但不限于：摩托车、电动车、四轮驱动车或越野车。另外，应该为残疾人士提供步道访问。本子款的规定不应取代本法案、联邦法律或任何州或地方法律的任何其他规定。

（k）相关部长出于保护的目的或保护提高国家步道体系组成部分及其周边的休闲、景观、自然或历史价值，可以作出相关决定，即土地所有者可被授权捐献或让与相关财产权益给合格的组织，与1954年《国内税收法》170（h）（3）款一致，包括但不限于：路权、开放空间、风景或者保护性地役权，在管辖权范围内不考虑土地财产的属性或权益限制。根据本子款的规定，任何这类土地权益的让与应被认为会促进联邦保护政策并且带来重大公众利益（根据公共法96-541第6部分）。

州及都市区步道

第八款 【美国法典第16卷1247款】

（a）内政部长指示，鼓励各州在其州域户外休闲游憩总体规划和根据土地和水资源保护法案提交的州及地方财政援助项目中，考虑在各州管理的土地上建立公园、森林和其他休闲及史迹步道的需求和机会，以及在靠近城市的区域建立休闲及史迹步道。相关部长还指示，鼓励各州在他们的州域历史保护规划和依据1966年10月15日法案（915法令，80）制定提交的国家、地方以及私人项目财政援助中，以修订的方式，考虑建立史迹步道的需求和机会。他还依据1963年5月28日法案（49法令，77）所赋予的权利，进一步指示，鼓励州、政治分支机构和私人利益团体，包括非营利组织，建立这样的步道。

（b）命令住房和城市发展局局长，在根据1954年的住房法案地701款执行有关城市综合规划和援助项目时，要鼓励休闲步道的规划与大都市和其他城市区域休闲和交通规划的衔接。进一步命令他，在基于1961年住房法案的管理城市开放空间计划下，鼓励休闲步道的建设。

（c）命令农业部部长，按照赋予他的权利，鼓励各州和地方机构以及私人利益建立这样的步道。

（d）运输部长、州际贸易委员会主席、内政部长，在管理1976年的《铁路振兴和监管改革法案》时，应该鼓励州、地方机构和私人利益团体，按照该法案的规定建立合适的步道。与该法案的目的相一致，为了促进国家政策保留既有的铁路路权，在未来重新激活铁路服务，保护轨道交通廊道，并且鼓励高效使用运输能源。在以捐赠、转让、租赁、销售的方式，或以与国家步道体系方案相一致的其他方式，临时使用任何既有的铁路路权的情况下，如果因日后要恢复或重建铁路而只允许临时使用，在法律、法规上，这样的临时使用不被视为放弃使用铁路路权。如果一个州、政治分支机构，或者是符合要求的私人组织准备承担管理这些路权所产生的责任，因转让或使用所产生的任何法律责任，以及可能由对路权进行征收或评估而产生的任何及全部税费支付，委员会将会将这些条款和条件作为要求强加给任何与法案相符的临时使用的转移和转让，并且不允许放弃、中断或破坏这种使用。

（e）在得到内政部长批准后，这些步道可能由各州、州的政治分支机构，或者其他相应的管理机构，指定并标记为全国性的步道体系的一部分。

路权及其他属性

第九款 【美国法典第16卷1248款】

（a）依照适用于国家公园或国家森林体系的法律规定，内政部长或农业部长视具体情况，可以分别赋予位于、上方、跨越、下方、穿越或沿着国家步道体系的任何组成部分的地役权和路权。前提是，以上任何包括在这些地役权和路权的条件，应当与本法案的政策和目的相关。

（b）具有管辖权、控制权或道路使用、废弃和处置信息，公用事业路权，或其他对改善和扩大国家步道体系有益的所有权的国防部、运输部、州际贸易委员会、联邦通讯委员会、联邦电力委员会和其他联邦机构，应该与内政部长或农业部长进行合作，以确保在可行的情况下，这些在步道发展方面具有价值的所有权得以有效使用。

（c）自本子款颁布之日起，在1922年3月8日版本的法案（43 U.S.C. 912）中所描述的美国所有类型的路权中的任何及所有权利、所有权、权益和不动产权，当这些路权或部分路权放弃或丧失时，这些路权应该保留在美国，除非公共高速路所含的这样的路权或部分路权，根据法案所规定，在放弃或没收的裁定之后不迟于1年。

（d）

（1）根据子款（c）的规定，所有路权，或其中的一部分，在保护系统单元或国家森林的界限内，应该被添加到该系统单元或国家森林中，并纳入法律的适用范围内，包括本法案。

（2）所有这些被保留的路权，或其一部分，在保护系统单元或国家森林界限之外，但也不毗邻或邻近公共土地的任何部分，其管理应当根据1976年联邦土地政策和管理法案以及其他适用法案进行管理，包括本法案。

（3）所有这些保留的或部分保留的，位于保护系统单元或者是国家森林界限范围之外，由内政部长和农业部长确定适合作为公共休闲游憩步道或用于其他休闲游憩用途的路权，如果相关部长根据所使用的法律决定这种用途是合适的，应该由相应部长对此类用途以及其他用途进行管理，只要这样的用途不妨碍步道的使用。

（e）

（1）在恰当的情况下，内政部长被授权可以将任何公路用地的任何及所有权利，所有权和利益，让与和转让给符合本款要求的政府机构或另一个实体。前提是根据子款（c），该类权利、所有权和利益由美国保留。如果这样的部分不在任何保护系统单位界限或国家森林界限内，这样的让与和转让应当只对州立单位、地方政府或内政部长决定有法律和财务资格管理公共游憩用途的相关部分的实体所提出的申请作出反应。当收到这样的申请时，部长应该在相关部分所在区域广泛发行的报纸上对申请发布公告。这样的让与和转让应在下列条件下进行：

（i）如果这样的单位或实体尝试出售、传达，或以其他方式转让该权利、所有权、权益或尝试允许这部分土地的任何部分的使用有悖论于公共休闲游憩的话，那么由部长遵循本子条款让与和转让的任何及所有权利、所有权、权益，应该归还给美国。

（ii）这样的单位或实体应该承担全部责任，并且把握任何可能会出现的有关路权转让、拥有、使用、让渡和放弃而产生的法律责任是不损害美国利益的。

（iii）虽然法律有其他规定，美国也没有义务在让与和产权转让之前对财产进行检查，并且将不会对在这样的让渡和放弃期间存在的任何危险及不安全的情况承担法律责任。

（2）部长有权出售位于保护系统单元或国家森林界限之外由美国保留的路权的任何部分，在遵循子款（c）的前提下，如果有任何该部分——

（i）不与公共土地的任何部分相邻或接壤，或

（ii）由部长决定，遵循由1976年的联邦土地政策与管理法案203款所设定的处置标准，适用于销售。在进行任何该种销售之前，部长应该采取适当的措施，以使州或地方政府的单位或任何其他实体有机会根据本子款段落（1）寻求获取该部分。

（3）由这些保留路权销售所得的收入必须存入美国国库以及土地和水资源保护基金，后者源于1965年的土地和水资源基金法案第2款。

（4）内政部长须按照本子款段落（2）每年向国会报告上一财政年度销售收入总额。该报告应列入总统提交给国会的年度预算。

（f）本章节所用——

（1）术语“保护系统单元”与阿拉斯加国家权益土地保护法案（公共法令96-

487; 2371及以后）中的该术语的意义相同，除此之外，还应包括阿拉斯加以外的单元。

（2）术语“公共土地”与1976年联邦土地政策和管理法案中出现的该术语的意思相同。

授权拨付

第十款 【美国法典第16卷1249款】

（a）

（1）以授权方式批准拨付用于购置土地或土地权益的资金，对于阿帕拉契亚国家步道不超过500000美金，对于太平洋山脊国家步道不超过500000美金。根据《土地和水资源保护及储备法案》(法令897，78)，阿帕拉契亚国家步道1979年及之后财年以授权方式批准拨付用于购置土地或土地权益的资金分别为：1979财政年度不超过$30000000，1980年及1981年均为$30000000。此外上述金额与任意一个财政年度内实际拨款的差额应在后续财政年度内补足。

（2）根据国会要求，部长应充分完成土地购置计划，以确保阿帕拉契亚步道在本法案颁布之日起的3个完整财政年度内受到保护。

（b）根据国际公法第95-42条（法令211，91），根据本条款购置的土地和土地权益应视同于符合本法案第一款第二项所规定的储备标准。

（c）拨付授权——

（1）总体上 – 除本法案其他部分另有提及外，本法案第五款子款（a）所指定的步道均以授权的方式批准其拨付上限，以确保该法案的实施。

（2）纳其兹国家风景步道 ——

（i）总体上–关于第五款子款（a）(12）中指定的纳其兹国家风景步道（以下在本段落中称为“步道”）——

- 经授权拨付用于获取土地或土地权益的资金不超过500000美金；以及
- 拨付用于开发步道的资金不超过2000000美金。

（ii）步道志愿者团体的参与。步道管理机构应鼓励步道志愿者团体参与步道的开发。

志愿者步道援助

第十一款 【美国法典第16卷1250款】

（a）

（1）除该法案中所述合作协议和其他权力，内政部长、农业部长和任何管理联邦土地的联邦机构负责人，被赋予鼓励志愿者和志愿者团体在适当的情况下对全国范围内的步道进行规划、发展、维护以及管理。

（2）在适当情况下，为促进本法案，部长们在1969年的公园法案、1972年的森林法案、以及1965年的土地和水资源保护法案第6款（与依照全国范围内的户外休闲游憩综合规划

进行的开发有关）中被赋予鼓励志愿者参与的权利。

（b）每位部长或任何联邦土地管理机构的负责人，可以协助志愿者和志愿者组织参与步道规划、开发、维护和管理。志愿者的工作可能包括，但不局限于——

（1）参与构成国家步道体系组成部分的步道的规划、开发、维护或管理，或者参与已经经过发展和维护的步道，以便有资格指定成为国家步道体系的一部分。

（2）参考段落（1）所提及的，管理和指导志愿者在步道建设方面的努力，指导步道相关研究项目的开展，以及为志愿者提供步道规划、建设和维护方法方面的教育和培训。

（c）相关部长或任何联邦土地管理机构的负责人可以利用和提供联邦设施、设备、工具和技术，援助志愿者和志愿者组织，由于受这种局限和限制，相关部长或联邦土地管理机构的负责人参与该项事务是必要的或值得的。

附录二

国外主要步道相关机构组织

美洲国家步道

美国国家步道

美国林务局（Forest Service）网址：http://www.fs.fed.us/

美国国家公园局（National Park Service）网址：https://www.nps.gov/index.htm

美国步道（American Trails）网址：http://www.americantrails.org/ee/

太平洋山脊步道协会（Pacific Crest Trail Association）网址：http://www.pcta.org/

阿帕拉契亚步道保护管理委员会（Appalachian Trail Conservancy）网址：http://www.appalachiantrail.org/

林务局大陆分水岭国家风景步道（Continental Divide National Scenic Trail）网址：http://www.fs.fed.us/cdt/admin.htm

国家森林基金会（National Forest Foundation）网址：https://www.nationalforests.org/

土地和水资源保护基金（Land and Water Conservation Fund）网址：http://www.lwcfcoalition.org/

无痕山林（Leave No Trace）网址：https://lnt.org/

阿帕拉契亚山野俱乐部（Appalachian Mountain Club）网址：https://www.outdoors.org/

美国童子军（ Boy Scouts of America）网址：http://www.scouting.org/

智利步道

智利国家环境部（Ministerio del Medio Ambiente）网址：http://www.mma.gob.cl/

智利步道基金会（Fundación Sendero de Chile）网址：http://www.senderodechile.cl/

阿根廷国家步道

阿根廷旅游局（Ministerio de Turismo de la Nación）网址：http://www.turismo.gob.ar/

加拿大大步道

加拿大公园局（Park Canada）网址：http://www.pc.gc.ca/

加拿大遗产部（Canadian Heritage）网址：https://www.canada.ca/en/canadian-heritage.html

加拿大大步道（The Great Trail）网址：https://thegreattrail.ca/

印加路网

秘鲁文化部（Ministerio de Cultura）网址：http://www.cultura.gob.pe/

秘鲁环境部自然保护区管理局（Servicio Nacional de Áreas Naturales Protegidas por el Estado）网址：http://www.sernanp.gob.pe/

欧洲国家步道和跨国步道

英国国家步道

英国政府网站英格兰自然署（Natural England）网址：https://www.gov.uk/government/organisations/natural-england

英国徒步协会（The Ramblers）网址：http://www.ramblers.org.uk/

英国国家步道（The National Trails）网址：http://www.nationaltrail.co.uk/

西南海岸步道协会（SouthWest Coast Path Association）网址：http://www.southwestcoastpath.org.uk

法国国家步道

法国林业厅（Office National des Forêts）网址：http://www.onf.fr/

法国远足联盟（Fédération Française de la Randonnée Pédestre）网址：http://www.ffrandonnee.fr/

德国国家步道

德国徒步协会（Deutscher Wanderverband）网址：http://www.wanderverband.de/conpresso/_rubric/index.php?rubric=Startseite

德国徒步研究所（Deutsches Wanderinstitut e.V.）网址：http://www.wanderinstitut.de/

西班牙国家步道

西班牙农业、食品与环境部（Ministerio de Agricultura, Alimentacion y Medio Ambiente）网址：http://www.mapama.gob.es/es/

欧洲远程跨国步道

欧洲徒步协会（European Ramblers' Association）网址：www.era-ewv-ferp.com/

大意大利步道

意大利阿尔卑斯山俱乐部（Club Alpino Italiano.）网址：http://www.cai.it/index.

瑞典国王步道

瑞典旅游协会（Svenska Turistföreningen）网址：https://www.swedishtouristassociation.com/

瑞典旅游局（Visit Sweden）网址：http://www.visitsweden.com/sweden/

匈牙利蓝色步道

匈牙利自然之友协会（Magyar Természetbarát Szövetség）网址：http://termeszetjaro.hu/

亚洲大洋洲国家步道

日本国家步道

环境省（環境省）网址：http://www.env.go.jp/

自然大好俱乐部（自然大好きクラブ）网址：http://www.env.go.jp/nature/nats//shizenhodo/index.html

东海自然步道联络协会（東海自然步道連絡協会）网址：http://www.tokai–walk.jp/

澳大利亚国家步道

南澳大利亚州环境、水和自然资源管理局（Department of Environment, Water and Natural Resources, South Australia）网址：http://www.environment.sa.gov.au/

塔斯马尼亚州公园与野生动物管理局（Tasmania Parks and Wildlife Service）网址：http://www.parks.tas.gov.au/

西澳大利亚州公园与野生动物管理局（Department of Parks and Wildlife, Western Australia）；网址：https://parks.dpaw.wa.gov.au/

新南威尔士第一产业局（Department of Primary Industries，New South Wales）网址：http://www.dpi.nsw.gov.au

比布蒙步道基金会（Bibbulmun Track Foundation）网址：https://www.bibbulmuntrack.org.au/

二百周年纪念国家步道公司（The Bicentennial National Trail ltd）网址：http://www.nationaltrail.com.au/

黑森步道之友（The Friends of The Heysentrail）网址：http://heysentrail.asn.au/

蒙达比地步道基金会（Munda Biddi Foundation）网址：https://www.mundabiddi.org.au/

塔斯马尼亚步道协会（Tasmanian Trailassociation）网址：http://www.tasmaniantrail.com.au/

黎巴嫩山地步道

黎巴嫩山地步道协会（Lebanon Mountain Trail Association）网址：http://www.lebanontrail.org/

新西兰蒂阿拉罗阿步道

新西兰保护部（Department of Conservation）网址：http://www.doc.govt.nz/

蒂阿拉罗阿步道（Te Araroa）网址http://www.teararoa.org.nz/

声明：

因无联系方式，书中有部分未署名的图片。若图片的所有者看到，请通过916334019@qq.com邮箱及时与我们联系。